中国冶金地质总局地球物理勘查院创新成果

构造叠加晕找盲矿
研究-建模-预测理论与方法

禹 斌 魏 江 李 惠
张国义 李永才 魏子鑫 主 编
任良良 王 俊 李 上

地质出版社
· 北 京 ·

内容简介

本专著是以李惠、禹斌为首的“构造叠加晕找盲矿研究团队”对32年（1991—2023年）来构造叠加晕找盲矿研究-建模-预测理论与方法成果的总结。1991年，李惠教授等在研究原生晕找盲矿理论（原生晕轴向分带理论）的基础上，提出了“原生叠加晕理论”和“构造叠加晕理论”，开创了构造叠加晕找盲矿新方法。32年来，团队已应17个省105个矿山邀请，立项140多次，应用构造叠加晕理论开展研究预测，绝大部分矿山取得了好的找矿效果，矿山验证预测靶位实际见矿证明，已累计找到金达334.49吨，铜达18.35万吨。2010年全国危机矿山为检验构造叠加晕预测的准确性，立项跟踪14个矿山预测靶位验证见矿情况，见矿效果显著。找矿实践证明了理论的正确性和方法技术的可行性。

专著介绍了构造叠加晕找盲矿的先进理论-方法-找矿效果、常用术语及热液矿床深部盲矿预测的构造叠加晕共性与实用理想模型，详细介绍了矿区深部、勘查新区和成矿区带构造叠加晕研究-建模-预测的理论与方法：包括理论-关键技术-设计-研究思路-方法-内容-采样方法-数据处理，矿体前缘、近矿晕及尾晕元素和叠加结构的识别方法，建模及定位预测方法。附录展示了构造叠加晕研究-建模-预测的参考示意图、不同类型矿床深部预测的实用模型图、参考专著、论文及已研究的预测矿山项目。

本书具有较强的理论性和实用性，可供矿床学专业的研究生及从事找矿等工作的科研人员参考阅读。

图书在版编目（CIP）数据

构造叠加晕找盲矿研究-建模-预测理论与方法／禹斌等主编. —北京：地质出版社，2023.10

ISBN 978-7-116-13818-6

Ⅰ.①构… Ⅱ.①禹… Ⅲ.①隐伏矿床-分散晕-找矿-研究 Ⅳ.①P624

中国国家版本馆CIP数据核字（2023）第190266号

GOUZAO DIEJIA YUN ZHAO MANGKUANG YANJIU-JIANMO-YUCE LILUN YU FANGFA

责任编辑： 肖莹莹　郑长胜　费详惠
责任校对： 陈　曦
出版发行： 地质出版社
社址邮编： 北京市海淀区学院路31号，100083
电　　话：（010）66554528（邮购部）；（010）66554481（编辑室）
网　　址： https://www.gph.clmpg.com
传　　真：（010）66554686
印　　刷： 北京地大彩印有限公司
开　　本： 787mm×1092mm　1/16
印　　张： 17.75
字　　数： 453千字
版　　次： 2023年10月北京第1版
印　　次： 2023年10月北京第1次印刷
定　　价： 158.00元
书　　号： ISBN 978-7-116-13818-6

《构造叠加晕找盲矿研究-建模-预测理论与方法》

编委会

山东黄金集团有限公司：

王昭坤　刘日富　孙之夫　赵可广　王君亭
孙宗锋　朱兆庆　冯　涛　常俊山　所建成
王　成　赵　海　王善飞　杨清泉　齐兆军
李　威　赵荣新　范作鹏　武际春　黄绍华
吴占开　李　涛　段会敏　孙树提　刘　涛
张洪山　上官义宁　马印禹　纪永刚　孙建国
刘芳华　朱日来　王要善　郭利华　曲永利
徐景阔　孙伟业　徐勇文　王京聪　孙海新
王守绪　李　文　侯成录　李　腾　徐　东
赵元德　王义春　毕洪涛　郑小礼　纪进科

云南驰宏锌锗股份有限公司：

王　峰　罗大峰　李志平　王盛开　王家仁
张　权　胡体才

山东招金集团有限公司：

杜培杰　汤　磊　何　毅　王　惠　孙　涛
吴润友　周传勤　刘恒刚

灵宝黄金集团股份有限公司、灵宝金源矿业股份有限公司：

王军强　郭　晓　郝蛟龙　祖宗虎　吴孝静
王权威　方冠冠

山东恒邦冶炼股份有限公司、烟台市牟金矿业有限公司：

任曙光　吕光明　唐俊智　王学乾　杨吉刚

其他矿业公司：

杨建国　陈　锐　华杰雄　陈明辉　王康明
洪贞群　彭书英　刘少君

主编简介

禹　斌

1965 年生，湖南双峰人。现任职于中国冶金地质总局地球物理勘查院（简称物勘院），教授级高级工程师，享受国务院政府特殊津贴专家。1987 年毕业于长春地质学院（现吉林大学）岩化系，2010 年任物勘院主管化探副总工程师、地球化学勘查院院长，2021 年任物勘院副总工程师、资源勘查事业部经理。全国勘查地球化学专业委员会第 8 届委员、第 9 届副主任，冶金地质学会勘查技术专业委员会委员，中国地质大学长城学院客座教授。

长期从事化探新方法新技术研究，构造叠加晕新方法主要开创者之一，主持及参加完成全国危机矿山、中国黄金集团有限公司、山东黄金集团有限公司、山东招金集团有限公司及矿业公司所属矿山科研预测项目共计 70 多项，其中主持项目 30 多项。

其主持的构造叠加晕研究项目 2008 年荣获中国地质学会十大科技成果。已获省部级科技进步奖 16 项，其中包括特等奖 1 项、一等奖 13 项、二等奖 2 项。出版专著 4 部，发表论文 40 余篇。获中国地质学会等优秀论文 6 篇。

获物勘院先进工作者、突出贡献奖。获中国黄金协会“十五”先进科技工作者，“十一五”全国黄金行业科技标兵，“十二五”全国黄金行业科技突出贡献者，中国冶金地质总局“十一五”优秀科技工作者、劳模、优秀共产党员，最美冶金地质人。

E-mail：yubin008008@ 126. com

魏　江

1986 年生，陕西西安人，现任职于中国冶金地质总局资源勘查事业部，高级工程师。2008 年毕业于长安大学地测学院，2021 年任资源勘查事业部副经理、化探中心主任。

长期从事化探新方法研究，参加完成国家及部级科研项目 13 项、全国危机矿山项目及黄金集团矿山构造叠加晕研究预测项目 50 余项，构造叠加晕找盲矿新方法研究者之一，任项目组长或技术负责完成的构造叠加晕研究预测项目 20 余项。

获省、部及中国黄金协会科技进步奖 13 项，其中十大地质科技成果 1 项、特等奖 1 项、一等奖 9 项、二等奖 2 项。发表论文 20 余篇，获中国地质学会等优秀论文 3 篇，参加编写专著 3 部，获得“中国冶金地质总局地球物理勘查院地质找矿成果二等奖”，获 2011 年度、2013 年度、2014 年度、2015 年度“中国冶金地质总局地球物理勘查院先进工作者”荣誉称号、“中国冶金地质总局地球物理勘查院优秀共产党员”荣誉称号、“中国冶金地质总局青年岗位能手”称号。

E-mail：404670510@ qq. com

李　惠

1937年6月7日生，河北满城人，化探资深专家、教授，李四光地质科学奖获得者，国务院政府特殊津贴专家。1964年毕业于北京地质学院（现中国地质大学（北京））地球化学专业，先后工作于冶金部北京地质研究所（1964—1970年）、中国有色金属矿产地质研究院（1971—1980年任化探室副主任）、北京矿产地质研究院（1980—1983年任室副主任）、冶金部物探公司、冶金部地球物理勘查院（1983—1988年）及物化探研究所（1988—1997年任所长）。1998年1月退休后物勘院返聘，并任名誉所长、返聘专家，退休至今又为构造叠加晕找盲矿研究预测奋斗了25年。

2007年（70岁）荣获李四光地质科学奖——终身奖，1991年获批享受国务院政府特殊津贴专家；1997年以来获“冶金部中青年有突出贡献专家”“冶金部科技有突出贡献者”，“河北省省管优秀专家”“河北省劳模”，“八五”“十五”“十一五”“十二五”“全国黄金科技标兵”等荣誉称号；2015年（78岁）荣获中国冶金地质总局“最美冶金地质人”称号，2019年（82岁）荣获总局“改革开放突出贡献个人”称号。

曾兼职国家现代地质勘查工程技术研究中心客座教授，地质矿产部地球物理地球化学勘查研究所客座教授，中国地质学会勘查地球化学专业委员会第三、四届副主任，中国金属学会冶金地质学会理事，物化探专业委员会第一、二、三届副主任及中国地质大学（武汉）兼职教授，2012年被国土资源部聘为“全国找矿突破战略行动专家”，2016年被聘为河南省黄金产业技术创新战略联盟专家。

一直从事化探找盲矿新方法新技术研究工作，完成国家攻关、冶金部、白银基金、全国危机矿山及矿业公司项目140多项，有近20多项成果达到国际先进水平和国内领先水平，国家攀登计划（85-B34）项目中被科技部聘为专家委员会专家，国家攻关项目（90051-09项目）主要负责人之一。主要成果是1991年提出原生叠加晕理论和构造叠加晕理论，自主研发开创了构造叠加晕找盲矿新方法。32年来一直潜心研究构造叠加晕找盲矿新方法，显著提高了预测的准确性和找矿效果，已应105个矿山邀请140多次立项应用，部分矿山实际验证预测靶位证明，累计找到金334.49吨（大型金矿≥20吨）、铜18.35万吨，潜在价值1000多亿元，构造叠加晕研究成果2008年荣获中国地质学会十大科技成果、省部科技进步奖20项。总结出了石英脉型、蚀变岩型、构造破碎带型、脉带型、角砾岩型及矽卡岩型六种类型金矿，以及锑矿、铜铅锌、银矿共四种矿床深部盲矿预测的构造叠加晕模型，并进一步总结其共性。为突出模型实用性，2020年建立了“热液型金及有色金属矿床深部盲矿预测的实用理想模型”，2021年建立了“勘查（新）区构造蚀变带深部预测的叠加晕参照实用理想模型”。

共获国家、省部级科技进步奖38项，其中国家级二等奖2项，部级特等奖2项、一等奖14项、二等奖12项、三等奖7项、四等奖1项；出版专著9部，发表论文150多篇，获中国地质学会等优秀论文21篇。

E-mail：lihuibd4@163.com

序　一

在全党全国各族人民喜迎党的二十大胜利召开之际，习近平总书记给山东省地矿局第六地质大队全体地质工作者回信，强调“矿产资源是经济社会发展的重要物质基础，矿产资源勘查开发事关国计民生和国家安全”。习近平总书记重要回信，进一步增强了全国地质工作者的使命感和责任感。冶金地质工作者一定要深刻领悟习近平总书记的重要回信精神，统筹中华民族伟大复兴的战略全局和世界百年未有之大变局，认真落实好习近平总书记关于“大力弘扬爱国奉献、开拓创新、艰苦奋斗的优良传统，积极践行绿色发展理念，加大勘查力度，加强科技攻关，在新一轮找矿突破战略行动中发挥更大作用，为保障国家能源资源安全、为全面建设社会主义现代化国家作出新贡献”的重要指示。

习近平总书记的重要回信，深刻阐明了构建我国矿产资源安全保障体系的紧迫性和重要性。为实现战略性矿产资源从高度依赖进口到自给自足，我国已启动新一轮找矿突破战略行动，金、铜等矿产为本轮找矿突破行动中确定的紧缺战略性矿产。开展战略矿产资源的深勘精查，提高地质找矿效果，实现找矿突破，需要找矿思路不断优化、找矿技术不断创新。“构造叠加晕找盲矿法”就是找矿理论的一项重要创新。

“构造叠加晕找盲矿法”是中国冶金地质总局地球物理勘查院长期积累、科技不断进步、研究不断深入、实践得到检验的创新成果之一。李惠教授团队在多年潜心研究谢学锦院士“原生晕轴向分带理论”的基础上，提出了两个新理论认识：一是针对热液矿床成矿具有多期多阶段叠加的特点，提出了“原生叠加晕理论”。有效解释了“原生晕轴向分带”出现的“反常–反分带现象”这一困惑化探界几十年的难题，认为“前尾晕共存”“反分带”等反常现象是指示深部盲矿体的重要标志，形成了“原生叠加晕找盲矿法”。二是针对热液矿床严格受构造控制，进一步将“原生叠加晕找盲矿法”发展为“构造叠加晕找盲矿法”，其先进性在于强化了盲矿信息、加大了预测深度、减少了采加化工作量、提高了预测盲矿体的准确性和找矿效果。

通过实践检验，构造叠加晕找盲矿理论技术可行、预测准确。据“奋斗-攀登-创新-成果-荣誉”（李惠教授84年华诞回顾），李惠、禹斌教授团队先后应中国黄金、山东黄金、山东招金、灵宝黄金、紫金矿业、云南驰宏等多个矿业企业邀请，分别在17个省份，105个矿区，140多次应用构造叠加晕研究预测金、银、铜、铅、锌、锑等矿体。目前，已有18个矿山企业提供了验证预测靶位的见矿证明，累计探获查明资源量：金334.49吨，铜18.35万吨，银116.5吨。通过“构造叠加晕找盲矿法”预测，矿山企业验证，多个资源濒临枯竭的危机矿山大幅增加了保有资源储量，延长了服务年限，稳定了社会就业，取得了显著经济社会效益。

2022年是中国冶金地质总局成立70周年，一代代冶金地质人栉风沐雨、薪火相传，发扬地质人“三光荣、四特别”精神，为我国资源安全保障和经济建设作出了重要贡献。这本专著凝聚了李惠教授团队老、中、青三代人的智慧心血，是冶金地质70年来无私奉献和突出贡献的重要体现，其内容翔实、理论先进、条理清晰、可操作性与实务性强。谨以此序向专著编纂者、理论应用者与找矿实践者等致以崇高的敬意和谢意，相信专著出版必将对新一轮找矿突破战略行动起到积极的推动作用。

中国冶金地质总局党委书记、副局长（牛建华）：牛建华

2022年10月9日

序　二

自国家实施全国危机矿山接替资源找矿专项和全国找矿突破战略行动以来，取得了重大找矿成果。新一轮找矿突破战略行动将加大基础地质工作和加大勘查力度，特别是精查力度和深部勘查力度，实现新一轮找矿突破难度很大，需要研究新理论，开创新方法。

勘查地球化学方法是新一轮找矿突破的重要方法之一，构造叠加晕法可准确捕捉到深部盲矿的直接信息，提供寻找和预测深部盲矿的重要直接依据，提高勘查预测的准确性，减少探矿风险。

20世纪50年代末谢学锦院士、邵跃、李善芳、欧阳宗圻等中国化探元老几乎与苏联专家同时发现了热液矿床（体）原生晕有明显轴向分带，即每个矿体有前缘晕（头晕）和尾晕，前缘晕在矿体之上可达几百米，为原生晕找盲矿提供了重要依据，开创了原生晕找盲矿法，并取得了很好的效果。

李惠教授自20世纪60年代开始，致力于原生晕找盲矿方法的研究。但随着研究的深入，发现很多矿体前缘元素晕（如Hg，As）不仅在矿头可见，在矿体中间和尾部都有分布，出现反常-反分带现象，不能解释，困惑了多年。为解决上述问题，李惠经多年潜心研究，1991年根据热液矿床成矿成晕具有多期多阶段叠加的特点，提出了“原生叠加晕理论”，不仅合理解释了“前尾晕共存”“反分带”等反常现象是因为多期多阶段成矿成晕叠加的结果，而且将“前尾晕共存”“反分带”等反常现象变成了预测深部有盲矿存在的重要标志，开创了“原生叠加晕找盲矿法”；1997年又根据热液矿床严格受构造控制，提出了“构造叠加晕理论”，只在构造带选择有成矿热液叠加的矿化-蚀变样品，研究构造带中原生叠加晕特征，不仅强化了异常、加大了预测深度，而且大大减少样品采集加工分析工作量。将“原生叠加晕找盲矿法”又发展为“构造叠加晕找盲矿法”。

以李惠、禹斌为首团队先后已应中国黄金、山东黄金、山东招金、灵宝黄金、紫金五大黄金集团及云南驰宏等105个矿山邀请立项，140多次采用构造叠加晕研究-建模-预测，大部分矿山都取得了显著找矿效果，多次获省、部级科技进步奖，《危机矿山深部预测盲矿的新突破——构造叠加晕找矿法》被中国地质学会评为2008年度中国地质科技十大成果。实践表明，构造叠加晕找盲矿法是一种适用于热液型金属矿床深部盲矿预测的直接有效的新方法、新技术。

经过30多年的找矿实践，特别是近十几年参加的全国危机矿山项目与跟踪研究，构造叠加晕找盲矿法在理论和方法技术上不断完善、发展、成熟，总结出了构造叠加晕找盲矿法必须以3个核心理论指导、研究预测4个步聚、5项关键技术和6条预测盲矿标志；研究矿种由金矿扩大到金银、铜、锑、铅锌矿等，在研究建立100多个典型矿床深部盲矿预测的构造叠加晕模型基础上，总结其特性与共性，建立了九种不同类型金及有色金属矿床的深部盲矿预测的构造叠加晕模型，进—步总结热液矿床构造叠加晕特性与共性，建立热液矿床深部盲矿预测的构造叠加晕实用理想（共性-通用）模型。

在与李惠教授多年的接触过程中，深为他坚持不懈的探索行为所感动。为了获取第一手资料，他坚持深入矿山一线，不畏艰苦，不惧危险，即使退休多年依然承担科研预测项目，古稀之年仍然坚持下坑道、爬斜井。为了检验自己的观点，他多次到同一矿山的坑道内进行跟踪研究，反复调查、验证，补充和完善所提出的理论与方法。他专注于构造叠加晕找盲矿研究与应用，锲而不舍地一干就是几十年，并取得了公认的重要创新成果。这种坚持不懈、专注探索的科学精神值得我们认真学习。

专著中介绍了矿区深部及外围、无已知矿建模的勘查（新）区和成矿区带采用构造叠加晕研究-建模-预测的理论与方法技术，分别据不同勘查区特性以示例形式介绍了从立项准备-设计-野外工作-内业资料整理-研究-建模-预测相关要求和工作方法，专著还附有构造叠加晕研究-预测示意图及不同类型金及有色金属矿床深部盲矿预测的构造叠加晕模型和实用模型。对开展深部找矿具有很好的借鉴意义，可供野外矿产勘查工作者在开展深部找矿中参考应用，具有广泛的推广实用价值。

中国地质科学院原常务副院长兼党委副书记、中国地质调查局原科技外事部主任、中国地质调查局原副总工程师、俄罗斯自然科学院外籍院士、勘探地球化学专家、博士生导师、中国地质学会秘书长、中国地质学会勘查地球化学专业委员会主任委员（朱立新）：

2023 年 1 月 31 日

前　言

构造叠加晕找盲矿法是中国冶金地质总局地球物理勘查院技术创新成果，本专著是以李惠、禹斌为首的“构造叠加晕找盲矿研究团队”32 年（1991—2023 年）来对构造叠加晕找盲矿研究-建模-预测理论与方法技术成果的总结。

1991 年，李惠教授等在研究原生晕找盲矿理论（原生晕轴向分带理论）的基础上，根据热液矿床成矿成晕具有多期多阶段叠加的特点，提出了“原生叠加晕理论”，破解了困惑化探界多年的难题，即原生晕轴向分带出现的“反常-反分带现象”，解释了这种“反常”现象是由于不同期次成矿成晕在空间上叠加的结果，而且将“前尾晕共存”“反分带”等“反常”现象转化为指示深部有盲矿的重要标志。1998 年又根据热液矿床严格受构造控制的特征，提出了“构造叠加晕理论”。根据该理论，地质工作者只需要在构造带内采集叠加晕样品，研究构造带原生叠加晕特征，就可以为找盲矿提供理论支撑。这不仅强化了异常、加大了预测深度，而且大大减少了样品采集加工分析工作量，开拓了构造叠加晕找盲矿法。

构造叠加晕找盲矿法研究专题（1997 年前）先后参加了国家攀登计划（85-B34）项目、国家攻关 90051-09 项目和 96-914 项目、2008—2010 年参加了全国危机矿山项目（200799091），32 年来先后已应 17 个省份 105 个矿山（其中包括 93 个金矿）邀请，140 多次立项应用构造叠加晕研究预测，绝大部分矿山取得了显著找矿效果。在此基础上，总结出了石英脉型、蚀变岩型、构造破碎带型、脉带型、角砾岩型及矽卡岩型六种类型金矿，以及锑矿、铜铅锌、银矿共计四种金属矿床深部盲矿预测的构造叠加晕模型。而后，为突出模型实用性，又建立了“热液型金及有色金属矿床深部盲矿预测的实用理想模型”和“勘查（新）区构造蚀变带深部预测的构造叠加晕参照实用理想模型”。通过 32 年的不断应用、总结提高，研究团队完善和形成了构造叠加晕找盲矿研究新思路：从已知到未知，跟踪构造找叠加，以 3 个核心理论为指导，4 步法研究步骤，抓住 5 项关键技术，建立矿床深部盲矿预测的构造叠加晕模型，用模型和总结出的6条预测标志对勘查区进行预测，提出预测靶位。经过32年找矿实践检验，证明了构造叠加晕找盲矿理论的正确性和方法技术的可行性，提高了盲矿预测的准确性。

当今社会飞速发展，人类赖以生存和发展的物质基础——矿产资源越来越引起人们重视。然而，资源危机与勘查找矿技术不完善的矛盾日显突出，国际形势错综复杂，生态问题越来越被人们所重视，找矿空间越来越小，找矿难度越来越大。新一轮找矿突破很重要的一个方向就是就矿找矿、深勘精查。要取得好的找矿效果，首先要选对勘查方法。实践证明，构造叠加晕找盲矿法是危机矿山深部勘查行之有效的方法之一。经过32年105个矿山的应用，构造叠加晕找盲矿法得到了业界的高度认可，方法的有效性毋庸置疑。同时，这个方法在矿区外围、成矿区带及勘查新区应用也可获得较好的效果。

构造叠加晕找盲矿法及研究成果在三个方面得以推广：①已出版相关内容专著6部、发表论文184篇；②参加了第30届国际地质大会、第16届国际勘查地球化学学术会、全国勘查地球化学学术会、中国地质学会年会、矿床地质学术会、矿山地质学术会及黄金科学技术学术会等会议活动并交流研究成果；③李惠教授等先后应各部门邀请在学习、培训班讲课介绍构造叠加晕方法、研究成果-找矿实例近百次，参加学习、培训的总人数达8000余人次。

为便于构造叠加晕找盲矿法的推广和广泛应用，团队撰写《构造叠加晕找盲矿研究-建模-预测理论与方法》这部专著，从立项准备、指导理论、关键技术、研究思路方法、研究内容、设计及样品布置、野外工作及采样方法、室内综合研究中的数据处理及制图要求等各方面进行详细介绍，同时对在构造叠加晕图上识别单次成矿而形成的矿体前缘晕、近矿晕和尾晕指示元素方法和叠加结构的方法、建模及靶位定位预测方法等进行专门阐述。具体章节安排为：第1章简述构造叠加晕找盲矿新方法、新技术理论与实践成果；第2章对构造叠加晕找盲法常用术语进行详解；第3章总结热液矿床构造叠加晕特性与共性，根据共性建立热液矿床深部盲矿预测的构造叠加晕实用理想（共性-通用）模型；第4章详细介绍矿区深部及外围构造叠加晕的研究-建模-预测理论与方法；第5章介绍无已知矿建模的勘查（新）区采用构造叠加晕研究-建模-预测理论与方法，并建立勘查（新）区构造叠加晕预测的参考实用理想模型；第6章介绍成矿区带构造叠加晕研究-建模-预测理论及方法。其中，第4

章（矿区深部）、第 5 章（勘查新区）、第 6 章（成矿区带）分别就测区特性以示例形式从立项准备到内业资料整理研究全过程介绍相关要求和工作方法。

附录 A—E 列出了构造叠加晕找盲矿研究-建模-预测的重要参考资料，包括热液矿床原生晕轴向分带序列表、构造叠加晕研究-建模-预测示意图、不同类型金及有色金属矿床深部盲矿预测的构造叠加晕模型或实用模型图、构造叠加晕研究-建模-预测参考资料及已研究预测矿山项目。

本专著由李惠编写初稿，经禹斌、魏江、张国义、李永才、魏子鑫、王俊、任良良、李上、王旭、彭伟等修改，最终由禹斌、魏江全面修改定稿。

致　谢：感谢中国冶金地质总局、物勘院对我们团队及研究工作的支持；感谢院士、专家对构造叠加晕研究的指导、鼓励和支持，以及对构造叠加晕研究成果给予的高度评价。

32 年来构造叠加晕立项-研究-预测所取得的成果是在中国冶金地质总局和物勘院的正确领导支持下，团队努力攀登、奋斗的成果，也是众多院士、专家、教授的热情指导支持的结果。

特别要感谢的院士及专家教授有：谢学锦、涂光炽、翟裕生、陈毓川、常印佛、於崇文、刘光鼎、邓军、欧阳宗圻、赵伦山、吴悦斌、王建国、叶天竺、吕志成、颜廷杰、鲁安怀、谢玉玲、刘秉光、吕古贤、寸硅、杨志刚、王文成、张北廷、黄绍锋、张继林、叶胜勇、李青云、张永涛、宋玉国、李亮等。

感谢中国黄金集团有限公司、山东黄金集团有限公司、山东招金集团有限公司、灵宝黄金集团股份有限公司、灵宝金源控股有限公司、紫金矿业集团股份有限公司、云南驰宏锌锗股份有限公司、民营矿业公司及其矿山的主管总经理、总工程师、地质师们对构造叠加晕找盲矿法的信任及支持，感谢各矿山地质科技人员参与项目研究。构造叠加晕找盲矿研究成果是所有关心和参与构造叠加晕研究人员的共同成果。

感谢中国地质学会副理事长、常务副秘书长、全国勘查地球化学专委会主任朱立新研究员对构造叠加晕找盲矿研究的热情鼓励和支持。

李　惠　禹　斌　魏　江

2022 年 9 月

目　录

第1章　构造叠加晕找盲矿新方法新技术理论与实践

攻深找盲是找矿的重大前沿科学课题，解决矿山资源危机或深部探矿增储难度很大，要提高预测的准确性和找矿效果，必须提出新理论，研究新方法、新技术。李惠等在研究发展原生晕找盲矿理论（原生晕轴向分带——矿体有前缘晕、近矿晕及尾晕）基础上，根据热液矿床成矿具有多期多阶段叠加的特点，1991年提出了“原生叠加晕理论”，破解了困惑化探界几十年的难题，即无法利用原生晕预测盲矿的支撑理论“原生晕轴向分带”解释出现的“反常反分带，前尾晕共存”等现象，开创了“原生叠加晕找盲矿法”，而且将“反分带”及“前尾晕共存”变成了指示深部有盲矿的标志。李惠等根据热液矿床成矿严格受构造控制的特点，1998年又提出了“构造叠加晕理论”，制定了只需在构造蚀变带内采样的特殊采样方法，这不仅强化了盲矿信息、加大了预测深度，而且大大减少了样品采集-加工分析工作量，提高了预测盲矿的准确性，将“原生叠加晕找盲矿法”发展为“构造叠加晕找盲矿法”。

构造叠加晕找盲矿之所以提高了预测盲矿的准确性，找矿效果显著，就在于它有新理论、新思路、新方法。

热液矿床成矿有内因和外因，在矿区深部预测中既要研究内因又要研究外因，外因是条件，内因是关键。热液矿床严格受构造控制（最重要的外因），矿在构造中，但并不是所有构造都有矿，如在某矿区有多个方向构造，不一定都含矿，但有矿构造中一定会有成矿及伴生元素晕（内因）。

在热液矿床矿区深部预测中，专家们总结出了构造控矿因素和矿体在构造中的赋存规律，如构造的特点及性质，矿体在构造中分布的等距性、无矿间隔、侧伏规律及阶梯分布等（外因），据此预测有利成矿空间，取得了很好的找矿效果，但并不是每个有利成矿空间都有矿。若在有利成矿空间上方的坑道、钻孔中有成矿及伴生元素叠加晕（内因），则显示了有利成矿空间有矿的直接信息，提高了预测有利成矿空间有矿的准确性。如果要精准确定有利成矿空间是否有矿，还必须研究矿体原生晕的轴向分带和叠加结构，即确定矿体的前缘晕、近矿晕和尾晕，在已知矿体尾部叠加晕中，在有成矿元素异常出现的条件下，若有前缘晕叠加（前尾晕共存），则指示深部有盲矿。

由于热液矿床成矿成晕具有多期多阶段叠加特点，所以必须识别晕的叠加结构。只有用叠加的观点才能在复杂的叠加晕图上识别出已知矿体的前缘晕、近矿晕和尾晕元素，才能正确认识已知矿体尾部出现前尾晕共存现象是深部盲矿前缘晕叠加的结果，将前尾晕共存变成了预测已知矿体深部有盲矿的重要标志。

1.1 构造叠加晕找盲矿法定义及适应范围

1.1.1 构造叠加晕找盲矿法定义

以热液矿床原生晕轴向分带理论、原生叠加晕理论和构造叠加晕理论为依据，在构造带内采集成矿热液叠加的矿化-蚀变样品，分析其成矿元素及伴生元素，研究构造带内原生叠加晕特点，即研究确定每一次成矿形成的矿体前缘晕、近矿晕和尾晕特征指示元素及组合，识别不同期次成矿形成矿体晕在空间上同位或部分同位叠加或同一次成矿形成相近多个矿体或串珠状上下矿体间前-尾叠加结构，建立矿床构造叠加晕模式，确定盲矿预测标志，用模式和标志对深部盲矿进行预测，提出预测靶位，预测金属资源量（目前研究以热液矿床最多，次为热卤水强改造矿床）。

1.1.2 构造叠加晕找盲矿法适应范围

（1）适用矿山及勘查区

构造叠加晕找盲矿新方法新技术用于矿山及外围深部预测准确性高、效果最好，在勘查新区（普查区）相对预测效果也很好。

1）在矿山及外围深部进行盲矿定位预测，可为资源危机矿山或矿山深部探矿增储提供依据。全国危机矿山项目找矿成果表明，在很多矿山过去探明的矿体深部 500~2000 m 都找到了大矿或第二、第三富集带，反映矿山深部及外围找矿潜力巨大，但并不意味着所有矿山深部都有矿，具体到某矿山的深部是否有盲矿，具体为多少？构造叠加晕找盲矿新方法、新技术可以直接提供行之有效的方法。

在具体矿区进行深部预测时，必须研究其特性，建立本矿床的构造叠加晕模式和盲矿预测标志，用本矿床模式和标志对本矿床深部预测效果最好，可较准确地确定盲矿靶位位置及靶位内金属资源量。

在矿区外围预测同类矿床盲矿，可用相近的已知矿床模型预测，但其预测准确性要差一些。

2）勘查新区-普查区深部盲矿相对预测：在无已知矿建模的普查区寻找某种热液矿床，可参考同类矿床已建立的模式和勘查（新）区构造叠加晕研究方法及已建勘查（新）区构造叠加晕的参照实用理想模型（李惠等，2021），结合某勘查（新）区特点，建立某勘查（新）区构造叠加晕预测的参考实用模型，用模型进行预测，可有效地对勘查（新）区各构造蚀变带构造叠加晕异常进行评价、对深部含矿性进行“相对”预测，筛选出最有利成矿的构造蚀变带，提出有利成矿部位或预测靶位并排序，缩小找矿范围，为进一步勘查提供依据。

（2）适用矿床成因及矿种

适用矿床成因类型：热液矿床、热卤水强改造矿床。适用矿种：金、银、铜、铅锌、钼、锑、钨、锡、铌-钽等。

（3）预测深度

在构造带内矿体成矿元素及前缘晕从矿头向上为 200～300 m，即预测深度在 200～300 m；如在 1000 m 深部坑道钻孔取样，则可预测 1200～1300 m 之下盲矿头部，如上部矿体长为 500 m，则可预测深部 1300～1800 m 之间有盲矿体。

1.2 构造叠加晕找盲矿法研究背景与发展完善历程

1.2.1 国家急需

我国有众多资源危机矿山，随着矿山持续生产，危机矿山数量还会不断增加，急需寻找接续资源，急需探矿增储，在矿山深部及外围找矿预测。深部找矿难度很大，要较准确定位预测深部哪里有盲矿？有多少？必须提出新理论，开创有效的新方法、新技术。构造叠加晕找盲矿法是在继承原生晕轴向分带理论的基础上，提出“原生叠加晕理论”和“构造叠加晕理论”，从而开创了找盲矿直接有效新方法、新技术。

1.2.2 原生晕找盲矿显露出的问题

原生晕找盲矿理论的提出与研究始于 20 世纪 50 年代末至 60 年代初，谢学锦院士、李善芳、邵跃、欧阳宗圻及吴承烈等中国化探元老几乎与苏联学者同时各自发现了“热液矿床的原生晕具有明显轴（垂）向分带”，即每个矿体都有自己的前缘晕、近矿晕和尾晕，矿体的前缘晕向上延伸达几百米，为预测盲矿提供了重要理论依据，据此开创了原生晕找盲矿新方法。20 世纪 60 年代至 80 年代末，我国化探专家研究并建立了主要类型有色金属及金矿床的地球化学异常模式和找盲矿模型，是原生晕找盲矿方法的重大成果，提高了预测盲矿水平，在找盲矿中取得了好效果，也有不少找盲矿实例，发表了多部专著和论文。

随着对原生晕轴向分带及找盲矿模型研究的不断深入，特别是 20 世纪 80 年代以来，原生晕研究显露出严重问题。要研究建立矿床原生晕模式，首先是研究原生晕轴（垂）向分带，关键是确定已知矿体的前缘晕、近矿晕和尾晕特征指示元素。在理论上和已有研究成果表明：F、Hg、As、Sb 及 B 等是前缘晕元素，其强异常应分布在矿体前缘，但研究发现很多矿床轴（垂）向分带出现了“反常-反分带”的混乱现象，即 F、Hg、As、Sb 及 B 等在矿体前缘、中部和尾部都有强异常，在异常图上难以确定它是前缘晕元素还是尾晕元素。预测盲矿时，矿体尾部既有前缘晕 Hg、As，又有尾晕元素 Mo、Co，前尾晕共存，难以确定深部有盲矿还是无矿。1986 年在桂林召开的第三届全国勘查地球化学学术会议上，李惠作原生晕轴向分带研究成果报告时，某化探专家向李惠提问：“我研究的几个矿床原生晕为什么没分带-反常？”李惠回答：“肯定有分带”，但说不出原因。若否定了原生晕有轴向分带，也就是否定了原生晕找盲矿的理论基础。但是，出现了“反常-反分带”的混乱现象，这一难题困惑了化探界几十年，影响了应用原生晕方法预测盲矿效果的进一步提高。

1.2.3 发展完善历程

1.2.3.1 构造叠加晕找盲矿法核心理论的提出

1991年在“原生晕轴向分带理论”的基础上，李惠及其团队提出了“原生叠加晕理论”，开创了原生叠加晕找盲矿法；1997年李惠及所在团队提出了“构造叠加晕理论”，将原生叠加晕找盲矿法发展为构造叠加晕找盲矿法；2010年以来进一步明确、强调在构造叠加晕找盲矿研究、预测整个过程中，必须始终以3个核心理论为指导才能取得好的找矿效果。

（1）原生叠加晕理论

1991年提出原生叠加晕理论，不仅破解了原生晕找盲矿研究原生晕轴向分带出现“反常-反分带”现象的原因，而且将“反分带”、“前尾晕共存”等反常现象变成了找盲矿的重要标志，开创了原生叠加晕找盲矿法，使化探找盲矿取得了新的突破和飞跃。

1）项目：第一个原生叠加晕研究项目是1992年国家黄金局立项“河南秦岭金矿原生叠加晕研究及深部预测”，1996年参加了国家攀登计划（B85-34）（专题），国家攻关“中国主要类型金矿找矿模型”（3个专题）（90051-09）和国家重点科技攻关项目（96-914）（专题）3个国家攻关项目，期间还应7个矿山邀请立项应用。

2）国内论文：在国内刊物上发表的第一篇关于原生晕找盲矿论文是——热液金矿床原生叠加晕的理想模式．李惠．地质与勘探，1993（4）：46-51.

3）国际论文：在国际刊物发表的第一篇关于原生叠加晕找盲矿的论文是——Ideal Models of Superimposed Primary Halos in Hydrothermal Gold Deposits. Li Hui，Wang Zhinong. Journal of Geochemical Exploration，1995（55）：326-329.

（2）构造叠加晕理论

1997年提出构造叠加晕理论，只研究构造中的原生叠加晕，只在构造带采集与成矿有关的矿化-蚀变样品。这不仅强化了异常，加大了预测深度，而且大大减少了样品采集、加工、分样的工作量，将原生叠加晕找盲矿法发展为构造叠加晕找盲矿法，为危机矿山在矿山深部及外围找盲矿提供了一种直接、有效的新方法、新技术。

1）项目：第一个构造叠加晕研究项目是“山东乳山金矿及其外围某些石英脉构造叠加晕研究及深部预测”，1998年10月。

2）国内论文：

国内刊物最早发表的关于构造叠加晕找盲矿的3篇论文

论文1：金矿盲矿预测的构造叠加晕准则和效果．李惠、张国义、王支农．中国矿山地质，2002（2）：130-134.

论文2：构造叠加晕及其在金矿区深部盲矿预测的效果．李惠、张国义、王支农等．中国地质学会80周年文集，北京：地质出版社，2002：533-537.

论文3：金矿床体深部盲矿预测的构造叠加晕前、尾晕共存准则．李惠，王支农，上官义宁等．地质找矿论丛，2002，17（3）：195-197.

3）国际论文：Models of Construction Supermposed Halos and Model of Gaseous and Ionic Halos of Inclusions for Prospecting Blind Ores in Zhaoyuan Gold Deposit Concensrative Region. Li

Hui , Wang Zhinong, Zhang Guoyi , Zhang Wenhua. International Symposium on Gold Geology and Exploration in Zhaoyuan, 2002.

1.2.3.2 构造叠加晕找盲矿研究-预测方法不断完善

(1) 关键技术由 4 个转为 5 个

2013 年前确定了 4 项关键技术，在构造叠加晕找盲矿研究-预测中又发现如果前缘晕和尾晕元素外、中、内浓度分带标准不明确，会导致元素在构造叠加晕图上只有一个浓度带，难以确定该元素是前缘晕元素还是尾晕元素。因此，2017 年将指示元素浓度分带标准确定为关键技术。

(2) 研究-预测步骤由 3 步转为 4 步

原为 3 步，但在研究中逐渐认识到必须确定热液来源方向，才能确定好有利成矿空间，2015 年增加为 4 步。

(3) 预测盲矿预测标志由 5 条转为 6 条

多年来在研究矿晕元素相关关系中，对近矿与前缘晕和尾晕及前缘-尾晕元素间出现相关不能解释，采取了回避，2018 年以来根据热液矿体晕轴向分带理论和原生叠加晕理论进行了圆满解释，是叠加结果，并将计算矿体尾部-尾晕元素相关矩阵中出现前缘-尾晕元素反常相关，如前缘 Hg 与尾晕 Bi 相关，则是深部盲矿前缘元素叠加结果，指示深部有盲矿。

(4) 预测定性标志发展为定量化指标

随着构造叠加晕研究-预测的深入发展，预测定性标志必须发展为定量化指标，这是向智能化预测迈进的第一步。2015 年通过对近百个矿山研究-预测-验证靶位见矿实践，总结出了预测盲矿和判别矿体剥蚀程度的近矿-前缘晕和尾晕指示元素外带、中带、内带浓度（异常强度）预测指标及其组合，要求在所建某矿床深部盲矿预测的构造叠加晕实用模型中，必须附有本矿床特征指示元素及各元素外带、中带、内带浓度标准。如指示矿床深部有盲矿的通用定量化指标是，在有近矿元素中-外带条件下，前尾晕元素中-外带异常共存。注意，不同矿床的特征指示元素不同及各元素外带、中带、内带浓度不同。

1.2.3.3 构造叠加晕找盲矿法预测矿种不断扩大

2011 年以来，研究预测矿种由金银矿不断扩大到有色金属锑、铜、铅及锌矿床。

第 1 个项目：湖南锡矿山锑矿床的构叠加晕研究及深部预测，2011—2012 年。

至 2022 年已完成湖南、云南、内蒙古等 9 个锑、铜、铅、锌矿山研究预测。

1.3 构造叠加晕研究-建模-深部预测思路及方法

1.3.1 新的研究思路

从已知到未知，跟踪构造找叠加，采样、多元素分析，以 3 个核心理论为指导，4 步法研究步骤，抓住 5 项关键技术，建立本矿床深部盲矿预测的构造叠加晕模型，用模型和总结出的 6 条预测标志对勘查区进行预测，提出预测靶位。

1.3.2 研究建模及预测的方法

要对某矿区深部盲矿预测，必须遵循从已知到未知的原则，按照“3456”研究思路研究该矿床的原生晕轴向分带特点，确定本矿床的前缘、近矿及尾晕特征指示元素及其浓度范围及外、中、内浓度分带标准，识别不同阶段成矿作用形成的矿体-晕叠加结构，建立本矿床深部盲矿预测的构造叠加晕模型（包括模式和盲矿预测标志 6 条或其中的几条），用本矿床模型和标志对本矿床深部进行盲矿预测。

1.4 构造叠加晕找盲矿法研究预测的3个核心理论及其先进性

化探找盲矿依靠“晕-异常”，在化探找矿过程中，首先是发现异常，第二是评价异常，确定哪些异常深部有盲矿。构造叠加晕找盲矿法有 3 个核心理论，即“原生晕轴向分带理论”“原生叠加晕理论”和“构造叠加晕理论”，后一个理论是在前一个理论的基础上升华而成，是认识不断发展的体现，核心理论是发现异常和评价异常的理论依据。

为解决“原生晕轴向分带理论”中出现的“反常-反分带”的难题，李惠等在多年潜心研究矿床成因、成矿特点及成矿机理基础上，1991 年根据热液矿床成矿成晕具有多期多阶段叠加特点，在原生晕找盲矿理论（每次成矿形成的每个矿体都有自己的前缘晕、近矿晕和尾晕）基础上，提出了“原生叠加晕理论”，即不同期次成矿形成的矿体，原生晕在空间上有同位和部分同位叠加或同一次成矿形成相近多个矿体或串珠状上下矿体间前尾晕叠加特点。将“原生晕找盲矿法”发展为“原生叠加晕找盲矿法”。1998 年李惠等又根据热液矿床严格受构造控制的特征，提出了“构造叠加晕理论”，将“原生叠加晕找盲矿法”发展为“构造叠加晕找盲矿法”，不仅强化了异常，加大了预测深度，而且大大减少了样品采集、加工、分析工作量，关键是提高了预测盲矿的准确性和找矿效果。

构造叠加晕理论是根据热液矿床严格受构造控制的特征，只在构造带内选择性采集有成矿热液叠加的样品。首先是在构造带内圈定出异常，但异常深部不一定有盲矿，然后是评价异常。确定预测盲矿和判别矿体剥蚀程度的标志，在异常评价中必须根据“原生晕轴向分带理论”和“原生叠加晕理论”才能确定哪些异常深部有盲矿和判别矿体向深部是否有延伸，根据“原生晕轴向分带理论”即矿体有前缘晕、近矿晕和尾晕特点，在有近矿晕元素基础上，再有前缘晕元素，则指示深部有盲矿。由于热液矿床成矿具有多阶段叠加特点，在评价异常时还必须用“原生叠加晕理论”识别叠加、分析异常，当已知矿床尾部出现前尾晕元素叠加共存时，反映了深部盲矿前缘晕叠加，指示深部还有盲矿体。当矿床-体深部尚未控制时，出现前尾晕共存，则指示矿体向深部还有很大延伸。

1.4.1 原生晕轴向分带理论

“热液矿床成矿形成的矿体-原生晕都有明显的轴（垂）向分带”，即每个矿体都有自己的前缘晕、近矿晕和尾晕，前缘晕可达几百米，是原生晕预测盲矿的重要依据。原生晕轴向分带理论的先进性为预测盲矿和判别矿体剥蚀程度提供了依据。

（1）矿体有晕

各种成因的矿床-体和地质体周围岩石中的异常称为岩石地球化学异常中原生异常（晕），在宏观上表现为矿化-蚀变晕-地质异常，在微观上表现为成矿及伴生元素异常-原生晕或热晕。晕比矿体和地质体容易发现，是找矿很好的标志，但只能是可能性预测，缩小找矿范围，不能预测深部肯定有矿。

（2）矿体原生晕有轴向分带

要准确预测盲矿和判别矿体剥蚀程度，必须识别矿体头（前缘晕）、中（近矿晕）和尾（尾晕）差异，即研究这些矿化-蚀变晕和成矿及伴生元素异常晕的轴向分带，发现前缘晕、近矿晕和尾晕差异特征。

作者研究表明，热液矿床原生晕即成矿及伴生元素异常有明显轴向分带，每次成矿作用形成的每个矿体都有自己的前缘晕、近矿晕和尾晕特征元素，据前缘晕、近矿晕和尾晕特征元素组合特征，可有效预测盲矿和判别矿体剥蚀程度。

例如，预测金矿盲矿标志是在有成矿元素金异常条件下，有前缘晕元素 Hg、As 及 Sb 异常指示深部有盲矿，若再有 Ag、Cu、Pb 及 Zn 近矿元素异常，则暗示有第三阶段叠加，金矿可能较富。综上，若在已知矿体尾部出现前缘晕元素（Hg、As 及 Sb）与尾晕元素（Bi、Mo 等）共存，则指示深部有盲矿。

在宏观上，矿化-蚀变研究成果表明：如与金矿最密切的硅化、黄铁矿化、绢云母化等是很好的找金标志，但很多专家经多年研究表明（李惠，1993），在矿体头、尾矿化蚀变类型相似，难以区别。

李惠与王支农教授在20世纪90年代，研究了金矿的石英包体气晕、离子晕及其叠加晕预测模型，发现在矿体的头-尾有明显区别：头部异常为 CH_4、Cl^-、F^-，尾部异常为 Ca^{2+}、Mg^{2+}。金矿的石英包体气晕、离子晕出现 CH_4、Cl^-、F^- 异常，指示有盲矿体，在已知矿体尾部出现 CH_4、Cl^-、F^- 异常与 Ca^{2+}、Mg^{2+} 异常共存，则指示深部有盲矿（李惠等，1994）。

（3）原生晕轴（垂）向分带

有三种表达方式：①矿体的前缘晕、近矿晕和尾晕：在矿体原生晕剖面图或垂直纵投影图上，强异常分布在矿体头部前缘称为前缘晕，其异常元素称为前缘晕元素，如 F、I、Hg、As 及 Sb 等元素；强异常分布在矿体尾部称为尾晕，其异常元素称为尾晕元素，如 Bi、Mn、Mo、Co 及 Ni 等元素；以主成矿元素矿体为中心，随远离矿体其含量逐渐降低称为近矿晕元素，其晕称为近矿晕。②地球化学参数轴向变化：计算矿体原生晕从上到下不同标高中元素含量比值、累加比、累乘比等地化参数，发现地化参数从上到下变化规律（正常应为逐渐降低或升高，如 Hg/Bi、（As×Sb）/（Mo×Co）降低），可确定头尾特征值，此外还有人计算矿体不同标高的热力学地化参数轴向变化规律，据此预测盲矿和判别矿体剥蚀程度。③原生晕轴向分带序列：根据矿体原生晕从上到下不同标高中元素含量特征计算原生晕轴向分带序列，反映原生晕前缘晕、近矿晕和尾晕指示元素。

（4）原生晕轴向分带序列机理

热液矿床原生晕轴向分带的形成，受多种因素影响或控制，是非常复杂的问题。李惠综合目前不同学者从不同角度对热液矿床原生晕分带的论述（阮天健，朱有光，1985），

（刘英俊，邱德同，1987），认为下面一些因素可对热液矿床成矿成晕分带现象做出一定解释，但要精确解释仍需要进一步研究。

1）元素自身的地球化学性质与原生晕分带性：元素本身的地球化学性质决定其活动性，如离子半径、极化性、负电性、化合物及能量系数等都是影响元素在热液中迁移、沉淀的重要因素，各元素活动性强弱导致了在成矿成晕过程中先后沉淀分带。

2）元素络合物的稳定程度与原生晕分带性：根据矿物包裹体成分及成矿作用模拟实验的研究，在热液成矿作用（包括气成成矿作用）过程中，金属成矿元素及其伴生元素，一般是呈络合物的形式迁移。在运移中，由于温度、压力等外界条件变化，各种元素络合物稳定程度不同，其络合物破坏导致元素沉淀出现先后顺序，元素络合物稳定性由小到大依次被破坏、分解，沉淀后，在空间上形成了元素的分带。

元素络合物在水溶液中的稳定程度取决于电离能的大小，络合物的稳定性是以络离子电离能表示，用不稳定常数来度量。若金属元素的络离子［$M^{n+}A_x^{m-}$］$^-$电离式为

$$M^{n+}A_x^{m-} = M^{n+} + xA^{m-}$$

M 为中心阴离子，A 为配位体，在电离达到平衡时，平衡常数-不稳定常数则为：

$$K_{不} = [M^{n+}] \times [xA^{m-}] / [M^{n+}A_x^{m-}]^-$$

某元素所形成络合物的稳定性与不稳定常数 $K_{不}$ 值成反比，$K_{不}$ 值越大，该元素在成矿溶液中所形成络合物越不稳定，先破坏、元素先沉淀，其迁移距离越短。

相反，$K_{不}$ 值越小，该元素在成矿溶液中所形成络合物越稳定、元素越后沉淀，其迁移距离越远，形成了元素的空间分带。

热液中大多数亲硫元素是以硫化配合物形式（通式［$Me(S_2O_3)_m]^{n-}$）或在富 H_2S 的热液中重金属呈络离子以配合物形式（通式［$Me^x(HS)_n]^{x-n}$）进行搬运，经实验确定这些元素的硫代硫酸盐配合物的不稳定常数依次为：Co>Ni>Zn>Fe>Pb>Cu>Ag>Au>Hg，因此这些元素的活动性依上述顺序增大。元素的活动性决定了热液中成矿元素的析出顺序，这与某些矿床原生晕分带是一致的。

Barnes and Czamanske（1970）强调络合物的稳定性由它们的热力学参数度量，对各种金属的硫化络合物的热力学稳定参数进行了计算，由大到小依次是：Hg（227）>Cd（156）>Pb（154）>Cu（134）>Zn（132）>Sn（126）>Ni（83）> Co（81）>Mn（78）

稳定性由小到大依次沉淀，小的先沉淀，大的后沉淀。因此，迁移距离由大到小依次是 Hg → Cd → Pb→ Cu → Zn → Sn→ Ni →Co →Mn，这与某些矿床原生晕分带是一致的。

Helgeson（1967）对金属氯化络合物稳定性（在 25℃时）的计算结果显示络合物在溶液中的稳定性由大至小的顺序即迁移距离由大到小为：$Hg>Ag^+>Pb^{2+}>Zn^{2+}>Cu^{2+}$，这些资料显示的规律与原生晕的轴向分带序列是一致的。

由于热液成分和条件的变化，元素迁移时所呈络合物的类型也在改变。随着络合物类型的改变，元素的活动性则有所不同，进而会影响元素在分带序列中的位置。

3）渗滤作用对原生晕分带性的影响：成矿溶液的渗滤作用是指成矿溶液沿着裂隙系统在压力梯度的作用下整体、自由流动而迁移一种过程。成矿溶液在渗滤过程中发生过滤效应，过滤效应造成了渗滤晕分带性。过滤效应就是把岩石的细小孔隙看成是一种半透膜，溶液通过时，由于溶剂和溶质平均速度不同引起浓度变化，当溶剂易通过时，致使溶

液中溶质滞留而浓度升高而沉淀，溶液前锋浓度降低。

4）围岩的过滤效应与溶液中组分的浓度、溶液的温度、围岩的孔隙度及溶液中各种元素的水合离子半径、溶液的压力等因素有关。当上述各种外界因素固定后，由于各种元素的水合离子半径的大小不同，它们在围岩中的渗透能力是不同的。水合离子半径大的元素，由于其渗滤效应大，因此首先被滞留。而水合离子半径小的元素，可以渗滤的距离远。根据 Внинников（1960）的资料，某些元素的水合离子及其水合离子半径由小→大，迁移距离由大→小排列是：Ag^{+}(1.61Å) < Au^{+}(1.53Å) < Cu^{2+}(3.58Å) < Zn^{2+}(3.58Å) < Ni^{2+}(3.43Å) < Co^{2+}(3.42Å) < Bi^{3+}(3.86Å) < Mo^{3+}(4.97Å) < Sn^{4+}(4.98Å)。随着水合离子半径增大，迁移距离由也大至小。

根据这些元素的水合离子半径的大小顺序，所显示的分带序列与原生晕中指示元素的轴向分带序列是相近似的，但 Ni^{2+}、Co^{2+}远于 Zn^{2+}而出现反常 。

5）成矿温度与原生晕分带：温度是成矿成晕的重要条件，各种矿物沉淀与其结晶温度有关，矿物结晶温度从高到低，依次形成高温矿物到低温矿物，成矿元素及伴生元素也形成了分带。

艾孟斯（1936）对矿床分带做了系统阐述，他设想，当含有大量矿物质的上升热液进入温度较冷的地段时，由于元素地球化学性质不同，随着温度降低，依次沉淀形成分带。矿物沉淀的顺序与其溶解度相反，难溶矿物先沉淀，并根据溶解度高低，先后沉淀形成分带。由于矿体与原生晕是一个整体，所以，原生晕也具有相似的元素分带。

6）元素的挥发性与原生晕分带：F、I 及 Hg 等强挥发性元素总迁移距离远，为前缘晕元素。

如 Hg 元素的熔点低（为-38.87℃）、沸点低（为 356.58℃）、挥发性强，电负性为 1.8。因 Hg 有很高的蒸汽压，在含矿热液中，Hg 往往以气态形式迁移，在 Au、Ag、Cu、Pb 及 Zn 等有色金属矿床的原生晕中，其异常都明显在矿体上部及前缘晕。

F 元素的熔点低（为-219.62℃）、沸点低（为-118.14℃），易与金属元素形成可溶性化合物迁移，称为矿化剂元素。F 电负性强（为 3.9），在热液作用中，F 为有色金属（W、Sn、Mo）及稀有金属（Be、Nb、Ta）的主要矿化剂，形成可溶性化合物形式在热液中运移。由于 F 的挥发性及活动性强，在矿体周围特别是前缘形成强异常，在矿体前缘延伸可在 200~250 m 之间，有些矿区可在 400~500 m 之间。

I 元素的熔点低（为 113.5℃）、沸点低（为 184.35℃）、电负性强（为 2.66），易与金属元素形成可溶性化合物迁移，称为矿化剂元素。碘能直接与氢化合形成气态的碘化氢，碘挥发性强，自然界易升华、迁移能力较强。

7）谢尔巴科夫认为热液中元素分异，是由于其离子密度不同造成的。离子密度高的元素如 Mo、Sn、W、Bi 及 Ni 等富集于矿体下部及尾晕，离子密度低的元素 As、Sb、Hg 等富集于矿体上部及前缘晕（阮天健，朱有光，1985）。

1.4.2 原生叠加晕理论及其先进性

根据热液矿床成矿成晕具有多期多阶段叠加特点，提出了“原生叠加晕理论”，解释了原生晕轴向分带“反常”“反分带”现象是由于不同期次成矿形成矿体晕在空间上叠加的结果，而且将“反分带”“前尾晕共存”变成了预测深部盲矿的重要标志。将“原生晕找盲矿法”发展为“原生叠加晕找盲法”。

（1）原生叠加晕理论

在原生晕找盲矿法理论①原生晕轴向分带理论基础上，又增加②~⑤，共5条。②热液型金矿成矿成晕不仅在时间上有多期多阶段脉动性、继承性，而且在构造空间上也具有同位叠加或部分叠加等不同形式的叠加结构，形成了复杂的原生叠加晕。③金矿床（体）不同阶段成矿成晕特点是在具有同一物质来源、含矿热液成分和成矿环境基础上，继承性变化和脉动演化。不同阶段成矿形成矿体的原生晕都有明显相似的轴向分带，即原生晕有相似共性的前缘晕元素（I、F、Hg、As、Sb、B及Ba）、近矿晕（主成矿元素及伴生生元素：Au、Ag、Cu、Pb及Zn）和尾晕元素（Bi、Mo、Mn、Co、Ni、V、Ti、W及Sn）。④当后期热液沿构造带上升，流经先形成的矿体晕时，矿体中部分元素会活化转入热液随之迁移一定距离，对先形成矿体晕分带有一定影响。但研究与实践表明，这种作用大部分矿床并没有改变先形成矿体晕的轴向主体分带。⑤同一次成矿作用在构造中形成串珠状或多个相近矿体，当上、下两个矿体相近时，串珠状上、下两个矿体有总体前缘晕和总体尾晕，而上部矿体又有自己的小尾晕，下部矿体又有自己的小前缘晕，当上下两个矿体相近时，则下部矿体前缘晕叠加在上部矿体的尾晕上，形成前尾晕叠加共存现象。

（2）原生叠加晕理论先进性

原生叠加晕找盲矿理论发展了原生晕找盲矿理论：①破解了原生晕找盲矿中原生晕轴向分带出现“反常-反分带”难题，已知矿体尾晕出现前尾晕叠加共存，是深部盲矿前缘晕叠加结果。②将反分带、前尾晕共存等“反常”现象变成了预测深部盲矿的重要标志。

1.4.3 构造叠加晕理论及其先进性

（1）构造叠加晕理论

热液矿床严格受构造控制，在构造带内形成的矿体晕发育特点是在矿脉上、下盘扩散晕不发育，而在构造带内渗流晕强度高、范围大，特别是前缘晕在矿体前缘可达几百米。构造带中原生晕轴向分带及叠加结构足以反映矿体原生叠加晕特点。

（2）构造叠加晕理论先进性

1）加大了预测深度：热液矿床成矿成晕严格受构造控制，在构造带内采样已经加强了热液活动叠加信息，在构造带内再选择与成矿有关蚀变矿化相对强部位采样，则又一次加强了盲矿信息和异常强度。当盲矿体埋藏很深时，远离矿体的前缘晕强度都很弱，用原生晕五点采样方法，可能发现不了异常，而用构造叠加晕特殊采样方法则可发现盲矿信息，加大了预测盲矿的深度。

2）构造叠加晕只在构造带中采取有成矿热液蚀变叠加的样品，大大减少采样、加工及分析工作量，比原生晕法和原生叠加晕法采样减少70%~80%，因而构造叠加晕法更经济、快速。

1.4.4 构造叠加晕法提高了预测盲矿的准确性

预测盲矿的准确性是衡量预测方法先进性的关键，构造叠加晕预测法提高了预测盲矿的准确性，由于构造叠加晕找盲矿法有先进的理论和方法技术、建模能抓住5项关键技术、预测靶位定位能与成矿规律相结合，大大提高了预测的准确性，2010年在承担全国危机矿山项目时，项目办为考察检验构造叠加晕预测的准确性，要求对已研究-建模-预测的山东乳山金矿、三甲、三山岛、新城、大庄子，河北金厂峪，陕西太白双王、东桐峪，河南秦岭、祁雨沟，辽宁五龙、白云（金矿），湖北大冶鸡冠咀铜金矿，山西刁泉银铜矿共14个矿山进行跟踪研究，总结验证见矿与不见矿靶位，跟踪矿山验证预测靶位见矿的统计结果是：见矿率>80%。

1.4.5 3个核心理论贯穿于构造叠加晕找盲矿研究-建模-预测全过程

构造叠加晕在研究-建模-预测盲矿中必须始终以3个核心理论为指导，共有如下4个方面要求：

1）首要研究目标是确定原生晕轴向分带，即确定本矿体的前缘晕、近矿晕和尾晕特征指示元素，这是预测盲矿的重要根据。

2）用叠加晕观点才能正确分析识别前缘晕、近矿晕和尾晕特征指示元素，由于热液矿床是多期多阶段叠加成矿成晕结果，矿体-原生晕剖面图、垂直纵投影图实际是叠加晕图，如垂直纵投影图上已知矿体头部和尖灭部位都出现了Hg、As、Sb等元素中-外带异常，用叠加晕观点分析，矿体尖灭部位异常是深部盲矿前缘晕叠加，据此可得出Hg、As、Sb是前缘晕元素。

3）用叠加晕观点预测深部盲矿：①若控制的已知矿体还未尖灭，矿体下部出现前尾晕元素共存现象，则暗示上部矿体下有另一次成矿作用形成的矿体前缘晕在下部叠加，指示矿体向深部延伸还很大；②已知矿体尾部坑道或钻孔中出现前尾晕元素共存现象，是深部有盲矿前缘晕叠加的信息，指示矿体深部有盲矿或第二富集带；③若已知矿体头部前缘出现前尾晕元素共存现象，则指示已知矿体上部的矿体已剥蚀；④若为坑道或钻孔控制盲脉或构造蚀变带前尾晕元素共存，则指示坑道上、下都有盲矿。

4）热液矿床严格受构造控制，构造叠加晕只研究构造带内原生叠加晕特征，明确了跟着构造找叠加，只在构造带采有蚀变叠加样品，不仅减少了样品采集、加工、分析工作量，而且强化盲矿信息-异常、加大了预测深度。用3个核心理论指导预测盲矿，才能取得好的找矿效果。

1.5 构造叠加晕找盲矿法研究-预测4个步骤及依据

在矿区深部盲矿预测中必须与成矿规律密切结合，才能提高预测的准确性。确定预测靶位4步法的步骤和定位依据：

第1步：确定热液来源方向为找矿方向，热液来源方向可根据矿体有无侧伏方向和构造叠加晕中前尾晕分布规律确定。

第2步：在热液来源方向，根据成矿规律、控矿因素，特别是根据上部已知矿体在构造空间上分布的侧伏规律、等距性、有无间隔、叠瓦式分布、断裂构造产状陡缓等，确定深部有利成矿空间，但成矿空间不一定都有矿。

第 3 步：根据构造叠加晕研究确定有利成矿空间是否有矿。即研究建立本矿床的构造叠加晕模式，确定盲矿预测标志，用模式和标志确定有利成矿空间是否有矿，如有利成矿空间上方坑道或钻孔叠加晕特征显示有盲矿标志，则有利成矿空间有矿，则将有利成矿空间变成预测靶位，显示无盲矿标志，则无矿，去掉有利成矿空间。若构造叠加晕未采到样品或依据不足而又认为有矿，则将有利成矿空间变成有利成矿部位。

第 4 步：确定靶位规模及定位。确定靶位划在哪里、深度、大小，即在构造叠加晕垂直纵投影图上确定预测靶位深度离构造叠加晕距离、走向延长、向深部延伸大小，盲矿体的品位、厚度、体重及资源量。

1）预测靶位深度（离上方取样有前尾晕共存坑道、钻孔深度）。目前只能根据经验，参考（根据上方已知矿体）无矿间隔、尖灭再现或侧伏距离确定的有利成矿空间，根据叠加晕中主成矿元素边界品位含量及前缘晕元素浓度，如 Au 边界品位为 1×10^{-6}，当叠加晕中前缘元素显示中内带异常，Au 为 0.5×10^{-6} 时，增长到 1×10^{-6}，估计距离 50 m 左右，则可确定盲矿体头部在 50 m 左右，当叠加晕中前缘元素为外带异常，叠加晕中 Au 为 0.05×10^{-6} 时，增长到 1×10^{-6}，则可确定盲矿体头部为 150~200 m。

2）根据构造叠加晕延长情况确定预测靶位延长程度。

3）向深部预测靶位延深大小，参照已知矿体延长与延伸比例，按此比例，以构造叠加晕延长为依据，估算出其延伸大小。

4）根据已知矿体平均品位、厚度及其随深度变化确定预测盲矿体品位、厚度，体重根据矿山已有资料确定。

5）根据垂直纵投影图上预测靶位，计算预测靶位内金金属资源量=靶位长（m）×延伸（m）÷cosα（矿体倾角）×厚度（m）×体重（t/m^3）×品位（g/t）。

6）预测有利成矿部位：若深部有利成矿空间上方构造叠加晕指示有盲矿标志不全，确定为有盲矿靶位的依据不足或上方没采到样品，又认为该有利成矿空间有矿可能性很大，则预测为有利成矿部位，其准确性低于靶位。

上述有利成矿空间和预测靶位深度确定误差大小，与研究者的经验和水平有关（李惠，2006、2011）。

1.6 构造叠加晕找盲矿法研究预测的 5 项关键技术

1.6.1 构造叠加晕样品采集

构造叠加晕样品采集是构造叠加晕找盲矿法研究预测至关重要、前提性的关键技术，是在详细观察地质特点后，选择构造带内与成矿有关的蚀变-矿化部位采样。构造叠加晕特殊的采样方法是，追踪控矿构造找叠加，即寻找主要成矿阶段形成的矿化蚀变叠加部位采样，如金矿，采集主要成矿阶段（第Ⅱ、Ⅲ阶段）的叠加样品，即在对地表、坑道、钻孔构造带详细观察基础上，选择主要成矿阶段形成的蚀变矿化最强部位采样，如石英脉型金矿，不采第Ⅰ阶段（不成矿）形成的乳白色大石英脉，而在大石英脉边缘有第Ⅱ、Ⅲ阶段成矿形成的烟灰色石英或含细粒黄铁矿细脉部位采样；蚀变岩型金矿，则选择蚀变最强部位采样；角砾岩型金矿，要避开角砾，采集胶结物中主要成矿阶段的蚀变矿化样品；矽卡岩型矿床，在矽卡岩体内选择有热液期主要成矿阶段形成的蚀变-矿化叠加样品。

若采集地表、坑道、钻孔岩芯构造蚀变带有地质分析的副样，必须先熟悉地质资料，参照已有成矿及伴生元素分析结果，参照岩石采样原则挑选样品。

1.6.2 指示元素浓度分带（外带、中带、内带）标准的确定

正确确定指示元素分带（外带、中带、内带）标准，如果对前缘晕、尾晕指示元素分带（外带、中带、内带）标准确定不好，在异常图上都是内带或外带，难以识别前缘晕和尾晕指示元素。

1.6.3 单一次成矿作用形成的矿体-晕轴向分带研究

在叠加晕剖面图、垂直纵投影图上必须用叠加观点，研究发现确定单一次成矿作用形成的矿体前缘晕、近矿晕和尾晕特征指示元素。

1.6.4 叠加结构识别

在叠加晕剖面图、垂直纵投影图上识别不同阶段成矿作用形成的矿体原生晕在构造空间上同位或部分同位叠加或同一次成矿作用形成的相近多个矿体或串珠状上下矿体间前-尾叠加特点。

1.6.5 预测靶位的确定及定位

详细内容见 4 步法第 4 步。

1.7 构造叠加晕对矿床深部盲矿预测的 6 条共性标志

（1）在构造叠加晕垂直纵投影或剖面图上指示矿体深部有盲矿的标志

1）有成矿及近矿元素异常，前缘晕元素较强异常，尾晕无或弱异常；

2）前尾晕共存标志：在成矿元素有异常的条件下，在矿体尾部出现前尾晕元素异常共存；

3）前缘晕强度增强趋势标志：即从已知矿体前缘→中部→尾部，前缘晕元素异常强度出现由强→弱→强的变化趋势。

（2）计算上部已知矿体晕的轴向分带序列、地球化学参数指示矿体深部有盲矿标志

4）反分带标志：计算矿体-晕轴（垂）向分带序列，前缘晕指示元素出现在排序的中-下部，出现“反向分带”或反常；

5）反转标志：计算矿体-晕的地球化学参数（比值：前缘晕元素/尾晕元素如 As/Mo

等），若其值从上到下由高→低→高；

6）计算已知矿体尾部元素相关矩阵，出现前尾晕元素相关及反常标志。

以上 6 条标志都用最好，但在工作中最常用的是 1）、2）、3）标志。共性标志中 1）~3）条在某矿区运用准则：必须确定本矿床的前缘、近矿及尾晕特征指示元素及其浓度范围及外、中、内浓度分带标准。

1.8 矿床深部预测的构造叠加晕模型研究主要成果

（1）理论成果

构造叠加晕研究-建模-预测从已知到未知，用本矿床构造叠加晕模型对矿区及外围预测深部盲矿最准确。在研究建立 100 多个典型矿床深部盲矿预测的构造叠加晕模型及验证预测靶位取得显著效果基础上，总结出了石英脉型、蚀变岩型、构造破碎带型、脉带型、角砾岩型、矽卡岩型六种类型，金-锑矿、铜铅锌、银矿三种金属矿床在内的九种矿床深部盲矿预测构造叠加晕模型。2000 年以来进一步总结出其共性，为突出模型实用性，建立了“热液型金及有色金属矿床深部盲矿预测的实用理想模型”，据此，进一步总结了无已知矿建模的勘查（新）区构造蚀变带深部预测的理论方法，建立了“勘查（新）区构造蚀变带深部预测的构造叠加晕参照实用理想模型”。

（2）找矿成果

检验构造叠加晕找盲矿理论可行性的标准是找矿效果，32 年来，以李惠、禹斌等为首“构造叠加晕找盲矿研究预测团队”已应中国黄金、山东黄金、招金、紫金、灵宝黄金及灵宝金源等六大黄金集团、云南驰宏及几十个民营矿业公司所属分布在 17 省区的 105 个矿山（金、银、铜、铅、锌、锑等）邀请，140 多次立项应用，绝大多数矿山都取得了显著找矿效果。根据 20 个矿山验证预测靶位见矿写来证明统计，累积获得金金属量已突破 300 吨，达 334.49 吨（1991—2023 年的 32 年间，平均每年找到金>10 吨，相当于找到一个中型金矿），铜金属量 18.35 万吨，银金属量 116.50 吨，获得潜在价值近 1000 亿元。在矿山深部找到几吨金的效益要大大超过新发现相同储量金矿，延长了矿山寿命，取得了巨大的经济效益的同时，也取得了矿山职工继续就业的巨大社会效益。实践证明，在矿区深部及外围和成矿区带使用构造叠加晕找盲矿法是一种直接有效的新方法新技术。相关研究成果见图 1.1。

（3）推广应用

1）培养了一批中青年技术人才。2000 年以来，已成为冶金物勘院化探 20 多年支柱产业，形成了以李惠、禹斌为首的构造叠加晕团队，2000 年以来，科研成果多次获奖、构造叠加晕团队也多次获先进集体。

2）参加第 30 届国际地质大会、第十六届国际勘查地球化学学术会、中国地质学会年会、矿床专委会、矿山地质专委会、勘查地球化学专委会、黄金科学技术等学术会议以及有色金属学会、冶金地质及中国黄金协会召开的学术交流会并在会议上向参会人员介绍了几十次构造叠加晕找盲矿法。

3）李惠教授等先后应邀在学习、培训班讲课介绍构造叠加晕方法、介绍研究成果及

图 1.1　中国冶金地质总局地球物理勘查院、地球化学勘查院“构造叠加晕找盲矿新方法新技术”研究成果汇总示意图

找矿实例近百次：包括国土资源部、湖南、河南、山西、福建、青海等省地矿局，人力资源部，河南、青海省有色地勘局，中国冶金地质一、二、三、中南、山东、西北局及研究院，中国经济地质学会、有色金属学会、中国黄金协会、中国地史学会、中国矿协地勘分会，中国地质大学（北京）、河北地质大学、昆明理工大学、河北理工大学、中国地质大学长城学院、地质科学研究院资源所、中国有色桂林矿产地研院、武警黄金指挥部三个总队及五个支队，中国黄金集团有限公司、山东黄金集团有限公司、山东招金集团有限公司、云南黄金集团有限公司、灵宝金源控股有限公司、灵宝金源控股有限公司、云南驰宏锌锗有限公司及十几个民营黄金企业及地质队，总人数达8000余人次。

（4）成果获奖

构造叠加晕找盲矿法成果已获省部级科技进步奖23项，其中特等奖1项、一等奖13项、二等奖6项，三等奖2项，“危机矿山深部预测盲矿的新突破—构造叠加晕找矿法”获中国地质学会“2008年度中国地质科技十大成果”。

（5）专家评价

中国化探开创元老谢学锦院士评价：“原生叠加晕理论发展了原生晕找盲矿理论”；中国黄金协会2005年和2013年两次组织以涂光炽院士（2005）、翟裕生院士（2005、2013）为首专家对构造叠加晕找盲矿新方法成果及效果鉴定，两次结论都是：构造叠加晕找盲矿理论和应用方面达到了国际领先水平。2001—2016年中国黄金协会组织以翟裕生院士为首的欧阳宗圻（化探界元老之一）、赵伦山、邓军、王建国、吴悦斌、鲁安怀、刘秉光、吕古贤、谢玉玲、寸硅、杨志刚、黄绍峰、张继林及宋玉国等教授专家对12个矿山验证构造叠加晕预测靶位找到金超过10吨的矿山项目分别进行了鉴定，结论是达到国际先进或领先水平。

（6）专著论文

出版构造叠加晕找盲矿方面专著5部，常印佛院士、陈毓川院士、翟裕生院士、欧阳宗圻教授及叶天竺教授分别为专著作了序，并给予高度评价；发表相关论文184篇、其中有20多篇获中国地质学会等学会优秀论文。

（7）媒体报道

1）“危机矿山深部预测盲矿的新突破——构造叠加晕找矿法”，2008年度中国地质学会十大科技成果。

2）“攻深找盲，选对方法很关键”，访中国冶金地质总局地球物理勘查院李惠教授。中国国土资源报，2011年1月28日第5版。

3）“一剂延长矿山寿命的良方——构造叠加晕法在矿山的应用”，中国黄金报，2006年7月14日第3版。

4）“寻金者法宝——构造叠加晕法”，访《李四光地质科学奖》获得者李惠教授，中国黄金报，2010年7月27日第3版。

5）“攻深找盲的撒手锏”——构造叠加晕法，中国黄金报，2013年5月24日第4版。

6）科技创造的财富“史上最大金矿”报道中，山东黄金集团总工程师谈到几千米深部找矿预测时说：“构造叠加晕方法很有效，这是中国冶金地质总局专家们的‘拿手绝活’，从而成了我们的合作伙伴。”科技日报，2017年3月31日。

7）构造叠加晕方法写入了：国务院通过的《找矿突破战略行动纲要（2011—2020

年）》中提到：地球化学预测盲矿技术取得重大突破，构造叠加晕找矿法在 40 多个危机矿山接替资源勘查中广泛应用并取得显著效果。人民日报，2012 年 2 月 27 日。

8）构造叠加晕方法写入了《中国黄金集团形成全环节核心技术体系》。国土资源报，2014 年 7 月 10 日。

在黄金勘探方面，形成了“青藏高原地质理论创新与找矿重大突破”“构造叠加晕找盲矿法及找矿效果”等众多找矿理论成果。

（8）写入国家标准

构造叠加晕找盲矿技术方法与要求已写入中华人民共和国地质矿产行业标准《岩石地球化学测量技术规程》（DZ/T 0248—2014），2014. 12. 01 实施。

构造叠加晕找盲矿技术方法也写入了中华人民共和国国家标准《地球化学勘查术语》（GB/T 14496—2023 代替 GB/T 14496—1993），2023. 07. 01 实施；

相关技术方法还写入了《深部矿产远景调查技术要求》，待发布。

1.9 构造叠加晕研究团队研究-建模-预测完成矿山分布

1.9.1 概述

统计化探方法及应用地区分布，研究领域及矿种如下。

1）分布省份：17 个。

2）共 105 个矿床（点），142 个项目。

3）矿种：金、铜金、银、铜、铅锌、锑矿。

4）各矿种数量：金矿床（点）93 个，铅锌矿 6 个，铜金矿 1 个，银铜矿 1 个，银金矿 1 个，锑矿 1 个，银多金属矿 2 个。

1.9.2 各省分布统计

（1）山东（37 个金矿山 52 次，三个区带土壤地化扫面）

1）莱州 10 个金矿 13 次研究：西岭、三山岛（2 次）、新立（2 次）、仓上、新城（2 次）、焦家、望儿山、寺庄、候家、河西深部；

2）招远 6 个金矿 8 次研究：灵山沟（2 次）、玲珑东风、大尹格庄、七里山（2 次）、纪山、金翅岭；

3）蓬莱 6 个金矿 6 次研究：黑岚沟、大柳行、庄管、河西、侯家、祁家沟；

4）牟平 4 个金矿 6 次研究：金牛山（2 次）、哈狗山、邓格庄（2 次）、九龙夼；

5）乳山 7 个金矿 14 次研究：金青顶（6 次）、三甲（3 次）、初家沟、胡八庄、英格庄、石城、唐家沟；

6）海阳 2 个金矿 2 次研究：龙口、土堆；

7）平度 2 个金矿 3 次：大庄子（2 次）、旧店。

（2）河北（7 个矿山 9 次研究）

金厂峪金矿（3 次）、峪耳崖金矿、丰宁牛圈子（银金）、东坪金矿、后沟金矿、金家庄金矿、大营盘金矿。

(3) 山西 (3个矿山5次研究)

堡子湾金矿（2次）、九对沟、刁泉（银铜）（2次）。

(4) 内蒙古 (9个矿山11次研究)

赛乌素金矿、柴胡栏子金矿（3次）、呼伦贝尔三河铅锌矿、甲乌拉铅锌、金厂沟梁金矿、小牛群、花脑特银铅锌、拜仁达坝锌铜矿、红山子乡铜多金属。

(5) 黑龙江 (1个金矿1次研究)

黑河三道湾子金矿。

(6) 辽宁 (6个金矿8次研究)

五龙金矿（2次）、刘家金矿、白云金矿（2次）、林家金矿、岫岩金矿、红旗沟金矿。

(7) 河南 (12个金矿18次研究)

秦岭金矿（6次）、秦岭金矿西段、金硐岔、四范沟、红土岭、文峪金矿、南山6号脉、灵宝706、王家峪162、410、小秦岭F5、祁雨沟金矿（2次）。

(8) 四川 (1个金矿1次研究)

丹巴县独狼沟金矿。

(9) 陕西 (5个金矿10次研究)

双王（4次）、太白北沟金矿、东桐峪（3次）、潼关李家、洛南葫芦沟-回马屏（Au、Mo）。

(10) 甘肃 (6个金矿6次研究)

天水李子金矿、肃北霍勒扎德盖北东金矿、肃北鹰咀山、徽县黑水沟、徽县刘家坡-通天坪、甘肃省合作市以地南-南办老豆地区。

(11) 新疆 (2个金矿2次研究)

托里包古图金矿、托里哈巴河金矿。

(12) 青海 (6个金矿6次研究)

五龙沟金矿深水潭、红旗沟、鑫拓、哈西洼、东温泉沟、格尔木白日其利金矿。

(13) 云南 (5个矿山5次研究)

会泽铅锌矿、杨梅田铅锌矿、江城岩角铅锌矿、龙陵县勐糯铅锌矿床、元阳大坪金矿。

(14) 浙江 (1个金矿3次研究)

治岭头金矿（Au、Ag）（3次）。

(15) 湖北 (1个矿山2次研究)

大冶鸡冠咀铜金矿（2次）。

(16) 湖南 (1个矿山1次研究)

锡矿山锑矿。

(17) 广西 (2个金矿2次研究)

昭平大王顶金矿、龙水金矿。

第 2 章　构造叠加晕找盲矿研究-建模-预测常用术语详解

2.1　范围

构造叠加晕找盲矿法研究-建模-预测常用术语。包括已列入 GB/T 14496—2023《地球化学勘查术语》（代替 GB/T 14496—1993）中有关的部分术语。

2.2　原生晕、原生叠加晕、构造叠加晕找盲矿法

（1）岩石地球化学测量-岩石地球化学找矿法-原生晕找矿法

以基岩为采样对象所进行的地球化学勘查工作。

1）原生晕找矿法-原生晕测量。以矿体周围有原生晕为依据，采集岩石样品，分析成矿及伴生元素，建立原生晕模式和确定预测标志，进行找矿的方法。

各种成因矿床（体）周围都有原生晕，原生晕比矿体范围大、易发现，晕是重要直接找矿标志，可“相对”评价，筛选异常并缩小靶区，但若没发现原生晕轴向分带，则不能确定深部一定有盲矿，若地表至深部坑道或钻孔所采样品成矿元素升高时，可指示深部有矿。要准确预测深部盲矿，必须研究各种晕，包括前缘晕（头晕）、近矿晕、尾晕。

2）原生晕找盲矿法。以原生晕轴向分带理论为依据，采集岩石样品，分析成矿及伴生元素，研究确定矿体前缘晕、近矿晕和尾晕特征指示元素及组合，建立矿床原生晕分带模式、确定预测盲矿标志，进行盲矿预测的方法。

3）原生叠加晕找盲矿法。以热液矿床原生晕轴向分带理论和原生叠加晕理论为依据，在岩石中选择性采集由热液成矿作用形成的矿化-蚀变叠加的样品，分析成矿及伴生元素，研究原生叠加晕特点，即确定矿体前缘晕、近矿晕和尾晕特征指示元素组合，识别不同成矿期次-阶段形成矿体-晕在空间上叠加结构或同一次成矿作用形成多个相近矿体或串珠状矿体间前尾晕叠加特点，建立矿床原生叠加晕模式，确定盲矿预测标志，用模式和标志对深部盲矿预测的方法。

（2）构造叠加晕找盲矿法

以热液矿床原生晕轴向分带理论、原生叠加晕理论和构造叠加晕理论为依据，在构造带内采集成矿热液叠加的矿化-蚀变样品，分析成矿及伴生元素，研究构造带内原生叠加晕特点，即研究确定每一次成矿作用形成的矿体前缘晕、近矿晕和尾晕特征指示元素及组合，识别不同成矿期次形成矿体-晕在空间上同位、部分同位叠加或同一次成矿作用形成

的相近多个矿体或串珠状上下矿体间前尾晕叠加结构，确定盲矿预测标志，在建立矿床深部盲矿预测的构造叠加晕模型基础上，进一步建立深部盲矿预测的构造叠加晕实用模型，用模型和标志对深部盲矿预测，提出预测靶位，预测金属资源量。

2.3 地球化学背景、异常、晕、叠加晕

（1）矿区地球化学背景值

矿区内未受矿化蚀变影响的各种新鲜岩石各种成矿及伴生元素平均含量，一般用几何均值表示。

背景值是确定矿床元素组合和叠加晕中各元素异常下限以及元素外、中、内浓度分带的依据，并可为矿床成矿及伴生元素来源提供依据。

（2）异常下限

根据背景值按一定置信水平所确定的异常起始值，它是分辨地球化学背景和异常的一个量值界限。

（3）地球化学异常

与周围地球化学背景值有显著差异的现象。

（4）岩石地球化学异常（晕）-原生异常-原生晕

赋存于矿体或其他地质体周围基岩中的地球化学异常（晕）。

（5）构造地球化学异常

赋存于构造破碎带中的地球化学异常。

（6）原生晕

在矿体或其他地质体周围，赋存在岩石内的地球化学分散晕。

（7）原生叠加晕

热液矿床不同成矿阶段形成的矿体原生晕，在空间上同位或部分同位叠加或一次成矿作用形成的多个相近矿体或串珠状矿体间前尾晕叠加的复杂原生晕。

（8）构造叠加晕

赋存在构造蚀变带内原生叠加晕，即赋存在构造蚀变带内的不同成矿阶段形成的矿体晕的同位或部分同位叠加或同一次成矿作用形成的多个相近矿体或串珠状矿体间前尾晕叠加的复杂晕。

（9）渗滤（流）异常（晕）

热液成矿流体在压力梯度作用下沿断裂、裂隙以及相互连通的孔隙进行流渗、过滤迁移所形成的地球化学异常（晕）。

（10）扩散异常（晕）

热液成矿流体在浓度梯度作用下在围岩中形成的地球化学异常（晕）。

（11）近矿晕

以矿体为中心，随远离体逐渐降低的元素晕及其组合晕。

(12) 前缘晕

在热液矿床(体)的前缘即位于热液流动方向的前峰晕,前缘晕元素浓度中心在矿体轴向头部近前缘部位,从浓集中心再向上远离矿体前缘和向深部矿体中、尾部浓度都降低。

前缘晕元素主体是在主成矿元素沉淀形成矿体后,还要向前迁移一段距离成晕的元素。前缘晕是预测盲矿的重要标志。

(13) 尾晕

热液矿床原生晕中位于成矿热液来源方向,在矿体轴向尾部形成的晕。在矿体晕轴向上,其浓度中心在矿体尾部或近尾部位,从浓集中心向矿体中、上部和向深部尾晕浓度都降低。尾晕指示元素主体是在主成矿元素沉淀形成矿体之前先开始沉淀的成晕元素。

(14) 前尾晕共存

原生叠加晕中,前缘晕元素与尾晕元素在空间上叠加共存的现象。前尾晕共存是预测盲矿和判别矿体剥蚀程度的重要标志(晕与矿体相对位置见附录C图C.10)。

(15) 多建造晕

由成分与成矿条件不同的成矿建造形成,在空间上重叠或衔接,结构复杂的原生异常。

(16) 元素组合

反映地质体、矿化体或研究对象地球化学异常特征的一组指示元素。

2.4 原生晕(异常)分带

(1) 异常分带

以地质体或矿体为中心,向周围空间存在地球化学异常指标之间或同一指标在数值上的有规律的演变现象。

(2) 组分分带

以地质体或矿体为中心,向周围空间存在地球化学异常中不同指示元素组合或指标相对富集的部位,并呈现有规律变化的现象。

(3) 浓度分带

同一元素含量或指标量自异常中心向外呈现有规律变化的现象。在研究原生晕中,指示元素浓度通常分为外带、中带、内带、(强带)。

(4) 水平分带

地球化学异常在水平方向上呈现的组分和浓度分带。

(5) 垂直分带

地球化学异常在垂直方向上呈现的组分和浓度分带。

(6) 原生晕轴向分带

原生晕沿矿液运移方向因元素沉淀出现的组分和浓度分带。矿体陡倾时,轴向分带与垂直分带一致，矿体-晕在垂直纵投影图上向某方向侧伏或在剖面上近水平时，轴向分带与垂直分带不一致。

（7）轴向正分带

前缘晕元素强异常组合在矿体轴向矿头向前延伸部位，尾晕元素强异常组合在矿体轴向矿尾向下延伸部位的异常分带。主成矿元素及近矿元素浓度随远离矿体降低。

（8）轴向反分带

由于热液矿床成矿成晕具有多期多阶段同位或部分同位叠加特征，破坏了单一次成矿作用形成的正常分带，前缘晕元素异常出现在矿体中、下部或尾部或与尾晕叠加共存的异常分带。轴向反分带是指示深部有盲矿的重要标志。

（9）分带序列

在矿体-原生晕中，计算沿轴向由前缘到尾部或水平上由内向外，各指示元素分带指数最高值所在相对位置的排列顺序。

（10）轴向分带序列

各指示元素在轴向分带指数中相对位置的排序。计算前缘→矿体→尾晕不同标高（轴向-热液流动方向）各指示元素分带指数，从上至下相对位置的排序，在矿体原生晕垂直纵投影图上，可根据各元素在轴向浓集中心相对排序。

（11）原生晕轴向正向分带序列

沿轴向从上到下由前缘晕元素→近矿晕元素→尾晕元素排列的分带序列。

（12）轴向分带序列反常-反分带

前缘晕元素出现在分带序列中、下部的现象。是不同期次、阶段形成的矿体-原生晕叠加的结果，是指示深部有盲矿的标志。

（13）热液矿床通用分带序列

综合各种类型热液矿床的单次成矿作用形成的矿体原生晕分带序列特征，按统计规律排出的轴向分带序列。从上到下，由前缘晕元素→近矿晕元素→尾晕元素排列的分带序列。

（14）叠加晕叠加结构

热液矿床不同期次或不同阶段形成矿体-晕在空间上同位或部分同位叠加结构或同一次成矿作用形成的多个相近矿体或串珠状矿体间前尾晕叠加特点。

2.5 指示元素及元素组合

（1）某种矿床指示元素

在地球化学勘查中，可作为某种矿床的指示元素。

（2）矿床通用（共性）指示元素

在地球化学勘查中，可作为多种矿床的指示元素。

（3）构造叠加晕预测通用（共性）指示元素

构造叠加晕找盲矿预测中，可作为多种矿床的指示元素。

（4）矿床元素组合

在矿床中，成矿及伴生元素含量大于矿区背景含量（如衬值>2）的元素组合。

（5）矿床特征元素组合

矿床特有的元素组合，指矿床中成矿及伴生元素含量相对其他矿床较高的元素组合（各元素衬值可不等：>2~10 或更大）。

（6）前缘晕特征指示元素组合

热液矿床原生晕中，矿体前缘特有的指示元素及组合。

（7）近矿晕特征指示元素组合

热液矿床原生晕中，以矿体为中心随远离矿体而降低的各种指示元素及组合。

（8）尾晕特征指示元素组合

热液矿床原生晕中，矿体尾晕特有的指示元素及组合。

（9）矿床标型元素组合

对某矿床、矿化或勘查对象的类型、成因或其他特性具有确认能力的指示元素。

2.6　常用参数

（1）地球化学参数

用量值表征勘查对象地球化学特征的各种地球化学指标的统称。

（2）浓集克拉克值

在某一地区或某种地质体内元素含量平均值与该元素克拉克值之间的比值。若某矿区的某种地质体内成矿元素浓集克拉克值>2，则该地质体可能与成矿有关，可能提供成矿物质来源。

（3）浓集系数

矿石中元素的最低可采品位与该元素克拉克值之比。

（4）富集系数

各种风化产物中元素含量与其在母岩中含量的比值。

（5）原始衬度（衬度）

矿床原生矿石中金属元素的平均含量与围岩中该元素的背景值之比。是确定矿床的元素组合和特征元素组合的依据。

2.7　叠加晕特征

（1）原生叠加晕特征内容

1）在叠加晕图上，①确定前缘晕、近矿晕、尾晕特征指示元素及其组合。可根据各元素外带、中带、内带异常分布范围、形态及其异常中心在矿体晕轴向从上至下排序确定。②识别不同阶段形成矿体晕在空间上同位或部分同位叠加特点。矿体或成矿元素强异常有多中心，前缘晕和尾晕元素对应也有多中心。③判别叠加晕中前尾晕叠加共存或同一次成矿作用形成的多个相近矿体或串珠状矿体间前尾晕叠加共存。

2）计算轴向地化参数和轴向分带序列：对原生叠加晕不同标高的各样品中各元素含量求几何均值。由于各元素含量区间差别较大，需统一量纲或标准化。①计算轴向地化参数，如 As/Mo、(As+Sb)/(Mo+Co) 等，从上→中→下，由高→低→高转折。②计算元素轴向分带序列出现反常-反分带等。

3）计算叠加晕中元素相关矩阵，出现前尾晕元素相关、前-近矿晕元素相关、尾-近矿晕元素相关等反常相关。若计算矿体尾部叠加晕中元素相关矩阵，出现前尾晕元素相关及反常，指示深部有盲矿。

（2）构造叠加晕特征内容

构造蚀变带内的原生叠加晕特征内容与 2.7（1）原生叠加晕特征内容相同。

2.8 构造叠加晕预测标志与指标

2.8.1 构造叠加晕预测标志

构造叠加晕用以判别矿化类型、矿体剥蚀程度和预测盲矿的指示元素或地化参数组合的统称。

2.8.2 构造叠加晕预测指标

构造叠加晕用以判别矿化类型、矿体剥蚀程度和预测盲矿的各指示元素的具体量值，如异常强度（外带、中带、内带）或地化参数的量值指标或数学模型。

2.8.3 构造叠加晕预测深部有盲矿的 6 条共性标志

共性指标则指前缘、近矿、尾晕元素有外带、中带、内带浓度及地化参数量值。

（1）在构造叠加晕图上有近矿晕指示元素异常条件下，指示深部有盲矿有 3 条共性标志与指标

1）前缘元素标志：有近矿晕指示元素异常，前缘元素有异常，尾晕无或弱。预测指标：近矿晕指示元素外带、中带，前缘元素有外带、中带异常，尾晕外带或无异常。

2）前尾晕共存预测标志：指在近矿晕指示有异常条件下，前尾晕共存。预测指标：近矿晕指示元素外带、中带，前尾晕外带、中带共存。

前尾晕共存是预测盲矿和判别矿体剥蚀程度的重要标志：若在已知矿体尾部前尾晕共存，是深部盲矿的前缘晕元素叠加结果，指示深部还有盲矿；在控制的矿体未尖灭时出现前尾晕共存，指示矿体向深部延伸还很大；在地表矿体露头出现前尾晕共存，指示上部的矿体已剥蚀，矿体向深部延伸大；在地表构造蚀变带出现前尾晕共存，指示上部的矿体已剥蚀，深部还有盲矿体。在坑道或钻孔发现盲脉或构造蚀变带发现前尾晕共存，则指示坑道上方、下方都有盲矿。

3）前缘晕元素异常从矿体上→下→尾，元素含量呈强→弱→强变化。

（2）计算地球化学参数、分带序列、相关系数，指示深部有盲矿的3条共性标志

4）计算地球化学参数如Hg/Bi从矿体上→下→尾，由强→弱→强。

5）计算原生晕轴向分带序列反常-反分带：如Hg、Sb、As等出现在分带序列中、下部。

6）计算已知矿体尾部-尾晕构造叠加晕元素间相关系数，出现前尾晕指示元素如Hg-Bi相关反常。

这6条标志与指标在某矿区应用准则必须结合该矿床构造叠加晕特点：①确定该矿床特征前缘晕、近矿晕及尾晕指示元素；②确定前缘晕、近矿晕、尾晕指示元素外带、中带、内带浓度分带标准；③6条标志中一般用前3条，若都用则准确性更高。

2.9 构造叠加晕实用模型

（1）矿床构造叠加晕模式图

模式图是对矿床构造叠加晕特征的高度概括与表达，可用剖面图或垂直纵投影图或三维立体图展示（图2.1A）。模式图展示内容：

1）在图的中上部，可展示一个已知矿体（可解释是一次成矿作用形成矿体晕或两次成矿作用形成矿体晕的同位或近于同位叠加，也可展示两次成矿作用形成两个已知矿体晕（①、②）部分同位叠加，已知矿体深部为待预测盲矿体③。

2）每个矿体都有前缘晕、近矿晕和尾晕指示元素及其分布范围。

3）上部两个矿体晕（①、②）在构造空间部分同位叠加，即矿体及其前缘晕、近矿晕和尾晕部分同位叠加，在上部已知矿体①尾部及②头部的水平断面上，出现前尾晕叠加共存，若深部未控制，则指示矿体向深部延伸很大。

4）在上部已知矿体②矿体尾部，出现前尾晕叠加共存，指示已知矿体深部有盲矿体③。

5）在模式图右侧从上至下，也可展示出前缘晕、近矿晕和尾晕指示元素强度及其分布范围、地化参数变化转折曲线和轴向分带序列是否正常。

（2）矿床深部盲矿预测构造叠加晕模型

1）矿床构造叠加晕模式图（同2.9（1））；

2）盲矿预测的构造叠加晕标志说明；

3）前缘晕、近矿晕及尾晕指示元素外带、中带、内带浓度分带标准。

（3）矿床深部盲矿预测构造叠加晕实用模型（图2.1B）

矿床深部盲矿预测构造叠加晕实用模型图是将矿床深部盲矿预测构造叠加晕模型的模式图和预测指标（外带、中带、内带）在一张图上展示。可用剖面图或垂直纵投影图或三维立体图展示。实用模型在模式图中展示了上部已知矿体尾部截面为预测截面：深部预测先确定有利成矿空间，并在其上方标明了预测有利成矿空间有盲矿的指标（前缘、近矿及尾晕元素的外带、中带、内带指标），模型图下附前缘晕、近矿晕及尾晕指

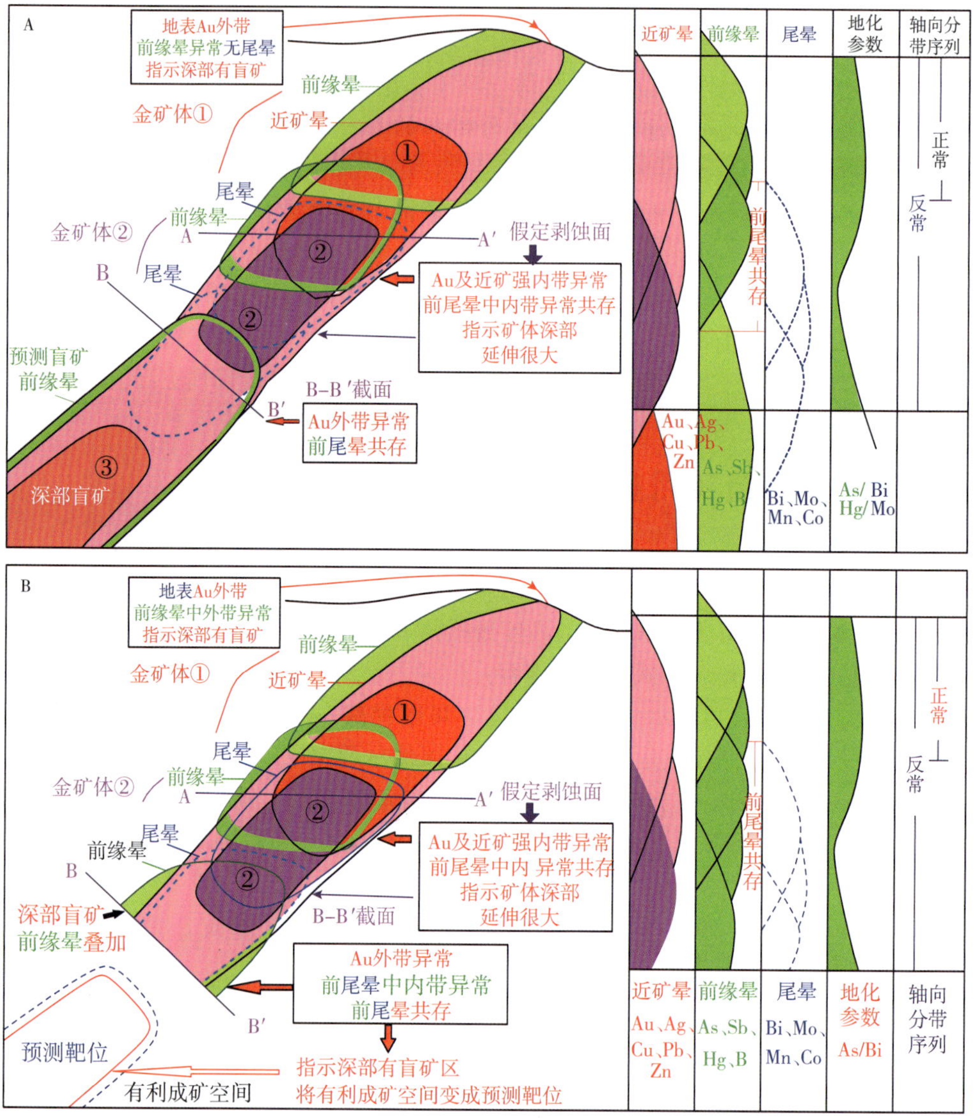

图 2.1　矿床构造叠加晕理想模式与矿床深部盲矿预测构造叠加晕实用理想模型对比图
（据李惠，2021）
A—侧伏金矿床-体构造叠加晕理想模式垂直纵投影图；B—侧伏金矿床-体深部盲矿预测的构造叠加晕理想实用模型垂直纵投影图

示元素外带、中带、内带浓度分带标准表。为便于正确识图，可附文字介绍构造叠加晕实用模型特征。

（4）热液矿床深部盲矿预测构造叠加晕实用理想（共性）模型

热液矿床深部盲矿预测的构造叠加晕实用理想模型（简称：实用理想模型，下同）是对热液矿床深部盲矿预测的构造叠加晕特征、预测方法及盲矿预测标志共性高度概括与表达，是热液矿床深部盲矿预测的构造叠加晕共性——通用模型。

2.10 构造叠加晕样品布置采集

（1）构造叠加晕样品布置

只在构造蚀变带布样，在已知矿体垂直纵投影图或水平投影上或剖面上，从上至下，即从地表、坑道、钻孔全面系统布样，点距在5～10 m，当构造带>2 m时，垂直构造每2～5 m采一个样。

（2）构造叠加晕特有采样方法

对采样点周围矿化蚀变详细观察的基础上，在构造蚀变带内选择有热液叠加的矿化-蚀变部位采样，如石英脉型金矿要选择有强硅化绢云母化黄铁矿化部位，即有第Ⅱ、Ⅲ阶段形成的烟灰石英、细粒黄铁矿、方铅矿及闪锌矿样品，不采第Ⅰ阶段形成的乳白色石英或粗粒立方体黄铁矿；角砾岩型金矿要避开角砾，采有矿化-蚀变胶结物；矽卡岩型矿床要在矽卡岩内选择热液期叠加形成的蚀变矿化部位采样，在点位5 m范围内选择有矿化蚀变叠加部位的多点采集混合样品组合成一个样。

2.11 构造叠加晕研究预测参数

（1）原生晕轴向地球化学参数

在原生晕剖面或垂直纵投影图上，取原生晕轴向不同断面上样品，以断面上样品各指示元素最高值或计算几何平均值或指示元素比值或前尾晕元素含量规格化后的累乘（或累加）值之比（如Hg/Mo、As/Bi）。

（2）叠加晕地球化学参数轴向转折

叠加晕轴向不同断面上，地球化学参数从上至下转折，即从矿体前缘晕→矿体→尾晕，如果前缘晕元素/尾晕元素比值由高→低→高，则指示深部有盲矿。

2.12 构造叠加晕研究预测示意图

展示构造叠加晕特征的各种图件（见附录B：构造叠加晕找盲矿研究-建模-预测示意图）。

（1）构造叠加晕剖面图

以地质剖面为基础的特征指示元素外带、中带、内带异常分布叠加图。通常在剖面上各采样点以各元素外带（○）、中带（◎）、内带（●）展示；也可以列表形式表达，为展示矿体-晕的前缘、近矿及尾晕元素含量及外带、中带、内带轴向分布与叠加特点，表格纵向以剖面线同一构造矿化蚀变带内从地表→坑道→钻孔，从上到下排列各构造内采样点，表格横向为各点元素含量及外带、中带、内带图标。较宽的构造带、角砾岩体可勾绘各元素外带、中带、内带异常图。

(2) 构造叠加晕平面图

在地表或坑道平面图上，以构造带为线，展布各采样点元素的外带（○）、中带（◎）、内带（●）的构造叠加晕图。

(3) 构造叠加晕垂直纵投影图

在以平行含矿体构造走向为基础的纵投影图上，展示构造叠加晕中各指示元素（外带、中带、内带）异常。

(4) 构造叠加晕立体图

在平面、剖面和垂直纵投影联合图上，分别展示构造叠加晕中指示元素外带、中带、内带异常的分布图。

(5) 构造叠加晕综合异常图

构造叠加晕中前缘元素、近矿元素、尾晕各元素（外带、中带、内带）异常分别在剖面图或垂直纵投影图上的叠加（综合）展示图。

(6) 构造叠加晕预测靶位图

展示构造叠加晕特征和预测靶位的图，可用剖面图（或联合剖面图）或垂直纵投影图展示。一般在垂直纵投影图上展示，上方为构造叠加晕综合异常图，对应深部预测靶位。

(7) 预测有利成矿空间

对矿床深部预测，首先要根据热液矿床热液来源方向和矿体在构造蚀变带赋存规律，如侧伏方向、等矩性、无矿间隔、叠瓦式分布、阶梯式分布及构造陡缓变化规律等确定有利成矿空间，有利成矿空间虽然不一定有矿，但指出了找矿方向和缩小了找矿范围。

(8) 预测靶位

构造叠加晕研究可确定有利成矿空间是否有矿，有利成矿空间上方坑道或钻孔所取样品的构造叠加晕若符合本矿床预测盲矿标志，且60%以上样品有前缘晕、近矿晕或尾晕中-外带异常则指示有利成矿空间有矿可能性大，将有利成矿空间变成预测靶位。

(9) 预测有利成矿部位

有利成矿空间上方所取样品构造叠加晕特征若符合本矿床预测，但低于40%的样品有前缘晕、近矿晕或尾晕中-外带异常，或有利成矿空间上方未采到样，根据成矿规律又认为可能有矿，可将有利成矿空间变成预测有利成矿部位，其准确性要比预测靶位低。

在无已知矿床建模的勘查新区预测或已知矿床采空无法采样建模矿区预测，根据参照实用模型和标志对地表构造叠加晕评价预测的结果确定是否为有利成矿部位。

第3章 热液金及有色金属矿床构造叠加晕的特性与共性及深部盲矿预测的构造叠加晕“实用理想模型”

3.1 热液金及有色金属矿床构造叠加晕的特性与共性意义

特性表明：研究本矿床构造叠加晕特征，建立本矿床深部盲矿预测的构造叠加晕实用模型，用本矿床实用模型对本矿床深部盲矿预测最准确。

共性表明：对某矿区构造叠加晕研究-建模-预测具有重要参考价值，可指导建立某矿床深部盲矿预测的构造叠加晕实用模型。

3.1.1 热液金及有色金属矿床构造叠加晕的特性及其意义

不同矿种或同一矿种不同类型矿床地球化学背景不同、矿床元素含量及组合不同、不同成矿阶段元素组合有特性、热液矿床每次成矿作用形成的每个矿体的前缘晕、近矿晕及尾晕元素组合不同、不同阶段形成矿体-晕的叠加结构不同，各指示元素外、中、内浓度分带标准不同，盲矿预测指标不同，所建各矿床深部盲矿预测构造叠加晕实用模型都各有特色。

热液金及有色金属矿床构造叠加晕的特性表明：必须研究本矿床构造叠加晕特征，建立本矿床深部盲矿预测的构造叠加晕实用模型，用本矿床实用模型对本矿床深部盲矿预测最准确。

3.1.2 热液金及有色金属矿床构造叠加晕的共性及其意义

不同矿种或同一矿种不同类型矿床的元素组合及不同成矿阶段元素组合虽有特性，但也有很多共性，不同阶段形成矿体-晕的叠加结构也有共性，最重要的是热液矿床的前缘晕、近矿晕及尾晕元素组合有很大共性，盲矿预测也有共性标志。

总结不同类型金矿床的构造叠加晕共性，分别建立不同类型金及有色金属矿床（石英脉型、蚀变岩型、脉带型、构造破碎带型、角砾岩型及矽卡岩型）深部盲矿预测的构造叠加晕实用模型；进一步总结热液金及有色金属矿床共性，建立热液金及有色金属矿床深部盲矿预测的构造叠加晕实用理想模型。

实用理想模型意义：对在某矿区构造叠加晕研究-建模-预测具有重要参考价值，可指导建立某矿床深部盲矿预测的构造叠加晕实用模型。对勘查新区及普查区应用构造叠加晕研究-预测也具有重要参考价值和指导作用。

3.2 热液金及有色金属矿床叠加成矿成晕的特性与共性

3.2.1 热液金及有色金属矿床成矿成晕严格受构造控制的共性与特性

热液金及有色金属矿床成矿成晕严格受构造控制，但不同矿床控矿构造的性质不同，脉状-脉带型矿床受主干或次级断裂构造控制不同，蚀变岩型金矿受主干断裂控制，容矿部位一般在主断裂下盘 $n \sim n \times 10$ m 的碎裂岩内，矽卡岩型矿床受中酸性岩与灰岩接触带控制，角砾岩型矿床受角砾岩筒或带及其内部构造控制。热液矿床受围岩控制不明显，但不同地区不同矿床以赋存于某种围岩（岩浆岩、变质岩或沉积岩）为主，围岩中的后期构造才是热液矿床形成的必要条件。

3.2.2 热液金及有色金属矿床成矿成晕都具有多期多阶段叠加的共性与特性

热液金及有色金属矿床成矿成晕严格受构造控制，控矿构造活动的长期性、间歇性或脉动性及继承性，导致了成矿作用脉动式多阶段性、继承性和叠加性，不同阶段形成矿体晕在空间上的叠加有近于同位或部分同位叠加，形成了非常复杂的叠加晕。不同矿床成矿阶段及叠加结构有所不同。

研究热液矿床每次成矿形成的矿体晕的轴向分带和多阶段叠加结构是建立矿床深部预测的构造叠加晕模型的基础。

（1）金矿床成矿的多阶段叠加成矿（晕）特点

热液金及有色金属矿床是以野外地质实地从宏观上观测矿脉的互相穿插、包裹、胶结关系、矿物共性组合，并结合室内镜下微观下的含矿细脉穿插、矿物的交代关系作为依据而进行成矿阶段划分的，进一步还可通过包裹体研究、同位素研究而进行具体细分。对胶东、小秦岭和燕—辽等主要金矿集中区内各种类型金矿成矿作用的研究表明，金矿成矿一般都分为四个成矿阶段：即Ⅰ：金-黄铁矿-石英阶段；Ⅱ：金-石英-黄铁矿阶段；Ⅲ：金-石英-多金属硫化物阶段；Ⅳ：石英-碳酸盐阶段。其中第Ⅱ、Ⅲ阶段为主成矿阶段，第Ⅰ、Ⅳ阶段不成矿。第Ⅱ、Ⅲ阶段形成矿体同位叠加部位往往形成富矿。

（2）金矿床四个成矿阶段形成矿化体蚀变主要特点及识别标志

1994 年张均对金矿床四个成矿阶段成矿的基本特征进行了详细研究总结（表 3.1）。

Ⅰ 金-黄铁矿-石英阶段：形成白色粗粒石英（>98%），致密块状，形成大石英脉；少量浅黄-白色黄铁矿（<3%），自形粗粒（立方体）呈团块状分布于石英脉中，金含量低，可形成金低品位矿体。形成温度为 325℃。

Ⅱ 金-石英-黄铁矿阶段：为主成矿阶段，叠加或穿插第Ⅰ阶段形成的大石英脉之中，石英呈烟灰-灰白色、中细粒，呈脉状、网脉状或块状，黄铁矿呈黄-黄白色、中细粒，呈脉状、网脉状、矿化强时呈致密块状，可见少量方铅矿和闪锌矿。并具强硅化、绢英岩化、黄铁绢英岩化，与第Ⅰ阶段叠加形成工业金矿体。其前缘细脉往往分布于第Ⅰ阶段形成的大石英脉边部，形成温度在 280℃。

表 3.1 热液期金矿化的成矿阶段及其主要矿化特征对比表

矿化阶段		矿化特征				备注
		Ⅰ	Ⅱ	Ⅲ	Ⅳ	
主要矿物	石英	●●●●●	●●●●	●●●	●	● 多少为各阶段相对含量
	黄铁矿	●●	●●●●●	●●●●	●	
	银金矿	●	●●●●●	●●●●●	●	
	黄铜矿		●●	●●●●●		
	方铅矿		●●	●●●●●		
	闪锌矿		●●	●●●●●		
	磁黄铁矿			●●●		
	方解石				●●●●	
矿石结构		中粗粒自形晶	半自形-他形	自形-半自形粒状	中细粒自形晶	
矿石构造		斑点状、斑杂状	致密状、脉状 网脉状、浸染状	细脉状、斑杂状 块状、角砾状	砂包状、细脉状、 团块状、星点 浸染状	
矿石类型		黄铁矿型	黄铁矿型	多金属硫化物型	碳酸盐型	
成矿温度/℃	均一法	325	280	245	170	
	爆裂法	350	298	260	210	
石英氧同位素组成/‰		12.48	10.48	9.32	/	
黄铁矿硫同位素组成/‰		7.12	7.89	8.39	5.37	
铅模式年龄/Ma		915.97	892.69	862.81	687.55	
矿化强度（相对）		弱	强	较强	弱	
矿化广度（相对）		很广	广	局部富集	零星少见	
分布特征（相对）		矿脉上部	中上部-中部	上部-中部-中下部	下部	
主要围岩蚀变		硅化、绢英岩化	黄铁绢英岩化	黄铁绢英岩化	碳酸盐化	
黄铁矿含金性/10^{-6}		20.63	123.85	191.74	57.87	单矿物
热电系数/($\mu V \cdot ℃^{-1}$)		-322.9 -22.9~-575.9	-206.0 -121.7~-360.2	-175.9 -125.3~-294.0	+161.4 +26.5~+541.0	
金的主要赋存方式		包体金	裂隙金（晶隙金）	晶隙金	晶隙金（包体金）	
工业意义（相对）		不具独立工业意义或构成贫矿石	工业矿石	与Ⅱ叠加构成富矿柱	贫矿石或不具独立工业意义	

（据张均，1994；李惠，1999，有修改）

Ⅲ 金-石英-多金属硫化物阶段：为主成矿阶段，叠加于（穿插）第Ⅰ阶段形成的大石英脉和第Ⅱ阶段形成的矿脉之中。石英呈烟灰-灰白色，中细粒，呈脉状、网脉状或块状，黄铁矿呈黄-黄白色，中细粒，呈脉状、网脉状，矿化强时呈致密块状，其特点是见有较多的方铅矿和闪锌矿及黄铜矿。常呈强硅化、绢英岩化、黄铁绢英岩化，与第Ⅱ阶段叠加形成富矿。形成温度在245℃。

Ⅳ 石英-碳酸盐阶段：叠加于（穿插）第Ⅰ、Ⅱ、Ⅲ阶段形成的矿体中。主要由方解石和少量黄铁矿组成，碳酸盐化，贫矿不具独立工业意义。形成温度在170℃。

3.3 热液金及有色金属矿床地球化学的特性与共性

3.3.1 不同矿床地球化学背景特性与共性

（1）典型金矿、铜金矿、银铜矿床背景值

表3.2为14个典型金矿、铜金矿、银铜矿床背景值。从表3.2中可看出，山东金青顶、山东三甲、山东新城、山东三山岛、山东大庄子、河南秦岭、陕西东桐峪、辽宁五龙、辽宁白云、河北金厂峪、陕西太白双王及河南祁雨沟等12个典型金矿床各元素背景含量明显不同。

其中Au：各矿区背景值在$0.001\times10^{-6}\sim0.13\times10^{-6}$，除河南秦岭金矿区外，其余矿区背景都高于金地壳克拉克值（含量范围在$0.0035\times10^{-6}\sim0.13\times10^{-6}$）。Ag：各矿区背景值在$0.05\times10^{-6}\sim0.34\times10^{-6}$，12个矿区中有7个矿区背景值高于地壳克拉克值。Pb：各矿区背景值在$8.5\times10^{-6}\sim90.7\times10^{-6}$，12个矿区中有11个矿区背景值高于地壳克拉克值。Cu：各矿区背景值在$5.61\times10^{-6}\sim71.8\times10^{-6}$，12个矿区中只有1个高于地壳克拉克值。As：各矿区背景值在$0.24\times10^{-6}\sim9.1\times10^{-6}$，12个矿区中有3个高于地壳克拉克值。Sb：各矿区背景值在$0.3\times10^{-6}\sim0.67\times10^{-6}$，12个矿区中只有1个高于地壳克拉克值。Hg：各矿区背景值在$10\times10^{-6}\sim130\times10^{-9}$，12个矿区中只有1个高于地壳克拉克值。

铜金、银铜矿床矿区各元素背景不同（表3.2）：①湖北鸡冠咀铜金矿床矿区Au、As、Ag、Cu、Pb、Bi、Mo及W背景值高于其克拉克值。②山西刁泉银铜矿床矿区Au、As、Sb、B、Ag、Cu、Pb、Bi、Mo、Mn、W及Sn背景值高于其克拉克值。

（2）矿区背景与成矿关系共性

1）金矿床：不同金矿床矿区背景中成矿元素Au都高于克拉克值5~30倍。伴生元素Ag、Pb、Bi多数矿区背景值高于克拉克值，其余元素多数矿区背景值多低于克拉克值，与金矿类型关系不密切。

2）银、铜矿床：成矿元素Ag、Cu背景值为其克拉克值的16倍。

3）铜-金矿床：矿区中Ag、Cu、Bi、Pb、W大多数都高于背景，成矿元素Cu、Au为其克拉克值2倍以上，为成矿物质来源提供了依据。

4）矿区背景意义：不同矿种的矿床矿区中成矿元素及其伴生元素都高于其背景，为成矿物质来源提供了依据，而更重要的是各矿区成矿元素及伴生元素背景为各矿区确定矿床元素组合、异常下限和叠加晕浓度分带提供了依据。

3.3.2 不同矿床元素组合特性与共性

3.3.2.1 不同矿床元素组合特性

（1）不同矿床元素含量不同

1）12个金矿床成矿伴生元素含量不同，详见表3.3。

山东金青顶：Au、As、Ag、Bi及Mo相对高；在12个金矿中Ag最高。

表 3.2 14个典型金矿、铜金矿、银铜矿床背景值表

典型矿床	Au	As	Sb	Hg	B	Ag	Cu	Pb	Zn	Bi	Mo	Mn	Co	Ni	V	Ti	W	Sn
山东金青顶	0.03	0.99	0.3	10.38	5.19	0.16	10.04	17.28	30.44	0.31	0.45	397.09	3.51	4.53	16.61	626.67	3.1	1.12
山东三甲	0.01	0.66	0.59	34.40	5.43	0.11	20.53	17.49	30.28	0.30	0.90	311.76	3.31	4.42	21.97	742.1	2.92	1.76
山东新城	0.013	0.56	0.3	10.34	5.3	0.05	5.61	34.93	24.67	0.31	0.5	285.41	1.56	1.97	7.3	350.76	3.01	1.48
山东三山岛	0.02	2.62	0.32	18.27	5.61	0.2	8.77	58.31	34.97	0.39	0.47	235.11	2.11	2.16	6.24	205.12	2.99	1.16
山东大庄子	0.02	1.69	0.31	10	5.62	0.06	18.26	12.35	53.39	0.3	0.98	517.69	15.57	26.77	80.45	3210.6	3.07	1.77
河南秦岭	0.001	0.24	0.3	50	11	0.07	11	15	44	0.8	0.6	719	5	10	31	900	3	1.5
陕西东桐峪	0.13	0.99	0.44	52	6.88	0.23	36.9	83.7	37.6	0.84	0.57	748.8	9.09	8.07	34.3	925.3	2.52	1.27
辽宁五龙	0.0135	3.68	0.3	24.1	15.9	0.074	8.43	18.4	38.78	0.39	0.41	459.8	7.04	8.35	25.8	1401.2	3.76	1.64
辽宁白云	0.01	0.52	0.35	35	40	0.09	25.5	36.5	86	0.3	0.6	570	14	34	95	2953	2.7	3.6
河北金厂峪	0.02	0.55	0.38	36.89	6.77	0.34	71.85	20.81	111.86	0.67	0.39	692.36	32.24	61.53	121.3	1442.3	2.67	1.67
陕西太白双王	0.02	9.1	0.5	130	69.7	0.08	19.8	8.5	30.1	0.4	0.24	522	8.9	24.6	56.4	2437	2.5	2.5
河南祁雨沟	0.03	0.65	0.67	50.32	6.67	0.32	23.86	90.73	74.95	1.22	1.23	477.77	5.44	7.25	28.41	1079.48	3.36	1.94
湖北鸡冠咀	0.02	7.11	0.47	10	/	0.27	172.74	22.39	47.07	0.54	3.8	199.91	9.54	5.74	55.76	2879.56	3.95	/
山西刁泉	0.038	17	0.69	11	22.7	1.3	130.6	56.7	87.6	1.48	10.8	1386.7	4.4	2.48	27.1	1512	6.3	6.3
地壳克拉克值	0.0035	2.2	0.6	90	13	0.08	63	12	94	0.004	1.3	1300	25	89	140	6400	1.1	1.7

注：地壳克拉克值采用黎彤（1976），表中矿床 Hg 含量单位为 10^{-9}，其他元素含量单位为 10^{-6}，“/” 表示没有分析数据。

表 3.3　14 个典型金矿、铜金矿、银铜矿床矿体（Au>10^{-6}）Au 及伴生元素含量几何均值表

	典型矿床	Au	As	Sb	Hg	B	Ag	Cu	Pb	Zn	Bi	Mo	Mn	Co	Ni	V	Ti	W	Sn
1	山东金青顶	3.82	49.16	0.39	43.03	6.92	16.93	15.78	58.61	81.77	8.21	8	1344	32.65	7.89	18.04	443.43	4.6	1.65
2	山东三甲	3.69	60.68	0.83	26.40	6.22	2.90	255.23	52.85	69.68	0.46	1.26	1017	38.59	17.33	13.64	588.10	3.46	2.10
3	山东新城	3.74	7.17	0.47	25.89	7.58	1.81	22.57	118.66	28.92	1.96	0.87	330.2	2.83	3.13	10.93	764.87	8.51	1.90
4	山东大庄子	4.23	9.20	1.00	96.74	11.08	2.04	178.67	1351	1670	0.39	2.68	10848	16.51	20.53	45.09	2227.56	6.85	2.12
5	山东三山岛	3.26	52.41	2.37	84.86	13.99	3.25	69.19	378.53	48.34	2.52	1.03	496.16	4.30	3.07	7.65	429.76	3.38	2.95
6	陕西太白双王	2.75	40.37	1.01	5.64	83.29	0.09	5.83	5.80	5.67	0.58	0.29	1093	8.49	36.15	60.26	1051.09	4.63	1.38
7	辽宁白云	2.70	10.56	0.72	78.63	14.23	0.80	17.60	19.54	17.84	0.37	0.55	484.49	9.66	15.88	125.28	213.12	21.06	3.34
8	辽宁五龙	2.89	19.4	0.51	358.2	23.6	3.14	56	18.5	23.2	70.7	1.88	1446.6	17.5	24.1	14.6	921.3	64.6	1.65
9	河南祁雨沟	3.61	3.04	0.44	120.33	5.25	1.05	154.75	51.09	42.58	23.18	7.55	663.18	33.28	21.41	79.43	1656.27	14.50	2.09
10	河南秦岭	3.67	1.01	0.39	98.81	5.84	3.85	300.89	61.33	58.42	16.03	3.42	1546.22	29.15	14.94	26.61	845.49	58.75	1.36
11	河北金厂峪	2.98	1.03	0.43	33.99	9.05	0.27	27.59	39.92	16.30	1.10	11.92	1040	17.33	29.95	94.06	1758.40	3.44	1.43
12	陕西东桐峪	9.43	3.07	0.49	34.17	15.26	11.58	682.84	1024.2	61.27	16.83	3.01	3139.18	84.96	38.04	13.67	666.80	12.19	6.51
13	山西刁泉	2.15	55.32	1.54	36.5	89.90	20.73	1353.5	298.90	491.82	37.12	16.20	3754.9	39.28	23.30	63.62	3341.35	19.23	34.86
14	湖北鸡冠咀	2.67	15.89	0.71	20.08	/	11.52	13022	13.54	190.03	6.43	11.02	777.56	66.53	20.39	27.54	433.03	21.56	/
	地壳克拉克值	0.0035	2.2	0.6	90	13	0.08	63	12	94	0.004	1.3	1300	25	89	140	6400	1.1	1.7

注：地壳克拉克值采用黎彤（1976），表中矿床 Hg 含量单位为 10^{-9}，其他元素含量单位为 10^{-6}，“/” 表示没有分析数据。

山东三甲：Au、As、Sb及Ag相对高；在12个金矿中As最高。

山东新城：Au、Ag及Pb相对高。

山东大庄子：Au、Sb、Hg、Ag、Pb及Zn相对高；在12个金矿中（Au）Pb、Zn最高。

山东三山岛：Au、As、Sb、Hg、B、Ag及Pb相对高；在12个金矿中Sb（As）最高。

陕西太白双王：Au、As、Sb及B相对高；在12个金矿中B最高。

辽宁白云：Au、As、Sb、B及W相对高。

辽宁五龙：Au、As、Hg、B、Ag、Bi及W相对高；在12个金矿中Hg、Bi及W最高。

河南祁雨沟：Au、Hg、Bi及Mo相对高。

河南秦岭：Au、Hg、Ag、Cu、Pb、Bi、Mo及W相对高。

河北金厂峪：Au、Mo相对高；在12个金矿中Mo最高。

陕西东桐峪：Au、B、Ag、Cu、Pb、Bi、Mn、Co及W相对高；在12个金矿中Au、Cu最高。

2）矽卡岩型银铜、铜金矿床成矿及伴生元素含量相对高低，详见表3.3。

山西刁泉银铜矿：Au、As、Sb、B、Ag、Cu、Pb、Zn、Bi、Mo、Mn、W及Sn相对高。其中Ag、Cu、Bi、Mo及Mn比金矿床高、Au低于金矿。

湖北鸡冠咀铜金矿：Au、As、Sb、B、Ag、Cu、Zn、Bi、Mo、Co及W相对高。其中Ag、Cu比金矿床高，Au低于金矿。

（2）不同矿床元素组合特性

不同矿床元素原始衬度值见表3.4，以各元素原始衬度值≥2为标准，确定各矿床元素组合。元素原始衬度值=矿区矿体（以≥成矿元素最低工业品位，如Au≥1×10^{-6}）各元素几何均值/矿区各元素背景值。

1）12个典型金矿床元素组合如下。

山东金青顶：Au、As、Sb、Hg、B、Ag、Cu、Pb、Zn、Bi、Mo、Mn、Co、Ni、V、W、Sn；

山东三甲：Au、As、Sb、B、Ag、Cu、Pb、Zn、Bi、Mo、Mn、Co、Ni、W、Sn；

山东新城：Au、As、Sb、Hg、B、Ag、Cu、Pb、Zn、Bi、Mo、Mn、Co、Ni、V、Ti、W、Sn；

山东大庄子：Au、As、Sb、Hg、B、Ag、Cu、Pb、Zn、Bi、Mo、Mn、Co、W、Sn；

山东三山岛：Au、As、Sb、Hg、B、Ag、Cu、Pb、Zn、Bi、Mo、Mn、Co、Ni、V、Ti、W、Sn；

陕西太白双王：Au、As、Sb、Hg、B、Ag、Bi、Mo、Mn、Co、Ni、V、W；

辽宁白云：Au、As、Sb、Hg、Ag、Bi、V、W；

辽宁五龙：Au、As、Sb、Hg、B、Ag、Cu、Pb、Bi、Mo、Mn、Co、Ni、W、Sn；

河南祁雨沟：Au、As、Hg、Ag、Cu、Bi、Mo、Mn、Co、Ni、V、Ti、W、Sn；

河南秦岭：Au、As、Sb、Hg、Ag、Cu、Pb、Zn、Bi、Mo、Mn、Co、Ni、W；

表 3.4 14 个典型金矿、铜金矿、银铜矿床矿体（Au>10^{-6}）元素组合的衬度值及元素组合、特征元素组合统计表

	典型矿床	Au	As	Sb	Hg	B	Ag	Cu	Pb	Zn	Bi	Mo	Mn	Co	Ni	V	Ti	W	Sn
1	山东金青顶	**127.24**	**49.66**	1.31	**4.15**	1.33	**105.83**	1.57	3.39	2.69	**26.48**	**17.78**	**3.38**	**9.3**	1.74	1.09	0.71	1.48	1.47
2	山东三甲	**369**	**91.93**	1.4	0.77	1.14	**26.36**	**12.43**	3.02	2.3	1.52	1.39	**3.26**	**11.66**	3.92	0.62	0.79	1.18	1.19
3	山东新城	**287.39**	**12.81**	1.56	2.5	1.43	**36.13**	4.02	3.4	1.17	6.31	1.73	1.16	1.82	1.59	1.5	2.18	2.83	1.28
4	山东大庄子	**211.5**	**5.44**	**3.21**	**9.67**	1.97	**33.92**	**9.78**	**109.4**	**31.28**	1.28	2.73	2.1	1.06	0.77	0.56	0.69	2.23	1.19
5	山东三山岛	**162.77**	**20.01**	**7.41**	**4.64**	**2.49**	**16.23**	**7.89**	**6.49**	1.38	6.47	2.19	2.11	2.04	1.42	1.23	2.1	1.13	2.55
6	陕西太白双王	**137.52**	4.44	**2.02**	0.04	1.19	1.13	0.29	0.68	0.19	1.44	1.21	2.09	0.95	1.47	1.07	0.43	1.85	0.55
7	辽宁白云	**270.44**	**20.3**	**2.05**	**2.25**	0.36	8.93	0.69	0.54	0.21	1.24	0.92	0.85	0.69	0.47	1.32	0.07	**7.8**	0.93
8	辽宁五龙	**214.07**	**5.27**	1.7	**14.86**	1.48	**42.43**	**6.64**	1.01	0.6	**181.3**	4.59	**3.08**	2.49	2.89	0.57	0.66	**17.18**	1.01
9	河南祁雨沟	**120.32**	4.68	0.65	**2.39**	0.79	3.28	**6.49**	0.56	0.57	**19**	**6.13**	1.39	**6.12**	2.95	2.8	1.53	4.31	1.07
10	河南秦岭	**3669.11**	4.22	1.28	1.98	0.53	**54.98**	**27.35**	4.09	1.33	**20.04**	**5.71**	2.15	**5.83**	1.49	0.86	0.94	**19.58**	0.91
11	河北金厂峪	**149.14**	1.87	1.12	0.92	1.34	0.8	0.38	1.92	0.15	1.64	**30.57**	1.5	0.54	0.49	0.78	1.22	1.29	0.85
12	陕西东桐峪	**72.52**	3.1	1.12	0.66	**2.22**	**50.33**	**18.51**	**12.24**	1.63	**20.04**	**5.28**	**4.19**	**9.35**	4.71	0.4	0.72	4.84	**5.12**
13	山西刁泉	**56.7**	3.25	**2.23**	**3.32**	**3.96**	**15.95**	**10.36**	**5.27**	**5.61**	**25.08**	1.49	2.71	**8.93**	**9.4**	2.35	2.21	3.05	**5.53**
14	湖北鸡冠咀	**133.31**	2.24	1.5	**2.01**	/	**42.67**	**75.38**	0.6	4.04	**11.9**	2.9	**3.89**	**6.97**	3.55	0.49	0.15	**5.46**	/
	元素组合标准	1	1	1	1	1	1	1	1	1	1	1	1	1	1	1	1	1	1
	特征元素组合标准	50	5	2	2	2	10	5	5	5	10	5	3	5	5	3	3	5	5

注：衬值≥1 为元素组合，衬值≥最后一行为特征元素组合，用粗体带下划线表示，“/”表示没有分析数据。

河北金厂峪：Au、As、Sb、B、Pb、Bi、Mo、Mn、Ti、W；

陕西东桐峪：Au、As、Sb、B、Ag、Cu、Pb、Zn、Bi、Mo、Mn、Co、Ni、W、Sn。

2）矽卡岩型银铜矿床如下。

山西刁泉：Au、As、Sb、Hg、B、Ag、Cu、Pb、Zn、Bi、Mo、Mn、Co、Ni、V、Ti、W、Sn。

3）矽卡岩型铜金矿床如下。

湖北鸡冠咀：Au、As、Sb、Hg、Ag、Cu、Zn、Bi、Mo、Mn、Co、Ni、W（F、I、Cs、Cd、Tl）。

4）三个铅锌矿床元素组合（各元素原始衬度≥2为标准）如下。

云南会泽铅锌矿床：10号矿体（Pb+Zn≥1%）中元素组合是Pb、Zn、Ag、Cu、As、Sb、Hg、F、Li、Cd 、Ge、Bi、Mn、Co、Ni、V；

内蒙古三河铅锌矿床：高包山矿段铅锌矿体元素组合Pb、Zn、Ag、Cu、Au、As、Sb、Hg、Bi、Mo、Mn、Ni、W、Sn；

内蒙古甲乌拉铅锌矿床：3号矿体元素组合Pb、Zn、Ag、Cu、Au、In、Ga、Cd、As、Sb、Hg、Bi、Mo、Mn、Co、Ni、Sn、W。

3.3.2.2 金、铜金、银铜、铅锌矿床元素组合共性

（1）12个金矿床元素组合共性

共性元素有14个，包括Au、As、Sb、B、Ag、Cu、Pb、Bi、Mo、Mn、Co、Ni、W、Sn。

同一成矿集中区胶东金矿床共性元素较多，有17个，包括Au、As、Sb、Hg、B、Ag、Cu、Pb、Zn、Bi、Mo、Mn、Co、Ni、V、W、Sn。

（2）矽卡岩型银铜矿床-矽卡岩型铜金矿床共性元素

共性元素有14个，包括Au、As、Sb、Hg、B、Ag、Cu、Zn、Bi、Mo、Mn、Co、Ni、W、Sn。

（3）铅锌矿床元素组合共性元素

共性元素有Pb、Zn、Ag、Cu、As、Sb、Hg、Bi、Mn、Ni。

（4）金、铜金、银铜、铅锌矿床共性元素

共性元素有Pb、Zn、Ag、Cu、As、Sb、Hg、Bi、Mn、Ni。

3.3.3 金矿不同阶段形成矿体元素组合特点

（1）热液矿床多阶段叠加成矿成晕的共性

每个矿床一般都可分为3~5个成矿阶段，其中都会有2~3个主要成矿阶段（如金矿的四个阶段中第Ⅱ、Ⅲ阶段为主要成矿阶段），矿体晕主要是由几个主要成矿阶段形成矿体晕同位或部分同位叠加结果。

（2）不同类型金矿不同阶段元素组合特性

不同类型金矿不同阶段元素组合特性见表3.5。

1）金矿床分四个阶段，第Ⅱ、Ⅲ阶段（主成矿阶段）各元素含量都高于第Ⅰ、Ⅳ阶

表 3.5　14个矿床不同期次不同阶段元素含量平均值

矿床名称	成矿阶段	Au	As	Sb	Hg	B	Ag	Cu	Pb	Zn	Bi	Mo	Mn	Co	Ni	V	Ti	W	Sn
山东金青顶石英脉型金矿	Ⅰ	1.74	36.4	0.38	33.0	8.0	9.1	14	50	113	6.0	5.1	1793	25.6	8.2	18.4	346	4.0	1.5
	Ⅱ	5.20	72.9	0.39	45.3	6.6	21.7	30	66	127	11.6	6.7	2509	36.9	8.3	14.3	245	3.5	1.4
	Ⅲ	15.76	103.9	0.33	78.7	5.4	50.2	55	50	107	10.2	6.0	1486	64.3	10.1	10.0	240	3.9	1.4
	Ⅳ	0.51	12.9	0.34	22.7	10.3	3.5	7	41	65	2.3	5.2	1120	8.6	4.5	19.2	596	4.6	1.6
山东三甲石英脉型金矿	Ⅰ	0.10	12.7	0.37	16.4	9.6	0.3	55	35	31	0.3	1.1	754	6.3	4.8	16.8	895	5.2	2.0
	Ⅱ	6.15	85.9	0.62	26.3	6.5	2.5	214	25	34	0.4	1.1	689	60.9	12.4	10.2	415	2.9	1.9
	Ⅲ	4.71	72.2	0.98	30.7	6.1	14.7	1340	204	363	0.9	1.6	1170	65.6	62.1	14.6	546	2.9	2.6
	Ⅳ	0.97	49.4	0.52	18.8	8.7	0.9	90	44	31	0.4	1.0	559	18.0	8.6	22.1	1015	5.4	2.3
山东新城蚀变岩型金矿	Ⅰ	2.02	4.2	0.33	18.6	6.6	0.5	7	36	15	0.9	0.6	261	2.1	2.2	9.8	620	12.2	1.4
	Ⅱ	2.82	10.9	0.47	19.9	7.8	1.6	31	113	21	2.2	0.7	338	3.7	3.1	10.6	751	10.7	1.9
	Ⅲ	5.45	14.2	0.61	22.1	7.3	15.2	30	766	36	8.5	1.0	346	3.9	3.3	9.8	670	5.5	2.0
	Ⅳ	0.19	0.8	0.31	12.6	6.5	0.1	6	18	14	0.3	0.6	268	1.8	2.0	8.8	653	3.9	1.4
山东三山岛蚀变岩型金矿	Ⅰ	0.08	10.4	0.51	41.7	8.8	0.3	12	64	49	0.5	1.0	345	2.4	2.9	8.1	326	3.1	1.7
	Ⅱ	3.44	59.2	0.97	41.4	10.8	1.3	12	227	52	1.8	0.6	439	4.6	2.4	6.4	469	3.1	2.5
	Ⅲ	5.71	92.1	8.76	105.2	11.4	13.3	264	3417	972	1.5	1.1	633	4.7	3.3	7.0	401	3.0	2.9
	Ⅳ	0.28	32.5	0.70	68.5	23.9	0.9	20	273	49	0.6	1.1	1660	2.7	4.0	8.2	382	3.6	2.4
山东新立蚀变岩型金矿	Ⅰ	0.53	37.6	2.06	71.9	16.9	1.3	40	162	48	1.4	1.1	260	2.9	2.7	9.7	377	3.9	1.9
	Ⅱ	3.96	49.3	1.50	155.3	11.5	3.6	147	522	40	5.6	1.2	189	3.6	3.1	11.5	453	4.5	3.1
	Ⅲ	6.18	81.4	7.54	135.9	12.2	14.6	627	2444	142	15.0	1.8	264	7.4	5.7	12.0	522	2.8	4.6
	Ⅳ	0.44	16.8	1.10	51.4	18.5	0.9	23	89	27	0.9	1.1	724	3.5	4.3	10.2	561	4.3	2.2

续表

矿床名称	成矿阶段	Au	As	Sb	Hg	B	Ag	Cu	Pb	Zn	Bi	Mo	Mn	Co	Ni	V	Ti	W	Sn
山东大庄子破碎带蚀变岩金矿	Ⅱ	1.67	13.2	1.30	135.4	11.9	1.6	73	2076	1689	0.4	2.5	1378	12.1	16.3	38.0	1452	6.3	1.6
	Ⅲ	2.52	14.1	2.27	173.7	11.9	4.6	525	3738	3189	0.4	2.7	1373	17.0	22.8	43.1	1842	9.8	2.3
	Ⅳ	8.68	28.7	4.33	382.8	9.9	9.1	841	5000	4392	0.4	2.8	1236	23.7	24.3	29.6	1204	6.8	2.4
河南秦岭60号脉石英脉型金矿	Ⅰ	1.37	1.7	0.38	20.0	3.5	1.2	138	42	38	16.3	1.8	2872	4.0	6.7	22.2	696	221.0	1.7
	Ⅱ	6.45	2.0	0.39	20.0	6.0	2.6	289	112	53	27.5	6.2	1970	14.0	11.5	33.0	2363	389.0	3.2
	Ⅲ	7.96	1.6	0.51	30.0	6.0	3.3	531	351	99	14.4	5.1	1924	11.9	12.0	48.4	3209	175.0	3.0
	Ⅳ	0.57	1.2	0.30	20.0	2.5	0.2	86	17	60	1.6	14.0	6800	2.5	5.0	110.0	1700	190.0	3.4
陕西东桐峪石英脉型金矿	Ⅰ	0.30	1.0	0.30	40.0	16.5	0.6	59	142	35	1.6	1.2	1587	15.2	12.8	75.5	2467	30.2	3.5
	Ⅱ	2.60	2.2	0.40	40.0	17.6	1.5	101	239	36	3.6	2.0	2212	42.2	18.6	37.2	1438	18.9	4.8
	Ⅲ	14.20	4.3	0.90	50.0	12.4	44.5	3288	4585	188	81.6	2.2	2274	66.7	22.2	14.5	693	17.5	7.4
	Ⅳ	0.30	1.3	0.40	40.0	15.7	1.1	70	202	38	2.6	1.3	3829	16.5	16.8	49.4	1756	18.7	4.2
辽宁五龙石英脉型金矿	Ⅰ	0.09	0.3	5.67	34.0	25.3	20.9	22	11	12	4.0	1.1	586	6.0	6.6	26.8	778	121.1	2.1
	Ⅱ	5.15	1.7	8.44	63.0	533.7	29.3	29	10	14	85.3	2.4	1654	10.9	9.4	8.3	437	34.1	1.5
	Ⅲ	7.70	4.6	22.50	86.0	563.7	56.0	81	56	61	106.8	1.6	1808	18.4	16.4	12.3	658	79.5	2.5
	Ⅳ	0.05	0.3	5.73	32.0	36.4	25.4	16	5	12	1.9	1.0	2146	5.8	9.5	5.5	452	17.9	1.1
辽宁白云石英脉破碎带型金矿	Ⅰ	0.52	0.4	10.80	51.0	79.8	12.5	9	13	9	0.3	0.6	594	8.1	12.5	98.3	2154	19.7	3.0
	Ⅱ	4.04	0.9	10.20	72.0	80.4	13.7	15	16	14	0.4	0.5	491	10.5	15.8	117.5	2294	22.2	3.4
	Ⅲ	3.36	0.8	6.62	66.0	54.9	25.1	60	34	52	0.4	0.7	575	10.9	18.9	109.4	2306	19.6	3.9
陕西太白双王钠长角砾岩型金矿	Ⅰ	0.15	18.9	0.89	31.0	95.3	0.1	6	7	6	0.5	0.3	586	7.9	27.2	84.3	1502	8.0	2.5
	Ⅱ	2.95	50.0	1.54	48.6	60.9	0.1	5	5	6	0.5	0.4	1402	11.6	40.1	56.7	838	4.1	1.4
	Ⅲ	0.35	27.9	0.86	33.5	133.3	0.1	6	5	5	0.6	0.3	1272	7.8	32.7	56.6	829	5.0	1.4
	Ⅳ-1	0.28	42.2	0.70	33.6	763.7	0.1	5	7	6	1.1	0.4	777	9.3	29.4	79.3	1362	9.7	2.1
	Ⅳ-2	12.65	57.2	1.38	118.9	107.6	0.2	5	5	5	1.1	0.3	1004	16.9	37.1	44.6	823	6.2	1.6

续表

矿床名称	成矿阶段	Au	As	Sb	Hg	B	Ag	Cu	Pb	Zn	Bi	Mo	Mn	Co	Ni	V	Ti	W	Sn
河南祁雨沟隐爆角砾岩型金矿	Ⅰ	2. 36	2. 5	0. 43	83. 2	5. 1	0. 7	47	49	43	15. 6	7. 0	615	29. 1	18. 2	83. 8	1541	13. 4	2. 3
	Ⅱ	4. 74	3. 4	0. 42	81. 4	5. 4	0. 8	107	21	40	15. 8	4. 1	774	48. 6	26. 9	91. 2	1768	10. 8	1. 6
	Ⅲ	6. 43	3. 1	0. 46	161. 2	5. 0	2. 7	1314	194	52	37. 9	11. 5	719	36. 4	25. 2	89. 4	1551	21. 7	3. 0
	Ⅳ	1. 40	3. 7	0. 40	91. 1	5. 3	0. 7	81	24	37	30. 2	4. 3	643	34. 0	20. 0	84. 5	1443	23. 9	1. 9
湖北鸡冠嘴矽卡岩型铜金矿①	Ⅰ	0. 20	14. 63	0. 72	10. 7	/	1. 7	762	13	129	3. 96	947. 93	602	49. 7	11. 7	47. 4	2169	28. 5	/
	Ⅱ	8. 22	13. 91	0. 49	11. 4	/	41. 85	93816	8	270	9. 48	13. 61	822	91. 4	28. 1	19. 8	394	29. 2	/
	Ⅲ	1. 20	21. 64	2. 26	16. 2	/	8. 5	7711	150	411	3. 83	25. 32	614	64. 8	25. 6	38. 4	1099	14. 2	/
	Ⅳ	2. 25	48. 29	1. 90	16. 0	/	10. 12	2853	20	179	18. 7	16. 12	472	60. 5	15. 1	27. 0	460	36. 7	/
山西刁泉矽卡岩型银铜矿②	Ⅰ	0. 06	63. 24	1. 86	10. 0	141. 1	4. 9	920	48	119	14	26. 2	4314	14. 7	8. 6	43. 9	2845	4. 0	45. 5
	Ⅱ	0. 05	53. 31	1. 35	10. 0	82. 2	11. 9	1220	130	537	9	13. 4	5633	21. 0	3. 2	15. 3	1004	3. 9	244. 7
	Ⅲ	0. 13	82. 4	2. 00	20. 0	139. 4	184. 7	15300	580	331	45	23. 4	6682	28. 3	7. 6	35. 8	3268	3. 6	122. 6
	Ⅳ	0. 22	66. 8	1. 70	20. 0	156. 0	155. 2	17500	41	91	89	24. 6	3623	12. 7	6. 8	42. 5	2686	4. 7	55. 3

注：表中矿床 Hg 含量单位为 10^{-9}，其他元素含量单位为 10^{-6}；①湖北鸡冠咀铜金矿热液期成矿阶段为Ⅰ 石英-辉钼矿，Ⅱ 金-铜硫化物，Ⅲ 金-铅锌硫化物，Ⅳ 金-砷硫化物；②山西刁泉矽卡岩型银铜矿热液期成矿阶段为Ⅰ 矽卡岩期无矿，Ⅱ 矽卡岩期磁铁矿，Ⅲ 硫化物期-含铜硫化物，Ⅳ 硫化物期-含银硫化物；“/”表示没有分析数据。

段，其中第Ⅲ阶段中 Au、As、Sb、Hg、Ag、Cu、Pb、Zn、Co、Ni 又高于第Ⅱ阶段，Ag、Cu、Pb、Zn 是第Ⅲ阶段特征元素，而 Mn 一般在第Ⅳ阶段较高。

2）不同类型金矿不同阶段元素组合特性，以各元素原始衬度值≥1 为标准。

石英脉型：Ⅰ-Au、Ag、Mo、W；
Ⅱ-Au、As、Hg、Ag、Bi、Mo、Mn、Co、W；
Ⅲ-Au、As、Sb、Hg、Ag、Cu、Pb、Zn、Bi、Mo、Mn、Co、W；
Ⅳ-Mn、Mo、W。

蚀变岩型：（胶东、小秦岭）Ⅰ-Au、As、Sb、Pb；
Ⅱ-Au、As、Sb、Hg、Ag、Pb；
Ⅲ-Au、As、Sb、Hg、Ag、Pb、Zn、Bi；
Ⅳ-Sb、B、Pb。

复脉带型：（河北金厂峪）Ⅱ-Au、As、B、Mo、Mn、Ti、W；
Ⅲ-Au、Ag、As、Sb、Hg、B、Pb、Bi、Mo、Mn、Ti、W。

隐爆角砾岩型：（河南祁雨沟）Ⅰ-Au、Hg、Bi、Mo、Co、W；
Ⅱ-Au、Hg、Cu、Bi、Mo、Co；
Ⅲ-Au、Hg、Ag、Cu、Pb、Bi、Mo、Co、W；
Ⅳ-Au、Hg、Bi、Mo、Co、W。

钠长角砾岩型：（陕西太白双王）Ⅰ-As、Sb、B；
Ⅱ-Au、As、Sb、Hg、B、Mn；
Ⅲ-Au、As、Sb、B；
Ⅳ-1-As、Sb、B；
Ⅳ-2-Au、As、Sb、Hg、B。

（3）金矿床不同阶段元素组合共性

1）石英脉-蚀变岩型-金矿床共性不同阶段元素组合共性如下。

Ⅰ阶段：Au；
Ⅱ阶段：Au、As、Hg、Ag、Pb；
Ⅲ阶段：Au、As、Sb、Hg、Ag、Pb、Zn、Bi；
Ⅳ阶段：无。

2）石英脉-蚀变岩型-隐爆角砾岩型金矿床共性如下。

Ⅰ阶段：Au；
Ⅱ阶段：Au、Hg；
Ⅲ阶段：Au、Hg、Ag、Pb、Bi；
Ⅳ阶段：无。

（4）热液金矿床不同成矿阶段矿物及元素组合沉淀规律模式

热液金矿床不同成矿阶段矿物及元素组合沉淀规律模式见图 3.1。

3.3.4 指示元素的独立矿物、富集矿物及载体矿物特性与共性

不同矿种、不同类型矿床由于其含矿热液来源不同，含有的各种成矿及伴生元素不

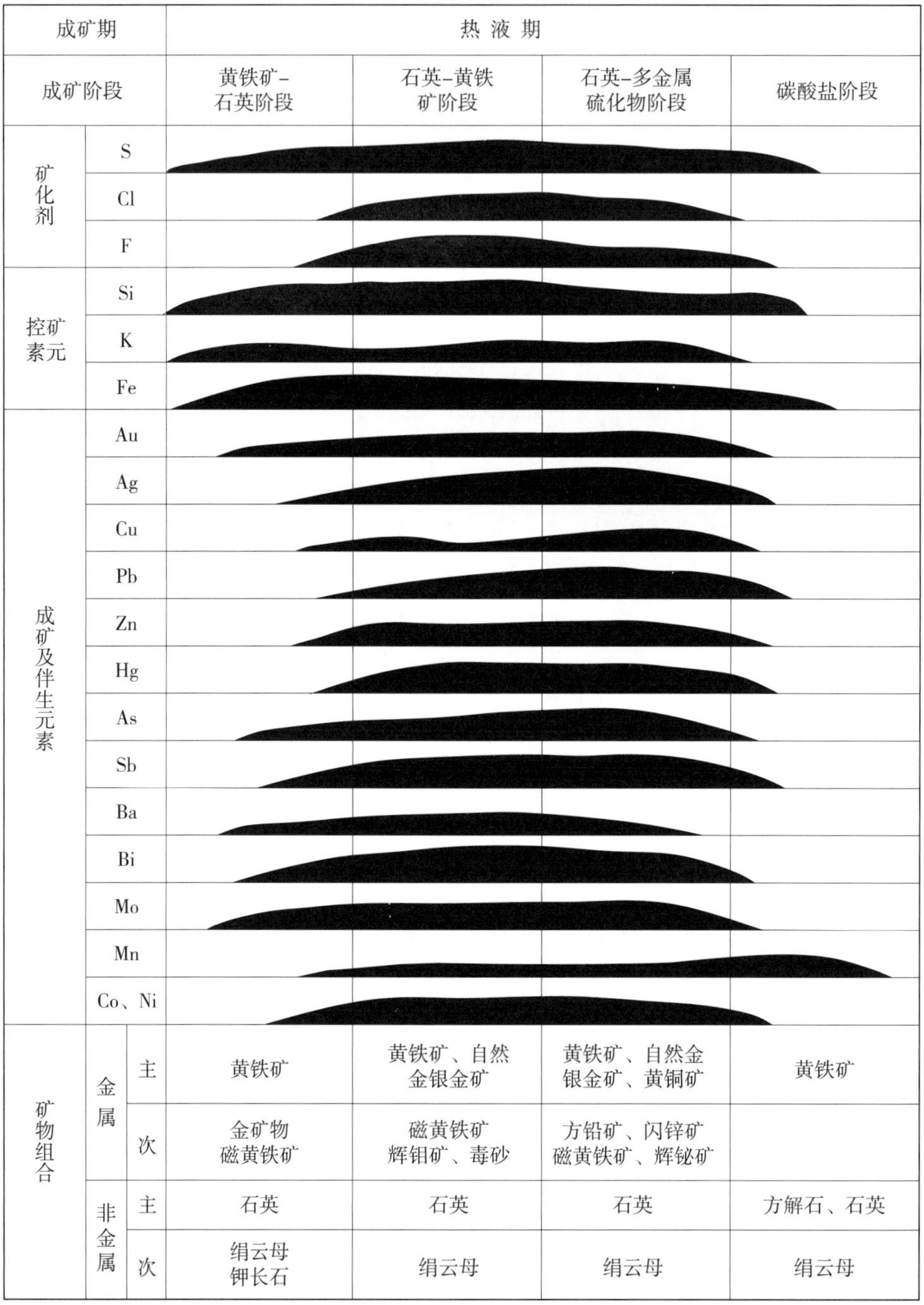

图 3.1 热液金矿床不同成矿阶段矿物–元素组合沉淀规律模式

同，成矿时物化环境不同，致使成矿及伴生元素形成了不同的矿物组合，成矿及伴生元素可形成独立矿物，也可以类质同象进入某些矿物。不同矿种矿床的矿物组合有很大差别，也有共性，同矿种矿床的矿物组合有特性但共性较多。

对矿床原生晕指示元素在矿床中独立矿物、富集矿物及载体矿物进行详细研究是很复杂的课题，现只介绍粗略研究方法：①确定本矿床中所有矿物并统计计算各矿物在矿体中含量，根据矿物主元素和元素间类质同象关系确定指示元素的独立矿物；②挑选分离单矿物，分析各单矿物中各元素含量，根据各单矿物中某指示元素含量高低确定富集矿物；③计算所有矿物中某指示元素总含量=某矿物中某指示元素分析含量×某矿物在矿床含量，对各矿物中各元素总含量从大至小排序，以矿物含某元素总含量>50%确定为某元素的载体矿物或携带矿物。

笔者及所在团队先后对山东乳山金青顶金矿和湖北大冶鸡冠咀铜金矿床金指示元素的独立矿物、富集矿物及载体矿物进行研究，发现两矿床有特性但也有共性（图 3.2、图 3.3）。

矿物		含量级别	Au	As	Sb	Hg	B	Ag	Cu	Pb	Zn	Bi	Mo	Mn	Co	Ni
金属矿物	黄铁矿	主	● ◎	● ◎	● ⊙	◎	◎	● ◎	◎	● ◎	◎	● ⊙	● ⊙	◎	● ◎	● ◎
	黄铜矿	主	◎	⊙	⊙	⊙			★○	◎	◎	◦	◦	⊙	⊙	⊙
	辉铜矿	少	◎	◦					★							
	方铅矿	次	◎	◎	⊙	◎	◎	◎	◎	★○	◎	◎	⊙		⊙	⊙
	闪锌矿	次		⊙	⊙	◎		◎	◎	◎	★○	◦	◦	⊙	⊙	◦
	毒砂矿	少	◎	★												
	磁黄铁矿	少		⊙	⊙			◎	⊙	◎	⊙	◎	◎	◎	◎	◎
贵金属矿物	自然金	主	★													
	银金	主	★													
	碲银金	次	★					★								
	碲铋											★				
非金属矿物	石英	主	◦	◦	◦	◦	◦	◦	◦	◦	◦	◦	◦	⊙	◦	◦
	方解石	次	◦	◦	◦	◦	◦	◦	◦	⊙	◦	◦	⊙	◎	⊙	⊙

注：主-主要矿物；　次-次要矿物；　少-少量矿物；　微-微量矿物

★元素的独立矿物（含量极高）；　●元素的载体矿物；　◎⊙◦元素的含量高、中、低标识

元素含量/10^{-6}			Au	As	Sb	Hg	B	Ag	Cu	Pb	Zn	Bi	Mo	Mn	Co	Ni	V
高	◎	≥	1	1000	100	0.1		10	500	1000	1000	50	50	1000	100	50	50
中	⊙	>	0.1	100	10	0.01		1	50	100	100	10	10	100	10	10	20
低	◦	<	0.1	100	10	0.01		1	50	100	100	10	10	100	10	10	20

图 3.2　乳山金青顶金矿床指示元素的独立矿物、富集矿物及载体矿物

元素		Cu	Au	Pb	Zn	Ag	Co	Bi	As	Sb	Hg	F	I	W	Mo	Mn
金属矿物	磁铁矿	●	◎	◎	◎▲	●	◎	○	●	◎		○	○	●	●	◎
	辉钼矿	◎	○	◎		●	●	◎	◎	○	○				●▲	
	赤铁矿	●	○	●	○	●	◎	◎	●	◎		○	◎	●	◎	◎
	斑铜矿	●★	●	◎	○	●	◎	◎	○	◎	◎				◎	
	黄铜矿	●▲	●	◎	◎	●▲	●▲	◎▲	●	◎▲	◎▲	○	●	○		◎
	辉铜矿	●▲	●	◎	●	●	◎	◎	○					◎▲	●	
	黄铁矿	●	●▲	◎	○	●	●▲	◎▲	●▲	◎	◎	○	●	◎▲	○	◎
	方铅矿	◎	◎	●▲	●	●▲										
	闪锌矿	◎	◎	●	●▲	◎										
	赤铜矿	●★														
	蓝铜矿	●★														
	辉铋矿							●★								
贵金属矿物	银金矿		●▲			●★										
	自然金		●▲													
非金属矿物	透辉石	◎	○	○	○	◎	○	○	○	○	○			○	○	
	石榴子石	○	○	○	○	◎	○	○	○	○	○			○	○	
	透闪石	○	○	◎	○	○	○	○	○	○	○			●	○	
	石英	○	○	○	○	○	○	○	○					○		
	绿帘石	◎	○	◎	○		○	○	○					○		
	金云母	○	○	◎	◎		○	○	○					○		
	绢云母	○	○	◎	○		○	○	○					○		
	方解石	◎	○	◎	○	○	○	○	◎	◎	○	○	○	○	○	◎
高含量/10^{-6}		>500	>1	>50	>1000	>1	>50	>100	>20	>8	>45	>4000	>1. 2	>20	>50	>1600
中等含量/10^{-6}		100~500	0. 5~1	20~50	100~1000	0. 2~1	20~50	10~100	10~20	0. 3~8	10~45	1000~4000	0. 3~1. 2	10~20	10~50	400~1600
低含量/10^{-6}		<100	<0. 5	<20	<100	<0. 2	<20	<10	<10	<0. 3	<10	<1000	<0. 3	<10	<10	<1600

注：●高含量 ◎中等含量 ○低含量 ★独立矿物 ▲载体矿物

图 3.3　湖北大冶鸡冠咀矽卡岩型铜金矿床指示元素的富集和携带矿物

（据李惠，1990，有修改）

3. 3. 5　石英脉型金矿脉两侧不同蚀变带元素带入带出特点

石英脉型金矿脉两侧扩散异常在宏观上表现为蚀变分带横向分带，即从矿体→远离矿体→未蚀变围岩在微观上表现为常量元素-成矿-伴生元素的扩散晕横向分带。通过对不同蚀变带取样进行多元素分析，研究了不同蚀变带元素的带入、活化转移带出特点。

山东招远灵山沟 1 号石英脉型金矿脉不同蚀变带元素带入带出特点：由矿脉、近脉、远脉，岩石可分为：黄铁硅质岩和黄铁绢英岩（金矿体）、绢英岩化花岗岩、绢云母化花岗岩、未蚀变花岗岩。蚀变过程中不同蚀变带各元素的带入带出特点（图 3.4）是：①成矿元素 Au，伴生元素 Ag、Cu、Pb、Zn、Bi、Co，控矿元素 Si，矿化剂元素 S、Cl、F 等，从近矿矿体蚀变至远矿蚀变各元素带入量逐渐减少，As、Sb 也有类似规律；②K、Rb、Ba 近矿蚀变带出，远矿蚀变带入活化转移；③Na、Sr、V 、Ti 带出，但从近矿体蚀变至远矿蚀变带出量减少；④在黄铁硅质岩中，Au、Ag、Fe、S、Cu、Si 带入最多，Au 品位最高。

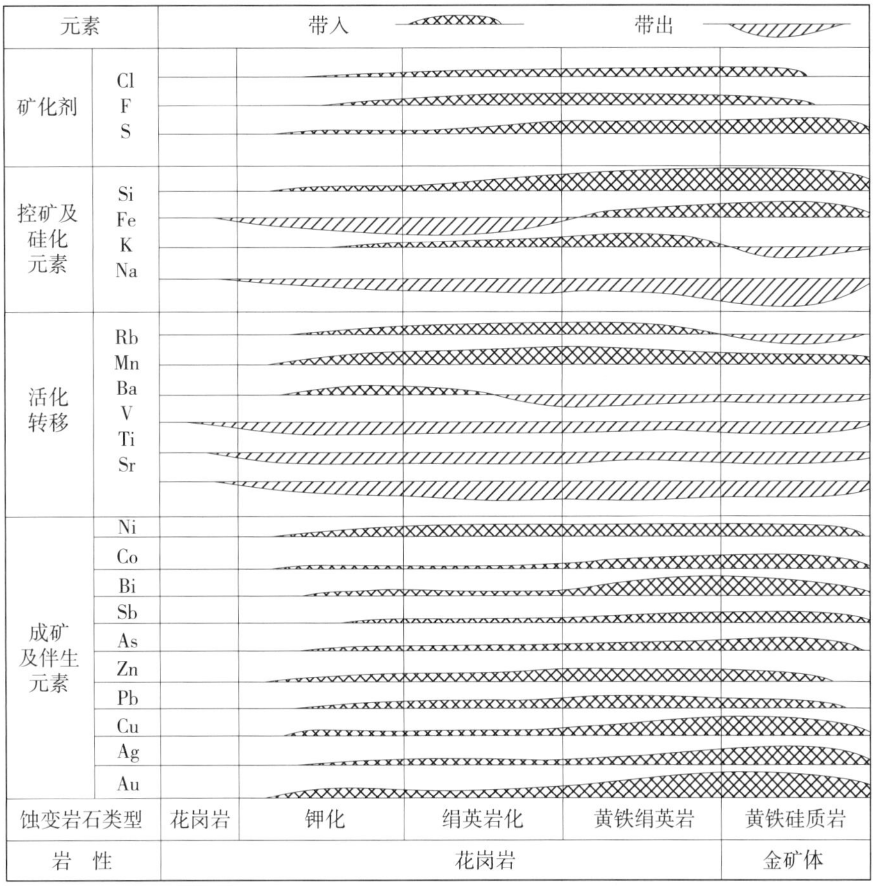

图 3.4　山东招远灵山沟 1 号石英脉型金矿床不同蚀变岩中元素带入带出模式图
（据李惠，1995）

3.4　热液矿床构造叠加晕的特性及共性

热液矿床成矿成晕严格受构造控制，具有多期多阶段叠加成矿成晕特点；每次成矿作用形成的每一个矿体晕都有明显的轴向分带，即每个矿体都有自己的前缘晕、近矿晕和尾晕；不同期次成矿作用形成的矿体晕在构造空间上有同位叠加或部分同位叠加，形成了复杂的原生叠加晕；同一次成矿作用形成的多个相近矿体或串珠状矿体，下方矿体的前缘晕与上方矿体尾晕叠加。

3.4.1 不同矿床原生晕中各指示元素的浓度分带标准不同

指示元素浓度分带是研究矿床-体原生晕轴（垂）向分带基础，浓度分带标准确定合适与否是研究和发现矿床-体前缘晕、近矿晕及尾晕的关键。为简化异常，各元素浓度分带一般分为外带（含量低）、中带（含量中等）、内带（含量高），各元素的浓度分带以各元素含量区间及各矿区各元素背景值为基础，考虑各元素含量区间，外带、中带、内带一般以背景值的2倍、4~8倍、8~32倍为标准，但分带标准必须以能显示各元素在矿体不同部位的区别，同时考虑外带、中带、内带的比例，各矿床指示元素分带无统一标准。

（1）不同矿床各元素外带、中带、内带浓度含量分带

不同矿床各元素外带、中带、内带浓度含量分带标准相差很大，从表3.6可见，14个典型金、铜金、银铜矿床原生晕浓度分带外带、中带、内带含量标准界限有明显的差异。

As：外带范围为$0.4\times10^{-6}\sim20\times10^{-6}$，中带范围处于$2\times10^{-6}\sim80\times10^{-6}$，内带范围为$4\times10^{-6}\sim200\times10^{-6}$；

同一金矿集中区矿带如胶东较相近，也有差异：As外带范围为$2.5\times10^{-6}\sim20\times10^{-6}$，中带范围为$10\times10^{-6}\sim80\times10^{-6}$，内带为$30\times10^{-6}\sim200\times10^{-6}$；同一金矿集中区同一矿带如胶东乳山金青顶和三甲两个金矿也有差异：As外带为$10\times10^{-6}\sim20\times10^{-6}$，中带范围为$20\times10^{-6}\sim80\times10^{-6}$，内带为$80\times10^{-6}\sim200\times10^{-6}$；

Hg：外带范围为$15\times10^{-9}\sim90\times10^{-9}$，中带范围为$30\times10^{-9}\sim150\times10^{-9}$，内带为$45\times10^{-9}\sim300\times10^{-9}$；

Sb：外带范围为$0.4\times10^{-6}\sim2\times10^{-6}$，中带范围为$0.8\times10^{-6}\sim10\times10^{-6}$，内带为$1.6\times10^{-6}\sim20\times10^{-6}$；

Cu：金矿床Cu外带范围为$20\times10^{-6}\sim200\times10^{-6}$，中带范围为$40\times10^{-6}\sim400\times10^{-6}$，内带为$100\times10^{-6}\sim800\times10^{-6}$，金矿与铜金矿、银铜矿相差较大；

Ag：金矿床Ag外带范围为$0.08\times10^{-6}\sim20\times10^{-6}$，中带范围为$0.15\times10^{-6}\sim60\times10^{-6}$，内带为$0.3\times10^{-6}\sim120\times10^{-6}$。

（2）同一矿集区内或同一矿带内各元素含量浓度分带

同一矿集区内或同一矿带内各元素含量浓度分带标准也有差异，从表3.6可见：如同一矿集区胶东金矿带As外带范围在$2.5\times10^{-6}\sim20\times10^{-6}$，中带范围在$10\times10^{-6}\sim80\times10^{-6}$，内带范围在$30\times10^{-6}\sim200\times10^{-6}$；同一矿带如胶东乳山金青顶和三甲两个金矿也有差异：As外带范围在$10\times10^{-6}\sim20\times10^{-6}$，中带范围在$20\times10^{-6}\sim80\times10^{-6}$，内带范围在$80\times10^{-6}\sim200\times10^{-6}$。

启示：不同矿床各元素浓度分带标准不同，有的元素外带、中带、内带元素含量相差很大。因此，不同典型矿床构造叠加晕模式及预测盲矿指标中虽然指示元素相同（共性）都指示深部有盲矿，但其外带、中带、内带标准不同（特性）。

表 3.6　14 个典型金矿、铜金矿、银铜矿床异常分带标准对比表

元素		Au	As	Sb	Hg	B	Ag	Cu	Pb	Zn	Bi	Mo	Mn	Co	Ni	V	Ti	W
外带	金青顶	0.1/0.5	10	0.8	20	10	5	20	30	80	0.8	6	1000	20	10	40	2000	10
	三甲	0.1/0.5	20	0.8	40	9	2	60	40	80	0.8	1.5	1000	20	20	80	2000	10
	新城	0.1/0.5	2.5	0.5	20	10	0.2	20	40	40	1	1	500	5	4	15	1500	10
	三山岛	0.1	20	1	40	10	1	40	100	50	1	1	400	5	4	10	500	5
	大庄子	0.1	5	0.6	20	10	1	40	100	100	0.6	3	1000	25	40	150	4000	10
	秦岭	0.2	2	0.4	40	6	1	200	80	50	10	3	2000	10	15	100	4000	200
	东桐峪	0.5	1.5	0.5	50	10	1.5	50	200	50	5	1.5	1500	15	15	100	2000	5
	五龙	0.5	0.4	5	31	30	30	20	20	40	5	1	1000	15	40	40	2000	10
	白云	0.2	5	0.5	50	20	0.5	30	20	80	0.5	1	600	15	25	150	3500	5
	金厂峪	0.1	1	0.5	30	20	0.2	35	30	30	1	10	1200	20	80	200	3000	5
	太白双王	0.8	15	0.8	90	100	0.08	10	10	10	0.7	0.4	500	10	50	80	500	/
	祁雨沟	0.5/0.1	1	0.5	50	10	0.5	100	100	100	10	10/20	1000	20	20	100	2000	20
	鸡冠咀	0.1	20	2	15		0.6	350	50	100	1.5	20	400	20	12	35	3000	10
	刁泉	0.1	20	1	20	30	10	500	100	100	3	20	2000	10	5	50	2000	15
中带	金青顶	2/5	20	1.5	40	20	10	80	120	200	3	15	2000	40	20	80	4000	20
	三甲	2	80	1.5	80	20	5	120	120	200	3	6	2000	40	40	160	4000	20
	新城	1	10	1	40	20	0.8	80	160	160	4	5	1000	10	8	30	3000	20
	三山岛	0.5	40	2	60	20	3	80	200	100	3	3	800	10	6	20	1000	10
	大庄子	0.5	15	2	80	20	3	80	300	300	1.2	6	2000	50	80	300	8000	20
	秦岭	1	3	0.8	80	10	3	400	160	100	30	6	3000	15	30	150	6000	300
	东桐峪	1/3	3	1	100	20	3	100	400	100	10	3	3000	30	30	200	4000	10
	五龙	1	2	10	60	60	60	40	40	80	20	5	2000	30	80	80	4000	40
	白云	1	20	1	100	40	1	60	60	160	2	3	1200	30	50	300	7000	10

续表

元素		Au	As	Sb	Hg	B	Ag	Cu	Pb	Zn	Bi	Mo	Mn	Co	Ni	V	Ti	W
外带	金厂峪	0.5	3	1	60	40	0.5	70	60	60	2	50	2400	40	160	400	6000	10
	太白双王	1.5	30	1.5	150	200	0.15	20	20	20	1.5	0.8	1000	20	80	120	1000	
	祁雨沟	1/0.5	5	1	100	20	1	200	200	200	20	20/100	2000	40	40	200	4000	40
	鸡冠咀	0.5	40	4	30	/	1.2	700	100	200	3	40	800	40	24	70	6000	20
	刁泉	0.5	40	2	50	60	30	1000	200	200	6	40	4000	20	10	100	4000	30
内带	金青顶	10	80	3	80	40	20	480	480	800	12	25	4000	60	40	160	8000	40
	三甲	5	200	3	/	40	10	480	280	400	12	8	4000	120	/	/	8000	40
	新城	3	40	2	80	40	3.2	320	640	640	8	10	2000	20	16	60	6000	40
	三山岛	1.5	60	4	80	30	5	120	400	200	5	5	1600	20	12	40	1500	20
	大庄子	1	30	8	160	40	9	500	1000	1000	2.4	12	4000	100	160	600	16000	40
	秦岭	3	4	1.6	160	15	5	800	320	150	100	9	4000	20	50	200	8000	400
	东桐峪	5	5	2	200	40	6	200	800	200	20	6	6000	60	60	400	8000	20
	五龙	3	4	20	100	120	120	100	100	160	100	10	3000	60	120	120	/	100
	白云	3	40	2	200	80	3	120	120	320	4	6	2400	60	100	/	/	30
	金厂峪	1	5	2	180	60	1	140	120	120	4	100	4800	/	320	/	/	20
	太白双王	3	60	3	300	400	0.3	40	40	40	3	1.6	2000	40	/	/	2000	/
	祁雨沟	2.5/1	10	2	150	40	2	400	400	400	40	40/300	4000	80	80	400	8000	80
	鸡冠咀	1	80	8	45	/	2.4	1500	200	400	6	80	1600	80	48	140	12000	40
	刁泉	1	80	4	100	120	60	5000	400	400	9	80	8000	40	20	200	8000	60

注：表中 Hg 含量单位为 10^{-9}，其他元素含量单位为 10^{-6}，“/” 表示无分析数据，各元素外带、中带、内带值含量≥表中值，表内有多个数据为不同学者研究成果，之间用 “/” 隔开。

3.4.2 热液矿床原生晕轴向分带的特性与共性及叠加特点

热液矿床成矿成晕严格受构造控制，每次成矿作用形成的每一个矿体晕都有明显的轴向分带，原生晕轴向分带主要有三种表达方式：①矿体有前缘晕、近矿晕和尾晕；②矿体晕轴向分带序列；③矿体晕地球化学参数轴向变化规律。原生晕的轴向分带是预测盲矿、判别矿体剥蚀程度的重要标志，是原生晕找盲矿的核心理论。

由于热液矿床-体的成矿成晕具有多期多阶段叠加特点，不同阶段形成的矿体晕在空间上同位或部分同位叠加或单一次成矿作用形成相近多个矿体或串珠状矿体上、下矿体间前尾晕叠加，形成了非常复杂的叠加晕，破坏了原生晕轴向正常分带规律，形成了“反常-反分带”“原生叠加晕理论”不仅可以合理解释“反常-反分带”现象，而且将前尾晕共存、轴向反分带序列、地球化学参数转折等变成了预测盲矿、判别矿体剥蚀程度的重要标志。

3.4.2.1 矿体原生晕轴向分带的研究成果

原生晕找盲矿法始于20世纪50年代末（谢学锦、邵跃、吴承烈、李善芳、欧阳宗圻、吴锡生等）原生晕找盲矿理论核心和关键技术是研究原生晕轴向分带特点（李惠，1998），国内外专家对金及有色金属矿床原生晕轴向分带做了大量研究工作，取得了丰富资料（张立生、王学求，2003；谢学锦等，2009）。李惠等自1965年至2023年50多年来一直从事原生晕找盲矿方法研究，先后研究了鄂东矽卡岩型铜矿、斑岩铜矿（江西富家坞、铜厂、黑龙江多宝山及安徽沙溪等）、热液脉状铜矿-铅锌矿、广西粟木铌钽矿，赣南脉状钨锡矿、山东乳山金青顶、三甲、牟平金牛山、邓格庄、新城、焦家、河南小秦岭、文峪等十几个金矿床。随着研究的深入，发现很多矿床原生晕轴向出现“反常-反分带”。为解决这一难题，李惠等（1991）提出了“原生叠加晕理论”和“构造叠加晕理论”，合理地解释了这种“反常”现象，提炼总结出了更多预测盲矿的信息和指标，将原生晕找盲矿法发展为构造叠加晕找盲矿法。之后又研究了陕西太白双王金矿、河南祁雨沟金矿、湖北大冶鸡冠咀铜金矿等几十个不同类型金矿床、云南会泽、江城及龙陵沉积热卤水强改造铅锌矿、锡矿山锑矿、内蒙古三河和甲乌拉热液脉状铅锌矿、刁泉矽卡岩型金银矿、大冶鸡冠咀矽卡岩型金铜矿等矿床轴向分带及叠加结构，积累了大量矿床原生晕轴向分带序列资料。

随着作者逐年研究，成果不断增多，先后多次跟踪总结并完善热液矿床原生晕轴向分带及叠加结构共性，并相应发表了一系列论文（李惠等，1991，1999，2006，2011，2015）。2018年进一步总结出了热液矿床近矿晕、前缘晕和尾晕特征指示元素组合共性，得出了中国热液金及有色金属矿床原生晕理想轴向分带序列及其叠加结构共性。

3.4.2.2 热液矿床矿体的前缘晕、近矿晕和尾晕特征指示元素组合特性、共性及叠加特征

（1）热液矿床矿体的前缘晕、近矿晕和尾晕特征指示元素组合特性

不同金及有色金属矿床成矿元素及其伴生元素组合及含量不同，成矿环境也有一定差异，各元素异常下限不同，不同矿床的前缘晕、近矿晕和尾晕元素含量有很大差异，元素组合中元素有差别，各元素外带、中带、内带的浓度标准也不同。

1）不同矿种近矿晕元素组合不同，如：
金矿为 Au、Ag、Cu、Pb、Zn；
铅锌矿为 Pb、Zn、Ag、Cu、Cd、Au；
铜矿为 Cu、Pb、Zn、Ag、Au 等。
2）前缘晕特征指示元素组合不同，如：
甲金矿为 Hg、As、Sb、B；
乙金矿为 Hg、As、Sb、Ba；
丙铅锌矿为 I、F、Hg、As、Sb；
丁铅锌矿为 F、Hg、As、Sb、B。
3）尾晕特征指示元素组合不同，如：
甲金矿为 Bi、Mo、Mn、Co、Ni；
乙金矿为 Bi、Mo、Mn；
丙铅锌矿为 Bi、Mo、Mn、Co、Ni、V；
丁铅锌矿为 Bi、Mo、Mn、Co。

（2）近矿晕、前缘晕和尾晕特征指示元素组合共性

尽管不同金及有色金属矿床成矿元素及伴生元素组合及其含量不同，各元素外带、中带、内带的浓度标准不同，不同矿床的近矿晕、前缘晕和尾晕特征指示元素组合有差异，但又有很大共性：在剖面图或垂直纵投影图上，I、F、Hg、As、Sb、B、Ba、Li 的强异常（中带、内带）总是分布在矿体头部（前缘），为矿体的前缘晕特征指示元素；Au、Ag、Cu、Pb、Zn、Cd 、Sb（锑矿床）总是以矿体为中心随远离矿体含量逐渐下降，为近矿特征指示元素；Bi、Mo、Mn、Co、Ni、V、Ti、W 、Sn 的强异常（中带、内带）总是分布在矿体尾部（尾晕），为矿体的尾晕特征指示元素。据此，总结出金及有色金属矿特征指示元素共性（图 3.5）。

前缘晕特征指示元素：I、F、Hg、As、Sb、(Li、Sc：钨-锡矿床特有)、B、Ba；

近矿特征指示元素：Au、Ag、Cu、Pb、Zn、Cd 、Sb（锑矿床特有）、W-Sn（钨-锡矿床特有）；

尾晕特征指示元素：Bi、Mo、Mn、Co、Ni、V、Ti、W 、Sn。

不同矿种及同一矿种不同类型矿床近矿晕、前缘晕和尾晕特征指示元素组合、热液金及有色金属矿床近矿晕、前缘晕和尾晕共性指示元素组合，是研究建立某矿床深部盲矿预测的构造叠加晕模型时选择前缘晕、近矿晕和尾晕指示元素的重要参考依据。

（3）不同期次、不同阶段成矿形成矿体-晕叠加特征

不同期次、不同阶段成矿形成矿体-晕叠加后形成了复杂叠加晕，往往形成前尾晕共存，根据原生叠加晕理论，前尾晕共存是预测盲矿和判别矿体剥蚀程度的重要标志。

3.4.2.3 热液矿床矿体原生晕轴向分带序列特性与共性及叠加特点

（1）热液矿床矿体原生晕轴向分带序列特性与共性

附录 A 列出了不同类型金矿床原生晕的轴向分带序列和不同类型银、钨、锡、钼、锑、铜、铅锌矿床原生晕的轴向及水平分带序列。

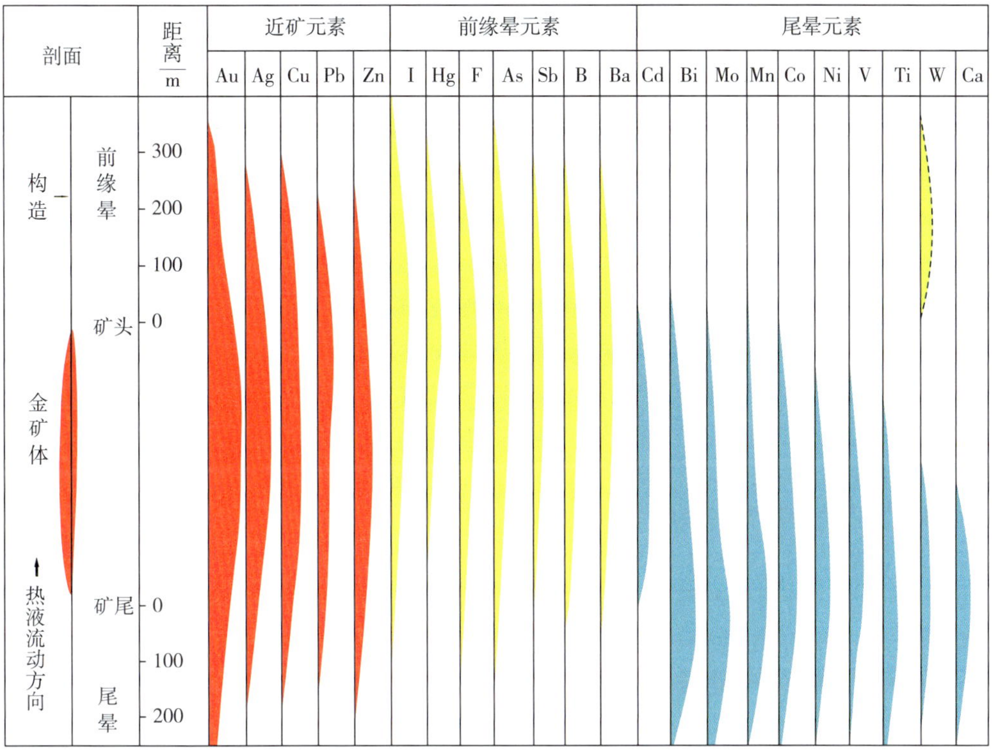

图 3.5 热液矿床金及有色金属矿床单次成矿作用形成的矿体前缘晕、近矿晕和尾晕特征指示元素分布范围及浓度中心分布

从附录 A 表中可以看出：不同矿种及同一矿种不同类型矿床原生晕的轴向分带序列中各指示元素前后排序有一定差异，但分为前缘晕、近矿晕和尾晕指示元素三个群又有很大共性。随着研究资料不断增加，李惠曾于 2011 年和 2018 年进一步总结中国金矿床原生晕的轴向分带序列如下。

中国热液金矿床主要指示元素原生晕轴向分带序列，从上→下：

矿体前缘及上部 F-I-Hg→B-As-Sb-Ba→矿体中部 Ag-Cu-Pb-Au-Zn-Cd→矿体下部及尾部 Bi-Co-Mn-Mo-W-Ni-V-Ti-Sn（李惠，2011）。

热液金及有色金属矿床主要指示元素原生晕轴向分带序列，从上→下：

矿体前缘及上部 I-Hg-F-As-Sb-B-Ba，Sc-Li（钨-锡矿床特有）→矿体中部 Ag-Pb-Au-Cu-Zn-Sb（锑矿床特有）、W-Sn（钨-锡矿床特有）→矿体下部及尾晕 W-Bi-Mo-Mn-Co-Ni-V-Ti-Sn（李惠，2018）。

不同矿种及同一矿种不同类型矿床原生晕轴向分带序列、热液金及有色金属矿床原生晕理想轴向分带序列是研究建立某矿床深部盲矿预测构造叠加晕模型时选择前缘晕、近矿晕和尾晕指示元素的重要参考依据。

（2）不同期次成矿作用形成的矿体-晕叠加特征

不同期次成矿作用形成的矿体-晕叠加后形成叠加晕，原生晕的轴向分带序列出现“反常-反分带”，即前缘晕指示元素 I、F、Hg、As、Sb 出现在轴向分带序列的中、下部，

“反分带”变成了预测盲矿的重要标志。

3.4.2.4 金矿床单一期次成矿作用形成的矿体晕地球化学参数轴向变化规律特性和共性及叠加特征

1）同一成矿带内、同一成因类型、成矿条件相同的金矿具有很多共性，如山东牟乳金矿带的金青顶和邓格庄等典型金矿床，同属混合岩化热液石英脉型金矿，成矿条件相同，矿体中很多地球化学参数的垂直变化规律是一致的，且其数值相近，如在矿体头部和上部 Sb/Bi>2、(Pb×Zn)/(Au×Ag)>1000、(Pb×Zn)/(Mo×Bi)>500、Bi×Mo/Sb<30；矿体下部 Sb/Bi<0.5、(Pb×Zn)/(Au×Ag)<100、(Pb×Zn)/(Bi×Mo)<100，(Bi×Mo)/Sb>80。又如招掖金矿带某些金矿床中 Pb/Zn 比值从上至下都降低，虽然矿体头部都>1，尾部都<1，但 Pb/Zn 比值数有一定差异，如焦家金矿从头（-30 m 标高）→尾（-280 m 标高），Pb/Zn 呈 3.37→3.27→2.95→0.96 变化；玲珑金矿 52 脉从头（225 m 标高）→下（0 m 标高），Pb/Zn 呈 2.99→0.92→1.19→0.77 变化。

2）不同成矿带同一成因类型金矿也可发现一些共性，但其值相差较大。如山东牟乳金矿带和招掖金矿带同属混合岩化热液金矿，两个矿带的典型金矿床中 Pb/Zn 比值在矿体上部有>1，下部有<1 的趋势，但具体数值相差较大。又如内蒙古赛乌素和广西龙水金矿都具有岩浆热液和变质热液成矿特点，Au-Pb 的线性相关关系在两个矿床都是矿体下部相关程度高，Pb/Zn 比值也是上部高、下部低，但其具体数值却不同。虽然有上述共性，但总结不出统一的定量预测指标。

3）不同成因金矿床所具有垂直变化规律的参数中，专属性多于共性，且其共性参数值相差极大。如 Ag/Au 在吉林夹皮沟、山东牟乳、内蒙古赛乌素有一定共性，矿体中 Ag/Au 从上到下都是逐渐降低，但夹皮沟是从>1 至<1，赛乌素是从>2 至<1，牟乳金矿是从>6 至<1。又如 Pb/Zn 比值在很多矿床都是从上至下逐渐降低，其中山东牟乳金矿、招掖金矿和内蒙古赛乌素金矿的矿体头部 Pb/Zn>1，尾部 Pb/Zn<1，而河北东坪金矿头部 Pb/Zn >6，尾部 Pb/Zn<1；广西龙水金矿矿体头部 Pb/Zn>5，尾部 Pb/Zn<3。

4）不同成因类型金矿床中有些参数的垂直变化规律是相反的，如（Pb×Zn)/(Ag×Au）在牟乳金矿带金矿体中头部>2000，尾部<100；而赛乌素金矿体中（Pb×Zn)/(Au×Ag)，在矿体头部<20000，在矿体尾部>60000，与牟乳金矿带相反（可能是未考虑叠加）。

5）不同阶段叠加后，改变了金矿床单一期次成矿作用形成的矿体晕地球化学参数轴向从上至下正常升高或降低规律，致使计算的地化参数多次转折，如从矿头→矿尾或从上→中→下，地化参数（如 Hg/Mo）呈高→低→高变化，是深部盲矿叠加结果，指示深部有盲矿。但在某一个矿床难以用数学模型表达和预测盲矿。

3.4.3 热液矿床的构造叠加晕共性

3.4.3.1 热液矿床具有多阶段叠加成矿成晕共性

每个矿床一般都可分为 3~5 个成矿阶段，其中都会有 2~3 个主要成矿阶段（如金矿的四个阶段中第Ⅱ、Ⅲ阶段为主要成矿阶段），矿体-晕主要是由几个主要成矿阶段形成矿体-晕同位或部分同位叠加而成。不同矿床的成矿阶段不同，不同阶段元素组合不同，叠加结构不同，但也有很大共性。

3.4.3.2 叠加晕不同阶段叠加的识别标志

（1）识别依据

不同阶段特征元素组合及矿体前缘、近矿及尾晕元素及其组合。

（2）在叠加晕剖面图、垂直纵投影图或水平投影图上叠加晕特点

1）识别不同成矿阶段叠加晕的分布范围：根据不同成矿阶段有相对高的特有元素的外带、中带、内带异常及其组合分布范围识别不同阶段分布范围，如金矿第Ⅱ主成矿阶段以Au高、有一定Pb、Zn含量为特点，在叠加晕图上其叠加范围为Au内带、Pb、Zn外带异常分布范围，第Ⅲ多金属硫化物主成矿阶段以Au高、Pb、Zn含量高为特点，在叠加晕图上其叠加范围为Au内带，Pb、Zn中-内带异常分布范围。

2）在叠加晕图上有多个矿体或成矿元素有多个浓集中心，如金矿床成矿元素Au有多个浓集中心，Hg、As、Sb等前缘晕元素在每个矿体或金浓集中心顶部前缘，也相应有多中心，尾晕元素Bi、Mo、Mn、Co在每个矿体尾部也有多中心。

3）在叠加晕图上前尾晕共存，反映叠加：若在已知矿体尾部出现“前尾晕共存”，则反映了深部盲矿前缘晕叠加，指示已知矿体深部有盲矿；若在地表矿体露头出现“前尾晕”共存，暗示矿体上方原有矿体已剥蚀，矿体向深部延伸很大；若在已知矿体中、下部出现“前尾晕共存”，反映已知矿体下部有另一次成矿部分叠加，暗示矿体向深部延伸还很大。

（3）计算矿体-晕的轴向分带序列

I-Hg-F-As-Sb-B→Sc-Li等前缘晕指示元素若出现在分带序列的中、下部，分带序列呈现“反常-反分带”，反映叠加，指示深部有盲矿。

（4）计算矿体-晕轴向不同标高地球化学参数

若地球化学参数从上→下多次转折，指示叠加。如As/Mo、(As×Sb)/(Bi×Mo)等从上→中→下单一次成矿其值应为逐渐降低，若为高→低→高，指示深部有盲矿。

（5）计算矿体-晕的相关关系反常

出现前缘晕元素与尾晕元素相关，指示叠加。热液矿床的矿体原生晕中元素有轴向分带，理论上正常相关应是：近矿晕元素之间、前缘晕元素间（浓集中心都在矿体前缘）、尾晕元素间（浓集中心都在矿体尾部）分别相关程度较高，而近矿晕元素、前缘晕元素、尾晕元素彼此间不相关。

只有在两次成矿作用形成的矿体晕同位或近于同位叠加时，前缘晕、近矿晕及尾晕异常强度加强，才能保持一次成矿形成矿体-原生晕的轴向分带特点。

3.4.4 已知矿体深部盲矿预测靶位确定方法与步骤共性

在矿体垂直纵投影图上确定已知矿体深部盲矿预测靶位，采用成矿规律与构造叠加晕模型相结合方法，分4个步骤确定靶位（详见第1章）：

1）根据矿体侧伏及叠加晕形态确定热液来源方向，确定找矿方向，矿体无侧伏时，

则其垂直深部是热液来源方向，即找矿方向。

2）确定有利成矿空间，但有利成矿空间不一定有矿。

3）用模型和标志对深部有利成矿空间上方坑道或钻孔构造叠加晕进行评价，并判断有利成矿空间是否有矿。

4）确定靶位的具体位置及规模并估算资源量。

3.4.5 已知矿体深部有盲矿的构造叠加晕6条共性标志（指示元素外带、中带、内带指标）

1）成矿及近矿元素有异常，前缘晕元素异常较强，尾晕弱或无异常为标志：如成矿及近矿元素异常为外带、中带异常，前缘晕元素为中带、内带异常，尾晕无或外带异常，指示深部有盲矿；

2）前尾晕共存标志：在成矿元素有外带、中带异常的条件下，在矿体尾部出现前尾晕元素外带、中带异常共存，指示深部有盲矿；

3）前缘晕强度增强趋势标志：即从已知矿体前缘→中部→尾部，前缘晕元素异常强度出现由强（中带、内带异常）→弱（外带、中带异常）→强（中带、内带异常）的变化趋势，指示深部有盲矿；

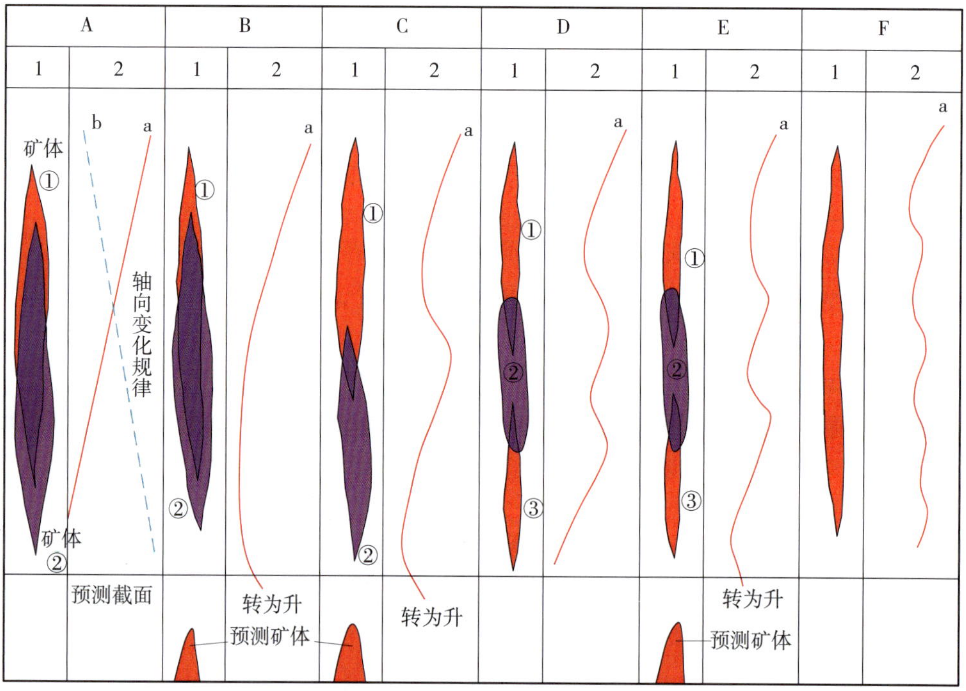

图3.6　金矿床轴（垂）向地球化学参数叠加结构及预测深部盲矿的理想模型图

A—两个主成矿阶段形成的两个矿体①、②或近于同位（大部分同位）叠加，地化参数a（如As/Mo）从矿体前缘→矿体中部→尾部直线下降，而地化参数b（如Bi/Sb）则直线升高；B—同A，但a在已知矿尾部又转升高，指示深部有盲矿；C—矿体②头叠加在矿体①下部，a从矿体①前缘→向下降低到上到②头又升→②尾降又转升，指示深部有盲矿；D—①②③三个矿体头尾叠加时，a的垂直变化曲线→矿体③下降深部无矿；E—同D：但a由上→下转折到深部又转升，指示深部有盲矿；F—多阶段成矿体形复杂叠加，a的垂直变化曲线深部无转升，指示深部无矿

4）反分带标志：计算矿床原生晕轴（垂）向分带序列，前缘晕指示元素出现在排序的中、下部，出现“反分带”或“反常”现象；

5）反转标志：计算矿体-晕的地球化学参数（比值：前缘晕元素/尾晕元素等）时，若其值从上到下由高→低→高，指示深部有盲矿。

6）计算已知矿体尾部元素相关矩阵，出现前尾晕元素相关或反常标志。

以上六条标志都用最好，但在工作中最常用的是1）~3）标志。

图3.6是金矿床轴（垂）向地球化学参数叠加结构的理想模型图。A—F表示不同阶段成矿形成矿体的不同叠加结构及相应地化参数轴向变化特点及预测深部有盲的标志。是应用矿体叠加晕的地化参数轴向（垂直）转折预测已知矿体深部盲矿模式图。

3.5 热液矿床深部盲矿预测的构造叠加晕实用理想模型

李惠、禹斌等先后研究了100多个典型矿床的构造叠加晕特性，建立了各矿床深部预测的构造叠加晕模型，各矿床用本矿床模型预测，提出了盲矿靶位，经验证绝大多数矿山都取得显著找矿效果。在此基础上，总结出了金矿的石英脉型、蚀变岩型、构造破碎带型、脉带型、角砾岩型、矽卡岩型等六种类型的构造叠加晕模型，进一步总结其共性，得出了热液金及有色金属矿床深部盲矿预测的构造叠加晕实用理想模型。

3.5.1 热液金及有色金属矿床深部盲矿预测的构造叠加晕实用理想模型

在总结热液金及有色金属矿床构造叠加晕特征共性、建立热液金及有色金属矿床构造叠加晕模式基础上，为突出实用性，在“构造叠加晕模式”中增加了具体预测盲矿标志，发展为“热液金及有色金属矿床深部盲矿预测的构造叠加晕实用理想模型”（简称：实用理想模型，下同）。实用理想模型是对热液矿床深部盲矿预测的构造叠加晕特征、预测方法及盲矿预测共性标志的高度概括与表达，是热液矿床深部盲矿预测的构造叠加晕通用模型。

实用理想模型展示了热液矿床-体前缘晕、近矿晕、尾晕的特征指示元素组合及其分布范围共性、构造叠加晕的叠加结构共性、构造叠加晕预测与成矿规律相结合方法共性，明确了预测地表深部盲矿、预测已知矿体深部盲矿及预测已知矿体向深部延伸大小的具体构造叠加晕共性标志（前缘晕、近矿晕和尾晕元素的外带、中带、内带异常组合标志）。

3.5.2 热液矿床深部盲矿预测的构造叠加晕实用理想模型特点

根据不同类型热液矿床深部盲矿预测的构造叠加晕实用理想模型建立的热液矿床深部盲矿预测的构造叠加晕实用理想立体模型（图3.7）和热液矿床侧伏矿体深部盲矿预测的构造叠加晕实用理想模型垂直纵投影图（图3.8），其共性特点是：

1）图3.7中展示了上部①、②两个已知矿体为两次成矿作用形成的矿体-晕的部分同位叠加特点：即矿体①、②各自的前缘晕、近矿晕、尾晕分布范围及相互叠加特点；深部预测盲矿体③前缘晕叠加在上部矿体尾部，出现前尾晕共存，盲矿体③可能与①或②为同一次成矿作用形成的串珠状矿体。

2）图 3.8 中展示已知矿体深部盲矿预测的 3 个步骤：确定热液来源方向即找矿方向；确定有利成矿空间；确定预测靶位。

3）矿床特征指示元素组合：前缘晕特征指示元素为 I、F、Hg、As、Sb、Li、Sc、B、Ba；近矿晕特征指示元素为 Au、Ag、Cu、Pb、Zn、Cd 、Sb（锑矿床特有）、W-Sn（钨-锡矿床特有）；尾晕特征指示元素为 Bi、Mo、Mn、Co、Ni、V、Ti。

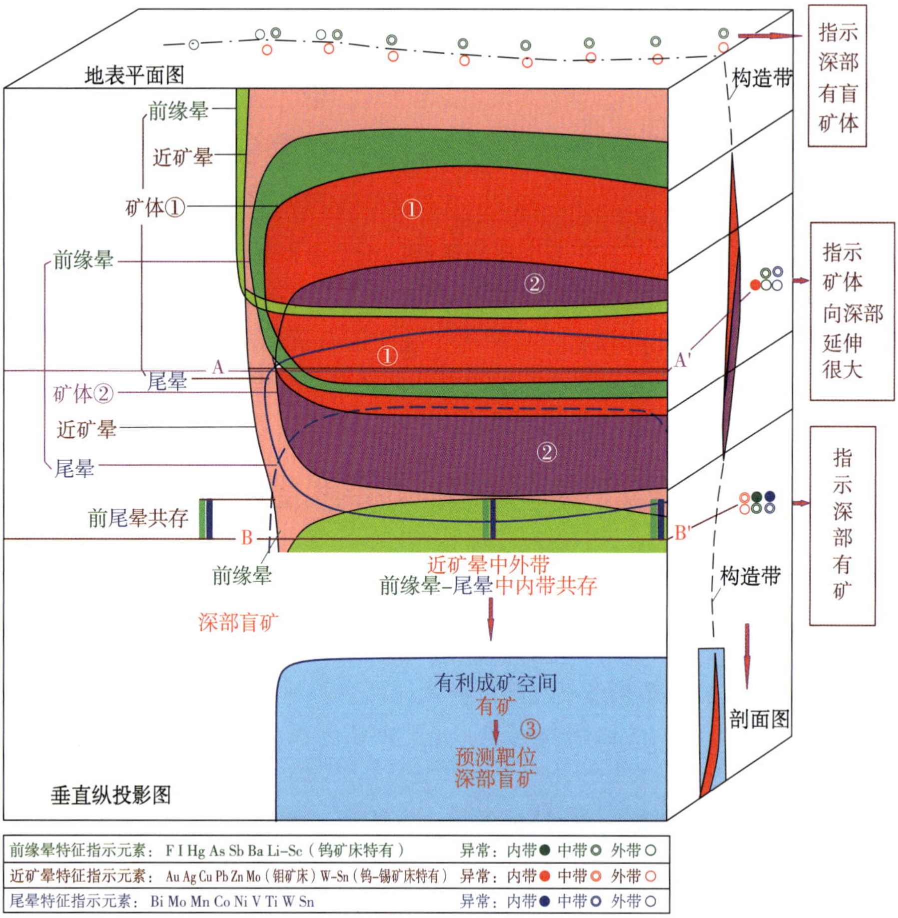

图 3.7 热液矿床深部盲矿预测的构造叠加晕实用理想立体模型图
（据李惠，2019）

4）展示了地表、A—A′、B—B′深部盲矿预测的构造叠加晕具体标志：近矿晕指示元素外（中）带、前缘晕中带、内带异常组合，如 Au 矿，Au 出现外（中）带异常，并可见 Cu、Pb、Zn 外带异常，指示有多金属硫化物阶段成矿叠加，前缘晕指示元素 I、F、Hg、As、Sb、B、Ba 为中带、内带异常，尾晕指示元素 Bi、Mo、Mn、Co、Ni、V、Ti 元素无外带异常，指示深部有盲矿。

A—A′为已知矿体中部假定剥蚀面，展示了预测矿体向下有延伸标志：可理解为上部

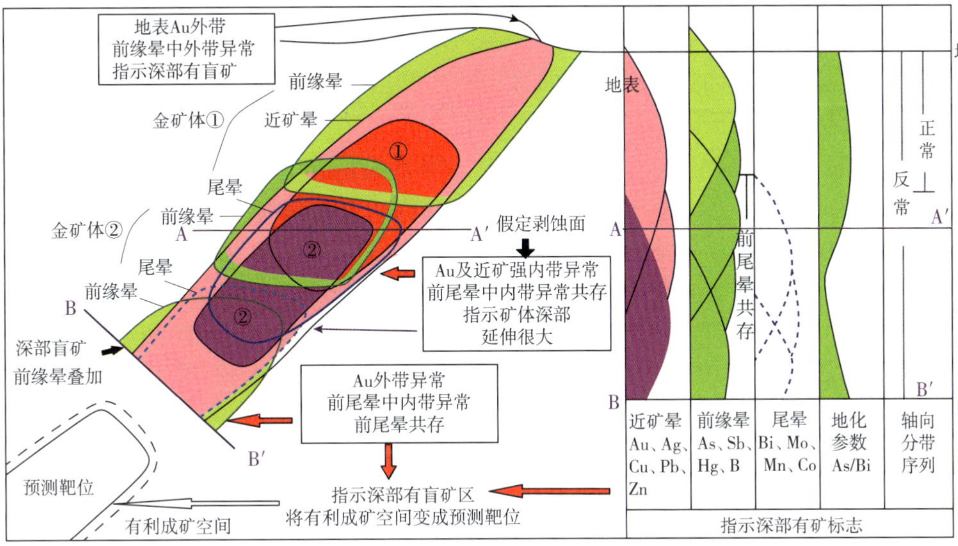

图3.8　热液矿床侧伏矿体深部盲矿预测的构造叠加晕实用理想模型垂直纵投影图
（据李惠，2019）

已知矿体控制的最深坑道断面A—A′，深部延伸未控制，也可理解为坑道A—A′上部矿体已剥蚀的矿体露头，深部未控制。不论上述哪种情况，断面上成矿元素为内带异常，前缘晕、尾晕为中带、内带异常共存，都指示矿体向深部还有延伸。

B—B′是应用构造叠加晕法预测已知矿床深部盲矿或第二富集带的重要标志：已知矿体尾部为成矿及近矿指示元素外带、中带异常，前尾晕中带、内带异常共存也是最常用标志，若计算矿体晕轴向分带序列出现反常-反分带，或计算地化参数在深部出现转折（如Hg/Mo由上→中→下呈现高→低→高），或计算最下坑道元素相关矩阵出现前尾晕元素相关（如Hg与Mo相关）反常，指示深部有盲矿。

3.5.3　理想实用模型实用价值

热液矿床深部盲矿预测的构造叠加晕实用理想模型，突出了模型的实用性，是构造叠加晕找盲矿法又一新的发展。对建立某典型矿床盲矿预测构造叠加晕实用模型和在勘查区采用构造叠加晕预测建立参照理想模型都具有重要指导意义和参考价值。

3.5.3.1　理想实用模型是建立某典型矿床深部预测构造叠加晕实用模型的重要参照模型

再次强调，由于不同类型热液矿床成矿、伴生元素含量区间不同、构造叠加晕具有其特性，在哪个矿床预测，必须首先研究确定本矿床指示元素外带、中带、内带浓度分带标准及前缘晕、近矿晕和尾晕等元素组合及叠加特征，建立本矿床矿体深部盲矿预测的构造叠加晕实用模型，用本矿床实用模型对本矿区深部及外围含矿构造带或矿脉预测效果才会最好。

理想实用模型虽不能直接用于某典型矿床，但对建立本矿床深部预测的构造叠加晕实用模型是重要参照模型。

1）理想实用模型的通用部分：理想实用模型中矿体的前缘晕、近矿晕及尾晕指示元素分布范围、矿体晕的叠加结构、不同断面预测盲矿的预测标志（前缘晕和近矿晕及尾晕指示元素的外带、中带、内带）都具有通用性。

2）如何将理想实用模型变成某个典型矿床深部预测的构造叠加晕实用模型：①将理想实用模型图中前缘晕、近矿晕和尾晕指示元素共性组合具体化，即换成该矿床的前缘晕、近矿晕和尾晕指示元素特征元素；②在图中列出该矿床的前缘晕、近矿晕和尾晕指示元素外带、中带、内带浓度分带标准。

3）参考理想实用模型选择前缘晕、近矿晕和尾晕指示元素：参照热液矿床单次成矿作用形成矿体的前缘晕、近矿晕和尾晕指示元素组合共性，选择本矿床应分析的元素。如金矿，初步确定该矿床的前缘晕、近矿晕和尾晕指示元素可能分别是 F、Hg、As、Sb、Ba；Au、Ag、Cu、Pb、Zn 和 Bi、Mo、Mn、Co、Ni。

4）确定本矿床指示元素浓度分带标准：浓度分带一般分为外带、中带、内带三个带，其目的是为简化异常，更重要的是要在异常图上能识别前尾晕元素分布。分带标准根据矿区各元素背景含量（一般可以背景值含量的 2、4、8 倍或 2、8、32 倍作为外带、中带、内带带下限）、在构造叠加晕研究中必须考虑各元素在矿体晕含量区间、各元素外带、中带、内带带异常比例。要特别注意前尾晕元素外带、中带、内带带浓度标准的确定，若确定不好，则在异常图中无法识别确定前尾晕元素。

5）核实及检验：初步确定特征指示元素，确定本矿床的前缘、近矿及尾晕特征元素，在本矿床构造叠加晕垂直纵投影图上，根据叠加晕规律及分布特点对各元素的中带、内带异常分布范围进行研究识别确定。如前缘晕元素的确定，从初步确定的 Hg、As、Sb、Ba 前缘晕元素中核实，其中带、内带异常分布范围在已知矿体上部及前缘的元素，即可定为该矿床前缘指示元素；若这些元素在矿体中部也出现中带、内带异常，则是另一次成矿作用形成的矿体晕与上部矿体晕的部分叠加结果；若在已知矿体下部及尾部也有中带、内带异常（前尾晕共存），则是深部盲矿前缘晕叠加结果。尾晕元素的确定，Bi、Mo、Mn、Co、Ni 中哪些中带、内带异常分布在已知矿体下部及尾晕的元素，则可认定为本矿床尾晕指示元素组合，这些元素若在矿体中部也出现异常，则是另一次成矿作用形成的矿体晕与上部矿晕部分叠加结果，若在已知矿体上部及前缘也有异常（前尾晕共存），则是已知矿体上方已被剥蚀矿体的残留尾晕。

6）应用实例：作者在所研究建立的几十个矿床深部预测的构造叠加晕模型中都参考了上述理想实用模型，发表了多篇典型矿床构造叠加晕模型及找矿效果论文（李惠，2004，2008，2010，2012；禹斌，2008，2010；马久菊，2014；李永才，2015），都取得了很好的应用效果。

3.5.3.2 理想实用模型对不能建模的勘查区建立预测盲矿的参照实用模型的指导作用

在勘查区或普查区采用构造叠加晕研究预测，如区内有多条矿脉但只有少量工程控制，或已知矿床外围发现含矿构造带或矿床深部平行脉或盲脉，或已知矿床由于大部分坑道不能采样，不能建模，可参照理想实用模型（图 3.7）建立勘查区地表含矿构造带、坑道盲脉、矿区主矿脉、平行脉的构造叠加晕预测盲矿参照实用模型。

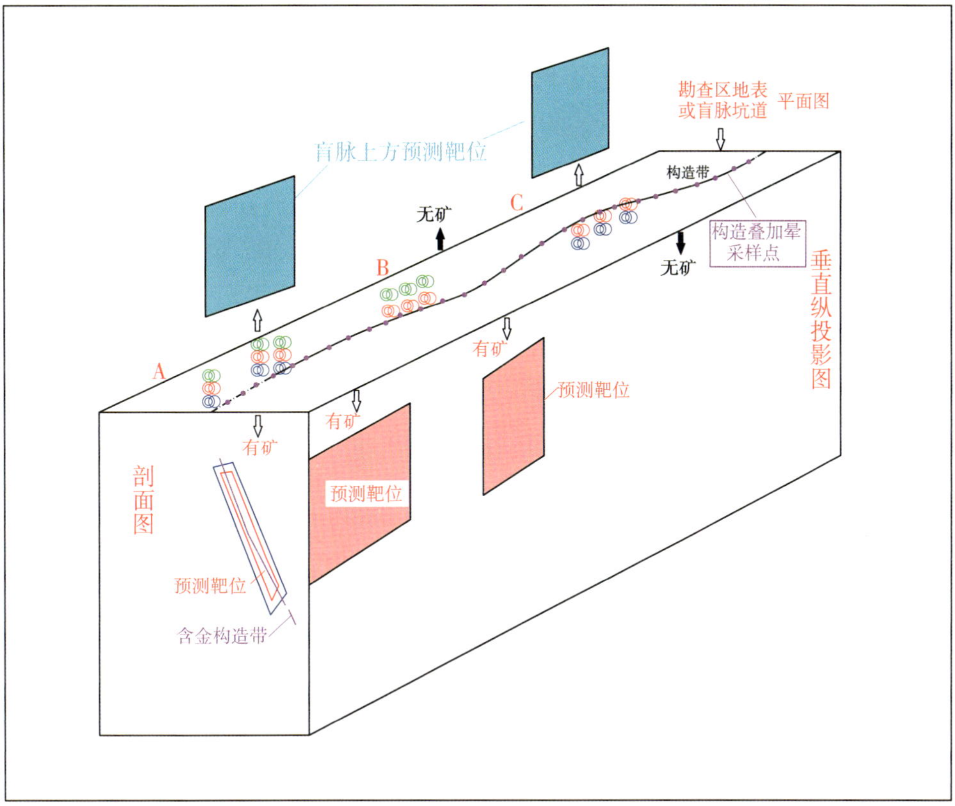

前缘晕特征指示元素：F、I、Hg、As、B、Ba、Li-Sc（钨矿床特有）	异常：内带● 中带◎ 外带○
近矿特征指示元素：Au、Ag、Cu、Pb、Zn（锑矿床特有）、W-Mo（钨-钼矿床特有）	异常：内带● 中带◎ 外带○
尾晕特征指示元素：Bi、Mo、Mn、Co、Ni、V、Ti、W、Sn	异常：内带● 中带◎ 外带○

图 3.9　勘查区地表含矿构造带、坑道盲脉构造叠加晕预测的实用参照理想立体模型
（据李惠，2019）

1）研究时参照热液矿床理想实用模型中的前缘晕、近矿晕和尾晕特征指示元素，结合寻找的矿种选择勘查区或普查区分析元素，并确定前缘晕、近矿晕和尾晕参照指示元素，如找金矿则将 Hg、As、Sb、Ba 定为前缘晕参照指示元素，将 Au、Ag、Cu、Pb、Zn 定为近矿晕参照指示元素，将 Bi、Mo、Mn、Co、Ni 定为尾晕参照指示元素。但由于勘查区没有已知矿构造叠加晕图的识别检验，不能确定出哪些元素是本勘查区最好的前缘晕、尾晕指示元素组合，又由于不知道勘查区将要发现的矿体晕各指示元素含量区间，如 Hg 在各热液矿床都是前缘晕指示元素，Hg 在前缘晕含量比尾晕相对高，如在某矿床（A）前缘晕为 100（$\times10^{-9}$ 下同），尾晕为 50，另一矿床（B）则前缘只有 50，尾晕为 10，在勘查区没有已知矿确定 Hg 在前缘和尾晕真正含量，当某构造带 Hg 出现 50 时，难以确定是矿前缘还是矿尾，用 A 矿 Hg 标准则为尾部含量，指示深部无矿，用 B 矿标准则为前缘

晕含量，指示深部有盲矿，但有 Hg 含量则肯定反映了该构造带有热液活动，可确定比没有 Hg 异常构造相对好，据此只能建立参照实用模型，进行预测，缩小找矿范围，提出有利成矿部位，其预测的准确性要远低于建立本矿床构造叠加晕模型对本矿床深部预测靶位的准确性。

2）研究建立了勘查新区地表含矿构造带、坑道盲脉构造叠加晕预测的参照理想立体模型（图 3.9），其特点是展示了地表构造带或坑道盲脉 A、B、C 三种构造叠加晕预测的参考标志。

在地表含矿构造带，A、B、C 是预测深部有盲矿的构造叠加晕标志；如果是坑道或钻孔发现盲脉或构造带，且上、下 300 m 内无工程控制，A、B、C 则是向上、向下预测的重要参考标志。

A 参考标志：前缘晕、近矿晕及尾晕构造叠加晕都是外带、中带异常，前尾晕共存，若为盲脉或构造带指示构造带上、下都可能有盲矿：若为地表构造带，则指示深部可能有盲矿，上部矿体已剥蚀；

B 参考标志：前缘晕、近矿晕构造叠加晕都是外带、中带异常，尾晕无或少量外带，指示构造带或盲脉下方可能有盲矿。

C 参考标志：近矿晕、尾晕构造叠加晕都是外带、中带异常，前缘晕无或少量外带，若为盲脉或构造带指示构造带上方可能有盲矿；若为地表构造带，则指示盲脉或构造带深部没有盲矿，上部矿体已剥蚀。

3）在应用共性特征指示元素对构造带、坑道盲脉预测时，仍具有重要参照指示作用，虽不能比拟用本矿床模型预测深部是否有盲矿来得精准，但仍可相对预测出哪一条脉深部有盲矿可能性大，哪一段矿脉深部有盲矿可能性大，可缩小找矿范围，指导勘查工程布置。

4）参照预测实用理想模型（图 3.9）对不能建模的勘查区地表构造带、坑道盲脉或构造带预测具有重要参照价值，只要在图下方附上某勘查区指示元素外带、中带、内带含量标准，就可作为该勘查区预测的构造叠加晕参照实用模型。

第4章 矿区深部及外围构造叠加晕研究-建模-预测理论与方法

矿区深部及外围构造叠加晕研究预测方法是从已知到未知，通过对矿区已知矿体三维空间系统采集构造叠加晕样品，多元素分析，在研究矿区地球化学背景基础上，研究已知矿体构造叠加晕特征，即研究单次成矿作用形成矿体的前缘晕、近矿晕和尾晕及不同期次成矿形成矿体晕的叠加结构，建立深部盲矿预测的构造叠加晕实用模型（图上包括异常模式图和预测具体标志），用实用模型预测深部及外围盲矿体在哪里？有多少？

本章全面介绍矿区深部及外围构造叠加晕研究-建模-预测的各项工作，包括从立项设计、野外工作到室内综合研究中的理论指导及技术要求等。

4.1 矿区深部及外围构造叠加晕研究-建模-预测立项设计准备

1）资料收集：①最近勘查或储量核实报告（到矿山后查阅历年矿山勘查报告）；②地质、物探、化探等专项或综合研究报告。

2）应掌握矿床地质特征内容：①区域成矿背景；②矿床特征：矿区地层、构造、岩浆岩及其与成矿关系；③矿床矿体特征：矿体矿脉分布、规模、厚度、矿石品位，围岩蚀变类型，矿物成分组合，结构构造，成矿期次划分等；④矿化类型、矿床成因；⑤矿床规模、储量；⑥成矿规律、控矿因素；⑦找矿标志等。

3）构造叠加晕研究-建模-预测，需初步研究确定：①了解可供研究-建模-预测采样的地表、坑道、钻孔分布位置，确定是否能满足构造叠加晕研究-建模-预测要求；②已控制矿体的深度、范围，分析深部是否还有成矿空间；③矿体在构造空间赋存规律：等矩性、无矿空间、侧伏规律，矿体赋存构造部位陡缓，确定是否存在有利成矿空间。

4）去矿山现场踏勘掌握第一手资料。根据收集资料掌握的矿床地质特征，对主要矿体从地表至坑道进行实地踏勘，包括钻孔、岩芯观察，核实掌握上述矿床地质特征内容。

5）明确矿山立项目的任务及具体要求，研究预测的矿脉。

4.2 典型矿床构造叠加晕找盲矿研究-建模-预测设计内容提纲

典型矿床构造叠加晕找盲矿研究-建模-预测设计内容提纲主要有以下几个方面内容。

1）项目概述（详见第1章），包括：①确定目的任务：采用构造叠加晕找盲矿新方法，以构造叠加晕3个核心理论为指导，抓住5项关键技术，研究本矿床已知矿床构造叠加晕特征，建立矿床深部盲矿预测构造叠加晕实用模型、确定盲矿预测标志，用模型和标志对深部预测，提出预测靶位，预测金属资源量，指导深部探矿，实现深部找矿的新突破；②在矿区内，明确预测范围、明确研究哪些矿脉；③确定主要研究内容；④分析指示元素及分析方法；⑤设计实物工作量；⑥确定工作时间；⑦提交预期成果；⑧论述在该矿区应用构造叠加晕找盲矿新方法研究预测可行性。

2）构造叠加晕找盲矿的理论方法及其先进性简介（详见第2章）。

3）矿床地质特征简述（详见第3章）。

4）确定典型矿区具体研究方案（详见第4章）：①根据主要研究内容设计，包括构造叠加晕采样设计附图：平面图、垂直纵投影图或水平投影图、剖面图等；②设计实物工作量，包括分析元素及分析方法；③拟定工作时间及阶段安排；④明确技术要术；⑤提交预期成果。

5）经费预算。

6）组织管理系统。

7）拟定参加人员及分工。

8）承担单位技术实力及已有研究成果。

4.3 构造叠加晕研究-建模-预测的指导理论与应用

在项目设计、野外工作到研究矿床构造叠加晕特征、建立某典型矿床深部盲矿预测的构造叠加晕实用模型及预测整个过程中，必须始终以热液矿床的“原生晕轴向分带理论”“原生叠加晕理论”和“构造叠加晕理论”3个核心理论为指导，在构造中找叠加部位采样，才能在复杂的叠加晕剖面图、垂直纵投影图中识别出矿体的前缘晕、近矿晕和尾晕特征指示元素和叠加特征，才能认识和发现已知矿深部盲矿的重要标志。用3个核心理论指导，研究-建模-预测才会取得好的效果。

1）发现本矿床的原生晕轴向分带，即确定本矿体的前缘晕、近矿晕和尾晕特征指示元素，这是预测盲矿的前提。

2）用叠加晕观点正确分析识别复杂的矿床叠加晕图上前缘晕、近矿晕和尾晕特征指示元素。由于热液矿床是多期多阶段叠加成矿成晕结果，矿体原生晕剖面图、垂直纵投影图实为叠加晕图，如垂直纵投影图上部已知矿体头部和尖灭部位都出现了Hg、As、Sb等元素外带、中带异常，用叠加晕观点分析，尖灭部位异常是深部盲矿前缘晕叠加，据此可得出Hg、As、Sb是前缘晕元素。

3）用叠加晕观点预测深部盲矿：①若控制的已知矿体尚未尖灭，矿体中、下部出现前尾晕元素共存，指示上部矿体下部有另一次成矿作用形成的矿体晕部分叠加，指示矿体向深部延伸还很大；②在已知矿体尾部坑道或钻孔的构造中已无矿了，若在构造蚀变带出现前尾晕元素共存，是深部有盲矿前缘晕叠加的信息，指示矿体深部有盲矿或第二富集带；③在已知矿体头部或地表构造蚀变带出现前尾晕元素共存，指示已知矿体上部原存在的矿体已经剥蚀到根部；④若为坑道或钻孔控制盲脉或构造蚀变带前尾晕元素共存，则指示坑道上、下都有盲矿。

4）热液矿床严格受构造控制，矿区内不是所有构造都有矿，但含矿的构造一定有晕，即矿体有前缘晕-近矿晕-尾晕，而且有不同期次形成矿体的叠加晕，构造叠加晕只研究构造带内原生叠加晕特征，明确了跟着构造找叠加，只在构造带采有蚀变叠加样品，不仅节省采样、加工及分析工作量，而且强化盲矿信息-异常、加大了预测深度。

4.4 典型矿床构造叠加晕研究预测方法、思路、内容及流程

4.4.1 研究-建模-预测方法：从已知到未知

研究矿床中已知矿体的构造叠加晕特点，建立矿床深部盲矿预测的构造叠加晕实用模型（包括模式图和预测标志或指标），用本矿床深部盲矿预测的构造叠加晕实用模型对深部及外围预测，提出预测靶位，预测金属资源量。

4.4.2 指示元素选择方法

根据研究预测的矿种不同选择出不同的能预测盲矿的最佳指示元素组合，包括特征前缘晕、近矿晕及尾晕指示元素。指示元素应加上该矿床可综合利用元素，为综合利用选矿提供依据。构造叠加晕研究中指示元素选择的依据及方法如下。

1）某矿床立项后设计中分析指示元素的选择参考下面研究成果资料确定本矿床分析的指示元素（包括前缘晕、近矿晕及尾晕的参考指示元素）：①根据研究矿床的矿物组合中各矿物的主成矿元素及其类质同象元素选择；②根据同类矿床已有原生晕、构造叠加晕研究成果选择（附录 A：某些金属矿床指示元素及其岩石地球化学异常分带序列表）；③《岩石地球化学测量技术规程》（DZ/T 0248—2014，附录 C）；④热液金及有色金属矿床前缘晕、近矿晕及尾晕的共性特征指示元素（见第 3 章）。

2）要精准确定本矿床前缘晕、近矿晕及尾晕特征指示元素组合，必须研究本矿床构造叠加晕剖面图及垂直纵投影图，侧伏矿体必须用垂直纵投影图，在图上展示出矿体前缘晕、近矿晕及尾晕特征指示元素。根据本矿床确定的前缘晕、近矿晕及尾晕特征指示元素组合，可确定本矿床最佳指示元素组合。

4.4.3 典型矿床（体）的构造叠加晕研究新思路

构造叠加晕找盲矿法研究新思路是密切结合热液矿床成矿特点。矿床严格受构造控制，矿在构造里，矿体有前缘晕、近矿晕及尾晕，构造活动有脉动性，成矿成晕具有多期多阶段叠加特点。追踪构造找叠加，在构造带内采集有矿化-蚀变叠加的样品，进行多元素地球化学分析，计算地球化学参数，确定各指示元素的外带、中带、内带浓度分带标准，编制各元素构造叠加晕剖面图、垂直纵投影图等。根据热液成矿形成的每个矿体有明显轴向分带的特点，确定每次成矿形成矿体的前缘晕、近矿晕和尾晕特征指示元素，根据原生叠加晕理论，识别不同成矿阶段形成矿体（晕）在构造空间上的叠加结构，建立典

型矿床的构造叠加晕模式，确定盲矿预测标志，进而建立典型矿床深部盲矿预测的构造叠加晕实用模型，用模型和标志对深部进行盲矿预测，提出预测靶位。

4.4.4 典型矿床具体研究内容

（1）已有地质研究成果资料收集

收集矿床已有地质研究成果资料，了解控矿因素、成矿规律，特别是矿床中矿体在构造中的赋存规律，为应用构造叠加晕对矿脉深部盲矿定位预测、确定有利成矿空间提供相应依据。

（2）成矿地球化学背景研究

研究矿区与成矿有关地层、岩浆岩中成矿及伴生元素背景含量特征，为确定矿源层或物质来源、确定异常下限和各指示元素外带、中带、内带浓度分带标准、确定矿床元素组合提供依据。

（3）矿床地球化学特征研究

①矿床元素组合、矿床特征指示元素组合及元素间相关关系；②不同成矿阶段元素组合、特征指示元素组合及元素间相关关系；③不同指示元素赋存的独立矿物、富集矿物和载体矿物。

（4）矿床构造叠加晕特征研究

①研究矿床单次成矿作用形成的矿体晕的轴向分带特征，确定矿体的前缘晕、近矿晕和尾晕特征指示元素；②识别不同期次成矿作用形成的矿体晕同位或部分同位叠加结构、同一次成矿作用形成的多个相近矿体或串珠状矿体间前尾晕叠加共存结构。

（5）矿床深部盲矿预测的构造叠加晕实用模型建立

总结矿床构造叠加晕特征，确定盲矿预测的构造叠加晕标志，建立本矿床深部盲矿预测的构造叠加晕实用模型。建模时可参照不同类型矿床已研究建立的模型（附录 C）以及第 3 章热液金及有色金属矿床建立的矿床深部盲矿预测的“构造叠加晕理想实用模型”。

（6）深部预测

用实用模型对矿床深部盲矿进行预测，提出预测靶位，预测金属资源量，为进一步深部探矿提供依据。

4.4.5 研究预测样品布设

（1）背景样布设

根据矿区出露的不同地层、岩浆岩，样品布设在远离矿体、蚀变带不受矿化、蚀变影响（或影响尽量少）的地表、坑道或钻孔部位。

（2）建模及预测样品布设

在控制已知矿体晕的构造带和待预测构造带内布样，即在地表、坑道及钻孔岩芯中的构造带内系统布样。在矿床平面图、剖面图上展示（图 4.1），最后都落在垂直纵投影图上（图 4.2），点距在 5~10 m，当构造带宽度>2 m 时，垂直构造带每 2 m 布设一件样品。

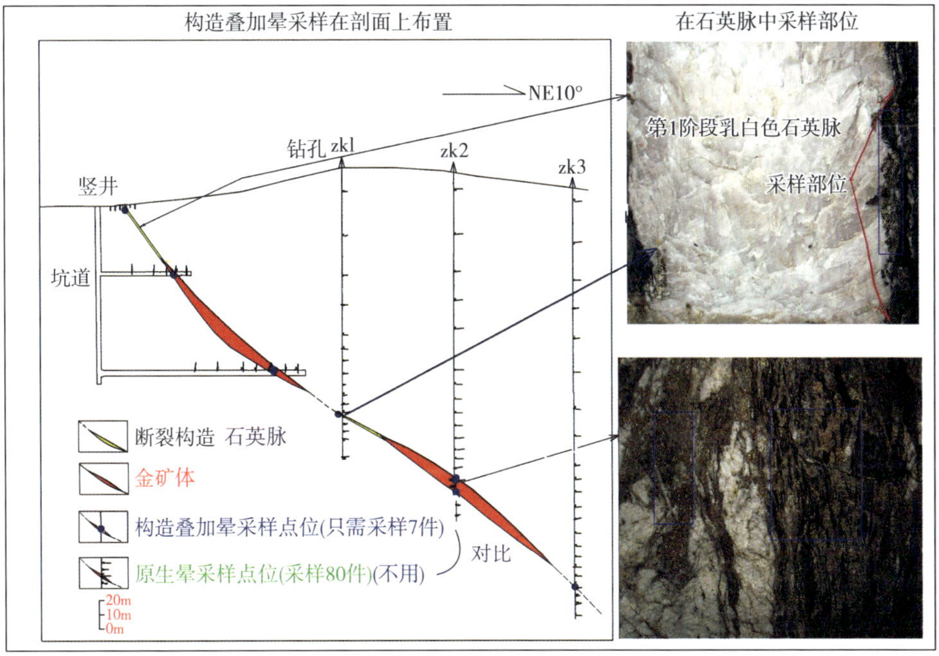

图 4.1 石英脉型金矿体构造叠加晕采样点剖面布置（左）及矿脉中采样部位示意图（右）
（据李惠，2011）

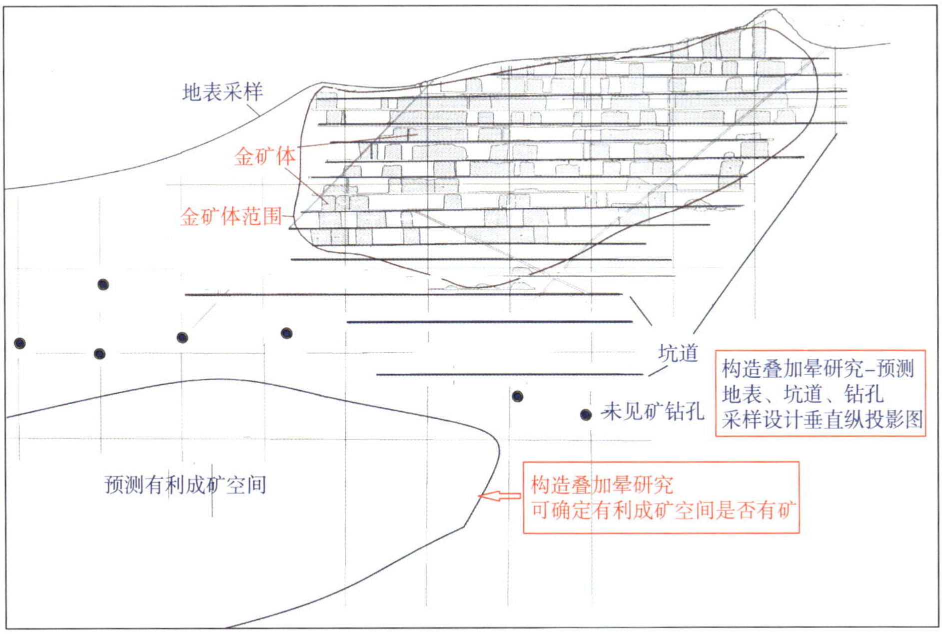

图 4.2 某金矿构造叠加晕研究预测采样设计垂直纵投影图

(3) 不同成矿阶段样品布设

根据划分的成矿期次特征，在坑道及钻孔控制的矿化体内，识别选择不同成矿阶段叠加的部位分别布设采样。

4.4.6 典型矿床（体）的构造叠加晕研究-建模-预测流程

资料收集→野外工作→样品采集→样品加工分析→资料整理→地球化学参数计算→绘制各种构造叠加晕图→综合研究并建立模型→提出预测靶位、预测资源量、建议验证。如图 4.3 所示。

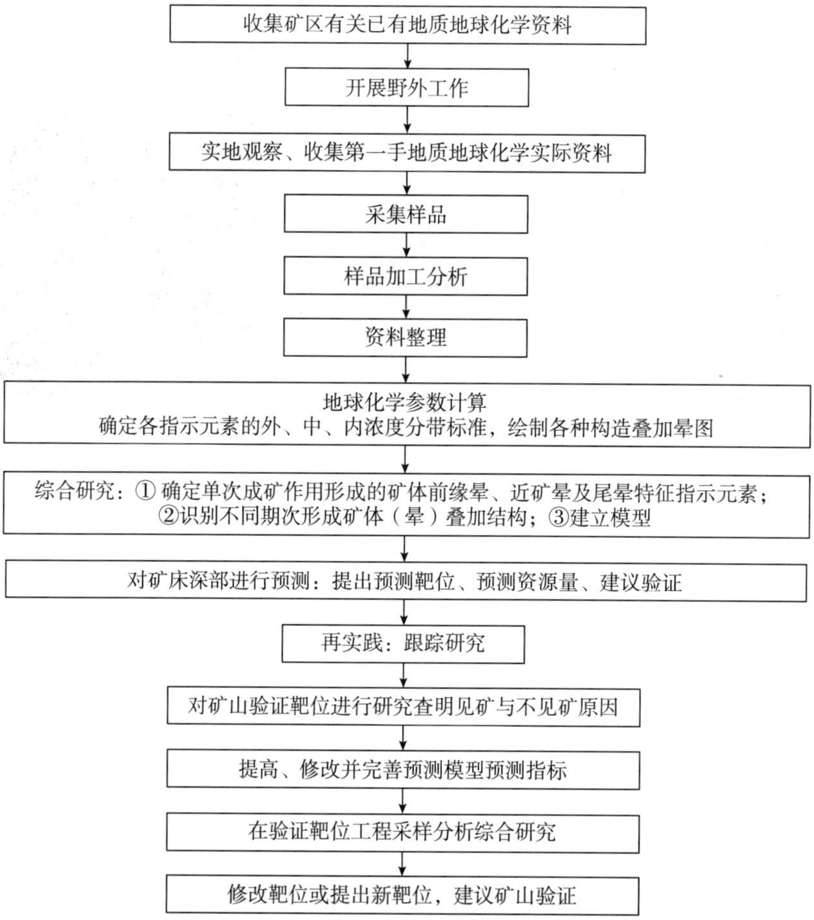

图 4.3　构造叠加晕研究及预测流程图

4.5 野外工作

4.5.1 野外工作准备

1）掌握已有资料：研究人员首先要全面掌握研究该矿床已有成果：地质特征、成矿规律、控矿因素等。

2）研究人员到矿山后，首先要对矿区进行全面踏勘。从地表到坑道全面踏勘一遍，观察研究并核实掌握报告中地质特征、成矿规律、控矿因素、矿化蚀变等，着重了解矿床的控矿构造、矿体在构造带内分布规律，并确定围岩蚀变类型、矿物组合特征、矿石结构构造特点，对不同成矿阶段进行识别、划分等。

3）图件准备：整理地质平面图、不同中段坑道平面图、剖面图、垂直纵投影图，最后将设计采样点绘在矿体垂直纵投影图上。

4）按设计准备采样底图两份：一份用于现场采样，一份用于绘制实际采样点位。

5）记录：对地表、坑道、钻孔采样记录内容，包括统一号、采样号、位置、构造带产状、厚度、矿化蚀变特点、围岩特点等（见表 4.1 至表 4.3）。

4.5.2 构造叠加晕采样

根据设计采样位置及数量在地表、坑道及钻孔岩芯实地采构造叠加样品或选用已保留地质分析副样。

（1）背景样

对地层、岩浆岩、脉岩分别采样，要求在远离矿化蚀变带的地表、钻孔、坑道内采集不受矿化蚀变影响的地层、岩浆岩及脉岩样品。每个样品重量 300～400 g，总样数≥30 件。

（2）构造叠加晕采样方法

构造叠加晕采样有特殊的要求，通过详细地质观察，选择构造带内与成矿有关的蚀变矿化样品，追踪控矿构造找叠加，寻找有主要成矿阶段形成的矿化蚀变叠加部位采集叠加样。如金矿，采集主成矿Ⅱ、Ⅲ阶段的叠加样品，即在对地表、坑道、钻孔构造带详细观察基础上，选择由主要成矿阶段形成的蚀变矿化最强部位采叠加样，如石英脉型金矿，不采集第Ⅰ阶段（不成矿）形成的乳白色大石英脉（含少量粗粒立方体黄铁矿），而在大石英脉边缘采集可能是第Ⅱ、Ⅲ阶段成矿形成的烟灰色石英或含细粒黄铁矿细脉部位的样品；蚀变岩型金矿，选择在叠加蚀变最强部位采样；角砾岩型金矿，要避开角砾，采集胶结物中主要成矿阶段的蚀变矿化样品；矽卡岩型矿床，在矽卡岩体内选择有热液期主要成矿阶段的蚀变矿化叠加的样品。

（3）建模及预测样品采集

根据设计布样，即在地表、坑道及钻孔岩芯中的构造带内采集叠加的样品，沿构造蚀变带采样点距在 5～10 m，当构造带宽度>2 m 时，垂直构造带每 2 m 采一件样品，在采样点 2～5 m 范围内采样，采样前要详细观察构造带内蚀变矿化特点，选择蚀变矿化相对强的部位多点采集样品，样品重量 300～400 g。做好采样记录，并将采样位置准确标绘在采样点位图上。

（4）不同成矿阶段样品采集

成矿阶段的划分是根据野外地表、坑道、钻孔现场观察矿脉穿插关系、矿物组合，结合镜下矿物交代关系、生成顺序等确定的。如果已划分了成矿阶段，则需在坑道、钻孔岩芯核实各阶段特点，按划分的不同成矿阶段，在钻孔、坑道沿构造带对各成矿阶段分别采样，样品重量 300～400 g，每个阶段样品≥30 件。

(5) 单矿物采样

采集矿区内主要金属矿物、蚀变矿物和主要非金属矿物。在某矿物最集中部位多点采样，初步手选，重量500 g，室内再单矿物分离出100 g，纯度达到98%，加工到200目，送实验室进一步分析。

(6) 地质副样采集

若地表、坑道、钻孔岩芯构造蚀变带有地质分析的副样，根据编录采副样，确定副样原则：首先要参照已有成矿及伴生元素分析结果，如含金构造蚀变带钻孔样品，构造带宽10 m，地质分析10个样品（点矩在1 m），按2~5 m点距选Au含量相对高的三个样品（Au≥0.2 g/t、Au≥0.5 g/t、Au≥0.8 g/t）。

(7) 采样点定位

根据地形图、坑道平面图（比例尺为1∶1000~1∶500），用测绳或定距仪量距定点，地表探槽据比例尺为1∶500~1∶2000地形地质图，无探槽用GPS定位。钻孔采样，根据柱状图编录采样后将实际采样位置准确标注在剖面图上。最终将所有采样点标注在矿体剖面图、垂直纵投影图或水平（矿体倾角<45°）投影图上。

(8) 采样记录卡

地表、坑道、钻孔采样记录按对应的记录卡内容详实填写。①构造叠加晕地表采样记录卡；②构造叠加晕坑道采样记录卡；③构造叠加晕钻孔取样记录卡。详见表4.1至表4.3。

表4.1 构造叠加晕地表采样记录卡

矿种：　　　　矿区：

A	B	C	D	E	F	G	H	I	J	K
样品序号	样品号	坐标		探槽（勘探线）	围岩岩性	构造产状		构造带宽度/m	蚀变矿化特点	备注
		横	纵			倾向/(°)	倾角/(°)			

采样员：　　　记录员：　　　审核：　　　采样日期：　　年　月　日

表4.2 构造叠加晕坑道采样记录卡

矿种：　　　　矿区：

A	B	C	D	E	F	G	H	I	J
样品序号	样品号	中段（标高）	穿（沿）脉号	围岩岩性	构造产状		构造带宽度/m	蚀变矿化特点	备注
					倾向/(°)	倾角/(°)			

采样员：　　　记录员：　　　审核：　　　采样日期：　　年　月　日

表 4.3 构造叠加晕钻孔取样记录卡

矿种： 矿区：

A	B	C	D	E	F	G	H	I	J
样品序号	样品号	钻孔号	深/m	围岩岩性	剖面图构造产状		构造带宽度/m	蚀变矿化特点	备注
					倾向/(°)	倾角/(°)			

采样员： 记录员： 审核： 采样日期： 年 月 日

4.5.3 野外工作质量检查

1）项目承担单位应建立二级质量检查制度，一级为采样小组的自检、二级为项目组长检查，二级质量检查均应在质检表上做相应的记录，要求 100%准确。

2）野外工作质量检查包括：①每天回驻地必须检查当天采样记录卡填写是否完整，描述内容是否准确，采样点在图上定点是否准确；②样品布袋编号是否清晰、样品数量与记录和采样点图是否一致，回忆总结并完善现场观察取得的第一手矿床、构造、矿化蚀变特征与样品相关性。

3）做好野外工作小结，项目野外工作结束后要整理好采样记录卡、核实样品数以及所采样品是否按设计完成，能否满足建模和预测要求，对矿床地质、构造、矿化蚀变特征进行总结。

4）质量检查发现问题较多时，应扩大检查工作量，对发现有重大问题的工作，应及时进行返工。

4.6 样品送检与分析

样品分析及质量监控详见《岩石地球化学测量技术规程》（DZ/T 0248—2014）。

4.6.1 样品送化验室及样品加工要求

1）采集的岩石样品应由专人送交实验室，交实验室专职样品接收管理人员签收，具体要求见实验室管理规定。

2）样品送加工要求：全部经过无污染的粗、中破碎机破碎至 1~2 mm 粒度，经过混匀，并分取 50~100 g 样品留作原始副样保存，200 g 样品经粉碎后粒度应≤0.074 mm（200 目筛）作为分析样。为避免加工过程中样品间相互污染，应将非矿化样品与矿化样品分开加工，先加工非矿化样品，后加工矿化样品。每个样品加工完后重量≥150 g，所使用的机具必须彻底清扫干净，以免污染下一个样品。

4.6.2 元素分析方法及质量要求

1）根据前述选择的指示元素，要求全部定量分析，向化验室提供矿体晕各元素可能含量区间，分析方法要求达到的检出上限及下限，根据化验室的仪器设备及其对各种元素分析检出限、准确度及精密度选择最佳仪器分析方法组合，各元素含量报出率达100%。保证样品分析质量。

2）化验室报出数据必须是内部质量（抽样）控制规定合格。

3）研究人员送样后密码抽取部分样品进行重复分析（从背景样到矿石高含量挑选），抽样为总样数3%~5%，分析相对误差（$RE\% = |(C_1 - C_2)| / (C_1 + C_2)/2 \times 100\%$）≤66.6%为合格，各元素合格率=相对误差合格数/抽样数≥90%。其中，RE%为相对误差；C_1为原分析结果；C_2为重复分析结果。

4）目前构造叠加晕样品常用分析元素及定量分析方法如下。

金矿：分析22种元素包括Au、Ag、Cu、Pb、Zn、As、Sb、Hg、B、Ba、Cd、Bi、Mo、Mn、Co、Ni、Ti、V、Sn、W、F、I。

①石墨炉原子吸收：Au；②原子吸收（AAS）：Ag、Cd；③原子荧光：As、Sb、Bi、Hg；④极谱法：Mo、W；⑤电感耦合等离子光谱分析（ICP-OES）：Cu、Ba、Pb、Zn、Co、Mn、Ni、Ti、V；⑥发射光谱：B、Sn；⑦离子电极：F；⑧分光光度仪：I。

铅锌矿：云南省会泽县麒麟厂铅锌矿床分析20种元素。

①电感耦合等离子光谱分析（ICP-OES）：Cu、Pb、Zn、Ba、Co、Ni、V、Mn、Be、Sr、La、Li；②双道原子荧光（AFS）：As、Sb、Bi、Hg、Ge；③原子吸收（AAS）：Ag、Cd；④离子电极：F。

内蒙古甲乌拉铅锌矿床分析21种元素。

①石墨炉原子吸收：Au；②原子吸收（AAS）：Ag；③原子荧光：As、Sb、Bi、Hg；④极谱法：Mo、W；⑤电感耦合等离子光谱分析（ICP-OES）：Co、Mn、Ni、V、Ba、Cd；⑥发射光谱：B、Sn；⑦X荧光分析：Cu、Pb、Zn、In、Ga。

4.7 综合研究

4.7.1 矿区地球化学背景研究

1）计算全区岩石背景几何平均值，作为矿区地球化学背景值。

2）不同类型岩石各元素背景值与其克拉克值及同类岩石平均含量对比：若某岩石中某元素浓集克拉克值=该元素矿区背景值/该元素克拉克值>1，或某类岩石中某元素矿区背景值/该元素同类岩石平均含量>1，则某岩石可能为矿床中该成矿元素或伴生元素提供了来源。

3）矿区地球化学背景值为本区指示元素浓度分带提供依据，即作为各元素外带、中带、内带分带依据。

4）矿床矿体某元素平均含量/该元素背景值为该元素原始衬度，是确定矿床组合的重要依据。

4.7.2 矿床元素组合、特征元素组合及其相关关系研究

（1）矿床元素组合

按不同矿种最低工业品位或边界品位要求确定计算样品范围。如金矿：Au≥1 g/t 和 Au≥3 g/t 分别计算，从分析结果中选择样品数不少于 30 件，求矿体各元素的几何平均值，再求出其衬度值（元素的几何平均值/矿区相应元素背景平均值）。如以各元素衬度值≥2 为标准，即将衬度值≥2 的元素都列入矿床元素组合。

（2）矿床特征元素组合

目的是确定某矿床特有元素组合，为与其他矿床对比，特征元素衬度值≥4。若将某几个金矿对比展示其差异，或突出矿床中某些元素高含量特点，各元素衬度值可不同（如处于 4~10）。

（3）矿体成矿及伴生元素相关关系

研究矿体成矿及伴生元素相关关系，计算元素相关矩阵，研究矿床元素相关关系与不相关元素特征及叠加特点。

单次（阶段）成矿作用形成的矿体晕，其成矿元素与伴生元素宏观上应是相关的。

热液矿体晕中元素间理论上相关关系：由于单次（阶段）成矿形成矿体晕有轴向分带，前缘晕元素富集中心在矿体头部（前缘）、近矿晕元素富集中心在矿体，以矿体为中心向外降低，而尾晕元素富集中心在矿体尾部。理论上不同位置指示元素正常相关关系是：前缘晕、近矿晕、尾晕内部的指示元素相关程度高，而前缘晕与近矿晕、前缘晕与尾晕、近矿晕与尾晕元素间彼此不相关，前尾晕元素可能为负相关。

由于热液矿床的多阶段成矿成晕在空间上的叠加结果，破坏了上述理论上的正常相关性，计算结果往往出现前尾晕，前近晕，近尾晕元素间的不正常相关，这种不正常相关程度反映了叠加程度。

4.7.3 不同成矿阶段元素组合及其相关性“概略”研究方法

以金矿床为例，如金矿成矿成晕一般分为四个阶段：Ⅰ黄铁矿-石英阶段；Ⅱ金-石英-黄铁矿阶段；Ⅲ金-石英-多金属硫化物阶段；Ⅳ石英-碳酸盐阶段。其中第Ⅱ、Ⅲ阶段为主成矿阶段。

（1）不同阶段形成的矿体元素组合研究方法

方法一：对不同阶段形成矿体分别采样 10~20 件，进行地球化学元素分析，计算其几何平均值，以衬度值≥2 为标准确定矿床不同成矿阶段的元素组合。计算元素间相关关系，相关关系解释同上述单次成矿矿体。

方法二：根据不同阶段矿物组合、各种单矿物成分及其微量元素含量特征，可大致了解各阶段最具有代表性的指示元素含量特征：如金矿成矿一般分为四个成矿阶段，第Ⅰ阶段只发生金矿化，含金量通常≤0.5 g/t，Ag、Cu、Pb、Zn 含量很低，一般 Mo、W 含量

稍高；第Ⅱ阶段为主成矿阶段，Au 含量处于 2～5 g/t，Ag、Cu、Pb、Zn 含量相对较高；第Ⅲ阶段为多金属硫化物主成矿阶段，Au 含量处于 2～5 g/t，以 Pb、Zn 含量相对最高为特征；第Ⅳ阶段为碳酸盐阶段，只发生弱金矿化，Au 含量≤0.5 g/t，Ag、Cu、Pb、Zn 含量很低，以 Mn 含量高为特点。以此为标准，从分析结果中各挑出每个阶段样品 10～20 件，分别计算各阶段形成矿体元素几何均值，衬度值≥2，宏观上确定不同阶段元素组合，计算不同阶段元素相关关系。

（2）不同成矿阶段形成矿体中元素组合及相关关系研究说明

分别计算不同成矿阶段形成的矿体各元素相关矩阵，确定不同成矿阶段形成矿体元素间相关关系。由于各阶段形成的矿体有各自的前缘晕、近矿晕和尾晕，理论上的正常相关系是前缘晕、近矿晕、尾晕内部的指示元素相关程度高，而前缘晕与近矿晕、前缘晕与尾晕、近矿晕与尾晕元素间彼此不相关，前缘与尾晕元素可能为负相关关系。

说明：由于对不同阶段形成的矿体晕分别采样时难以精准，往往混入其他阶段叠加样品，所以根据各阶段元素几何平均值及其衬度值确定的各阶段元素组合及元素间相关系只是“不精准”的“宏观”了解。

4.7.4 指示元素的独立矿物、富集矿物和载体矿物的“粗线条”研究

①根据矿床中出现的矿物组合，确定指示元素是否有独立矿物；②某元素富集矿物：根据不同矿物中某元素平均含量范围分为高、中、低三档，高含量矿物为该元素富集矿物；③某元素的载体矿物：以 1 吨矿石为计算单位，估算某元素在单位矿石某矿物中总含量=某矿物中元素含量（g/t）×某矿物在矿石中含量（%）（估算），计算不同矿物某元素总含量占该元素在矿石中含量的比例，按大小排序，以>50%为元素的“粗线条”载体矿物。

要精准确定指示元素的独立矿物、富集矿物和载体矿物是很复杂的研究项目。

4.7.5 扩散晕中元素带入带出研究

构造叠加晕主要研究热液沿构造带的渗流晕，也研究扩散晕中元素带入带出特点。沿矿脉、近矿、远矿脉，系统采集不同蚀变带样品，进行地球化学元素分析，作图或求不同蚀变带元素几何平均值及元素间比值。将不同蚀变带元素与正常围岩对比，高于正常围岩含量为带入，低于为带出，某元素可能在近矿脉部位活化带出（负异常）转移到远离矿脉部位带入形成正异常。

4.7.6 矿体晕轴（垂）地球化学参数变化及分带序列研究

（1）矿体晕轴（垂）向地球化学参数变化规律研究

目的是为确立判断盲矿头深度或判别矿体剥蚀程度。在构造叠加晕垂直纵投影图上，选择垂直矿体向深部延伸的不同截面（标高）样品，计算各元素几何平均值及不同元素间比值，即计算从矿体前缘晕、矿体头部、矿体中部至矿体尾部不同标高构造叠加晕的地球化学参数。当矿体晕是单次成矿晕或多次成矿晕同位或近于同位叠加时，前缘晕元素/尾晕元素（Hg/Mo），前缘晕元素（标准化）累加或累乘/尾晕元素（标准

化）累加或累乘，从矿体前缘晕、矿体头部、矿体中部至矿体尾部逐渐降低，据此确立判断盲矿头深度或判别矿体剥蚀程度（延伸大小），建立矿体剥蚀程度的判别分析、回归分析数学模型。

由于热液矿床不同期次成矿晕的叠加，致使矿体晕轴（垂）向地球化学参数出现多次转折，难以建立矿体剥蚀程度的判别分析、回归分析数学模型。轴（垂）向地球化学参数多次转折，如当从矿体头部、中部、下部至尾部出现 Hg/Mo 由高→低，到矿尾突然升高，则反映了深部盲矿前缘晕 Hg 叠加，指示深部有盲矿。

（2）计算原生晕轴向分带序列

1）刻画指示元素在轴向分带序列的位置，目的是为确定矿体晕前缘晕、近矿晕和尾晕指示元素。

2）计算方法及建议参考《岩石地球化学测量技术规程》（DZ/T 0248—2014）（附录 D、E）。

3）当矿体晕是单次成矿晕或多次成矿晕同位或近于同位叠加时，计算得出的原生晕轴向分带序列为正常分带序列。从上到下是前缘晕元素、近矿晕元素、尾晕元素。

4）在叠加晕剖面或垂直纵投影图，根据各元素浓集中心在矿体周围分布远近确定元素排序，即从上至下按照前缘晕元素、近矿元素及尾晕元素排序。

5）计算结果如出现“反分带”，即 Hg、As、Sb、F、I 等元素出现在分带序列中、下部，则反映叠加。若计算的剖面或垂直纵投影图深部矿体还没控制完，“反分带”则指示矿体向下还有延伸；若计算的剖面或垂直纵投影图深部已为矿体尾晕，则“反分带”反映深部盲矿体前缘晕叠加，指示深部有盲矿。

4.8　矿床原生晕及构造叠加晕浓度分带意义及分带标准确定方法

4.8.1　原生晕及构造叠加晕指示元素浓度分带意义

构造叠加晕平面图、剖面图、垂直纵投影图中各指示元素浓度通常是以外带、中带、内带三个带成图，只用外带、中带、内带可简化异常，同时可清晰展示各指示元素外带、中带、内带异常在矿体周围的分布情况，从而准确识别前缘晕、近矿晕和尾晕特征指示元素，识别叠加结构、确立预测深部盲矿指标。

4.8.2　原生晕及构造叠加晕指示元素浓度分带方法

（1）浓度分带

浓度分带是确定矿体前缘晕、尾晕特征指示元素重要依据。①近矿晕是以矿体为中心随远离矿体含量逐渐降低，前缘晕位于矿体前缘，尾晕位于矿体尾部。如果前缘晕、尾晕元素外带、中带、内带浓度分带标准确定不好，在图上都是外带或内带，则难以确定矿体前缘晕、尾晕特征指示元素。②简化异常，一般将构造叠加晕中元素浓度分为 3 个带（外带、中带、内带），为突出个别元素特点也可分为 4 个浓度带（外带、中带、内带、强带）。

（2）浓度分带常用的依据与方法

1）以本矿区地球化学背景值为基础，一般以各元素背景值的2、4、8倍或2、8、32倍作为外带、中带、内带的浓度下限值。

2）有些元素在本矿体晕中含量较低且含量区间较小，为突出元素分带特点，可不按上述标准。

3）在确定各元素外带、中带、内带标准时还要考虑各元素含量区间大小和外带、中带、内带样品占总样品的比例，一般内带样品占20%～30%，中带、内带样品占30%～50%，外带、中带、内带样品占50%～70%。

（3）外带、中带、内带的分带标准

外带、中带、内带的分带标准是近矿指示元素以矿体为中心逐渐远离矿体对应浓度逐渐降低（即晕由内带到中带到外带），在各元素的垂直纵投影图上，显示出前缘晕、尾晕特征指示元素。在剖面图或垂直纵投影图上，前缘晕指示元素从位于矿头近前缘的浓集中心向前缘至矿体中部及尾部变为外带或无异常，当深部有盲矿前缘晕叠加时，在矿体尾部又升高为外带、中带、内带异常；在剖面图或垂直纵投影图上，尾晕元素浓集中心（中带、内带）在矿尾部（尾晕），向上至矿体中、上部和向矿体尾晕深部变为外带或无异常。

（4）前尾晕指示元素浓度分带示例

前尾晕指示元素浓度的外带、中带、内带下限确定示例（图4.4）。

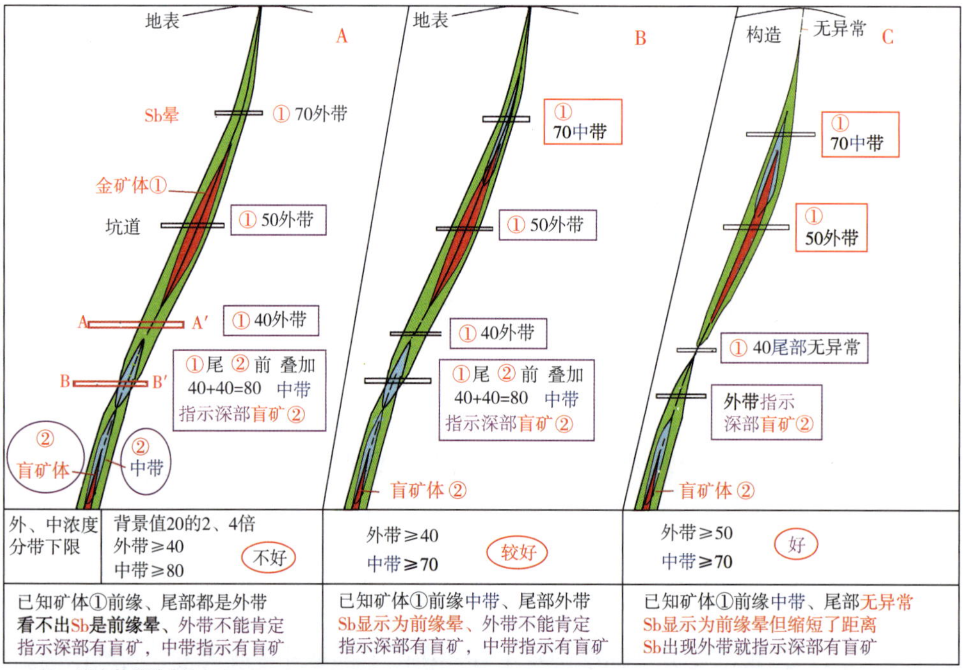

注：图中数据单位为10^{-6}。

图4.4 构造叠加晕指示元素Sb不同分带标准与预测深部盲矿显示关系示意图

（据李惠，2019）

例如，某金矿床的 Sb 含量与背景值之比在剖面上矿体尾部为 40（$\times10^{-6}$，下同），矿体头部为 70，背景为 20。若以背景值 2、4、8 倍分为外带、中带、内带，分别为 40、80、160，则矿体从头部到尾部都为外带异常，不能显示 Sb 是前缘晕元素（图 4.4A）。若以 40、60 作为外带、中带含量下限，则矿体头部为中带，尾部为外带，显示 Sb 是前缘晕元素（图 4.4B），但在预测盲矿时，Sb 出现外带异常时则不能肯定有深部前缘晕的叠加，只有出现中带异常才能肯定是前缘晕指示深部有盲矿。图 4.4C 是 Sb 定为外带≥50，中带≥70，尾部无外带，则 Sb 出现外带就指示深部有盲矿，但由于外带标准提高，其在前缘延伸缩短，Sb 外带预测盲矿深度缩小了。

指示元素浓度分带标准确定的合理性与研究人员经验和水平有很大关系。

4.9　构造叠加晕基本图件及要求

构造叠加晕基本图件涉及有平面图（地表、坑道、不同中段平面图及对比图），剖面图（联合剖图），垂直纵投影图、水平投影图（矿体倾角<45°），立体图（平面、剖面、垂直纵投影联合图）等，具体需要根据工作实际而定，图件形式可参照构造叠加晕研究-建模-预测示图（附录 B）。

（1）矿区地质图

矿区 1∶2000 地质图图件要素包括 *X*、*Y* 坐标、图名、比例尺、图例，图中内容要标明矿区内地层、构造、岩浆岩、矿体、勘探线及工程等。

（2）构造叠加晕图

构造叠加晕图比例尺不等，一般为 1∶1000～1∶5000。以地质图为底图，图中需包含采样点位、各指示元素（外带、中带、内带）异常或多个指示元素综合图。

先作单元素数据图（保存归档），在数据图上勾绘异常位置或异常点（提交报告用）。

1）造叠加晕剖面图、平面图：以地质图为底图标明 *X*、*Y* 坐标，剖面方向，图内要展现矿区地层、构造、岩浆岩、矿体、蚀变带；研究构造叠加晕因只需在构造带内采样，脉状矿床构造叠加晕剖面图可用单个或多个指示元素数据异常列表表明（见附录 B 示图）。

2）构造叠加晕垂直纵投影图：以矿体垂直纵投影图为底图，包含有 *X*、*Y*、*Z*（标高）坐标、方向、勘探线号、坑道、钻孔，第一张是采样点位图，依次为各元素单个元素叠加晕图。

3）构造叠加晕预测靶位图：构造叠加晕叠合异常及预测靶位图垂直纵投影图可分为构造叠加晕前缘指示元素（Hg、As、Sb、B）叠合及预测靶位垂直纵投影图、近矿指示元素（Ag、Cu、Pb、Zn）叠合构造叠加晕预测靶位图、尾晕指示元素（Bi、Mo、Mn、Co）叠合构造叠加晕预测靶位图。还可作构造叠加晕及预测靶位图剖面图、构造叠加晕及预测靶位联合剖面图。

4.10 热液矿床-体前缘晕、近矿晕及尾晕研究与叠加识别

4.10.1 在叠加晕图上矿床-体前缘晕、近矿晕及尾晕与矿体相对位置

热液矿床-体晕具有明显的轴向分带特征，每个矿体都有自己的前缘晕、近矿晕及尾晕。热液矿床（体）的前缘晕元素的强（中带、内带）异常中心分布于为热液流动方向的前峰（矿体头部近前缘），从异常中心再向前缘和向矿体中、下部逐渐降低；近矿晕元素以矿体为中心（中带、内带），随远离矿体逐渐降低；尾晕元素强（中带、内带）异常分布于矿液来源方向（矿体轴向）尾部（图 4.5A）。

图 4.5 展示了陡倾斜矿体、缓倾斜矿体及侧伏矿体的前缘晕、近矿晕及尾晕相对位置。研究侧伏矿体时必须用垂直纵投影展示，图 4.5C 为侧伏矿体前尾晕与矿体相对位置，若在剖面上难以确定前尾晕，在剖面的深部预测时，预测靶位不是在剖面下方，而是在垂直纵投影矿体侧伏方向深部。

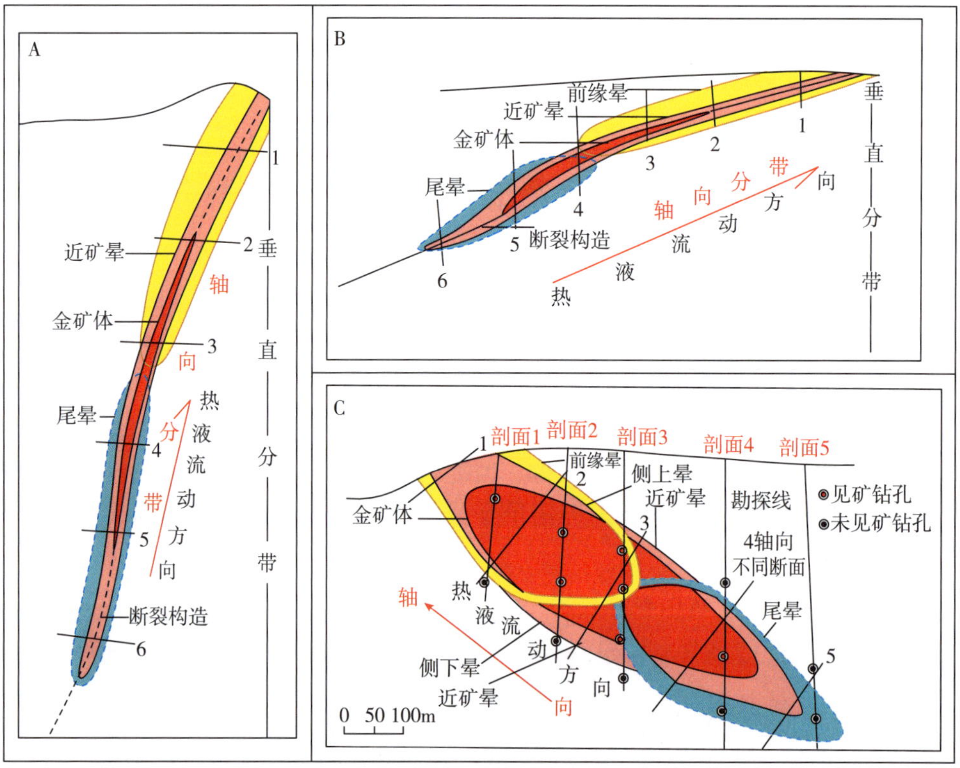

图 4.5 陡倾斜矿体、缓倾斜矿体及侧伏矿体的前缘晕、近矿晕及尾晕相对位置

A—陡倾斜金矿体-晕轴向与垂直分带前缘晕、近矿晕、尾晕相对位置剖面图；B—缓倾斜金矿体-晕轴向与垂直分带，前缘晕、近矿晕、尾晕相对位置剖面图；C—侧伏金矿体晕轴向及前缘晕、近矿晕、尾晕相对位置垂直纵投影图

4.10.2　矿床-体前缘晕、近矿晕和尾晕剖面选择

选择工程控制已知矿体前缘晕、近矿晕、尾晕的剖面（图 4.6）或垂直纵投影图，系统采集构造叠加晕样品并进行地球化学多元素分析。根据所确定的各元素外带、中带、内带浓度标准绘制原生晕剖面图或垂直纵投影图，根据各元素在剖面上对应矿体部位确定前缘晕、近矿晕及尾晕特征元素及其组合，计算原生晕轴向分带序列和地球化学参数轴向变化规律。若矿体侧伏必须用垂直纵投影图进行研究。

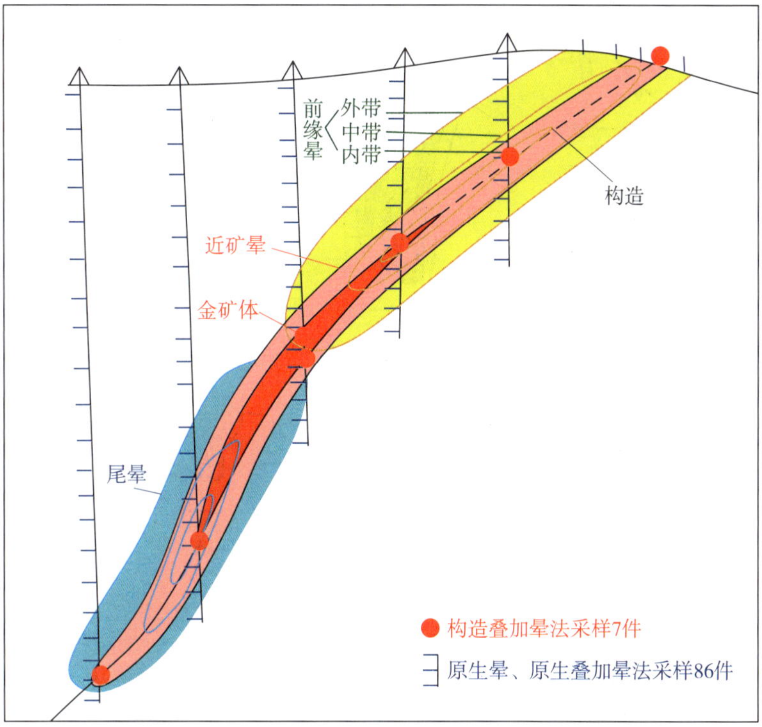

图 4.6　原生晕轴向分带研究理想剖面及原生晕构造叠加晕采样对比图

示例：赣南漂塘脉带型钨锡矿床-体前缘晕、近矿晕

图 4.7 展示了赣南漂塘脉带型钨锡矿床-体的前缘晕、近矿晕在剖面图上分布特点。赣南漂塘脉带型钨锡矿床为典型“五层楼”特征。从上至下由石英-云母线脉带（标志带）、细脉带（矿化）、薄脉带（矿体）、大脉带（富矿体）、插入花岗岩消失带（本剖面未控制）组成。所研究剖面上未见矿脉穿插，可能是单次成矿或不同成矿阶段近于同位叠加形成的。在剖面上从地表 800 m、676 m、616 m、556 m、496 m 标高中段采样，点距为 5 m，一是在 5 m 范围内连续采脉体与围岩混合样品（H 样），二是在 5 m 范围内只采脉体样组合为一个样（V 样）。对所采样品进行地球化学多元素分析，做出异常剖面图，从剖面上可清晰看出：脉体（V 样）Li、Ba、Sc、Sr、Ce 、Hg、As、K_2O 为帽状前缘晕特征元素、Mo 为尾晕；混合样品（H 样）W、Sn、Be 为近矿晕。

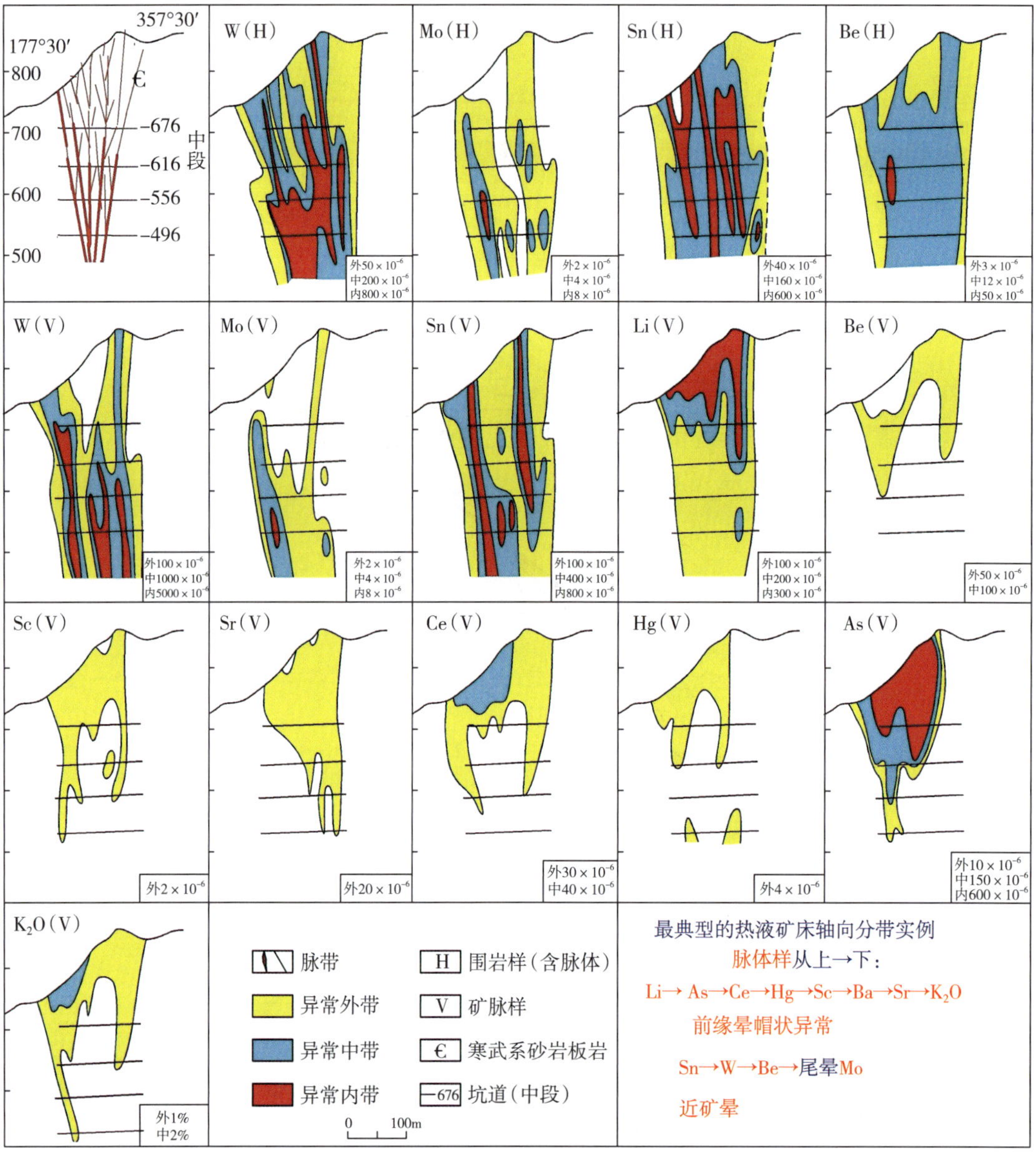

图 4.7 赣南漂塘脉带型钨锡矿床原生晕典型剖面
（据李惠，1984）

4.10.3 构造叠加晕垂直纵投影图上识别叠加结构

（1）在叠加晕图上识别叠加的依据

①单次或主要成矿阶段形成的每个矿体都有自己的前缘晕、近矿晕及尾晕的特征指示元素。②根据不同阶段元素异常组合分布范围确定不同阶段叠加范围。如金矿成矿一般分4个阶段：第Ⅰ阶段 Au 及 Cu、Pb、Zn、As、Sb、Hg 浓度低为外带或无异常范围；第Ⅱ

阶段 Au 高（内带），Cu、Pb、Zn 为中外带范围；第Ⅲ阶段 Au 高（内带），Pb、Zn 内带叠加异常分布特征反映第Ⅲ阶段叠加范围；第Ⅳ阶段 Au 低而 Mn 处于中内带异常范围，其分布区反映第Ⅳ阶段叠加部位。

（2）图上叠加晕特点

①主成矿元素（如 Au）的中带、内带强异常有多中心，相对应的前缘晕和尾晕元素中带、内带异常也有多中心。②前尾晕指示元素在矿体中下部共存，指示两次成矿作用大部分同位叠加，预示矿体延伸很大；在上部矿体尾晕又有前缘晕叠加即前尾晕共存，预示深部有盲矿存在；在已知矿体上部或前缘出现前尾晕共存指示上部矿体已被剥蚀。③出现 Pb、Zn 内带强异常指示有第Ⅲ阶段成矿作用叠加。④Mn 强异常出现部位指示有第Ⅳ阶段成矿作用叠加。

4.10.4 地球化学参数转折指示叠加

利用地球化学参数轴向变化可判别剥蚀程度。如根据前缘晕（As+Sb)/尾晕（Bi+Mo）或 As/Mo，在轴（垂）向上变化规律进行预测：单次成矿从上至下应为逐渐降低，若从矿体头部向矿中部至矿尾部，比值呈现高、低、高变化，反映叠加，并预示深部有盲矿存在。

4.10.5 分带序列反常-反分带指示叠加

对原生晕轴向分带序列计算结果分析解释，从上至下，前缘晕指示元素如 Hg、As、Sb 出现在分带序列的中部，与近矿指示元素共存，指示两次成矿大部分同位叠加，预示矿体延伸很大；前缘晕指示元素在分带序列下部与尾晕元素共存，指示深部盲矿体前缘晕叠加，预示深部有盲矿存在；尾晕元素出现在分带序列上部指出上部矿体已被剥蚀。

4.10.6 矿体晕中元素反常相关反映叠加

前缘元素与尾晕元素相关关系、前缘元素与近矿晕元素相关关系、近矿晕元素与尾晕元素相关关系均属于反相关、反常现象，指示有叠加。

4.10.7 构造叠加晕图上前缘晕、近矿晕及尾晕叠加结构识别示例

示例1：河南小秦岭 60 号脉（S60）叠加晕图中前缘晕、近矿晕、尾晕元素识别

S60 金矿为热液石英脉型金矿，严格受构造控制，倾角为 45°，从 60 号脉叠加晕水平投影图（图 4.8）可见：Au 内带反映矿体位置，As、Sb、Ba 异常在 Au 内带头部及尾部都有，用叠加观点分析，头部异常是已知矿体前缘晕，尾部异常是深部盲矿体前缘晕叠加结果。Co、Ni 在尾部为尾晕指示元素，Au、Ag、Cu、Pb、Zn 为近矿晕指示元素，Cu+Pb+Zn 异常范围反映了多金属硫化物阶段叠加部位。已知矿体尾部坑道出现了 As、Sb、Ba 与 Co、Ni 异常共存，指示已知矿体深部有盲矿，已验证见矿（图 4.8）。Mo、Mn 在已知矿

体头部、尾部都出现异常，据其地球化学性质及已有研究成果确定其为尾晕指示元素，已知矿体头部出现前尾晕共存，指示其上部的矿体已剥蚀。

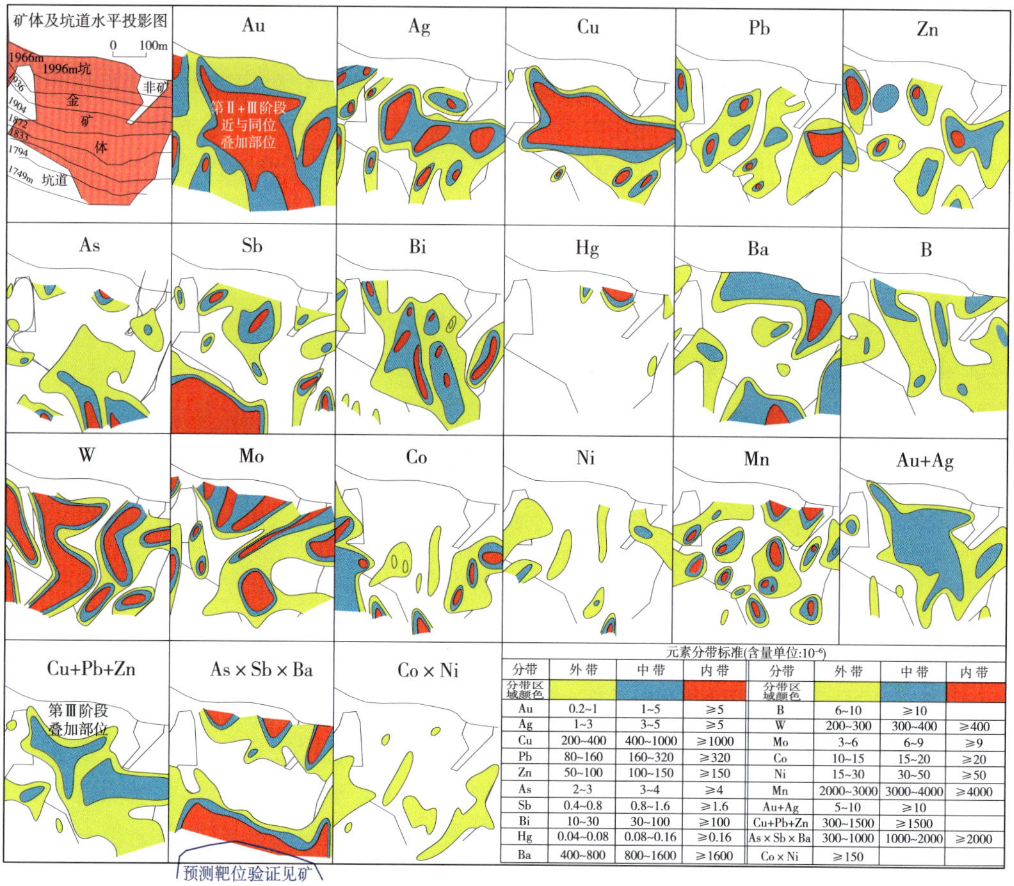

元素分带标准(含量单位:10^{-6})

分带	外带	中带	内带	分带	外带	中带	内带
分带区域颜色				分带区域颜色			
Au	0.2~1	1~5	≥5	B	6~10	≥10	
Ag	1~3	3~5	≥5	W	200~300	300~400	≥400
Cu	200~400	400~1000	≥1000	Mo	3~6	6~9	≥9
Pb	80~160	160~320	≥320	Co	10~15	15~20	≥20
Zn	50~100	100~150	≥150	Ni	15~30	30~50	≥50
As	2~3	3~4	≥4	Mn	2000~3000	3000~4000	≥4000
Sb	0.4~0.8	0.8~1.6	≥1.6	Au+Ag	5~10	≥10	
Bi	10~30	30~100	≥100	Cu+Pb+Zn	300~1500	≥1500	
Hg	0.04~0.08	0.08~0.16	≥0.16	As×Sb×Ba	300~1000	1000~2000	≥2000
Ba	400~800	800~1600	≥1600	Co×Ni	≥150		

图 4.8　河南小秦岭 60 号脉金矿构造叠加晕水平投影图

（据李惠，1995）

示例 2：山东乳山金青顶金矿床构造叠加晕垂直纵投影图上前尾晕及叠加结构的识别

金青顶金矿为热液石英脉型金矿，严格受构造控制，倾角 60°~80°，成矿分四个阶段。在构造叠加晕垂直纵投影图上（图 4.9）可以看出 Au 内带强异常多临近中心，Cu、Pb、Zn、As、Sb、Hg、Bi、Mo、Mn、Co 也对应多靠近中心，As、Sb、Hg 异常分布在每个 Au 内带异常的上部也多靠近中心，确定 As、Sb、Hg 为前缘晕。Bi、Mo 异常分布在 Au 内带异常下部也有多中心，为尾晕元素。

叠加结构识别：Au 内带强异常多中心可能是一次成矿作用形成的串珠状相近富矿体，可能是不同阶段形成矿体同位或近于同位叠加，也可能是不同阶段形成的矿体。每个富矿体都有自己的前缘晕、近矿晕和尾晕，上下相近两个矿体之间前尾晕叠加共存（图 4.9）。每个矿体下部的前尾晕共存指示深部盲矿。矿体头部的 As、Sb、Hg 与 Bi、Mo 共存指示上部矿体已剥蚀。

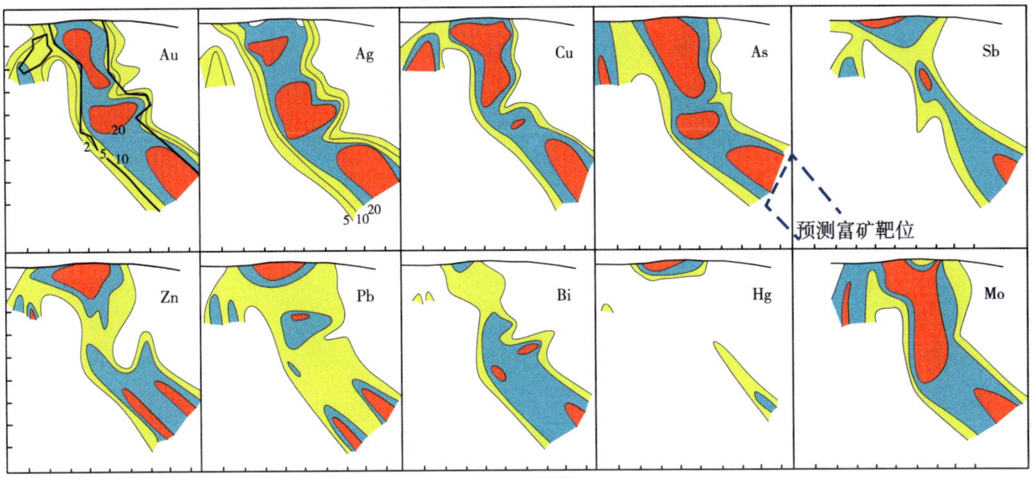

分带	分带区域颜色	元素	Au	Ag	Cu	Pb	Zn	As	Sb	Hg	Bi	Mo
外带		≥	2	5	480	30	80	20	0.8	0.04	0.8	6
中带		≥	10	20	960	120	200	80	3	0.1	3	15
内带		≥	20	40	3000	480	800	320	12	1	12	25

注：元素含量单位为10^{-6}。

图 4.9　山东乳山金青顶金矿床构造叠加晕垂直纵投影图上的前缘晕、近矿晕及尾晕

（据李惠，1996）

4.11　构造叠加晕预测盲矿 6 条标志应用示例

在某矿床应用构造叠加晕预测盲矿的 6 条通用标志，必须确定本矿床前缘晕、近矿晕、尾晕的特征指示元素及外带、中带、内带分带标准。本节以柴胡栏子金矿（柴金矿）为例，具体介绍构造叠加晕预测盲矿标志。

4.11.1　确定柴金矿床的前缘晕、近矿晕、尾晕特征指示元素及浓度分带标准

不同矿床前缘晕、近矿晕、尾晕特征指示元素及外带、中带、内带分带标准不同，研究确定了柴金矿的前缘晕、近矿晕、尾晕的特征指示元素及外带、中带、内带分带标准（表 4.4）。前缘晕特征指示元素为 As、Sb、Hg、B，近矿特征指示元素为 Au、Ag、Cu、Pb、Zn，尾晕特征指示元素为 Bi、Mo、Mn、Co。

表 4.4　柴金矿床构造叠加晕浓度分带标准

元素	Au	As	Sb	Hg	B	Ag	Cu	Pb	Zn	Bi	Mo	Mn	Co
外带≥	0.1	2.4	0.12	10	9	0.3	45	20	80	0.3	3	600	20
中带≥	0.5	7.0	0.5	20	18	1	90	40	160	1.2	6	1200	40
内带≥	1.0	15	1	40	36	5	180	80	320	3.6	12	2500	80
强带≥	3												

注：Hg 含量单位为 10^{-9}，其他元素含量单位为 10^{-6}。

4.11.2 柴金矿构造叠加晕预测盲矿6条标志具体化

（1）在剖面图或垂直纵投影图上预测盲矿标志

1）在构造叠加晕垂直纵投影图上，在有Au弱异常的条件下，若前缘晕指示元素As、Sb、Hg、B有强异常出现，而尾晕元素Bi、Mo、Mn、Co无异常或出现弱异常，指示侧伏方向深部有盲矿存在，若再有Cu、Pb、Zn异常，反映有第Ⅱ、Ⅲ阶段成矿作用叠加，可能矿体较富。相反，尾晕指示元素异常强，而前缘晕指示元素异常弱，则指示侧伏方向深部无矿。

2）前尾晕共存准则：在构造叠加晕垂直纵投影图上，若在矿体尾晕出现尾晕元素Bi、Mo、Mn、Co强异常的基础上，又出现了As、Sb、Hg、B等前缘晕指示元素的强异常，即前尾晕共存，指示侧伏方向深部还有盲矿存在，若在矿体中、下部出现前尾晕共存，则指示侧伏方向矿体向下延伸很大。

3）在构造叠加晕垂直纵投影图上，前缘晕指示元素As、Sb、Hg、B的异常强度，从矿体前缘、矿体头部、矿体中部、矿体尾至尾晕，呈现强、弱、强变化，或异常一直很强（中带、内带异常），特别是在控制最深的坑道或钻孔的样品中出现强异常，指示侧伏方向深部还有盲矿存在，若在矿体下部或尾部出现强异常，则指示侧伏方向矿体向下延伸还很大。

（2）地球化学计算标志

4）反分带：计算某矿体-晕侧伏方向不同标高截面原生晕轴向分带序列，出现反分带，指示侧伏方向深部有盲矿，或矿体向侧伏方向深部延伸较大。

5）地球化学参数反转标志：计算某矿体-晕侧伏方向不同标高截面的地球化学参数如As、Sb/Bi、As/Bi，若从上至下，各化学参数呈低、高、低至最下中段又升高，则指示侧伏方向深部有盲矿，或矿体向侧伏方向深部延伸较大。

6）前缘元素（Hg）-尾晕元素（Mo）相关关系反常标志：计算已知矿体尾部尾晕元素相关矩阵，若出现前缘元素（Hg）-尾晕元素（Mo）相关关系反常，则反映深部盲矿前缘晕叠加，指示深部有盲矿。

4.12 深部盲矿预测的构造叠加晕模式图及实用模型图

附录C展示了不同矿种、不同类型金矿及有色金属矿床构造叠加晕模式图及实用模型图。

1）某矿床深部盲矿预测的构造叠加晕模式图可用剖面图、垂直纵投影图或三维立体图展示。展示内容包括矿床已知矿体及其前缘晕、近矿晕、尾晕的特征指示元素及其分布范围和叠加特点。已知矿体下部尾晕出现前尾晕共存是深部盲矿预标志（图4.10A）。

2）矿床深部盲矿预测的构造叠加晕实用模型图可用剖面图、垂直纵投影图或三维立体图展示。其是对该矿床深部盲矿预测构造叠加晕特征、预测方法及盲矿预测指标高度概括与表达（图4.10B）。

若为矿床模式，图需附有该矿床前缘晕、近矿晕、尾晕的特征指示元素及外带、中

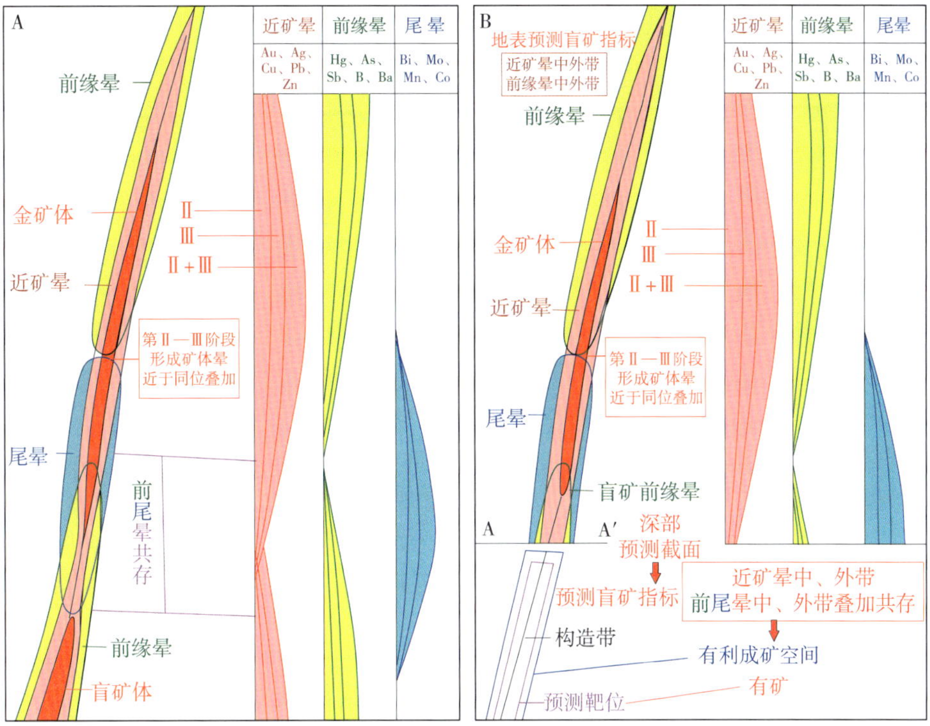

元素	近矿晕指示元素					前缘晕指示元素					尾晕指示元素			
	Au	Ag	Cu	Pb	Zn	Hg	As	Sb	Ba	B	Bi	Mo	Mn	Co
外带	0.2	1	200	80	50	40	2	0.4	400	6	10	3	2000	10
中带	1	3	400	160	100	80	3	0.8	800	10	30	6	3000	15
内带	3	5	800	320	150	160	4	1.6	1600	15	100	9	4000	20

注：Hg含量单位为10^{-9}，其他元素含量单位为10^{-6}。

图4.10　河南小秦岭60脉构造叠加晕模式与深部盲矿预测的实用模型对比图

（据李惠，2019）

A—构造叠加晕模式剖面图；B—深部盲矿预测的构造叠加晕实用模型剖面图

带、内带分带表。

4.13　典型矿床深部盲矿预测的构造叠加晕实用模型

典型矿床深部盲矿预测的构造叠加晕实用模型是在矿床深部盲矿预测的构造叠加晕模式图上标出三个不同截面（地表预测盲矿、上部已知矿中部截面预测矿体延伸大小、尾部预测截面预测深部盲矿）都加入了盲矿预测指标（前缘晕元素、近矿晕元素和尾晕元素外带、中带、内带异常指标）。尾部预测截面的指标指示深部为有利成矿空间有盲矿。

4.13.1　典型矿床深部盲矿预测的构造叠加晕模型

（1）文字及表格

①矿床的最佳指示元素、特征指示元素、前缘晕指示元素、近矿晕指示元素和尾晕指

示元素；②预测盲矿标志；③模式图下附表，说明指示元素的外带、中带、内带浓度分带标准。

（2）典型矿床深部盲矿预测的构造叠加晕模式图

可用剖面图、垂直纵投影图或三维立体图展示是对该矿床的构造叠加晕特征高度概括与展示。图上展示预测矿床深部盲矿标志。

（3）矿床构造叠加晕模式图内容

1）剖面模式图中要展示各矿体形态及其在构造中赋存部位（如逆断层由陡变缓部位、缓倾斜部位为赋矿部位）。

2）图中上部已知矿体有两个矿体晕（①、②）部分叠加，已知矿体深部有待预测的盲矿体③，展示每个矿体自己的前缘晕、近矿晕和尾晕及其分布范围和叠加部位。

3）突出展示在已知矿体深部截面为预测盲矿截面，截面上若有近矿元素晕及前尾晕元素叠加共存则指示深部有盲矿。

4）地表截面若有前缘晕、近矿晕元素异常，为预测地表构造深部有盲矿标志。

5）已知矿体中间截面为近矿晕及前尾晕共存，为判断矿体向深部延伸较长叠加晕标志。

6）根据具体某矿床模式图，其图下需附有近矿晕、前缘晕、尾晕指示元素及其浓度分带表。

4.13.2 典型矿床深部盲矿预测的构造叠加晕实用模型

剖面图、垂直纵投影图或三维立体图是典型矿床深部盲矿预测的构造叠加晕特征及预测有利成矿空间有矿指标的综合展示。

1）典型矿床深部盲矿预测的构造叠加晕实用模型（图4.10）是在典型矿床深部盲矿预测的构造叠加晕模式图内容基础上，具体展示了已知矿体深部盲矿预测、地表预测盲矿和预测矿体延伸大小（已知矿体中部）的构造叠加晕前缘晕、近矿晕和尾晕特征指示元素的外带、中带、内带浓度指标。

2）展示构造叠加晕预测盲矿的两个环节：首先确定深部有利成矿空间，然后用模型标志确定有利成矿空间是否有矿，若有矿则将有利成矿空间变为预测靶位。

示例：图4.10展示的河南秦岭60号脉石英脉型金矿床构造叠加晕模式图和矿床深部盲矿预测的构造叠加晕实用模型

4.14 矿区深部及外围构造叠加晕预测靶位定位方法

4.14.1 矿床深部预测步骤

1）确定热液来源方向为找矿方向，热液来源方向可根据矿体有无侧伏方向和构造叠加晕中前尾晕分布确定。

2）在热液来源方向确定后，根据成矿规律、控矿因素，特别是根据上部已知矿体在构造空间上分布的侧伏规律、等距性、无矿间隔、叠瓦式分布以及断裂构造产状陡缓等，确定深部有利成矿空间，但有利成矿空间不一定都有矿。

3）研究建立本矿床深部盲矿预测的构造叠加晕实用模型，根据已建模型和标志确定有利成矿空间是否有盲矿体存在。根据有利成矿空间轴向上方坑道或钻孔的构造叠加晕特点对照模型和盲矿预测标志确定有利成矿空间是否有盲矿体存在，若确定有盲矿体存在，则将有利成矿空间变成盲矿预测靶位，否则，去掉有利成矿空间。

根据预测指标符合程度来确定预测靶位的准确性。若已知矿尾部深坑道构造叠加晕特点只有部分异常（<50%）符合模式和盲矿预测标志，则将有利成矿空间预测为有利成矿部位。如 Au 呈外带异常，前缘晕指示元素 As、Sb、Hg、Ba、F 中只有一个或两个出现外带、中带异常，则预测准确性相应降低，预测为有利成矿部位。若有利成矿空间上方无工程或无法取到样品时，根据成矿特点认为其有利成矿，也可预测为有利成矿部位。

4）预测靶位的定位。长度与异常长度呈正比，前缘晕、近矿晕及尾晕在垂直纵投影图上长度是预测靶位的长度。

预测盲矿体头部深度与 Au 含量及前缘晕异常浓度有关，与控矿构造性质、围岩性质及矿体在构造带中赋存规律如等距性、无矿间隔、侧伏规律等有关。经验总结：若 Au 含量达 0.5~1 g/t，则盲矿头部深度可达 10~50 m。若 Au 含量在 0.2 g/t 时，且前缘晕元素为外带、中带异常，则盲矿头部深度>100 m。当 Au 为外带异常或无异常时，若前缘晕元素 Hg 或 As 出现外带、中带异常，则指示盲矿很深可能在 200 m 之下。关于预测靶位中盲矿延伸位置，一般根据上部已知矿体的延伸，还要注意矿体规模向深部变化规律。

4.14.2 预测靶位的定位与金属量预测

(1) 预测靶位延长定位

根据构造叠加晕延长确定预测靶位延长程度。向深预测靶位延深时，矿体一般延深大于延长，参照已知矿体延长与延伸比例，以构造叠加晕延长为依据，估算出其向深部延伸大小。

(2) 预测盲矿体品位、厚度

根据已知矿体平均品位、厚度及其随深度变化，可以初步预测盲矿体的品位、厚度，体重据矿山已有资料确定。

(3) 预测靶位内 Au 金属资源量

根据垂直纵投影图上靶位大小估算预测靶位内 Au 金属资源量：

Au 金属资源量 = 靶位长（m）×延伸（m）÷cosα（矿体倾角）×厚度（m）×体重（t/m^3）×品位（g/t）×80%（可靠系数）。

第5章　勘查（新）区构造叠加晕研究-建模-预测理论与方法

针对勘查（新）区无已知矿体模型建立的情况，本章从立项设计到野外工作和室内综合研究全过程介绍勘查（新）区寻找热液型矿床的构造叠加晕研究-建模-预测的理论与方法。

勘查（新）区包括矿权主所属的普查、详查找矿区，即正在开展找矿评价的工作区，地质工作程度较低，一般只有小比例尺地质图，地表有1∶50000或1∶200000化探异常，并发现了各种构造蚀变带、矿化体露头（或探槽揭露）或地表矿化体已用少量钻孔或平硐控制，面积从 $n \sim n \times 10\ km^2$ 不等。

矿权主在所属的勘查（新）区深部探矿，急需解决的问题是构造蚀变带内所见矿化体露头向深部有无延伸，地表未见矿化的构造蚀变带深部是否有盲矿，若地表矿体经深部少量钻孔控制不见矿则深部是否还有盲矿，以及若钻孔深部见矿体是否向深部有延伸等。要解决上述问题，进行准确预测，必须引进新理论，采用新方法。

实践证明，用构造叠加晕方法可有效解决勘查（新）区上述问题。采用构造叠加晕法对区内构造带进行含矿性评价并排序，对构造带内发现的矿化体进行深部含矿性评价和相对预测，提出预测有利成矿部位或靶位，为深部探矿提供依据，实现找矿突破。

5.1　勘查（新）区构造叠加晕研究-建模-预测的依据

5.1.1　勘查（新）区寻找热液矿床采用构造叠加晕的可行性

热液矿床严格受构造控制，构造是成矿热液活动的导矿、容矿空间。当构造带中有热液活动形成矿体时，必然形成比矿体大的成矿及伴生元素晕（内因），若构造带内有盲矿体，每个矿体都有自己的前缘晕、近矿晕和尾晕。构造叠加晕法通过对构造带系统采集热液成矿活动形成的蚀变-矿化样品并进行地球化学多元素分析，可有效地发现构造带内成矿成晕元素叠加的直接信息。若构造中发现成矿元素（如金、铜、银、铅锌）和前缘晕元素异常，则指示深部有矿，勘查新区虽无已知矿体建模，采用构造叠加晕研究预测，仍可取得好的效果。

5.1.2　勘查（新）区寻找热液矿床的构造叠加晕研究-建模-预测的依据

研究建立本矿床构造叠加晕模型（包括模式和盲矿预测标志），用本矿床模型对深部及外围预测最准确、效果最好。笔者及所在团队在研究建立 100 多个典型矿床深部预测的构造叠加晕模型和用模型预测靶位经矿山验证取得显著效果的基础上，总结出了热液型金及有色金属矿床-体的前缘晕、近矿晕及尾晕特征指示元素共性特征及预测盲矿的共性标志（李惠，2020，2015，2013），建立了热液金及有色金属矿床深部盲矿预测的构造叠加晕“共性实用理想模型”（见第 3 章；李惠，2020），不仅为在矿区采用构造叠加晕研究、建模及深部预测提供了重要依据，而且也是无已知矿床建模的勘查（新）区寻找热液矿床的构造叠加晕研究-建模-预测的依据。

参照已建矿床深部盲矿预测的构造叠加晕模型和热液型金及有色金属矿床深部盲矿预测的构造叠加晕“实用理想模型”，结合勘查（新）区特点，建立勘查（新）区寻找热液型矿床深部盲矿预测的构造叠加晕“参照实用理想模型”。通过对勘查（新）区参考特征指示元素研究和各元素浓度分带的确定，将勘查（新）区的“参照实用理想模型”转化为某勘查（新）区深部预测热液型矿床的构造叠加晕“参考实用模型”，据此可对该勘查（新）区构造叠加晕进行评价和深部含矿性“相对”预测。

5.2　勘查（新）区构造叠加晕研究-建模-预测的指导理论与应用

在勘查（新）区寻找热液金及有色金属矿床，研究建立某典型矿床深部盲矿预测的构造叠加晕模型及预测过程中，必须以“原生晕轴向分带理论”“原生叠加晕理论”和“构造叠加晕理论”3 个核心理论为依据才能取得较好找矿效果。

（1）热液矿床原生晕轴向分带理论

在勘查（新）区要寻找的热液矿床的原生晕也必有轴向分带，即每次成矿形成的每个矿体都有自己的前缘晕、近矿晕和尾晕，晕比矿体范围大，其中前缘晕指示元素异常，在矿体前缘可达几百米，是预测盲矿的重要依据。热液矿床的共性前缘晕（F、I、As、Sb、Hg、B）、近矿晕（Au、Ag、Cu、Pb、Zn、Cd）和尾晕（Bi、Mo、Mn、Co、Ni）指示元素组合是勘查（新）区选择参考指示元素和预测盲矿的重要参考依据。

（2）原生叠加晕理论

要寻找的热液矿床成矿成晕具有多期多阶段叠加特点，不同期次形成矿体晕在空间上有同位或部分同位叠加或单次成矿作用形成的多个相近矿体或串珠状上、下矿体前尾晕可叠加共存，前尾晕共存是预测盲矿的重要标志。在勘查（新）区，当地表构造叠加晕出现前尾晕共存，反映了上部已剥蚀矿体只残留尾晕，并有深部盲矿体前缘晕叠加，指示深部有盲矿存在；当地表矿体深部钻孔不见矿时，而钻孔出现前尾晕叠加共存，反映了深部盲矿前缘晕叠加，指示钻孔深部还有盲矿存在；当坑道盲矿构造叠加晕出现前尾晕共存，指示坑道上部、下部都有盲矿存在。

（3）构造叠加晕理论

要寻找的热液矿床严格受构造控制，在构造内有矿就有叠加晕，只研究构造带内叠加晕即可反映矿体晕轴向分带和叠加结构及各种成矿信息。

5.3 勘查（新）区构造叠加晕研究及预测5项关键技术

1）构造叠加晕特殊的采样技术即是否取得可靠的样品。

2）在勘查（新）区选择特征前缘晕、近矿晕、尾晕参考指示元素的准确性，即根据寻找矿种已有研究成果及有色金属矿床指示元素的共性选择的特征前缘晕、近矿晕、尾晕参考指示元素的准确程度。

3）勘查（新）区，确定各指示元素外带、中带、内带浓度分带最佳参考标准。根据本勘查区各元素背景及目前只控制矿化体晕局部（没有控制已知矿体晕全部）的各元素含量区间，确定前缘晕、尾晕元素外带、中带、内带参考浓度分带标准是否最佳。因为各种构造叠加晕图是以各指示元素外带、中带、内带3个浓度带作图展示的，若对前缘晕、尾晕元素确定的参考分带标准不好，在构造叠加晕图上可能会出现都是内带或外带的现象，难以识别出前尾晕。

4）勘查（新）区，确定构造叠加晕预测盲矿的参考标志准确性。即根据寻找的矿种已有研究成果及金和有色金属矿床“实用理想模型”中预测盲矿的共性标志，确定勘查新区预测盲矿的近矿晕、前缘晕、尾晕参考标志是否准确。如找金矿，构造叠加晕预测盲矿的共性标志是：在有成矿元素Au出现外带、中带异常条件下，Hg、As、Sb等前缘晕出现外带、中带异常，尾晕元素无或少量外带异常，指示深部有金盲矿，若再有Pb、Zn异常叠加，则指示有第Ⅲ阶段多金属硫化物叠加，指示盲矿体金品位可能较高。

5）对勘查（新）区深部盲矿靶位确定及定位。

5.4 勘查（新）区预测盲矿的构造叠加晕3条标志

构造叠加晕预测矿床深部有盲矿的6条共性标志，不仅明确了前缘晕、近矿晕和尾晕特征指示元素组合标志，而且提出了其浓度（外带、中带、内带）标志（李惠等，2011，2014，2015，2016），6条共性标志中有3条适用于勘查（新）区预测盲矿：

1）地表构造叠加晕在成矿元素有外带、中带异常的条件下，前缘晕元素为外带、中带异常，尾晕元素无或弱异常，指示深部有盲矿。

2）地表构造叠加晕在成矿元素有外带、中带异常的条件下，前尾晕元素为外带、中带异常叠加共存，指示上部矿体已剥蚀，深部还有盲矿。

3）前缘晕元素浓度增强趋势准则：当有两个以上标高控制构造蚀变带时，如地表→钻孔或坑道，从上到下，成矿元素呈外带→中带异常，前缘晕元素强度由中外带向中内带，近矿晕和前缘晕均有增强趋势，指示深部有盲矿。

5.5 勘查（新）区构造叠加晕研究-建模-预测设计内容

1）项目概述：①目标任务为采用构造叠加晕方法对本区构造的含矿性（相对）评价，并据含矿性从好至差排序，对在构造带内发现的矿化体进行深部含矿性评价和深部相对预测，提出预测有利成矿部位或靶位，并预测金属资源量，为深部探矿提供依据，实现找矿的突破；②确定矿区内具体研究预测范围、哪些构造蚀变带等；③主要研究内容；④分析指示元素及分析方法；⑤设计实物工作量（样品数及加工分析量）；⑥工作时间；⑦预期提交成果；⑧论述在该矿区应用构造叠加晕找盲矿新方法研究预测可行性。

2）构造叠加晕在勘查（新）区预测盲矿的理论方法及勘查（新）区寻找热液型矿床深部盲矿预测的构造叠加晕“参照实用理想模型”简介。

3）矿床地质特征简述。

4）典型矿区具体研究方案：①主要研究内容；②附设计图：构造叠加晕采样设计平面图、剖面图等；③设计实物工作量：分析元素及分析方法；④工作时间及阶段安排；⑤提交成果；⑥经费预算。

5）组织管理系统。

6）参加人员及分工。

5.6 勘查（新）区构造叠加晕研究-预测内容

勘查（新）区构造叠加晕研究-预测工作主要包括以下几个部分：

1）勘查（新）区已有地质地球化学资料收集与研究（包括区域地质与矿区地质资料）。

2）确定勘查（新）区寻找矿种。

3）确定勘查（新）区寻找矿种的“参考”特征指示元素。

4）勘查（新）区地球化学背景值研究。

5）勘查（新）区矿化体元素组合及其相关关系研究。

6）确定勘查（新）区特征指示元素外带、中带、内带浓度分带“参考”标准。

7）确定勘查（新）区特征指示元素，对不同构造带叠加晕特征展开研究。

8）建立勘查（新）区深部预测的构造叠加晕“参考实用模型”。

9）用“参考实用模型”对勘查（新）区所有构造蚀变矿化带进行评价和深部相对预测，提出有利成矿空间、有利成矿部位或预测靶位（预测金属资源量）。

5.7 勘查（新）区寻找矿种的确定依据

勘查（新）区寻找矿种的确定依据主要有：

1）根据区域成矿带已发现矿床确定，如为金矿带，可确定以找金为主。

2）根据区内已有矿化确定，如有金矿化，可确定以找金为主；如有铜矿化，可确定以找铜为主。

3）根据区内已有化探异常确定，如以 Au 为主、伴有 Ag、As、Hg 等异常，可确定以找金为主；如以 Cu 为主、伴有 Ag、As、Hg 等异常，可确定以找 Cu 为主。

5.8 勘查（新）区构造叠加晕研究-预测流程

勘查（新）区构造叠加晕研究预测流程如图 5.1 所示。

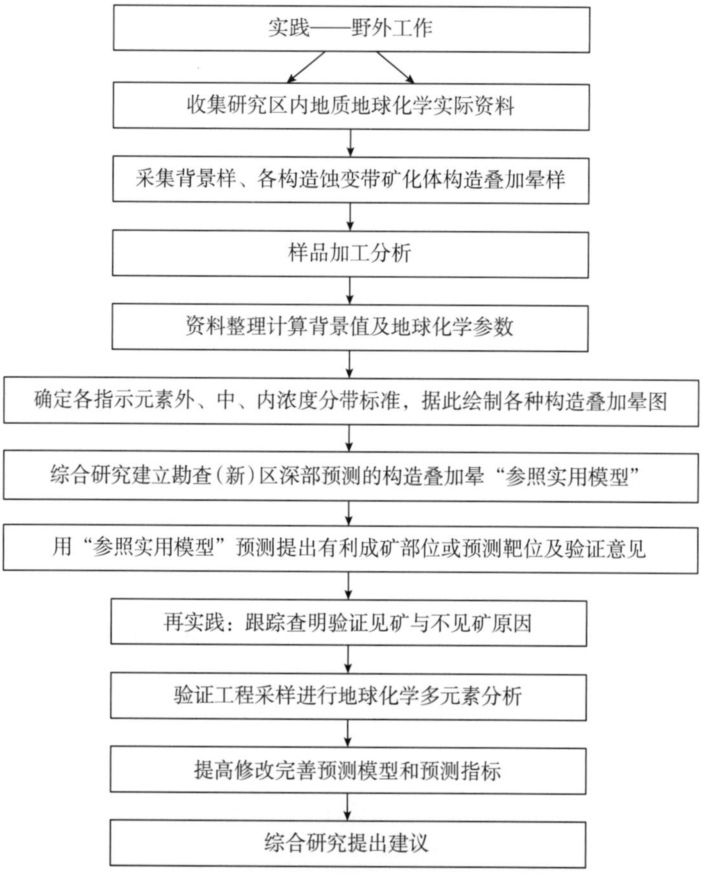

图 5.1　勘查（新）区构造叠加晕研究预测流程图

5.9 勘查（新）区特征指示元素的选择

1）根据勘查（新）区寻找矿种确定：参照不同矿种矿床的矿物组合和元素组合确定特征指示元素。

2）参考已建不同矿种的典型矿床构造叠加晕模型的特征指示元素。

3）参考不同矿种及不同类型矿床原生晕轴向分带序列特征（附录A）。

4）参考“实用理想模型”中热液型矿床-体的前缘晕、近矿晕和尾晕共性特征指示元素组合。

前缘晕特征指示元素：I、F、Hg、As、Sb、(Li、Sc：钨-锡矿特有)、B、Ba;

近矿晕特征指示元素：Au、Ag、Cu、Pb、Zn、Cd、Sb（锑矿特有）、W-Sn（钨-锡矿特有）;

尾晕特征指示元素：Bi、Mo、Mn、Co、Ni、V、Ti、W、Sn。

以上共性特征指示元素组合为勘查（新）区构造叠加晕研究-预测选择参考特征指示元素提供了依据，在不同勘查（新）区寻找的矿种不同，选择的参考指示元素有区别。如确定寻找矿种为金，根据上述4条已有研究成果可得出：Au为主成矿元素，伴生元素有Ag、Cu、Pb、Zn、Cd、Sb 、B、Ba、Bi、Mo、Mn、Co、Ni、V、Ti、W、Sn等。可初步确定前缘晕特征指示元素为：Hg、As、Sb、B、Ba；近矿晕特征指示元素为：Au、Ag、Cu、Pb、Zn；尾晕特征指示元素为：Bi、Mo、Mn、Co、Ni、V、Ti、W、Sn。

5.10 野外工作

(1) 收集分析已有地质资料

收集研究勘查（新）区所处区域地质和已有地质地球化学资料。首先分析成矿可能性，如有区域化探异常一定要仔细研究，据化探异常元素组合、强度及异常规模可确定寻找的矿种及矿床类型。其次，根据热液矿床前尾晕共性特征元素的分布，初步评价哪些化探异常深部可能有隐伏盲矿。如果寻找斑岩型（铜、钼）矿床，注意研究异常水平分带，与斑岩矿床地球化学异常分带模型对比，识别是否有形成斑岩矿床的可能。

(2) 踏勘勘查（新）区

对勘查（新）区地表（坑道、钻孔）开展全区踏勘，全面了解研究区地层、构造、岩浆岩、矿化蚀变特点、矿化体的矿物组合、控矿因素等。

(3) 样品采集

包括：①地球化学背景研究采样。采集该区未受蚀变影响新鲜地层、岩浆岩等有代表性岩石样品，总样品数≥30件，分析已确定的元素，以其几何平均值作为本区各元素背景值，作为各元素外带、中带、内带浓度分带依据，也为成矿物质来源分析提供信息。②不同构造蚀变带或矿化体叠加晕采样。系统对勘查（新）区地表、坑道、钻孔内所有构造蚀变带沿构造带展布采集样品。根据热液矿床严格受构造控制而叠加成矿成晕特点，在详细观察研究区构造、蚀变、矿化特征基础上，在构造带中寻找有成矿热液蚀变叠加样品。点距一般在 5~10 m，出露不好部位可考虑按 20~30 m 挖点槽。当构造带宽度>2 m 时，垂直构造带每 2~5 m 采一个样品，样品重 300~500 g，做好记录。

（4）样品测试与分析

将采集的样品送化验室进行测试与分析，确定不同指示元素采用不同方法定量分析（参照第 4 章）。

5.11 资料整理综合研究

1）勘查（新）区地球化学背景计算及研究（同第 4 章）。

2）不同矿化体元素组合及其相关关系：计算区内矿化体或成矿元素（如 Au）异常内带的样品的几何均值及相关矩阵。计算各元素衬值（几何平均值/背景值），以各元素衬值>2 为标准确定不同矿化体元素组合，计算元素的相关矩阵确定元素相关关系。

3）不同构造带构造叠加晕研究：①确定本区特征前缘晕、近矿晕、尾晕参考指示元素，根据特征指示元素的背景及目前揭露矿化含量区间，确定其外带、中带、内带浓度分带的参考标准，确定预测盲矿的前尾晕元素的外带、中带、内带标准（也是参考标准）是否最佳。②绘制各构造蚀变带构造叠加晕单一元素及前缘晕、近矿晕和尾晕元素组合的平面图，若有两个标高工程控制可作垂直纵投影图、剖面图或图表（附录 B）。③圈定构造叠加晕综合异常，根据主成矿元素、近矿晕、前缘晕及尾晕参照指示元素外带、中带、内带异常组合、强度划分构造叠加晕综合异常单元，对异常编号。

4）建立勘查（新）区构造叠加晕寻找热液型矿床预测的“参照实用模型”。

5）用“参照实用模型”进行预测。

5.12 勘查（新）区构造叠加晕寻找热液型矿床预测的“参照实用理想模型”

勘查（新）区无已知矿体模型建立，参照已建不同类型矿床构造叠加晕模型及总结建立的热液型金及有色金属矿床深部盲矿预测的构造叠加晕“实用理想模型”，建立勘查（新）区寻找热液型矿床深部盲矿预测的构造叠加晕“参照实用理想模型”（图 5.1、图 5.2），为建立评价-预测勘查（新）区的构造叠加晕“参照实用模型”提供重要参考。

（1）“参照实用理想模型”特点

1）展示了构造、矿体、叠加晕在平面图、剖面图及垂直纵投影图的三维形态（李惠等，2020）。

2）平面图可视为地表构造带向深部预测，也可视为坑道或钻孔发现的盲脉构造蚀变带，当其上、下 300 m 内无工程控制，则向上、向下预测。

3）展示了不同条件（构造带地表有矿地表无矿、地表及钻孔都有矿、地表有矿而钻孔无矿等）即 A、B、C、D、E、F、G、H、I 九种情况下（图 5.2、图 5.3）预测深部可能有盲矿的构造叠加晕具体参照指标，即前缘晕、近矿晕及尾晕组合及外带、中带、内带具体浓度指标。

4）“参照实用理想模型”立体图下方附有勘查（新）区共性参考特征指示元素组合及深部预测各元素外、中、内浓度符号图例。前缘晕指示元素：I、F、Hg、As、Sb、Li、Sc（钨-锡矿特有）、B、Ba；近矿晕指示元素：Au、Ag、Cu、Pb、Zn、Cd、Sb（锑矿特有）、W-Sn（钨-锡矿特有）；尾晕指示元素：Bi、Mo、Mn、Co、Ni、V、Ti、W、Sn。

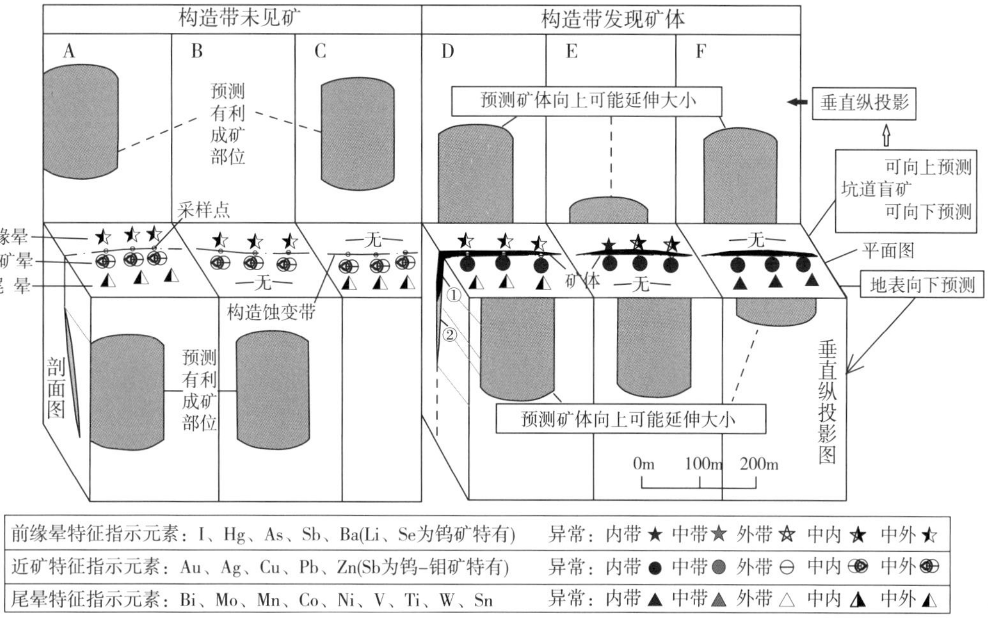

图 5.2　勘查（新）区构造带（无钻孔，A、B、C 为未见矿，D、E、F 为见矿）寻找热液型矿构造叠加晕预测的“参照实用理想模型”立体图

（据李惠，2022）

（2）勘查（新）区九种不同情况下构造叠加晕的具体参考预测盲矿指标

勘查（新）区地表的“高、大、全”异常指示深部有矿概率虽大，但不一定都有矿，地表的“弱”异常深部也可能有大矿，地表矿体露头向深部不一定有延伸，地表无矿体的构造带其深部可能有盲矿。根据作者对 100 多个矿床构造叠加晕预测盲矿的特征指示元素组合及其外带、中带、内带浓度的共性，确定下面不同情况深部可能有矿的参照评价预测指标。

地表无矿化（A、B、C）构造叠加晕预测盲矿参照指标（图 5.2 左）；地表构造内有矿体预测延伸大小的（D、E、F）构造叠加晕参照预测指标（图 5.2 右）；据地表-钻孔变化预测钻孔深部盲矿（G、H、I）构造叠加晕参照预测指标（图 5.3）。

1）地表或坑道构造中无矿化的 A、B、C 三类构造叠加晕参照预测指标：如果是对地表含矿构造带预测，A、B、C 则是预测深部有盲矿的构造叠加晕参照指标；如果是坑道发现盲脉，且上、下 300 m 内无工程控制，A、B、C 则是向上、向下预测的构造叠加晕参照指标（图 5.2 左）。

A 指标：在近矿晕元素有外带、中带条件下，前尾晕外带、中带共存。如找金：近矿晕参考特征指示元素（Au、Ag、Cu、Pb、Zn）有外带、中带条件下，前缘晕参考特征指示元素（Hg、As、Sb、B、Ba）有外带、中带异常，尾晕参考指示元素（Bi、Mo、Mn、Co、Ni、V、Ti、W 、Sn）有外带、中带异常，若为地表构造带，则指示深部可能有盲矿，上部矿体已剥蚀；若为坑道盲脉构造带，指示构造带上、下都可能有盲矿（图 5.2A）。

B 指标：在近矿晕元素有外带、中带条件下，前缘晕外带、中带异常，尾晕无或少量外带，指示地表构造带或盲脉下方可能有盲矿存在（图 5.2B）。

C 指标：在近矿晕元素有外带、中带条件下，尾晕外带、中带异常，前缘晕无或少量外带，若为盲脉构造带，指示构造带上方可能有盲矿；若为地表构造带，则指示上部矿体已剥蚀，深部无矿（图 5.2C）。

2）地表或坑道有矿体，预测向上、向下延伸大小的 D、E、F 三类构造叠加晕预测参照指标（图 5.2 右）。

D 指标：在近矿晕有内带条件下，前尾晕中带、内带共存：若为地表构造带，则指示向深部可能有延伸，上部矿体已剥蚀；若为坑道盲矿脉矿体，指示构造带向上、向下都可能延伸较大（图 5.2D）。

E 指标：在近矿晕有内带条件下，前缘晕呈中带、内带异常，尾晕无或少量外带，指示构造带矿体向下延伸很大（图 5.2E）。

F 指标：在近矿晕有内带条件下，尾晕呈内带异常，前缘晕无或少量外带，若为地表构造带，则指示矿体上部已剥蚀，深部矿延伸很小；若为坑道盲矿脉，指示矿体向上方可能有较大延伸（图 5.2F）。

3）据地表及钻孔变化预测钻孔深部盲矿 G、H、I 三类构造叠加晕评价预测指标（图 5.3）：从地表至钻孔，钻孔中在有近矿晕外带、中带异常条件下，前缘晕有增强趋势，指示钻孔深部存在盲矿。

G 指标：地表构造无矿，钻孔未见矿，预测钻孔深部有盲矿指标（图 5.3G）。

地表有前缘晕中带，近矿晕中带，无尾晕，指示深部可能有矿，但钻孔探矿未见矿，从地表至钻孔，前缘晕从中带异常升为中带、内带异常，近矿晕中带异常变为中带、内带异常增强，是逼近矿体的标志，指示深部有盲矿，可提出预测靶位。

H 指标：地表有矿，钻孔不见矿，地表至钻孔前缘晕增强，指示钻孔深部有盲矿指标（图 5.3H）。

地表前缘晕呈外带、中带异常，近矿晕呈内带异常，尾晕呈中带、内带异常，前缘晕外带、中带与尾晕中带、内带共存，指示深部可能有矿，但钻孔未见矿。从地表至钻孔前缘晕从外带、中带异常转为中带、内带异常，指示有深部的盲矿的前缘晕叠加，指示钻孔深部有盲矿存在，可提出预测靶位。

I 指标：地表有矿，钻孔见矿。从地表至钻孔，近矿晕为内带，前缘晕从中带、内带异常转为内带异常增强，反映深部有另一次成矿矿体的前缘晕叠加，指示矿体延伸还很大（李永才等，2015；马久菊等，2014，2015；李惠等，2004，2008）（图 5.3I）。

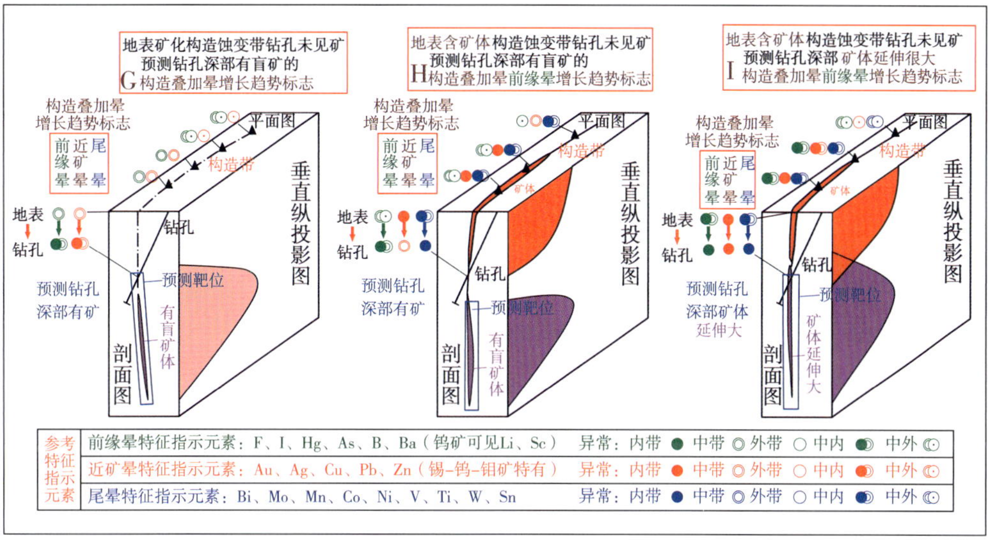

图 5.3 勘查（新）区（有钻孔）构造叠加晕预测的“参照实用理想模型”立体图

（据李惠，2020）

5.13 勘查（新）区构造叠加晕预测的“参照实用模型”的建立及示例

在某勘查（新）区采用构造叠加晕研究预测，须根据勘查（新）区构造叠加晕预测盲矿的“参照实用理想模型”，建立某勘查（新）区构造叠加晕预测的“参照实用模型”，作为该区构造叠加晕预测盲矿的依据。

（1）建立勘查（新）区构造叠加晕预测的“参照实用模型”

以勘查（新）区构造叠加晕预测的“参照实用理想模型”（图 5.3）为基础，只需将模型具体化，即换成某勘查（新）区构造叠加特征指示元素组合及其外带、中带、内带浓度分带标准，即变成了某勘查（新）区“参照实用模型”（图 5.4）。

（2）“参照实用模型”建立方法

①根据某勘查（新）区寻找的矿种确定本勘查区具体前缘、近矿及尾晕参考指示元素；②采集勘查（新）区背景样品及沿各构造蚀变带采集构造叠加晕样品，分析参考指示元素；③根据背景和各参考元素含量区间确定元素外带、中带、内带浓度分带标准表，将勘查（新）区构造叠加晕预测的“参照实用理想模型“下方表格换成某勘查（新）区前缘、近矿及尾晕参考指示元素及分带标准，即成为某勘查（新）区构造叠加晕预测的“参照实用模型”。据此，可对某勘查（新）区构造蚀变带展开评价预测。

（3）示例

作者团队李永才、王俊等于 2018 年对内蒙古某勘查（新）区采用构造叠加晕法进行

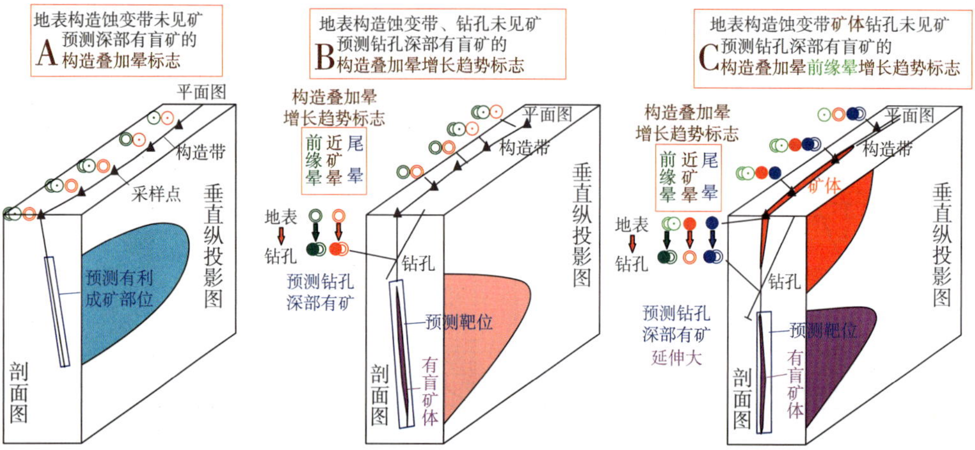

	前缘晕							近矿晕						尾晕				
		主	次						主	次		再次						
元素		As	Sb	Hg	F	B	Ba		Au	Ag	Cu	Pb	Zn		Bi	Mo	Mn	Co
外带≥	⊙	6	1	10	1000	10	700	⊙	0.05	0.5	10	30	60	⊙	0.2	10	500	8
中带≥	◎	12	2	20	2000	20	1400	◎	0.1	1	15	60	90	◎	0.4	20	1000	16
内带≥	●	24	4	30	3000	30	2800	●	0.5	2	20	90	120	●	0.8	40	1500	32
	●◎ 中内带 ◎⊙ 中外带							●◎ 中内带 ◎⊙ 中外带						●◎ 中内带 ◎⊙ 中外带				

注：Hg含量单位为10^{-9}，其他元素含量单位为10^{-6}。

图 5.4　内蒙古某勘查（新）区构造叠加晕预测的“参照实用模型”立体图
（据李惠，2020）

了研究预测。该勘查区主要找金银矿，地表有十多条含金构造蚀变带（长 200~300 m），有的构造带地表无矿，有的构造带地表有矿但钻孔未见矿，有的构造地表有矿、钻孔也见矿，为预测地表和钻孔深部是否有盲矿，根据“参照实用理想模型”（图 5.2、图 5.3）建立了本勘查区地表构造叠加晕预测的“参照实用模型”（图 5.4），即将其下方特征指示元素表换成了该区参考特征指示元素浓度分带表。其方法是参照本区找金银矿床的元素组合共性特征指示元素，确定了本区参考特征指示元素，即前缘晕为 Hg、As、Sb、F、B、Ba，近矿晕为 Au、Ag、Cu、Pb、Zn，尾晕为 Bi、Mo、Mn、Co，根据本区各元素背景值及构造叠加晕含量范围确定了各元素外带、中带、内带异常标准。

据各元素外带、中带、内带标准绘制本区各构造蚀变带前缘晕、近矿晕、尾晕参考特征指示元素的构造叠加晕综合平面图。根据异常分布、组合在构造蚀变带内圈定了构造叠加晕综合异常，用本区参照实用模型（图 5.4）对各异常进行了评价和预测，提出了有利成矿部位，缩小了找矿范围，为进一步勘查提供了依据。

5.14　勘查（新）区构造叠加晕预测

以热液金及有色金属矿床构造叠加晕共性“实用理想模型”和勘查（新）区构造叠

加晕预测的“参照实用理想模型”为依据，结合某勘查（新）区寻找矿种和取得的构造叠加晕资料，建立某勘查（新）区的“参照实用模型”，用该区的“参照实用模型”对该区构造蚀变矿化带进行评价和相对预测，提出哪条构造深部可能有矿，并对所有构造深部含矿性进行排序，对含矿构造蚀变深部展开相对预测，提出有利成矿部位或靶位，预测金属资源量。

1）用该区的“参照实用模型”对该区进行评价预测，虽然其预测的准确性低于用本矿床模型对本矿床深部预测，但可有效识别构造蚀变带是否有成矿热液活动，筛选出深部可能有盲矿的构造蚀变带，提出深部可能有盲矿的有利成矿部位，缩小找矿范围。

2）当区内构造蚀变带有地表及钻孔（或坑道）两个以上标高控制时，即G、H、I标志（图5.3），即从上至下前缘晕指示元素含量若有增长趋势，则可较准确预测深部盲矿存在，可将预测的有利成矿部位升格为见矿可能性相对高的预测靶位。

3）由于勘查（新）区各指示元素含量区间尚未显露，其浓度分带也是参考标准，预测盲矿的前尾晕元素的外带、中带、内带标准也是参考标准，据此预测构造的含矿性排序和有利成矿部位排序是相对好与差。建议根据有利成矿部位排序相对好的优先验证，根据见矿情况总结再验证其他。

例如找金矿，几乎所有金矿的前缘晕指示元素都有As，其含量在矿体前缘比尾部相对高，但不同矿床As含量相差悬殊。如甲金矿床-体As在前缘最高为120×10^{-6}（单位下同）、尾部为50，乙金矿床-体As在前缘最高只有50、尾部为20。无已知矿建模的某勘查（新）区，Au若出现0.1异常，若As最高出现50异常，由于矿体头、尾As含量区间并未显露，按乙矿标准为矿体前缘（深部有盲矿），按甲矿标准为尾部含量（深部无盲矿），虽难以确定其深部是否有盲矿，但有As异常部位反映了有热液活动信息，深部可能有矿，无As异常则无矿。据此对区内异常评价排序，建议用钻孔验证As的50异常，若见矿则证明其是盲矿前缘晕即与乙矿相近，则可确定区内其余As达50异常深部有盲矿的概率很大，建议全面验证；若不见矿则与甲矿相近，其余As达50异常深部都无矿，停止验证。

4）在矿区外围地表或坑道发现盲脉可据“参照实用理想模型”研究建模预测，在老矿山上部坑道已充填无法采样、只在矿床深部1～2个中段或钻孔采到构造叠加晕样品，难以建模时也可参照勘查（新）区构造叠加晕预测的“参照实用理想模型”进行研究建模预测，同样可取得好的找矿预测效果。

第6章　成矿区带构造叠加晕研究-预测理论与方法

成矿区带或成矿集中区的特点是：面积大（$n\times100\sim1000\ km^2$），区内已发现多个不同规模矿床矿点，工作程度高，可研究建立典型矿床深部盲矿预测的构造叠加晕模型。据此，不仅可对本矿床展开深部预测，还可作为区带成矿远景预测、对各条构造带评价和对矿化点或构造带局部叠加晕展开深部预测。

本章以“成矿区带构造叠加晕研究预测方法示范”（全国危机矿山项目，编码：200799091）以乳山金矿带为例（禹斌等，2011），从立项设计到野外工作和室内综合研究全过程详细介绍成矿区带构造叠加晕研究预测的理论与方法。

6.1　成矿区带构造叠加晕研究-预测目的任务

在成矿区带内采用构造叠加晕研究-预测目的是在区带内进一步发现新矿床，或在已知矿床矿点深部展开找矿预测，指导深部探矿增储，为区内老矿山或危机矿山寻找接续资源，实现成矿区带找矿的新突破。

在成矿区带内采用构造叠加晕预测可分为三级预测：一级预测是根据成矿区带面上构造叠加晕分布特点，将区带内划分若干个成矿远景区；二级预测是对区内不同方向主要构造带进行含矿性评价排序；三级预测是对矿床、矿化点及构造带局部叠加晕开展深部盲矿预测，提出预测靶位，并预测金属资源量。

6.2　成矿区带构造叠加晕研究-预测适用范围

①矿区带或成矿集中区面积大（$n\times100\sim1000\ km^2$）；②区内已发现多个不同规模矿床矿点；③寻找热液矿床或热卤水参与强改造变质矿床；④矿种：金、有色金属及稀有矿床；⑤区带内基岩及构造露头（或揭露）面积>50%。

6.3　成矿区带构造叠加晕研究-预测立项前期准备

（1）资料收集

资料收集主要包括：①收集研究区带内已有地、物、化资料，全面了解成矿区带地层、构造、岩浆岩及其与成矿关系、成矿规律、控矿因素，构造体系、主要控矿构造特点、已发现矿种矿床成因及矿化类型、规模以及矿床点分布规律等；②收集区带内主要典型矿床最近勘查及储量核实报告、科研报告、地物化报告等。应掌握区带和矿床地质特征，包括研究区地层、构造、岩浆岩及其与成矿关系、各矿床的规模、矿体特征、品位、厚度、围岩蚀变特征、矿物成分组合、结构构造、成矿阶段、矿床储量、成矿规律、控矿因素、找矿标志等；③全面了解区带内各条构造带、矿床矿点深部已控制延伸大小及深部还有无找矿空间；④了解区带内地表构造露头或工程揭露构造及深部控制情况，能否满足在区带内构造叠加晕研究预测及典型矿床建模采样要求；⑤收集区内典型矿床构造叠加晕研究-建模-预测成果，这是确定成矿区带预测标志重要的依据。如牟乳金矿带内五条主要构造带都已研究建立了典型矿床深部盲矿预测的构造叠加晕模型，各矿山用本矿床模型对深部展开预测，都取得了很好效果；⑥如果区带内有矿床，但没有典型矿床构造叠加晕研究及建模，则需研究建立典型矿床深部盲矿预测的构造叠加晕模型；⑦如果区带内没有已知矿床提供构造叠加晕研究-建模，方法参见第5章勘查新区。

（2）野外踏勘

对成矿区带实地踏勘，全面掌握成矿区带地质和矿床特征，了解构造出露及控制情况，明确有多少构造能采样。

6.4　成矿区带构造叠加晕研究-预测的指导理论与应用

在研究建立成矿区带典型矿床深部盲矿预测的构造叠加晕模型和成矿区带三级预测过程中，必须以“原生晕轴向分带理论”“原生晕叠加理论”和“构造叠加晕理论”3个核心理论为依据才能有效发现异常和评价异常，才会有好的找矿效果。

（1）原生晕轴向分带理论

在成矿区带寻找的热液矿床的原生晕也必有轴向分带，即每次成矿形成的每个矿体都有自己的前缘晕、近矿晕和尾晕，晕比矿体范围大，其中前缘晕指示元素异常，在矿体前缘可达几百米，是成矿区带预测盲矿的重要依据。

（2）原生叠加晕理论

要寻找的热液矿床成矿成晕具有多期多阶段叠加特点，不同期次形成矿体晕在空间上有同位或部分同位叠加或单次成矿作用形成的多个相近矿体或串珠状上、下矿体前尾晕可叠加共存，前尾晕共存是预测盲矿的重要标志。

（3）构造叠加晕理论

要寻找的热液矿床严格受构造控制，只研究构造带内叠加晕足可反映矿体晕轴向分带和叠加结构及各种成矿信息。

6.5　成矿区带构造叠加晕研究-预测的新思路

成矿区带内构造叠加晕研究-预测的新思路是以“原生晕轴向分带理论”“原生叠加

晕理论”和“构造叠加晕理论”3个核心理论为依据，在区带内采集不同地层、岩浆岩背景样品基础上，对区带内不同方向构造蚀变带系统采集构造叠加晕样品，进行地球化学多元素分析，在取得地球化学背景和区带内构造叠加晕数据后，通过计算地球化学参数、绘制各种构造叠加晕图件和综合研究，以成矿区带地球化学背景为平台，以构造为纲，以各矿床（点）的控矿构造叠加晕为线，从构造内的叠加晕提取成矿信息，以成矿带内已建构造叠加晕模式为依据，进行三级预测：一级预测区域成矿远景区；二级预测区内主断裂构造哪一条最有利成矿及排序，并标出每条构造中最有利成矿地段；三级预测各矿床点赋存构造深部盲矿预测。

6.6 成矿区带异常评价依据

构造叠加晕研究预测原则就是从已知到未知。要对成矿区带异常进行评价，就要建立区带内典型矿床深部盲矿预测的构造叠加晕模型，用本矿床构造叠加晕模型对本矿床展开深部预测最准确，对同一构造带展开深部预测也较准确。根据区带内不同构造带的矿床深部盲矿预测的构造叠加晕模型的共性建立“成矿区带构造叠加晕预测理想模型”，用“理想模型”对区带内其他构造带深部相对预测，对各构造带含矿性进行排序，缩小找矿范围，对构造带内局部叠加晕展开深部评价预测，提出有利成矿部位。以乳山金矿带为例（禹斌等，2011）：

乳山金矿带为示范区，面积为688 km^2，区带内五条主干构造带及次级构造控制了区内所有金矿床矿点，之前已发现了35个不同规模金矿床点，已建立了区内六个典型金矿床深部盲矿预测的构造叠加晕模型，以此为依据，对乳山金矿带进行了三级预测：一级预测将区带内划分为五个成矿远景区；二级预测对五条构造带含矿性评价排序；三级预测对矿床、矿化点及构造带局部叠加晕深部盲矿预测，提出了预测靶位，并预测了Au金属资源量。

（1）乳山金矿带已建立了七个典型矿床深部盲矿预测的构造叠加晕模型

区带内有五条构造带已发现有35个矿床矿点。李惠等已先后研究建立了乳山金矿带不同构造带内金青顶、三甲、初家沟、石城、胡八庄、金牛山及邓格庄7个矿床深部盲矿预测的构造叠加晕模型，对各矿床深部预测都取得了很好效果，并总结出了乳山金矿带金矿床原生晕轴向分带和叠加结构的共性、特征指示元素组合及深部预测标志的共性，为区带内的构造带三级预测提供了构造叠加晕依据。根据区带内不同构造带的矿床深部盲矿预测的构造叠加晕模型的共性建立了“成矿区带构造叠加晕预测理想模型”。

（2）乳山金矿带内7个矿床深部盲矿预测构造叠加晕模型的特性与共性

不同含矿构造带金矿床的金及伴生元素含量有差异，矿床元素组合及特征指示元素有差异，特性表明用本构造带内矿床构造叠加晕模型对本构造带展开深部预测最准确，区带内构造叠加晕模型共性表明，其可作为区带内构造叠加晕相对评价预测参考标志。

乳山金矿带不同断裂带的矿床其地球化学元素含量及组合相差较大，在$Au \geqslant 1\times10^{-6}$的矿体中，东部南高断裂带的石城金矿元素组合中As、Sb、Co低，而Hg、Ag、Cu、Pb、

Bi、Mo、Mn、Ti、W高；中西部的石沟—巫山断裂带的初家沟、胡八庄三个金矿床-体是Au、As、Sb、Hg、B、Cu、Zn、Mn、Co、Ni、V高，As、Sb、Zn、Co、Ni、V都比南高断裂的石城金矿高；中部金青顶特大型金矿以Au、Ag、Zn、Bi、Mo高为特点，As、Hg、Sb、Cu、Pb、Mn、Ni低；三甲大型金矿Cu、Ti偏高，B、Pb、V低。

共性为①最佳指示元素组合：Au、As、Sb、Hg、B、Ag、Cu、Pb、Zn、Bi、Mo、Mn、Co；②特征指示元素：前缘晕共性指示元素组合为As、Sb、Hg、B；近矿晕共性指示元素组合为Au、Ag、Cu、Pb、Zn；尾晕共性指示元素组合为Bi、Mo、Mn、Co。

6.7 成矿区带构造叠加晕研究-预测5项关键技术

成矿区带构造叠加晕研究-预测5项关键技术主要表现为：

1）在成矿区带采取可靠的构造叠加晕样品（详见第1章，李惠，2011）。

2）在成矿区带选择特征前缘晕、近矿晕、尾晕参考指示元素的准确性。

3）确定各指示元素外带、中带、内带浓度分带最佳参考标准。各种构造叠加晕图是以各指示元素外带、中带、内带三个浓度带成图展示，若对前缘晕、近矿晕、尾晕元素参考分带标准确定不好，在构造叠加晕图上会出现都是内带或外带的情形，难以识别出前缘晕、近矿晕和尾晕元素。

4）成矿区带构造叠加晕预测确定盲矿参考标志的准确性。即根据寻找的矿种已有研究成果及金及有色金属矿床“实用理想模型”中预测盲矿的共性标志，确定成矿区带预测盲矿的前缘晕、近矿晕、尾晕参考标志的准确性。

5）对成矿区带深部盲矿靶位确定及定位。

6.8 成矿区带构造叠加晕研究-预测设计内容

成矿区带构造叠加晕研究-预测设计内容包括以下几个部分：

1）项目概述，包括：①目标任务；②主要研究内容；③分析指示元素及分析方法；④设计实物工作量（样品数及加工分析量）；⑤工作时间；⑥预期提交成果。

2）成矿区带异常评价依据：建立典型矿床深部盲矿预测的构造叠加晕模型。

3）成矿区带地质特征简述，主要构造带特征。

4）典型矿床地质特征简述。

5）成矿区带研究方案，包括：①主要研究内容；②设计图包括构造叠加晕采样设计平面图、剖面图等；③设计实物工作量包括分析元素及分析方法；④工作时间及阶段安排；⑤提交成果。

6）经费预算。

7）组织管理系统。

8）确定参加人员及分工。

6.9 成矿区带地质特征概述

以乳山金矿带为例（禹斌等，2011）：牟平-乳山成矿带位于胶东隆起东部，研究区位于牟平-乳山成矿带南段的乳山金矿带，面积为688.8 km^2（图6.1）。

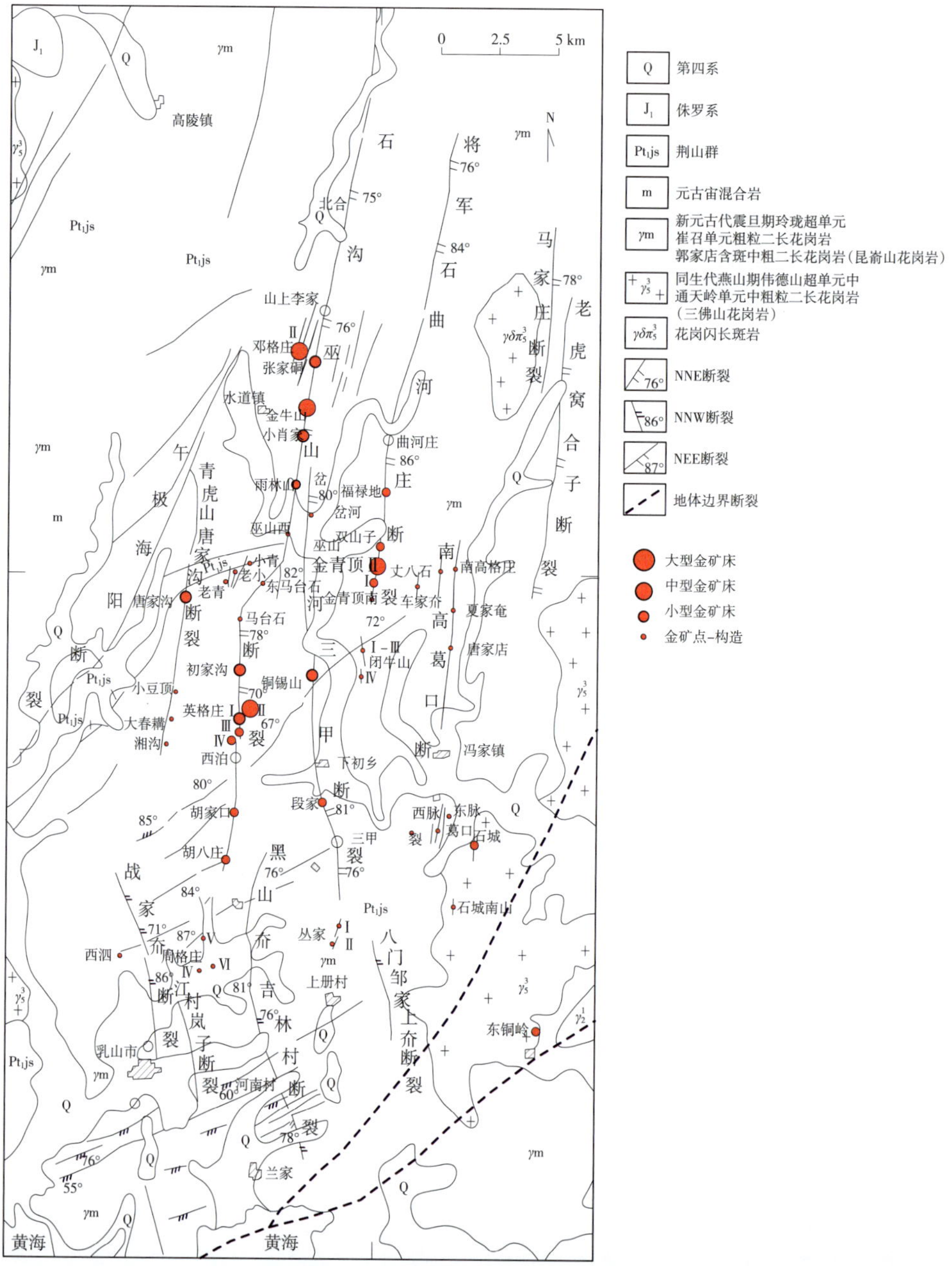

图6.1 山东牟平-乳山金矿带地质简图

区域出露地层：古元古代荆山群（Pt_1js）为区内最古老的结晶基底，岩性主要为透辉变粒岩、透辉石英岩、透辉岩、黑云变粒岩夹透闪岩、大理岩等，呈包体包裹于崔召单元中，分布于区域西部午极一带。

构造：区内断裂构造发育以北北东向构造为主。自东向西有：南高—葛口断裂，将军石—曲河庄断裂、三甲断裂、石沟—巫山断裂、青虎山—唐家沟断裂等五条断裂，大致以4~5 km呈等间距出现，走向NNE 0°~25°，倾向南东，倾角60°~90°，长10~25 km，宽1~10 m，五条断裂控制了牟乳金矿带90%金矿床的产出。

岩浆岩：以燕山早期玲珑超单元（昆嵛山花岗岩）中的崔召单元弱片麻状中粗粒二长花岗岩和郭家岭弱片麻状含斑中粗粒二长花岗岩为主体，大面积展布。燕山晚期伟德山超单元中的通天岭单元中粗粒二长花岗岩（三佛山），在区内东南一带呈岩株状分布。

矿床类型及成矿规模：区内金矿床矿点众多，主要为石英脉型金矿，目前探明了35个金矿床矿点，其中金矿床12个：金青顶为特大型，邓格庄、金牛山为大型，三甲、初家沟、铜锡山为中型，胡八庄、胡家口、东铜岭等均为中-小型金矿，此外，金矿点有几十个。金矿的成因类型除东铜岭金矿与次火山岩有关，其余均属混合岩化热液石英脉型。含金石英脉主要受北北东向断裂构造带所控制。

围岩：主要围岩是玲珑超单元（昆嵛山花岗岩）中的崔召单元弱片麻状中粗粒二长花岗岩和郭家岭弱片麻状中粗粒二长花岗岩，其次在荆山群地层内和三佛山岩体中也有一些金矿点。

构造控矿特点：区内金矿严格受构造控制，五条主干断裂及次级断裂控制了区内金矿床（点）的分布，其中将军石—曲河庄断裂带发现有区内最大的金青顶特大型脉金矿；石沟—巫山断裂发现有大型金牛山金矿，该断裂西侧次级NE向断裂发现有邓格庄大型金矿床，该构造南段有初家沟中型金矿、英格庄大-中型金矿及胡八庄、胡家口等小型金矿；岔河—三甲断裂带上有铜锡山、三甲两个中型金矿及多个矿点；东部的南高—葛口断裂带上有石城小型金矿及葛口、唐家店、夏家奄等金矿点；西部青虎山—唐家沟断裂带有唐家沟中型金矿及多个金矿点。各断裂中金矿床似有等距分布特点；如石沟巫山断裂中，从北向南为金牛山（小肖家）、马台石、初家沟、英格庄、西泊、胡家口及胡八庄等呈等距分布。

6.10　成矿区带分析指示元素选择

1）以乳山金矿带为例（禹斌等，2011），根据区带内已建不同矿种的典型矿床构造叠加晕模型的特征指示元素共性确定。①最佳指示元素组合为Au、As、Sb、Hg、B、Ag、Cu、Pb、Zn、Bi、Mo、Mn、Co、Ni、V、Ti、W、Sn。②特征指示元素中前缘晕共性指示元素组合为As、Sb、Hg、B；近矿晕共性指示元素组合为Au、Ag、Cu、Pb、Zn；尾晕共性指示元素组合为Bi、Mo、Mn、Co 、Ni、V、Ti、W、Sn。

2）若区带内未建模，立项中应先建模，确定成矿区带的分析指示元素。

3）若区带内无矿建模或立项中无建模（或不能建模），只有选择参考指示元素（同勘查（新）区，即根据成矿区带寻找矿种确定，参照不同矿种矿床的矿物组合和元素组合确定特征指示元素，参考不同矿种及不同类型矿床原生晕轴向分带序列（附录A）。

6.11 成矿区带构造叠加晕研究-预测内容

（1）区域地球化学背景研究

制作区带内各元素地球化学背景异常（局部高背景）平面图，研究区域地层、岩体各元素背景（变化规律及趋势）与成矿矿床矿点的关系，总结各元素局部高背景与成矿的关系。

（2）区域上三级预测的依据

本矿带已建矿床构造叠加晕模型。附录B展示了成矿带构造叠加晕研究及三级预测示图。

一级预测：在成矿带内展示主要构造及次级构造各矿床矿点及各样点各元素构造叠加晕平面等值，即研究成矿元素Au、伴生元素及某些构造叠加晕参数在区带上的分布规律、富集趋势、方向及其与已知矿床（点）的相关关系，进行一级预测，划分成矿远景区，提出找矿方向。

二级预测：对区内主要构造分别进行研究、评价。根据乳山金矿带五条主控矿构造的构造叠加晕特征，对五条主控矿构造的成矿前景进行排序。对各条主构造带走向上构造叠加晕变化特点，分段评价预测排序，将同一条主构造的各采样单元（以矿床矿点为成矿构造段）叠加晕展示在该构造带上，根据各主构造及次级构造沿走向上构造叠加晕变化特征，对各构造分段进行成矿有利程度预测。

三级预测：参照各构造带已建立矿床的构造叠加晕模式和预测盲矿标志，对矿床矿点构造深部进行盲矿预测，提出预测靶位并排序。

说明乳山金矿带已建立7个矿床深部盲矿预测的构造叠加晕模型，预测准确性较高。若区带内无已知矿或有已知矿未建模，可参照勘查（新）区，研究建立区带内矿床深部盲矿预测的构造叠加晕“参考模型”，可对区带进行相对预测，但准确性相对低。

6.12 成矿区带构造叠加晕研究-预测的工作流程

以乳山金矿带为例（禹斌等，2011），构造叠加晕研究-预测工作流程如图6.2所示。

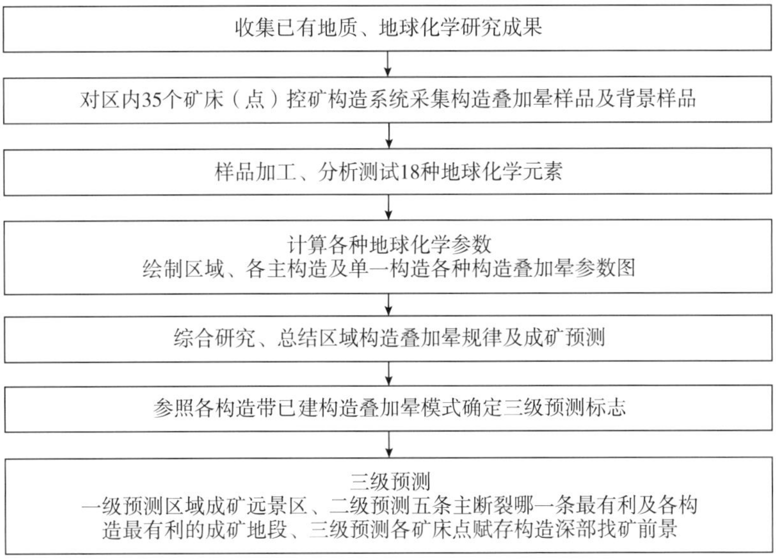

图6.2　乳山金矿带构造叠加晕研究预测方案流程图

6.13　成矿区带构造叠加晕研究-预测实物工作量部署

成矿区带构造叠加晕研究-预测样品采集、加工、分析，以乳山金矿带为例（禹斌等，2011）：

1）乳山金矿带地球化学背景研究布样设计：对区内地层、岩浆岩系统采背景样品，以每个矿床矿点控矿构造为基本单元布样，背景样品要求在全区均匀分布。总样数67件。

2）乳山金矿带五条主构造及次级构造控制了区内35个矿床点。沿五条构造及次级构造由北到南总长57 km，其中构造露头断续总长30 km可采样，沿构造带对各矿床矿点地表构造蚀变带及次级构造出露（或探槽内）部位以点距2~30 m不等布样，共设计采样1300件。

3）研究区内主要典型矿床构造叠加晕模式，对控制矿体三度空间的地表、坑道及钻孔已系统采样，乳山金矿带已建六个矿床叠加晕模式（采样约5000件）。

本次研究实物工作在收集已建六个矿床叠加晕模式成果（5000件样品）基础上，本次设计采样、加工、分析1367件。

4）本次乳山金矿带样品共分析1442件，其中密码抽查样75件。

①采用5种方法定量分析20种元素：Au、Ag、As、Sb、Hg、B、Ba、Cd、Cu、Pb、Zn、Bi、Mo、Mn、Co、Ni、V、Ti、W、Sn，括号内为检出限，单位为10^{-6}。

原子吸收（AAS）分析：Au（0.0003）、Ag（0.02）、Cd（0.1）；

原子荧光（AFS）分析：As（0.5）、Sb（0.3）、Bi（0.3）、Hg（0.005）；

极谱催化波法（POL）分析：W（0.02）、Mo（0.02）；

等离子光谱（ICP）分析：Cu（0.5）、Pb（0.6）、Zn（3）、Mn（30）、Co（1）、Ba（20）、Ni（5）、Ti（10）、V（2）；

原子吸收发射光谱法（AES）分析：B（5）、Sn（0.5）。

②分析质量要求：同第4章。

6.14 野外工作

（1）野外工作准备

包括①采样前必须准备好各矿床（点）地质-构造平面图两份，一份为野外工作手图，将设计采样点绘在图上；一份为实际采样点位图，每天采样后将实际采样点位清绘在图上；②采样点定位：1∶2000地质-地形图定位，用尺丈量，或GPS定位。采样后将实际采样位置准确标注在图上；③采样前必须进行详细地质观察，选择与成矿有关蚀变矿化部位采样；④采样时记录位置、构造带产状、厚度、矿化蚀变特点、围岩特点等相关信息（记录卡见第4章）。

（2）地球化学背景采样

采集区内未受蚀变影响新鲜地层、岩浆岩等有代表性岩石样品。

（3）不同构造蚀变带或矿化体叠加晕采样

对区内所有构造蚀变带进行系统采样，沿构造带采集样品。根据热液矿床严格受构造控制叠加成矿成晕特点，在详细观察构造、蚀变、矿化特征基础上，在构造带中寻找有成矿热液蚀变叠加样品。根据构造出露情况，在露头部位采样点距一般在2~10 m，断续出露部位点距不等，可挖点槽。当构造带宽度>2 m时，垂直构造带每2~5 m采一个样品，样品重300~500 g，做好记录。

（4）样品送检

样品加工、地球化学元素的定量分析方法及质量要求（同第4章）。

6.15 资料整理综合研究及三级预测

成矿带构造叠加晕研究及三级预测示图见附录B。

6.15.1 区域不同元素地球化学背景与成矿关系研究

1）不同岩石类型地球化学背景（各元素几何均值）特点，研究成矿及伴生元素背景含量高低其与成矿关系；

2）做出全区各元素背景异常平面图：根据各元素背景含量区间按高、中、低三个浓度带，做出全区各元素背景异常平面图，研究各元素或某些元素组合局部高背景异常区与区内已发现矿床点规模（特大、大、中、小型全矿）正相关关系，据此则可预测尚未发现矿床的元素局部高背景异常区可能为不同规模金矿的远景区。

6.15.2 乳山金矿带构造叠加晕三级预测依据

(1) 乳山金矿带构造叠加晕三级预测依据

根据乳山金矿带已建六个典型金矿床深部盲矿预测的构造叠加晕模型共性得出：①最佳指示元素组合为 Au、As、Sb、Hg、B、Ag、Cu、Pb、Zn、Bi、Mo、Mn、Co；②特征指示元素方面，前缘晕共性指示元素组合为 As、Sb、Hg、B；近矿晕共性指示元素组合为 Au、Ag、Cu、Pb、Zn；尾晕共性指示元素组合为 Bi、Mo、Mn、Co。

(2) 乳山金矿带构造叠加晕三级预测方法、标志及结果

一级预测方法、标志及结果：对全区预测，划分成矿远景区。

制作乳山金矿带全区构造叠加晕平面图，以各指示元素外带、中带、内带异常分布叠合范围为依据，划分成矿远景区。即根据区带内大、中、小型金矿床点或 Au 中带、内带及近矿晕元素 Ag、Cu、Pb、Zn 外带、中带、内带异常叠合范围划分成矿远景区。

若成矿远景区再有前缘晕指示元素 As、Sb、Hg、B 叠加，尾晕指示元素 Bi、Mo、Mn、Co 无异常或很弱，则指示深部有盲矿，则划为一级甲-1 类远景区；

若成矿远景区有前尾晕外带、中带异常共存，指示地表之上原矿体已剥蚀到尾部，深部仍有盲矿，或已知矿体向深部延伸大，则划为一级甲-2 类远景区；

当成矿远景区内近矿晕指示元素、前缘晕元素中仅有少数指示元素叠加晕，可划为一级预测乙类—丙类远景区。

二级预测方法-标志及结果：分别绘制五条构造带构造叠加晕地表平面及垂直纵投影联合图。对区内五条主构造带在走向上不同地段展开深部预测，提出各构造带有利成矿地段或找矿靶区，并对成矿有利程度进行排序。

根据各条主构造带内大、中、小型金矿床点或 Au 中带、内带及近矿晕元素 Ag、Cu、Pb、Zn 外带、中带、内带异常叠合分布范围，若在某主构造带某段再有前缘晕指示元素 As、Sb、Hg、B 叠加，尾晕指示元素 Bi、Mo、Mn、Co 无异常或很弱，则指示该段深部有盲矿，则划为甲-1 类有利成矿地段和找矿靶区；

若主构造带某段出现前尾晕元素外带、中带异常共存，指示地表之上原矿体已剥蚀到尾部，深部仍有盲矿，则划为甲-2 类有利成矿地段和找矿靶区；

三级预测方法-标志及结果：对 35 个矿床（点）深部预测，提出了盲矿靶位。绘制各矿床矿点构造叠加晕垂直纵投影图，根据各矿床已建深部盲矿预测的构造叠加晕模式和盲矿预测标志对矿床展开深部盲矿预测，提出预测靶位；参照同一构造带已建矿床深部盲矿预测的构造叠加晕模式和盲矿预测标志对构造带内各段局部构造叠加晕展开评价和深部预测，提出预测靶位。

主要参考文献

常印佛，刘湘培，等. 1991. 长江中下游地区铁铜成矿带［M］. 北京：地质出版社，217-238.

陈毓川，李兆鼐，毋端身，等. 2001. 中国金矿床及其成矿规律.［M］. 北京：地质出版社.

陈毓川，朱裕生，等. 1993. 中国矿床成矿模式［M］. 北京：地质出版社，34-92.

蒋敬业，程建萍，祁士华，等. 2006. 应用地球化学［M］. 武汉：中国地质大学出版社.

李惠. 1991. 石英脉和蚀变岩型金矿床地球化学异常模式［M］. 北京：科学出版社.

李惠. 1993. 热液金矿床原生叠加晕的理想模式［J］. 地质与勘探，24：46-51.

李惠，李青云，杨克祥，等. 2014. 河南秦岭金矿深部预测的构造叠加晕研究及效果［M］. 北京：地质出版社.

李惠，禹斌，李德亮. 2011. 构造叠加晕找盲矿法及找矿效果［M］. 北京：地质出版社.

李惠，禹斌，魏江，等. 2020. 热液矿床深部盲矿预测的构造叠加晕实用理想模型及意义［J］. 地质与勘探：56（5）：889-897.

李惠，张国义，禹斌. 2006. 金矿区深部盲矿预测的构造叠加晕模型及找矿效果［M］. 北京：地质出版社.

李惠，张文华，常凤池，等. 1998. 大型、特大型金矿盲矿预测的原生叠加晕模型［M］. 北京：冶金工业出版社，20-90.

李惠，王支农，苑月肖，1994. 金矿包裹体的气晕、离子晕和叠加晕模型［J］. 有色金属矿产与勘查，6：355-359.

刘英俊，邱德同，等. 1987. 勘查地球化学［M］. 北京：科学出版社，72-103.

牛树银，王宝德，孙爱群，等. 2010. 幔枝构造成矿及深部找矿预测［M］. 北京；地质出版社.

欧阳宗圻，李惠，等. 1990. 典型有色金属矿床地球化学异常模式［M］. 北京：科学出版社，1-3.

阮天健，朱有光. 1985. 地球化学找矿［M］. 北京：地质出版社，29-76.

邵跃. 1997. 热液矿床岩石测量（原生晕法）找矿［M］. 北京：地质出版社，1-66.

孙焕振，李善芳. 1990. 勘查地球物理勘查地球化学文集（第 11 集）［M］. 北京：地质出版社.

王继伦，李善芳，齐文秀，等. 1997. 中国金矿物探、化探方法技术的研究与应用［M］. 北京：地质出版社.

吴承烈，徐外生，刘崇民，等. 1998. 中国主要类型铜矿床勘查地球化学模型［M］. 北京：地质出版社，192-193.

谢学锦，李善芳，吴传璧，等. 2009. 二十世纪中国化探（1950—2000）［M］. 北京：地质出版社，71-117.

薛建玲，陈辉，姚磊，等. 2018. 勘查区找矿预测方法指南［M］. 北京：地质出版社.

姚凤良，刘连登，等. 1990. 胶东西北部脉状金矿［M］. 长春：吉林科学技术出版社.

叶天竺，吕志成，等. 2014. 勘查区找矿预测理论与方法［M］. 北京：地质出版社.

禹斌，李惠，李德亮. 2011. 成矿区带构造叠加晕研究及成矿预测［M］. 北京：地质出版社.

翟裕生，林新多. 1993. 矿田构造［M］. 北京：地质出版社，9-22.

张德会. 2015. 成矿作用地球化学［M］. 北京：地质出版社.

张德会，赵伦山. 2013. 地球化学［M］. 北京：地质出版社.

张均. 1994. 现代成矿分析的思路、途径、方法［M］. 武汉：中国地质大学出版社.

邹光华，欧阳宗圻，李惠. 1996. 中国主要类型金矿床找矿模型［M］. 北京：地质出版社，20-80.

附录 A　主要类型金矿及有色金属矿床原生晕轴向分带序列

A.1　原生晕轴向分带序列意义

（1）计算典型矿床主要指示元素轴向分带序列，是确定该矿床前缘晕、近矿晕和尾晕指示元素的方法和依据之一。

（2）主要类型金矿的典型金矿床原生晕轴向分带序列和综合轴向分带序列，是研究某新矿床或勘查（新）区选择指示元素及确定前缘晕、近矿晕和尾晕特征指示元素的重要参考资料。

注意，据同类矿床的分带序列初步确定的前缘晕、近矿晕和尾晕参考指示元素，应用于某矿床时，必须在该矿床叠加晕剖面及垂直纵投影图上检验。

表 A.1　主要类型金矿的典型金矿床原生晕轴（垂）向分带序列

矿床类型			典型矿床	规模	元素垂直分带序列（上→下）	计算距离/m	资料来源
绿岩带型金矿	花岗质杂岩系有关	石英脉型	山东金青顶	特大	Hg-As-Sb-B→Ag-Au→Cu-Pb-Zn→Bi-Mo-Mn-Co-Ni		李惠，李德亮（1991—2010）
					Cu→Pb→Zn→Mo→Sb→As→Ag→Au→Bi（150~600m）●	400	
			山东邓格庄	大	Zn-Hg-Pb-Ag-As-Sb-Bi-Mo-Cu-Au	200	
					Pb-Ti-Zn-Ag-Mn-Cu-Au-As-Mo-Sb-Bi●	200	
			山东金牛山	特大	Hg-As-Sb-B→Ag-Au→Cu-Pb-Zn→Bi-Mo-Mn-Co-Ni		
			山东石城	小	Hg-As-Sb-B→Ag-Au→Cu-Pb-Zn→Bi-Mo-Mn-Co-Ni		
			山东初家沟	中	Hg-As-Sb-B→Ag-Au→Cu-Pb-Zn→Bi-Mo-Mn-Co-Ni		
			山东胡庄	小	Hg-As-Sb-B→Ag-Au→Cu-Pb-Zn→Bi-Mo-Mn-Co-Ni		
			山东玲珑	特大	Sb-Hg-As-Ag-Te（Mo）-Pb-Cu-Se-Au-Zn-Mn	260	刘汉忠（1985）
			山东望儿山	大	Hg-As-Mn-Ba-Cu-Zn-Pb-Au-Ag-（Bi）-Sb-Sr-V-Co-Ni-Mo-Cd-Cr	490	李富国（1984）
			辽宁柏杖子	大	As-（Ag、Pb）-Sb-Au-Cr-Bi-Zn-Mn-Co-Cu-Mo-V-Ti	450	初绍华（1983）
			山东乳山三甲	大	Bi-Ni-Mo-Sn-Co-Sb-W-Zn-As-Ag-Cu-Au-B-Pb（-26~-266m）●	500	李惠等（1995）

续表

矿床类型			典型矿床	规模	元素垂直分带序列（上→下）	计算距离/m	资料来源
绿岩带型金矿	花岗质杂岩系有关	蚀变岩型	山东蓬莱庄官	大	Hg、B、W-Sn、Sb、As→Zn、Pb（Mo）、Au、Ag、Cu-（Bi）→Ni、Co、Mn、Ti	200	张文华（1996）
			山东蓬莱黑岚沟	特大	Hg-As-Sb-B→Ag-Au→Cu-Pb-Zn→Bi-Mo-Mn-Co-Ni		李惠（2001）
			山东焦家	特大	Cu-Zn-Ag-Se-Au-Pb-Te-As-Sb-Ba●	200	李富国（1995）
			山东灵山沟（5号）	大	Au-Cu-Ag-Sb-As-Pb-Zn-Bi-Mo-Mn●	500	李惠等（1995）
			山东三山岛	特大	Hg-Sb-As→Cu-Ag-Au-Pb-Zn→Bi-Co-Mn-Mo-V-Ni-Sn-Ti		禹斌（2010）
			山东新立	特大	Ti→Cu→As-Ag-Bi→Sn→Co-W→Au-Hg→Mo-V-Ni-B→Mn→Sb- Pb-Zn-●		
			山东新城	特大	Hg-As-Sb-F-B-Ba-Sr-W→Au-Ag-Cu-Pb-Zn→Bi-Mo-Mn -Co	600	李惠，禹斌（2010）
					Sb-As-Cu-Bi-Au-Ag-Pb-Zn	600	顾留成（1995）
			山东河东	大	As-Cu-Ag-Bi-Au-Sb-Pb-Zn▲	900	
			山东大尹格庄	特大	Sb-As-Cu-Au-Ag-Pb-Zn-Bi	900	
	太古宙绿岩有关	破碎带型	山东平度大庄子	大	Hg-As-Sb-B→Ag-Au→Cu-Pb-Zn→Bi-Mo-Mn-Co-Ni		李惠，李德亮（2006）
		石英脉型	山东平度旧店	大	Hg-As-Sb-B→Ag-Au→Cu-Pb-Zn→Bi-Mo-Mn-Co-Ni		
			河南灵湖	中	As、Sb、Hg、Ba-Ag、Pb、Bi、Au、W、Sn、Cu、Mo-Co、Ni		王定国（1995）
			河南文峪		Hg-As-Sb-B→Ag-Au→Cu-Pb-Zn→Bi-Mo-Mn-Co-Ni		李惠（2000）
			陕西东桐峪	特大	As、Sb、Hg、B→Au、Ag、Cu、Pb→Bi、Mn、Mo、Co		李惠等（1991）
			河南杨砦峪	特大	As、Hg、Sb、Ba、B-Au、Ag、Cu、Pb、Zn-Sn、W、Ti、Mo-Bi、Co、Mn	200	
			辽宁五龙	特大	As、Sb、Hg、B→Au、Ag、Cu、Pb→Bi、Mn、Mo、Co		李德亮，李惠（2006）
			吉林夹皮沟	大	（Hg、As-Sb-F→Pb-Ag-Cu-Au→Co-Mo-Ni-Mn		朱太天（1991）
					As、Ba、F、Sb→Pb、Ag-Cu、Au-Hg、Mo-Zn、Co、Ni、Mn-I、Sr-Ti、V▲	330	王文平（1991）

续表

矿床类型			典型矿床	规模	元素垂直分带序列（上→下）	计算距离/m	资料来源
绿岩带型金矿	太古宙绿岩有关	石英脉型	陕西小秦岭王排沟	中	F-As-Hg-Zn-Pb-Ag-Ba-Cu-Bi-W、Mo-Au、Co-Ni、Mn、Cr、V、Ti	260	方维萱（1991）
绿岩带型金矿	太古宙绿岩有关	石英脉型	河北金家庄	中小	F-As—Sb→Zn-Au-Ag-Pb→Mn-Cr-Mo-Cu-Bi-Co-Ni-V、Ti、Sr	470	常志民（1994）
绿岩带型金矿	太古宙绿岩有关	角砾岩型	河北椴树沟	中小	Hg、Zn-Sb-Ti-As-Mn-Pb-Bi-Cu-Ag-Mo-Au▲	250	王昌华（1995）
绿岩带型金矿	太古宙绿岩有关	复脉带型	河北金厂峪	特大	As、Sb、Hg、B（W）→Au、Ag、Cu、Pb、Zn→Bi、Mn、Mo、Co。	350	李惠，禹斌（2005）
绿岩带型金矿	太古宙绿岩有关	复脉带型	河北金厂峪	特大	As-Sb-Hg-Mo-Zn-Cu-Pb-Au-Ag-Bi		王昌华（1987）
绿岩带型金矿	太古宙绿岩有关	复脉带型	河北峪耳崖	特大	Hg-As-Sb-B→Ag-Au→Cu-Pb-Zn→Bi-Mo-Mn-Co-Ni		李德亮，李惠（2008）
绿岩带型金矿	太古宙绿岩有关	复脉带型	辽宁白云	大	Hg-As-Sb-B→Ag-Au-Cu-Pb-Zn→Bi-Mo-Mn-Co-Ni		李惠，李德亮（2005）
绿岩带型金矿	太古宙绿岩有关	蚀变岩型	陕西葫芦沟	中	F、Hg、As-Zn-Pb-Ag-Ba-Cu-Au-W-Mo-Mn-Ti、Cr、V、Ni、Co	360	方维萱（1996）
绿岩带型金矿	太古宙绿岩有关	蚀变岩型	河北大营盘	小	As-Sb（Hg）-Pb-Zn-Cu-Au-Ag-Mn（Cr）（V）-W-Mo-Bi-Co-Sr-Ti	120	常志民（1996）
绿岩带型金矿	太古宙绿岩有关	蚀变岩型	内蒙东伙房	小	Zn-Ag-As-Cu-Sb-Au-Pb-Mo-Bi-Co-Ni	260	任国栋（1996）
绿岩带型金矿	太古宙绿岩有关	蚀变岩型	河南上官	大	（Hg-Sb-Zn）-（Ag-Au-Pb-As-Cu）-（Bi-Mo）▲	400	古平等（1994）
绿岩带型金矿	太古宙绿岩有关	蚀变岩型	内蒙柴胡栏子	小	Au-Mo-Zn-Co-B-Cr-Mn-Pb-Ag-Bi-Cu-Ni-As-Hg-Sb●	180	李惠，汤磊（1995）
绿岩带型金矿	碱性杂岩有关	石英脉型	河北东坪	大	上部（石英脉）As-Cu-Pb-Au-Zn-Sb-Ag-Bi-Hg-Mo▲ 下部（蚀变岩）As-Hg-Cu-Pb-Au-Zn-Ag-Sb-Mo-Bi	上部120 下部500	王学方（1996）
绿岩带型金矿	碱性杂岩有关	石英脉型	河北东坪	大	（As）-Pb-（Sb）-Ag-Au-Mo-Cu-（Mn）-Zn-Ba-Sr-Ti-V	300	王学方（1996）
绿岩带型金矿	碱性杂岩有关	蚀变岩型	河北后沟	大	Pb-Zn-Ag-Au-Mo-Cu-Ba-Sr-V-Cr、Ni、Co、Ti	200	常志民（1996）

续表

矿床类型		典型矿床	规模	元素垂直分带序列（上→下）	计算距离/m	资料来源
绿岩带型金矿	石英钾长石脉型	内蒙古哈达门沟	大	As-Ba-Sr-Au-Ag-Te-Cu-Pb-Ti-Mn-Sr	600	郑豪（1996）
				Mo-Pb-Au-Cu-W-Cr-Ni-Ba-Bi-Zn-Co-V-Mn-As-Ti▲	600	王信虎（1996）
	石英脉型	内蒙古赛乌素	中	Sb-Hg-Bi-Ag-As-Pb-Ba-Sr-Au-Co-Mo-Ni-Cl-F-Cu-Ti-V-Zn-Cr-Mn-Cd	250	李惠，任密礼（1996）
		内蒙撰山子	中	Hg-Sb-As-Ag-Pb-V-Ti-Mo-Cu-Zn-Au-Ni		刘克义（1992）
变质碎屑岩型金矿		河南桐柏银I洞坡	大	As-Zn-Cd-Au-Ag-Pb-Cu-Mo-Co（Ni）	300	韩存强（1994）
		豫桐柏老湾	大	As-Sb-Au-Ag-Cu-Zn-Pb-Ni-Mo	400	
		海南抱板-土外山	大	Sb-Be-Pb-Cu-Zn-Cr-As-Ag-Au-Co-Cd-Ni-Mn-Bi	300	黄木佑（1996）
		海南二甲红甫门岭	中	Zn-Cu-Bi-Ag-Au-As-Sb-Pb-Mo-Sn▲	300	刘衍汉（1996）
		海南二甲	小	Ag-Sb-Bi-Au-As-Zn-Mo-Sn	300	
		广东河台	特大	（Au、Hg、Ag）-Cu-（Bi、Mo）-（Co、Be）-（Ni、Sb、As）▲	400	古平等（1992）
		广东庞西垌金银矿		Mo-（Ag-Pb-Au-Zn-Cu-Hg-B）-（Co-W）-（Bi-Ni）	400	李富国（1987）
		广西龙水	中	Pb-As-Ti、Cl-Sb-Mo-Cu、Ag、V-Ni、Co-Au、Cd-Ba、Mn、Be、Bi-Zn	200	
沉积岩系金矿		贵州柴木凼、烂泥沟	大	（矿体前缘）Pb、As、Hg、F、Sb（Bi、Zn）-（矿体中部）Au（Hg、Pb、Mo）-（矿体尾晕）W、Mo、Sn（Cu）	300	冯济舟（1996）
		贵州板其、苗龙	大	（矿体前缘）Sb、Bi、As、Hg、Pb、Ba（F、Cu）-（矿体中部）Au、As（Ag、Sb）-（矿体尾晕）Mo、W、Sn（Cr）		
		贵州丫他	大	（矿体前缘）As、Pb、F（Hg、Sb、Bi）→矿体中部）Au（Ag、Hg、Sb）→矿体尾晕）W、Mo（Cr、Cu、Zn）		
		松潘大寨（桥桥上）	中	Hg-As-Au-Sb→W-Zn-Cu-Pb	180	何德润（1996）
		四川联合村	中	Hg-Rb-Ba-Pb-K_2O-Cu-Ag-As-Au-Na_2O-Sb-Mo（浅成岩脉）▲		徐锡华（1996）
		四川联合村	中	Ag-Sb-Rb-Hg-K_2O-As-Au-Pb-Na_2O-Ba-Mo-Cu（角砾岩型）		

续表

矿床类型	典型矿床	规模	元素垂直分带序列（上→下）	计算距离/m	资料来源
沉积岩系金矿	甘肃李坝	大	As-Hg-Sb-Ag-Pb-Bi-Au-Cu-Zn-Mn-Ni-Ba-Sr-Ti	350	高珍权（1996）
	川西北东北寨	大	Ba、Hg-Ag、Sb、Pb、Ni-As、Au、Bi、S、Cu、Zn-Co、Mo、W	500	赵琦（1996）
	陕西二台子	大	As-Pb-Ag-Sb-Ba-Au-Zn-Cu-Ni-Co-Mo-Mn		郭瑞栋（1996）
	西秦岭若尔盖拉日玛金（铀）	大	Mo-Ag-Hg-V-Ba-Se-Au-Sb-Bi-As-U-Cu-Zn-Ni-W	350	雍朝发（1996）
	湘中古台山金（锑）		Sb-As-W-Au-Ag-Cu-Bi-Pb-Zn-Co-Ni	150	何希雄（1996）
	桂西北浪金	中小	Hg-As-Sb-Mo-Au-Cu-Mn-W-Co-Ni	200	
	陕西双王	大	Ba、As-Ag-Mo、Sb-Au、Co-Ni、Bi	300	赵中和（1996）
	江西修水		（前缘）As、Sb、Hg、Ag-（矿中部）Ag、Hg、As、Sb、Au、W-（尾部）Zn、Co、Ni、Bi	320	徐凤山（1992）
钠长角砾岩型金矿	陕西双王	特大	Hg-B-Sb-As→Au-Ag→Mn-Bi-Mo-Co		李惠，禹斌（2010）
火山-次火山岩型金矿 爆破角砾岩	河南祁雨沟	大	As、Sb、Hg→Au、Ag、Cu、Pb→Bi、Mo、MnCo、Ni、V	450	禹斌（2010）
石英脉型	河南康山	大	Hg-Pb-As-Sb-Zn-Ag-Au-Cu-W-Bi-Mo-Co-Ni	300	郭瑞栋（1992）
蚀变岩型	河南星星印	大	As-Sb-Ag→Au-Mo-Pb（Zn）→Cu（Bi）		
	新疆马庄山		Hg-Zn-Mo-Pb-As-Ag-Au-Co-Ni-Cu-Bi-Mn	200	贾锡江（1995）
	甘肃南金山	小	Hg-Sb-B-As-Mo-Cu-Ag-Au-Zn-Pb-Co-Ni-Mn	200	
	甘肃小宛南山	小	Hg-As-Sb-Ag-Zn-Au-Pb-Cu-W-Mo-Sn（Bi）	300	林玉飞（1996）
	浙江银坑山	大	Ag-Au-Pb-Zn-Cu-Mo-Sn		周俊法（1992）
	云南老王寨 老王寨	特大	Ni-Zn-As-Pb-Sb-Hg-Au-Cr-Cu-W▲	500	李丽辉（1996）
	云南老王寨 冬瓜林		Zn-Hg-Pb-Ag-Sb-W-As-Au-Cu-Ni-Cr▲	500	
	云南老王寨 库独木		Zn-Ni-Sb-Pb-Cr-Hg-Au-As-Cu-W ▲	150	

续表

矿床类型	典型矿床	规模	元素垂直分带序列（上→下）	计算距离/m	资料来源
矽卡岩型金矿	鄂东鸡冠咀金、铜	特大	Ba-Sb-As-Sr-Pb-Ag-Au-Cu-Mo-Mn-Co-Ni		熊继传（1991）
			I、F、Hg→As、Sb→Li、Be、Ba→Sr、Cs→Ag、Cu、Pb、Au、Zn→Cd、Bi、Co、Mn、Mo→W、Ni、V、（Tl）、Ce、La、(Ti)		禹斌，李惠（2010）
	鄂东鸡笼山金、铜	大	（Hg、As、Sb、Pb、Zn）-Au、Cu、Ag-Co、Ni、Mo、W		苏欣栋（1995）
矽卡岩型银铜矿	山西刁泉银铜	大	As-Sb-B-Hg→Ag-Cu-Pb-Zn→Bi-Mo-Mn-Co-Ni		李惠，禹斌（2010）

注：▲反常-反分带；●反分带已被证实深部或侧下方有盲矿体或矿体。（据李惠，2011）

A.2 中国不同矿种不同类型矿床垂直分带序列

参考中华人民共和国地质矿产行业标准（DZ/T 0248—2014）《岩石地球化学测量技术规程》附录 C（21-27 页），某些金属矿床指示元素及某岩石地球化学异常分带序列。

A.3 综合分带序列

1）C.B 格里戈良与 A.A 别乌斯等（1975）提出热液矿床原生晕垂直分带模式，从上至下是：Sr-Ba-Hg-Sb-As_2-Cu_2-Cd-Ag-Pb-Zn-Sn_2-Au-Cu_1-Bi-Ni-Co-Mo-U-Sn_1-As_1-Be-W（邵跃，1997）。

2）邵跃（1974）总结出的热液矿床原生晕垂直分带模式，从上至下是：Sr-Ba-Hg-Sb-As_2-Au_2-W_2-Pb-Cd-Zn_2-Ag-Cu_2-Bi-（As_1-Au_1）-Co_2-Re-Mo-In-Ga-Zn-W_1-Sn-Fe-Be-Nb-P-V-Ti-（Cu_1、Co_1）-Ni-Cr。

3）李惠（1996）总结的中国热液金矿主要指示元素原生晕轴向（垂直）分带序列，从上至下是：B-I-As-Hg-F-Sb-Ba→Pb-Ag-Au-Zn-Cu→W- Bi-Mo-Mn-Ni、Cd-Co-V、Tl-Sn。

4）李惠（2011）总结的中国热液金矿床主要指示元素原生晕轴向分带序列，从上至下是：矿体前缘及上部 F-I-Hg→B-As-Sb→Ba→矿体中部 Ag-Cu-Pb-Au-Zn-Cd→矿体下部及尾晕 Bi-Co-Mn-Mo→W-Ni-V-Ti-Sn。

5）李惠（2018）总结的热液金及有色金属矿床主要指示元素原生晕轴向分带序列，从上至下是：矿体前缘及上部 I-Hg-F-As-Sb-B-Ba，Sc-Li（钨-锡矿特有）→矿体中部 Ag-Pb-Au-Cu-Zn-Sb（锑矿特有）、W-Sn（钨-锡矿特有）→矿体下部及尾晕 W-Bi-Mo-Mn-Co-Ni-V-Ti-Sn。

A.4 热液型金及有色金属矿床原生晕分带序列研究的一些问题说明

1）表中主要类型金矿的典型金矿床原生晕主要指示元素轴（垂）向分带序列和中国某些有色金属矿床指示元素及其原生晕分带序列，在宏观上可反映矿床的轴向分带特点。但应指出，表中不同矿床原生晕分带序列计算方法不同，取值不同，各元素排序位置不同。

2）分带序列计算方法很多，最简单方法有两种：①通常经验方法最直接简单，即从各元素异常图中直接根据各元素异常中心从上至下分布确定各元素排序；②计算不同标高，并按各元素几何均值的峰值排序。用这两种方法排序虽然不很精确，但方法简单，足以分出原生晕中前缘晕、近矿晕及尾晕指示元素，较为推荐。

3）用 C. B 格里戈良法计算得出原生晕分带序列，理论上排序较精确，但该方法也有多个不足：①不同标高截面取各元素的线金属量难以取全，因不同标高控制矿体晕不全，一般坑道穿脉及钻孔穿过矿体就结束，控制上盘晕全，下盘晕不全，致使各元素异常范围不统一，计算各元素线金属量不准确，导致计算结果排序不准；②研究表明，对同一金矿床参加计算的标高数不同及参加统计元素数不同，计算结果不同，如某矿取 4 个和 5 个标高，同一元素在序列中上、下有差异，参加计算的元素数不同如 10 个与 8 个，计算结果某元素排序上下有差异。

4）表中出现反常-反分带是不同期次成矿作用叠加结果，如 As-Sb-B-Hg 出现在分带序列下部的反分带是深部盲矿叠加结果。

5）李惠总结的综合分带序列是根据统计概率，在轴向上分上、中、下三部分，计算各元素在矿床中出现的概率，反分带的矿床未参加统计。

附录 B　构造叠加晕找盲矿研究-建模-预测示意图

一级预测：根据乳山金矿带（面积 688. 8 km^2）35 个矿床（点）的 48 个控矿构造单元的 20 种元素区域构造叠加晕平面异常分布特征（单元素、元素比值、累加值），提出了五个成矿远景区，为在成矿带内找矿缩小了范围，指出了方向。

二级预测：研究了乳山金矿带五条主控矿构造的构造叠加晕特征，对五条主控矿构造的成矿前景进行了排序，根据五条主控矿构造及次级构造沿走向上构造叠加晕变化特征，进一步预测了各条构造最有利成矿地段。

三级预测：研究了 35 个矿床（点）的 48 条控矿构造的叠加晕特征，采用了构造叠加晕预测模式预测、定量指标预测、聚类分析预测、相关分析等多种方法对 35 个矿床点进行了预测，提出各矿床点的找矿潜力大小并排序，为进一步找矿提供了重点靶区。（李惠等，2010）

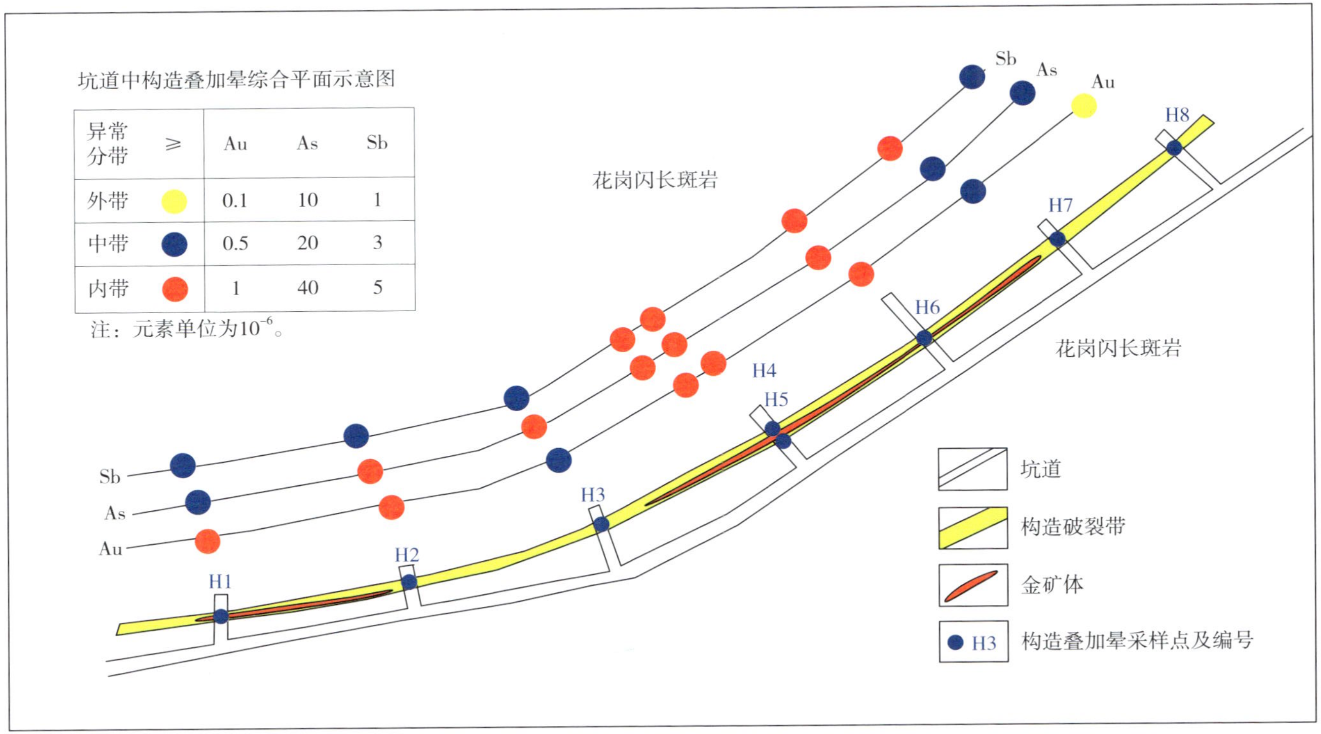

异常分带	≥	Au	As	Sb
外带	(黄色圆点)	0.1	10	1
中带	(蓝色圆点)	0.5	20	3
内带	(红色圆点)	1	40	5

图 B.1　某金矿区坑道构造叠加晕平面图

（据李惠等，2010）

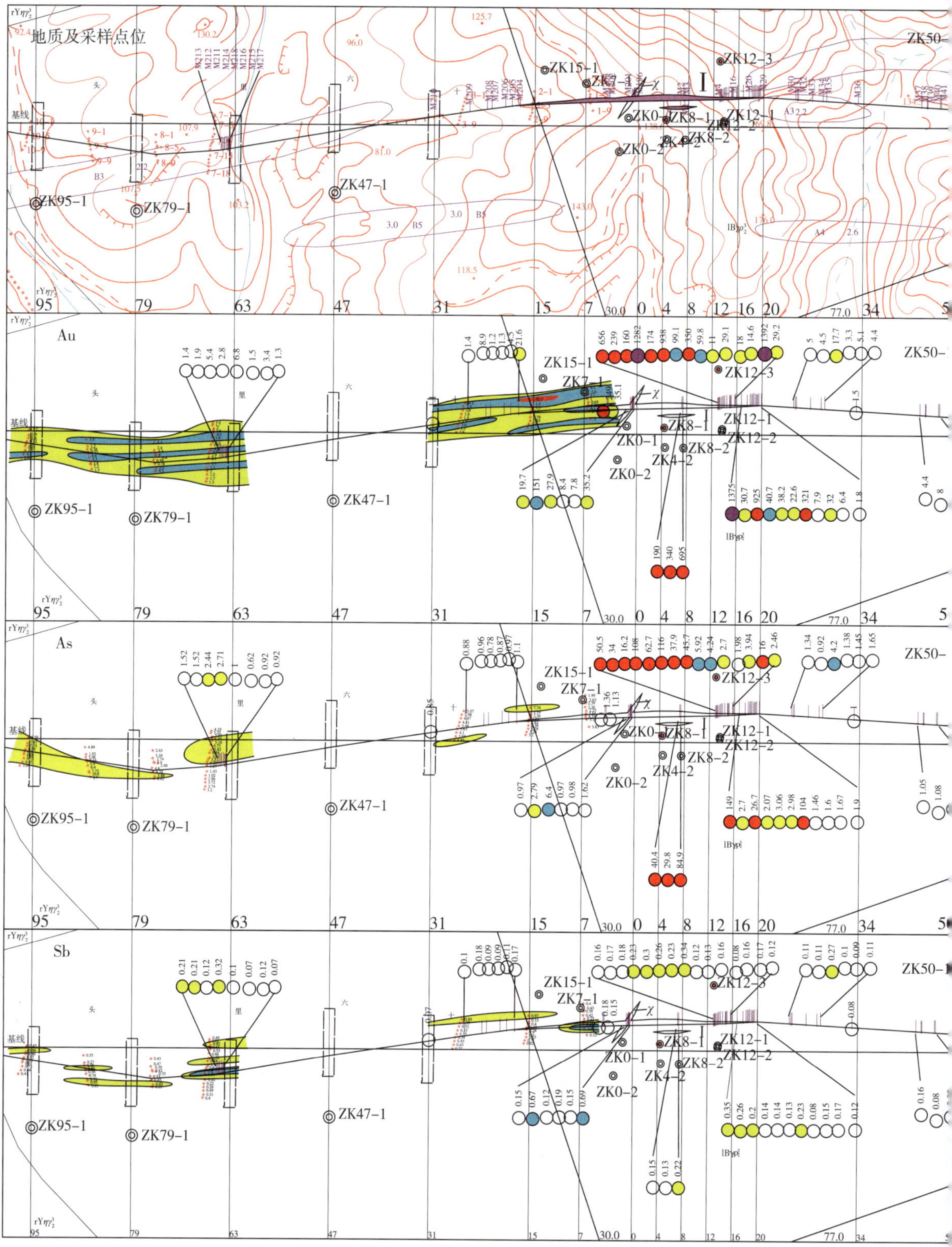

图B.2 山东某矿区Ⅰ号脉金矿中部矿段95-210线构造叠加晕及土壤地球化学异常平面图（缩略示意图）
（据李德亮等，2013）

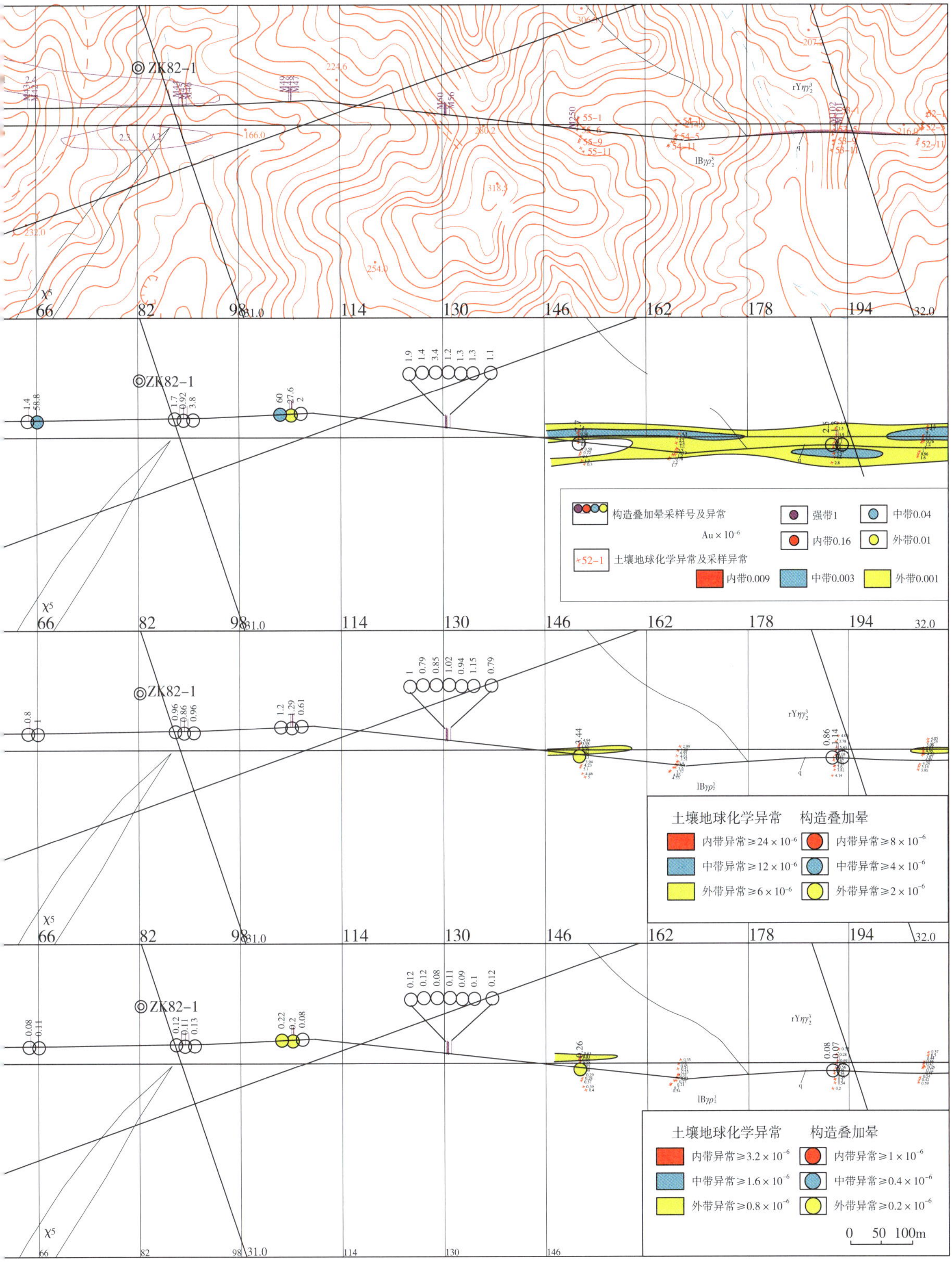
ZK82-1
66
82
98
31.0
114
130
146
162
178
194
32.0
构造叠加晕采样号及异常
强带1
中带0.04
Au × 10⁻⁶
内带0.16
外带0.01
52-1
土壤地球化学异常及采样异常
内带0.009
中带0.003
外带0.001
土壤地球化学异常
构造叠加晕
内带异常≥24 × 10⁻⁶
内带异常≥8 × 10⁻⁶
中带异常≥12 × 10⁻⁶
中带异常≥4 × 10⁻⁶
外带异常≥6 × 10⁻⁶
外带异常≥2 × 10⁻⁶
土壤地球化学异常
构造叠加晕
内带异常≥3.2 × 10⁻⁶
内带异常≥1 × 10⁻⁶
中带异常≥1.6 × 10⁻⁶
中带异常≥0.4 × 10⁻⁶
外带异常≥0.8 × 10⁻⁶
外带异常≥0.2 × 10⁻⁶
0 50 100m

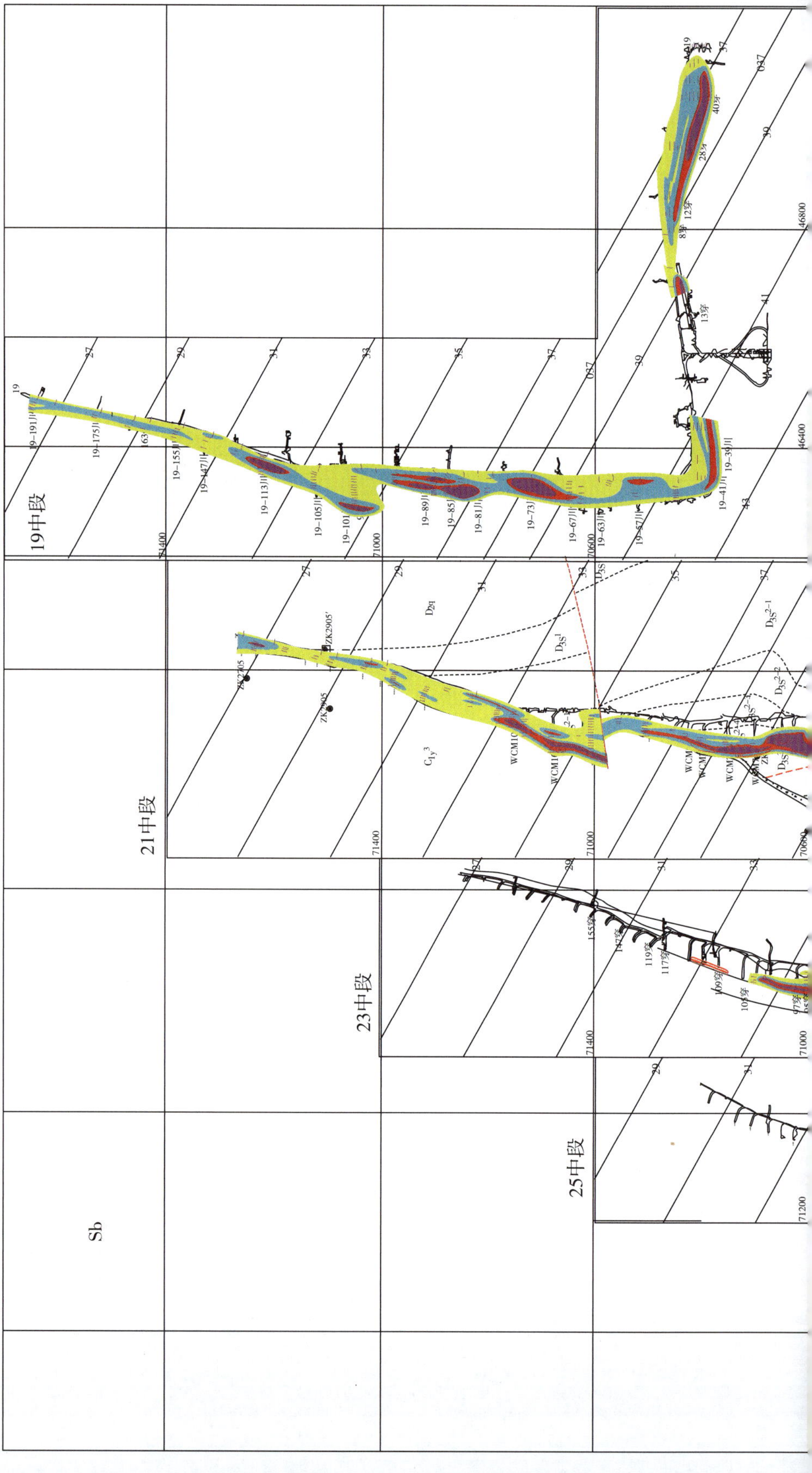
19中段
21中段
23中段
25中段
Sb

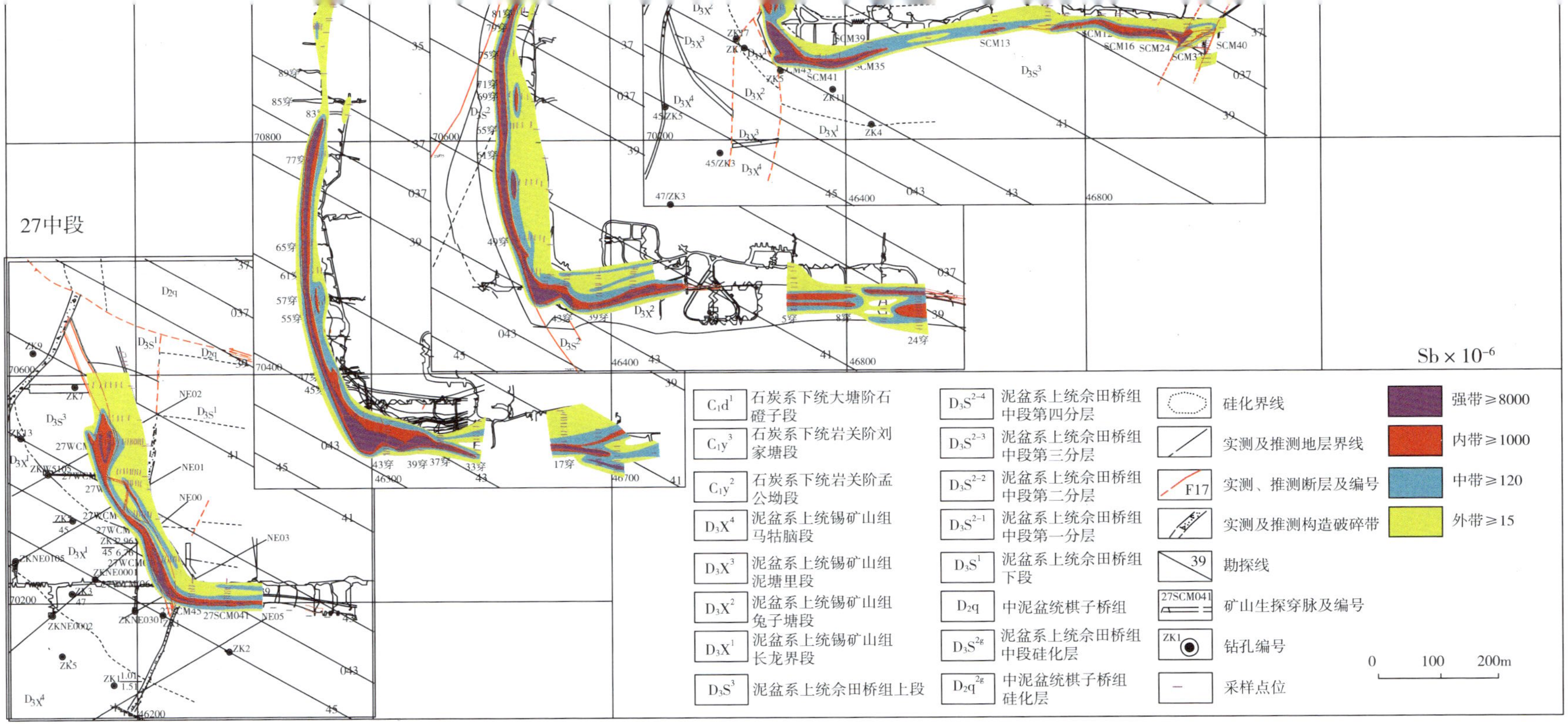

图B.3 湖南锡矿山锑矿不同中段Sb构造叠加晕对比平面图（缩略示意图）

（据马久菊等，2012）

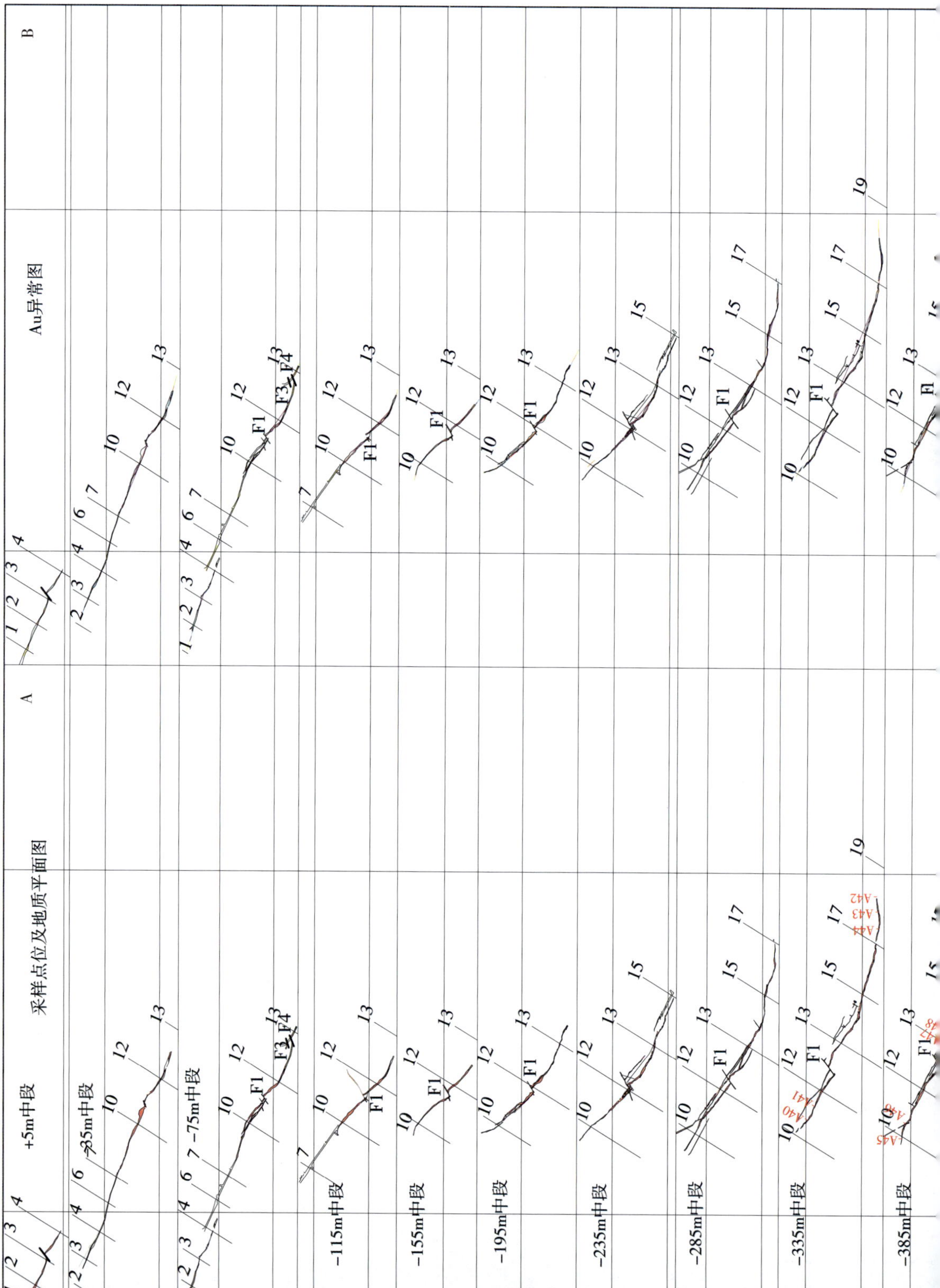
采样点位及地质平面图
Au异常图
A
B
+5m中段
-35m中段
-75m中段
-115m中段
-155m中段
-195m中段
-235m中段
-285m中段
-335m中段
-385m中段
F1
F3
F4

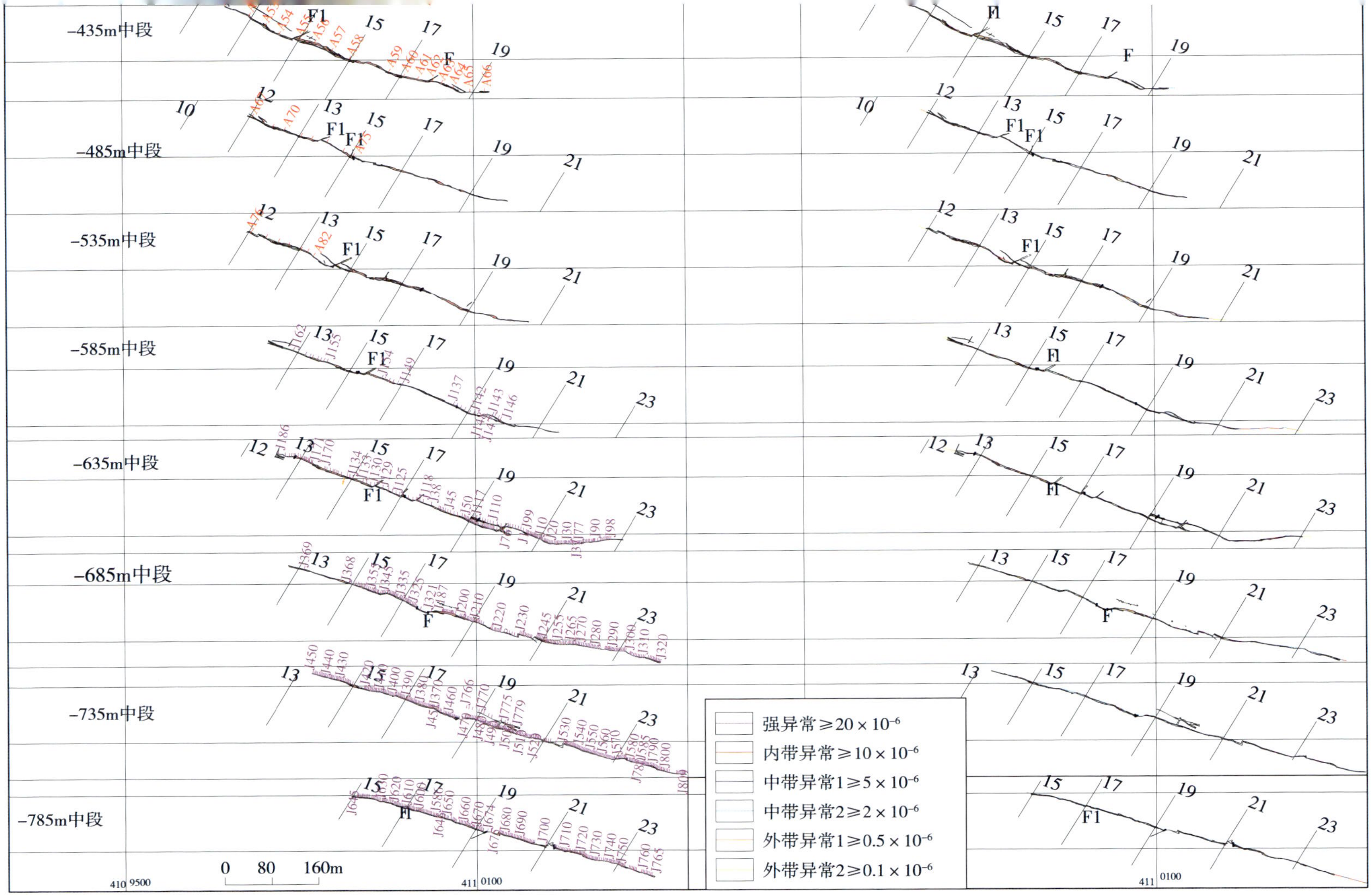

图B.4　金青顶石英脉型金矿体Ⅱ号矿体（A）不同中段采样位置地质平面图及（B）Au造叠加晕对比平面图（缩略示意图）
（据李德亮等，2010）

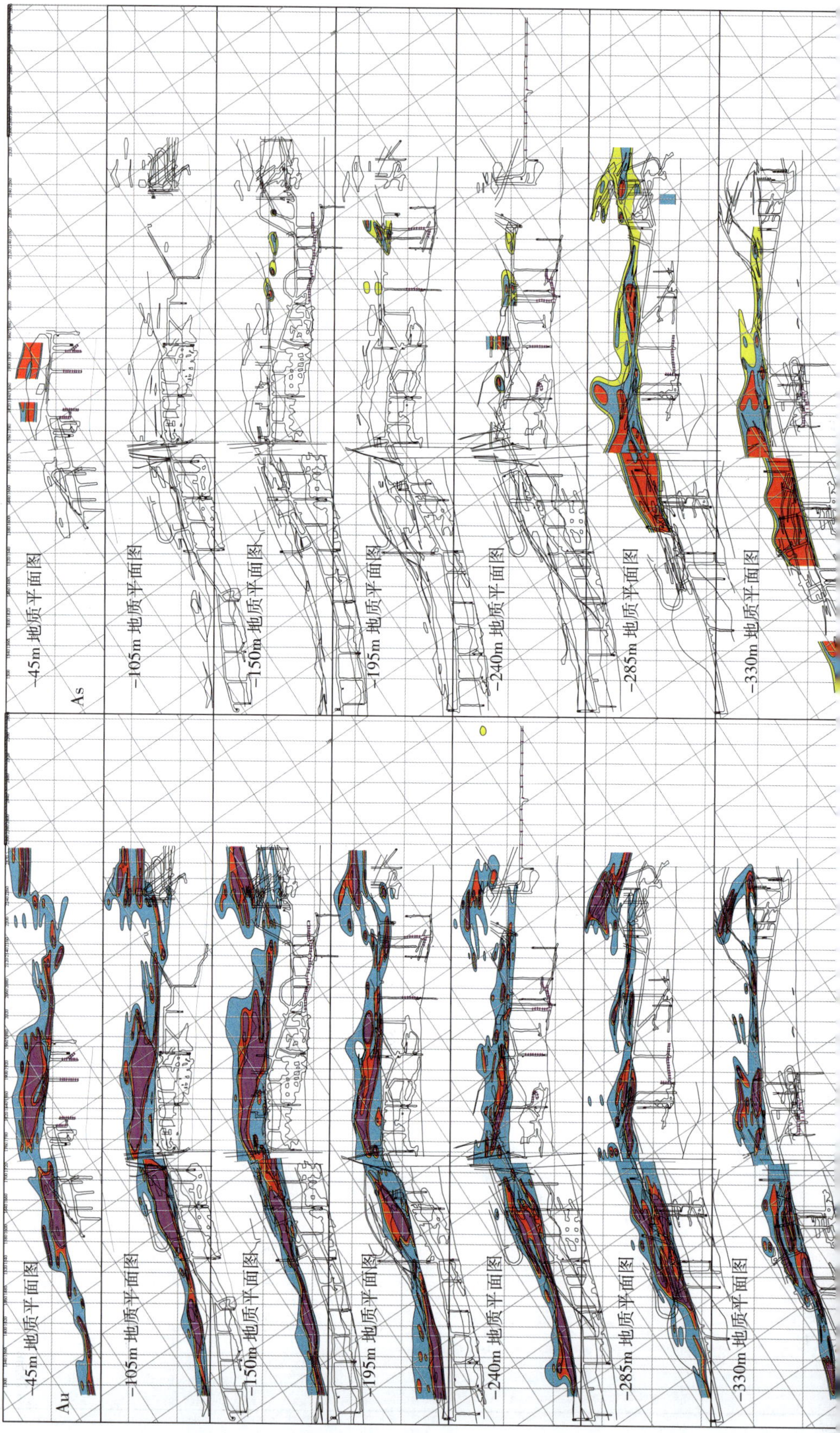

As
-45m 地质平面图
-105m 地质平面图
-150m 地质平面图
-195m 地质平面图
-240m 地质平面图
-285m 地质平面图
-330m 地质平面图
Au
-45m 地质平面图
-105m 地质平面图
-150m 地质平面图
-195m 地质平面图
-240m 地质平面图
-285m 地质平面图
-330m 地质平面图

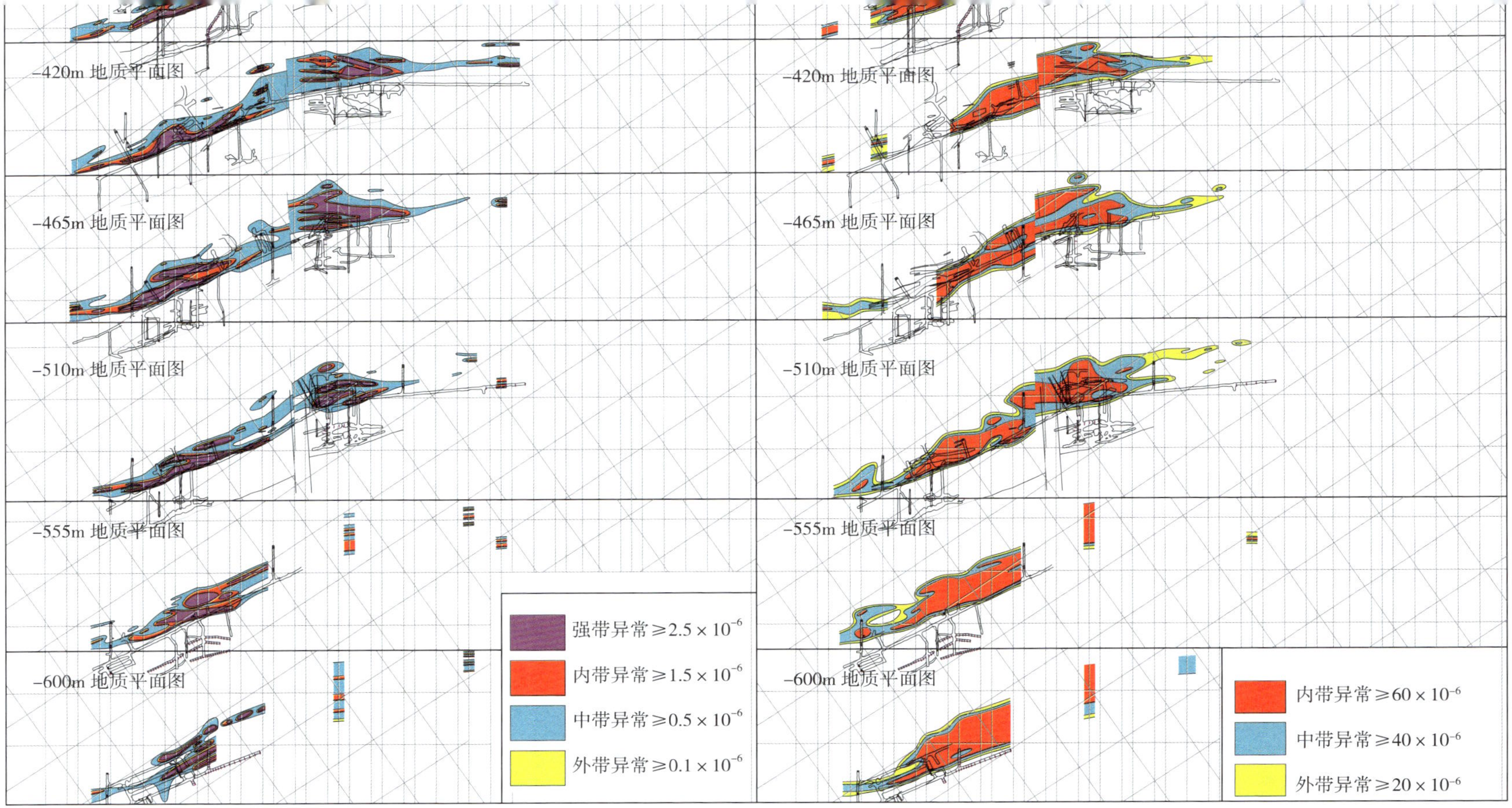

图B.5　山东莱州三山岛蚀变岩型金矿床不同中段构造叠加晕分布对比图（缩略示意图）

（据禹斌等，2008）

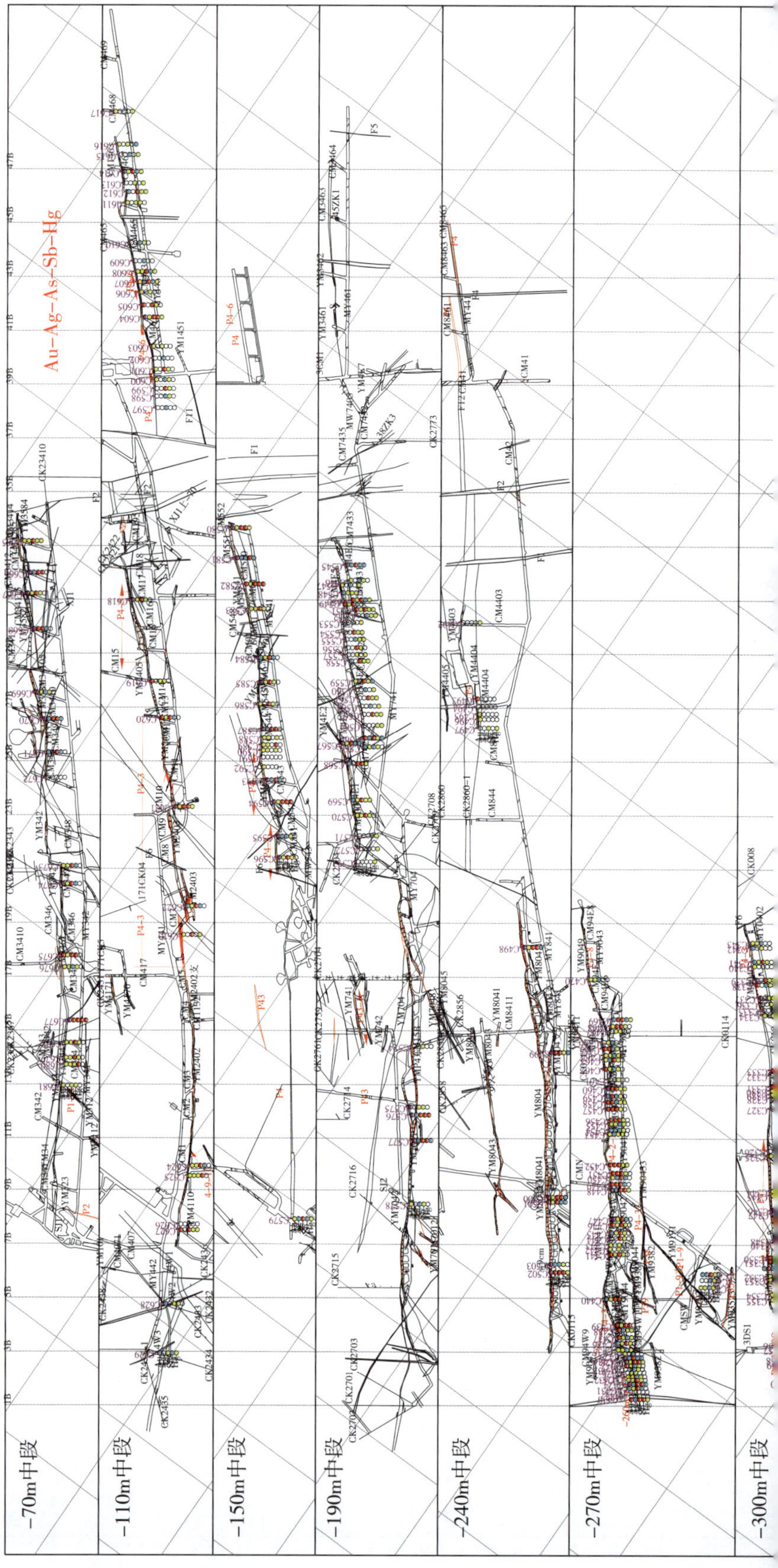
Au-Ag-As-Sb-Hg
-70m中段
-110m中段
-150m中段
-190m中段
-240m中段
-270m中段
-300m中段

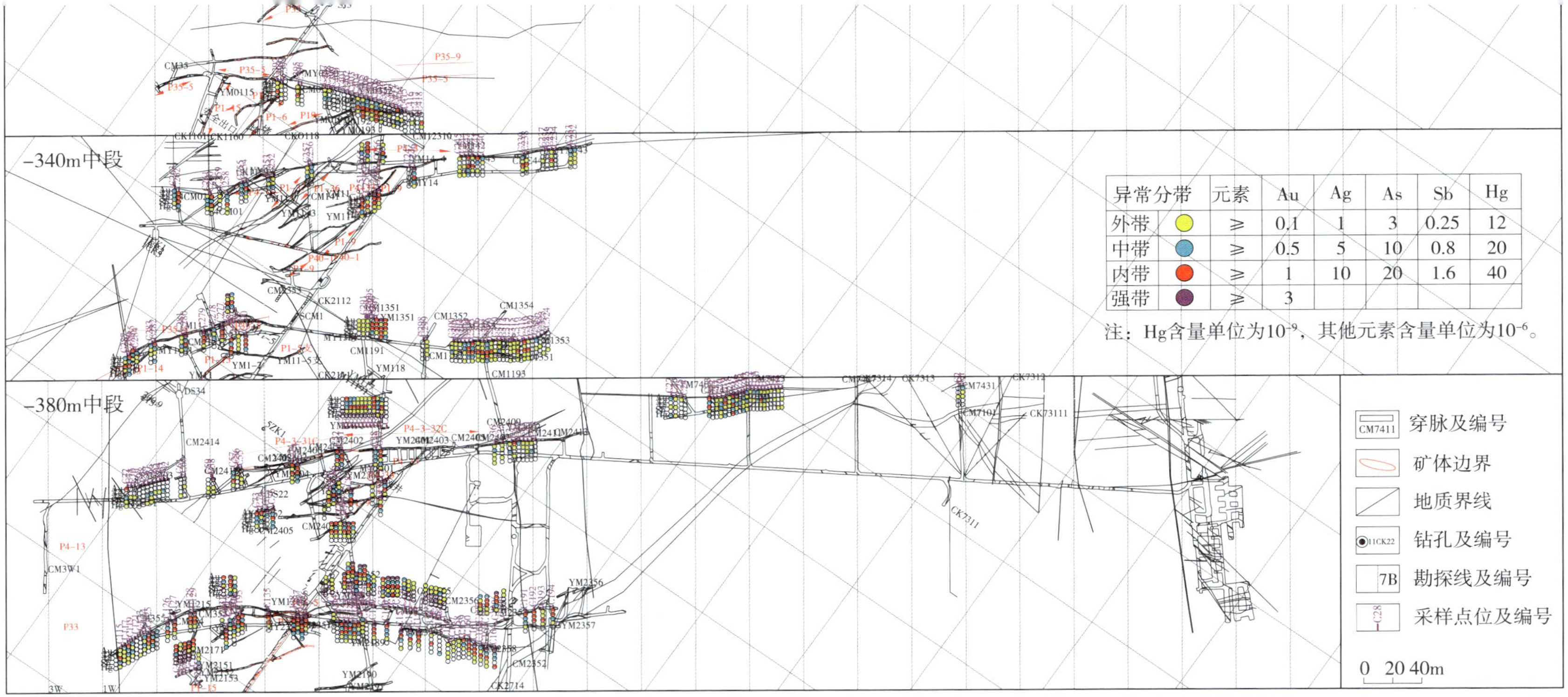

图B.6　山东某脉带型金矿床不同中段构造叠加晕对比图（缩略示意图）

（据李德亮等，2013）

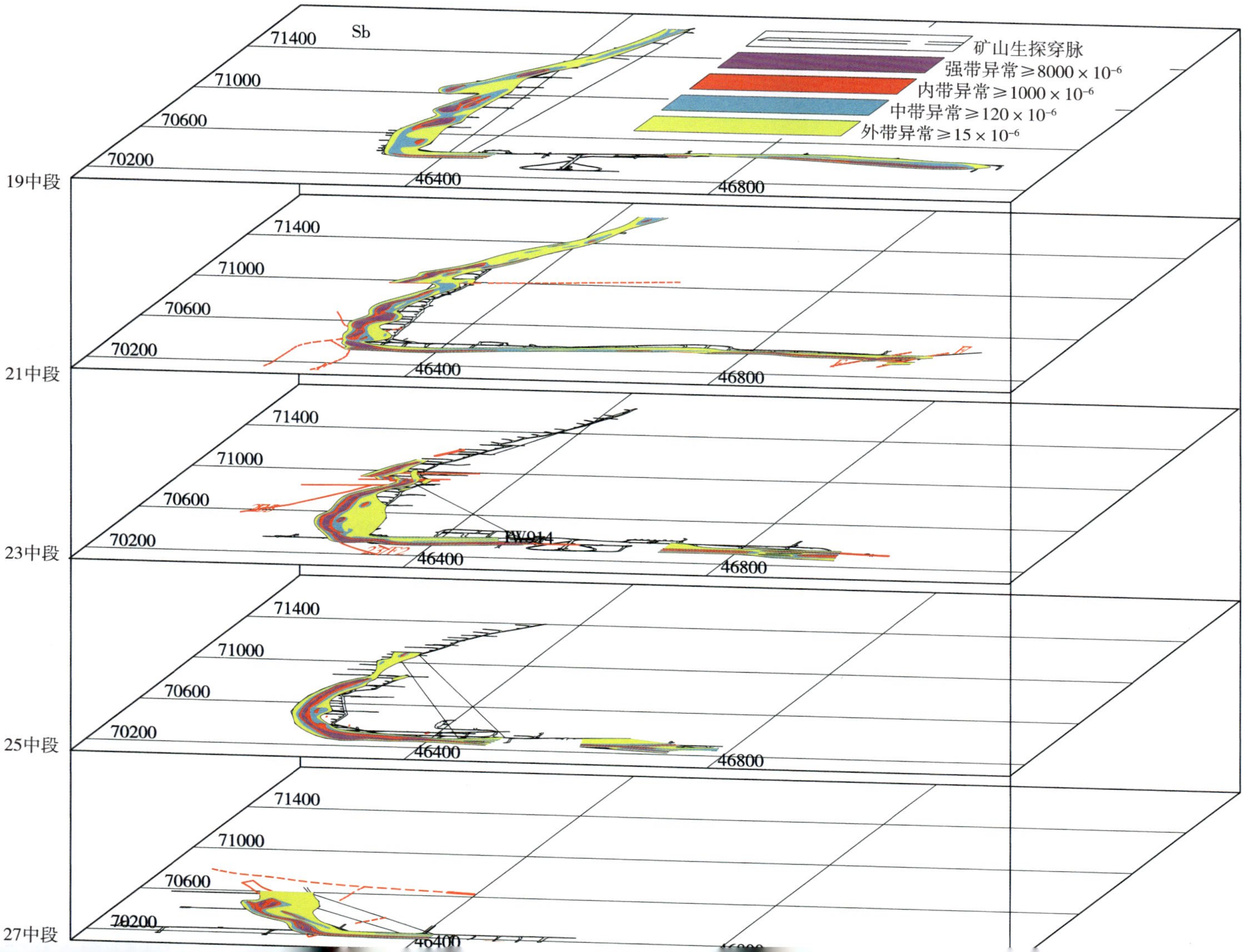
Sb
矿山生探穿脉
强带异常≥8000×10⁻⁶
内带异常≥1000×10⁻⁶
中带异常≥120×10⁻⁶
外带异常≥15×10⁻⁶
71400
71000
70600
70200
46400
46800
19中段
21中段
23中段
25中段
27中段
FW914

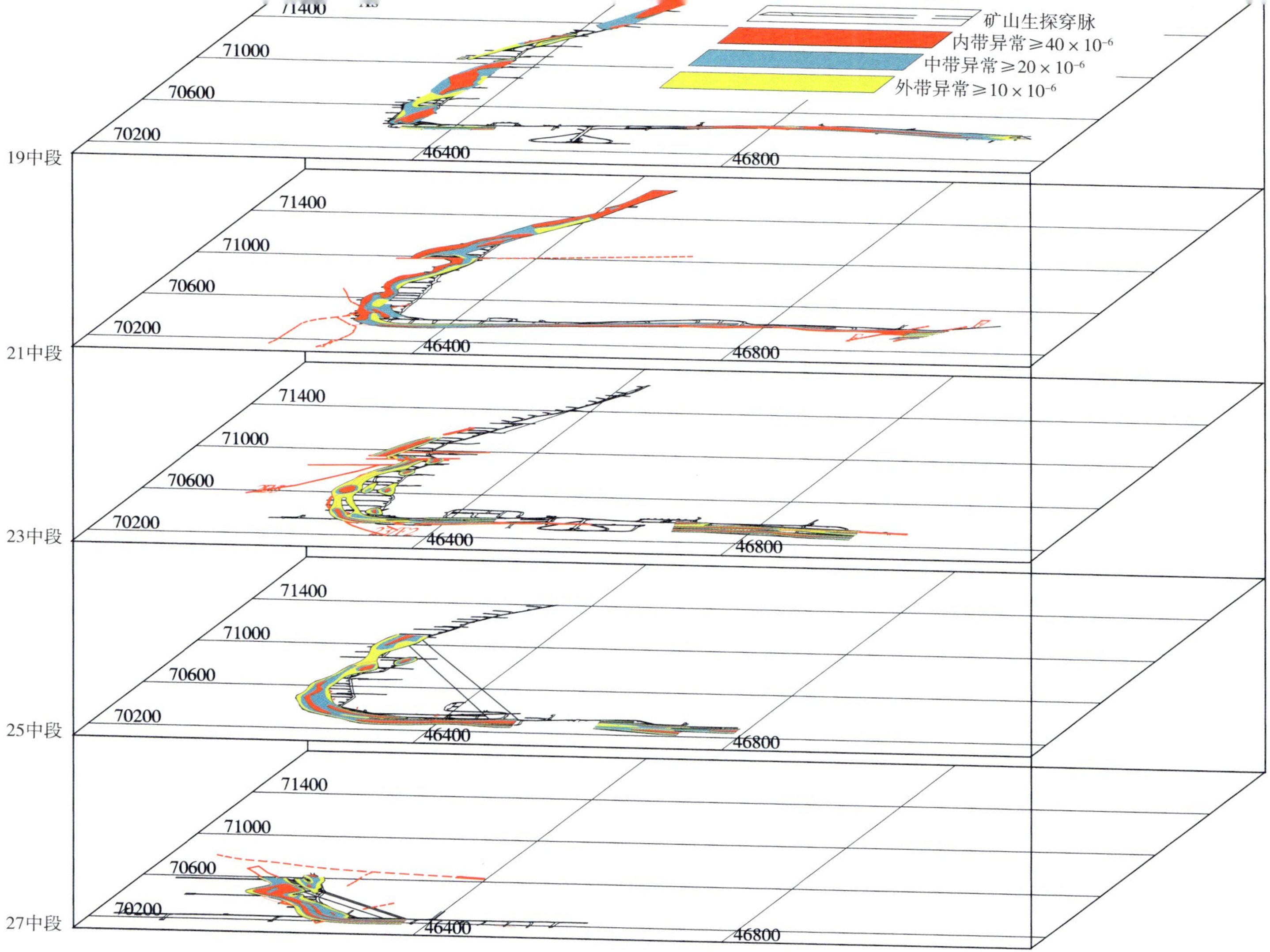

图B.7 湖南锡矿山锑矿床不同中段平面图构造叠加晕立体联合图

（据马久菊等，2012）

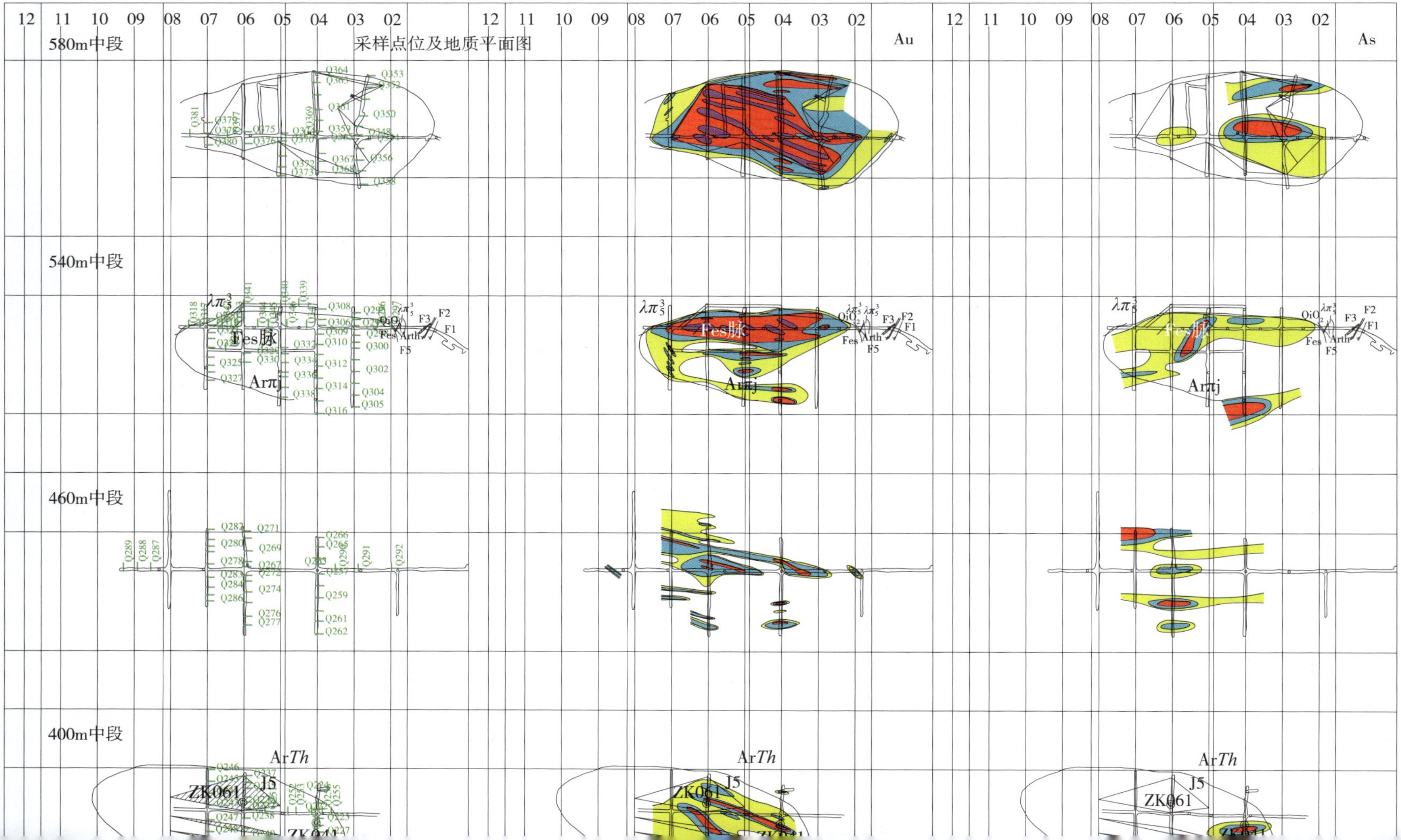

采样点位及地质平面图
Au
As
580m中段
540m中段
460m中段
400m中段
12 11 10 09 08 07 06 05 04 03 02
Fes脉
Arπj
ArTh
ZK061
J5
F1
F2
F3
F5

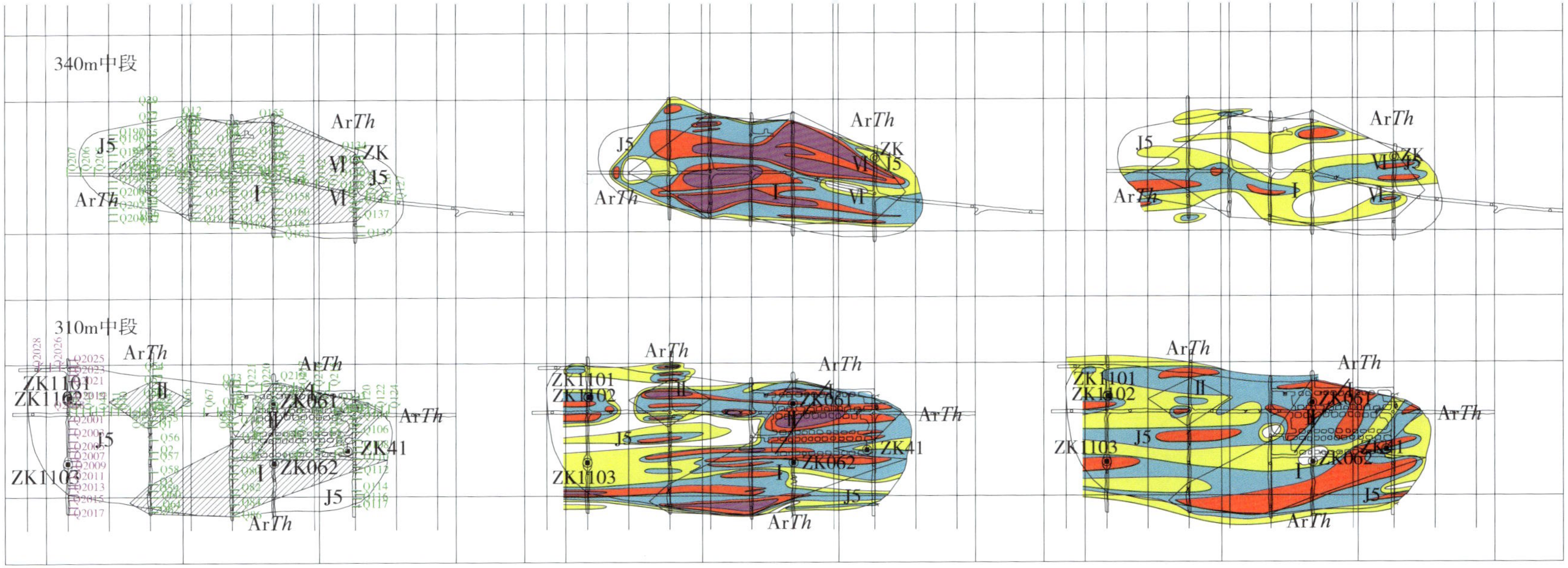

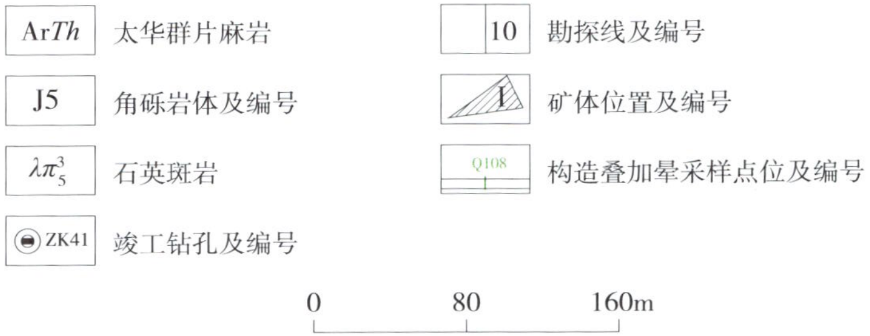

异常分带		元素	Au	As	Sb	Hg	B	Ag	Cu
外带	（黄色）	≥	0.5	1	0.5	50	10	0.5	100
中带	（蓝色）	≥	1	5	1	100	20	1	200
内带	（红色）	≥	2.5	10	2	150	40	2	400
强带	（紫色）	≥	5						
异常分带		元素	Pb	Zn	Bi	Mo	Mn	Co	
外带	（黄色）	≥	100	100	10	10	1000	20	
中带	（蓝色）	≥	200	200	20	20	2000	40	
内带	（红色）	≥	400	400	40	40	4000	80	

注：Hg含量单位为10^{-9}，其他元素含量单位为10^{-6}。

图B.8　河南祁雨沟角砾岩筒金矿床不同中段平面图及构造叠加晕对比图（缩略示意图）
（据禹斌等，2009）

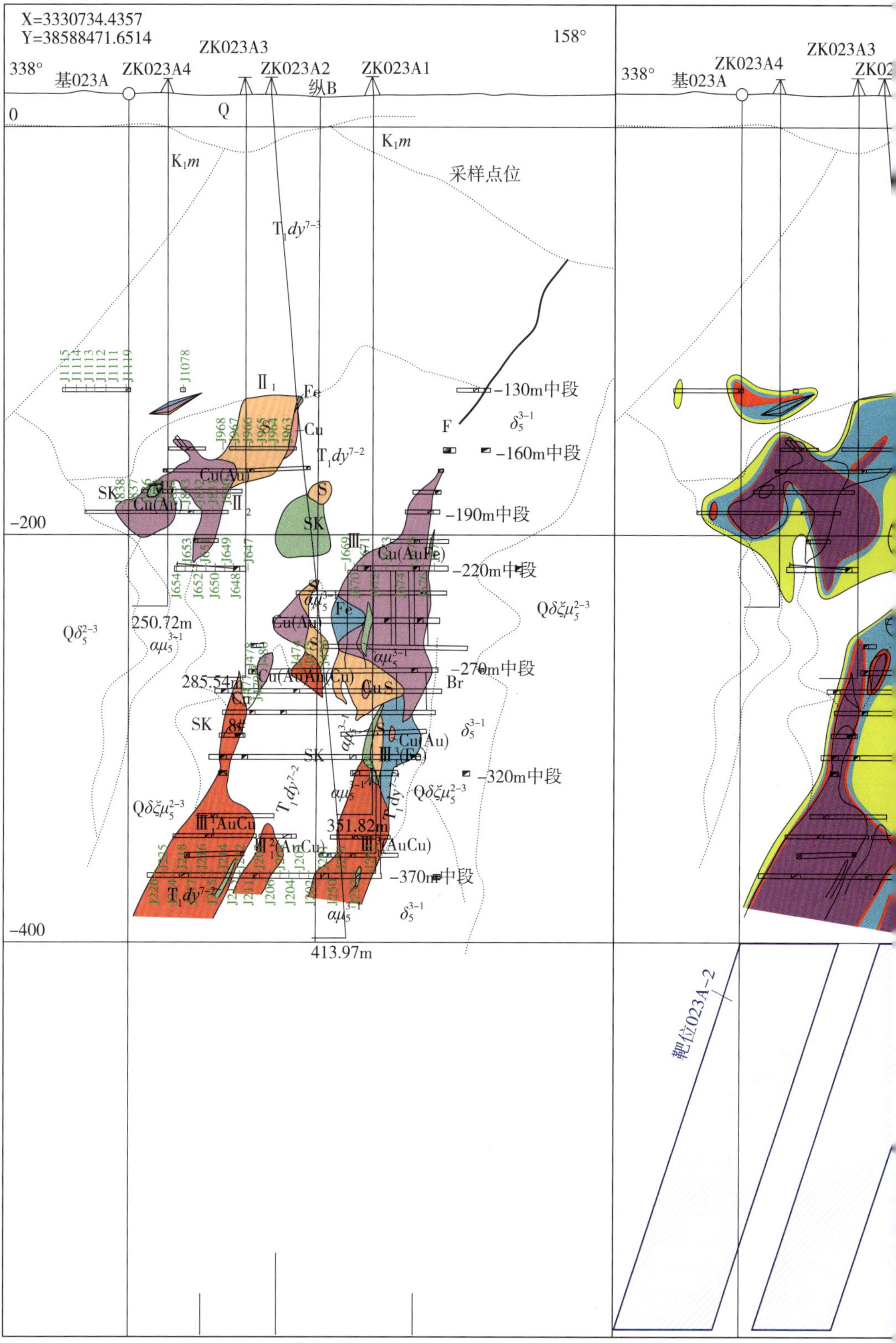

图B.9　湖北大冶鸡冠咀矽卡岩型铜金矿床线构造叠加晕及预测靶位剖面图（缩略示意图）

（据禹斌和李惠，2009）

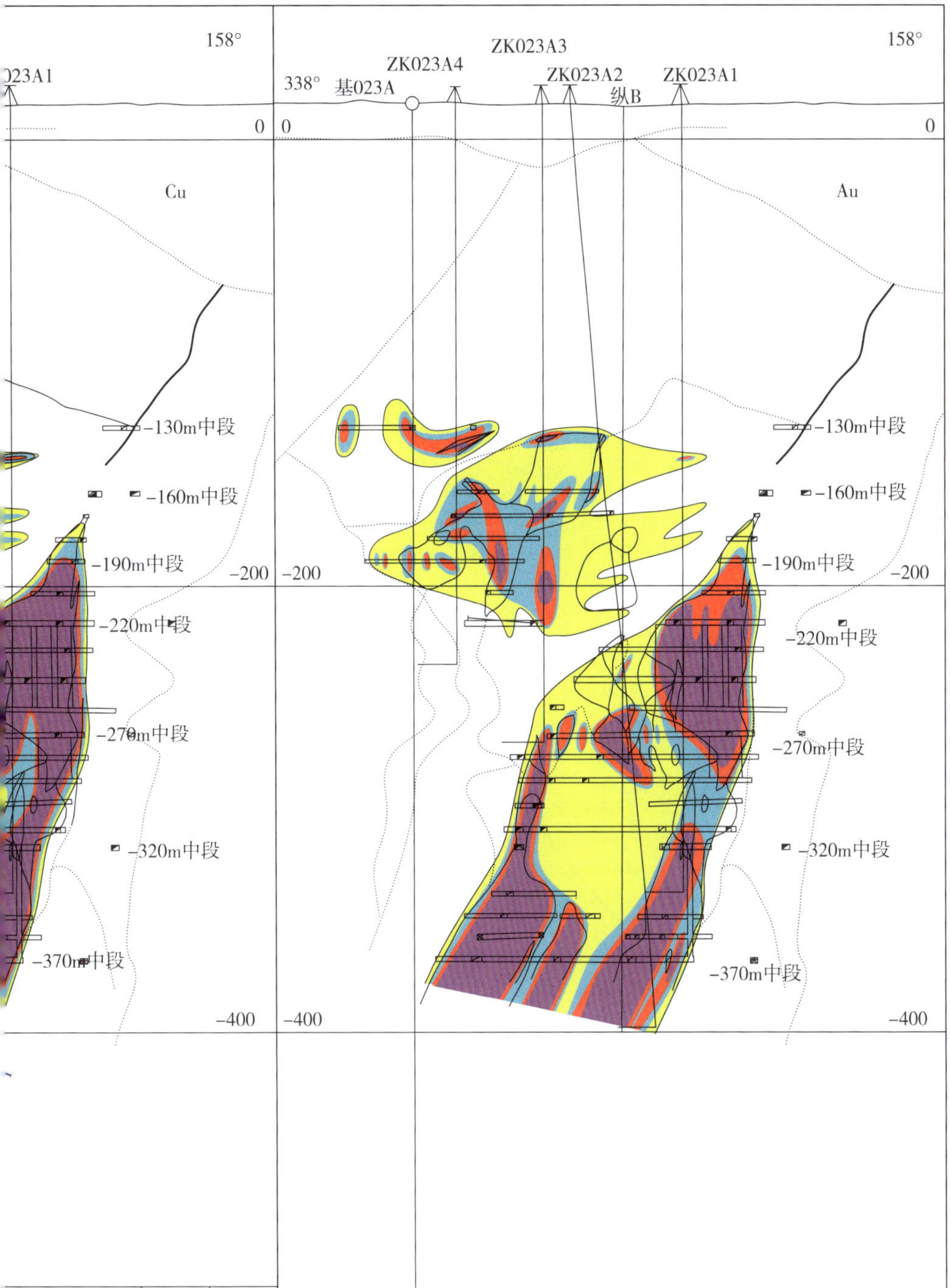

异常分带		元素	Cu
外带		≥	350
中带		≥	700
内带		≥	1500
强带		≥	3000

异常分带		元素	Au
外带		≥	0.1
中带		≥	0.5
内带		≥	1
强带		≥	2.5

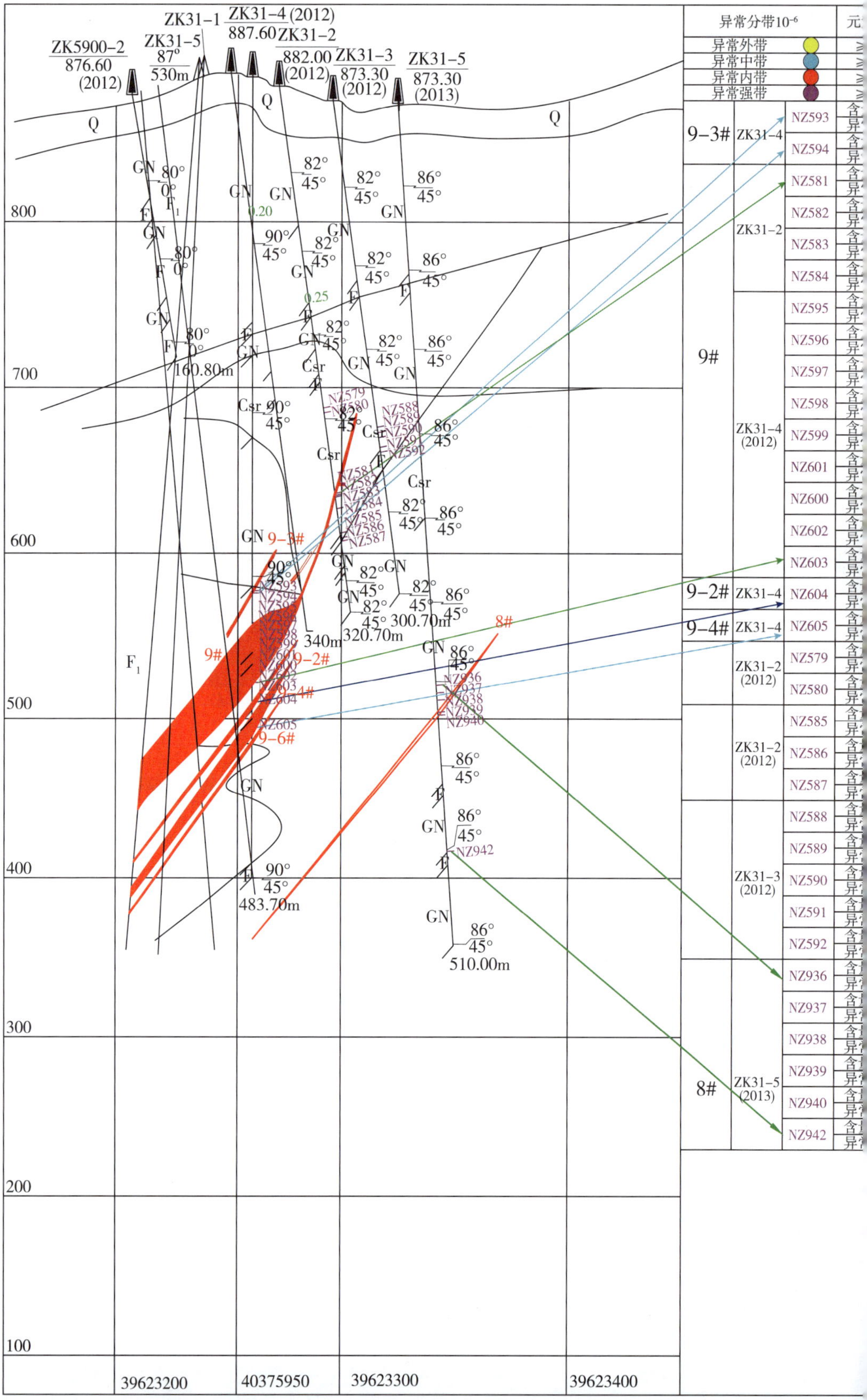

图B.10　内蒙古某破碎带金矿床31线构造叠加晕剖面图（缩略示意图）

（据李德亮等，2014）

As	Sb	Hg	B	Ag	Cu	Pb	Zn	Bi	Mo	Mn	Co	Ni	V	Ti	W	Sn
2.4	0.12	10	9	0.3	45	20	80	0.3	3	600	20	45	250	5000	5	4
7	0.5	20	18	1	90	40	160	1.2	6	1200	40	90	500	10000	10	8
15	1	40	36	5	180	80	320	3.6	12	2500	80	180				
1.57	0.22	11.1	8.00	0.23	109	26.6	113	0.31	3.40	1947	91.2	24.8	333	35169	10.6	2.12
75.9	0.69	10.2	7.90	0.46	141	26.6	152	0.26	4.36	1550	78.0	22.7	256	22494	13.2	1.76
71.8	0.96	11.8	9.30	0.20	52.1	20.7	99.2	0.28	11.0	341	19.5	73.9	144	3068	0.57	1.36
94.9	1.73	14.1	10.5	0.32	172	25.0	71.5	0.31	9.53	567	42.2	57.4	245	5325	1.55	1.92
60.2	1.20	14.6	5.40	0.16	82.9	21.3	101	0.19	6.71	1195	41.5	59.9	311	5947	1.64	1.81
14.3	1.44	13.7	8.80	0.23	30.4	13.7	61.5	0.28	31.2	548	20.7	40.9	205	6099	2.42	1.54
2.91	0.26	11.4	10.5	0.15	46.3	21.2	142	0.14	2.38	1850	79.8	38.2	503	35756	14.8	4.13
20.1	5.67	26.6	10.2	0.31	50.1	16.3	103	0.24	95.6	1861	63.7	39.7	363	23551	20.5	5.31
140	4.92	19.8	9.60	0.40	28.8	68.5	271	0.24	106	2065	75.5	37.9	637	36226	22.6	4.75
24.9	0.57	13.5	7.80	0.48	22.9	19.7	42.9	0.077	16.8	443	11.3	14.3	38.3	2056	2.03	1.45
2.44	0.27	10.5	7.60	0.12	6.79	17.5	16.8	0.050	2.87	250	5.48	4.36	27.9	1844	0.93	1.01
104	1.97	26.0	7.00	0.16	8.15	10.0	23.8	0.062	6.59	330	6.51	2.50	47.9	2353	2.71	1.11
2.18	0.24	11.2	7.00	0.18	6.70	16.8	24.1	0.070	3.78	366	6.27	2.81	33.0	1985	2.30	1.34
1.22	0.10	12.4	10.8	0.31	12.2	13.6	31.7	0.061	0.91	576	17.1	7.98	90.7	6850	1.73	1.83
109	2.17	38.4	9.50	0.087	5.78	13.9	16.1	0.091	31.9	536	4.31	2.50	16.4	1452	1.25	1.31
0.61	0.094	15.1	6.50	0.10	7.66	19.6	20.3	0.061	2.06	334	5.87	4.12	25.1	1879	0.79	1.61
0.72	0.075	13.2	6.30	0.29	34.0	28.5	41.7	0.37	1.56	597	14.0	7.75	70.7	3635	1.78	1.40
2.03	0.11	9.65	9.52	0.18	51.7	23.6	60.0	0.28	2.89	398	14.8	49.5	108	2958	4.24	1.79
2.17	0.11	9.86	9.17	0.11	36.9	12.8	80.7	0.18	3.08	488	9.08	38.0	68.6	2079	2.35	1.45
1.36	0.27	11.9	5.20	0.13	77.4	16.8	66.9	0.32	2.84	836	43.8	34.9	240	12167	2.32	2.38
4.31	0.13	15.2	6.10	0.079	12.1	13.5	81.9	0.17	1.88	2130	20.9	27.3	225	8306	2.30	2.12
17.8	0.94	17.2	7.90	0.086	34.5	23.4	68.4	0.17	11.8	1249	17.1	22.1	125	2799	1.04	1.30
2.17	0.069	10.8	10.4	0.14	48.1	17.0	63.7	0.28	4.39	208	14.4	74.4	147	755	1.46	1.49
1.99	0.082	10.9	9.06	0.15	62.5	15.0	72.3	0.32	4.68	246	21.2	95.6	165	2690	1.70	1.68
0.50	0.054	12.1	10.0	0.11	77.8	13.9	112	0.35	3.60	184	17.5	88.4	161	907	1.57	1.55
9.01	0.13	10.5	9.54	0.064	24.8	13.5	75.8	0.069	2.85	422	17.0	43.8	131	3611	2.82	1.00
45.3	0.50	10.7	8.20	0.080	63.7	12.2	59.4	0.13	6.15	428	19.1	71.6	133	2860	3.07	1.10
8.41	0.18	11.5	8.05	0.087	18.0	29.6	122	0.056	1.90	1189	23.9	12.9	201	5627	1.63	1.94
1.06	0.13	9.06	8.55	0.086	24.6	12.9	75.6	0.058	1.48	805	18.4	15.5	143	4783	0.95	1.72
0.89	0.15	10.0	8.55	0.12	28.3	15.6	102	0.064	1.50	949	23.7	11.9	178	6306	1.79	1.94
1.76	0.20	10.4	8.45	0.66	36.3	15.4	70.3	0.77	3.22	825	24.8	11.7	150	5313	2.45	2.06
1.06	0.12	11.6	8.85	1.11	36.0	20.8	63.0	3.01	1.18	746	21.8	14.1	127	5567	3.73	2.13
0.91	0.25	13.1	8.05	0.25	44.8	21.5	128	0.77	1.73	1258	36.9	28.0	266	10417	2.38	2.78

Q 第四系黄土、残坡积层

Mb 大理岩

Csr 含石墨云母蚀变岩

GN 斜长角闪片麻岩

δμ 闪长玢岩

Qv 硅化带及石英脉

4# 矿体及编号

F 断层构造破碎带

ZK12-6 / 890.50 钻孔位置 孔号/高程

NZ756 采样点位及编号

85° / 30° 倾角/方位角 位置

0 80m

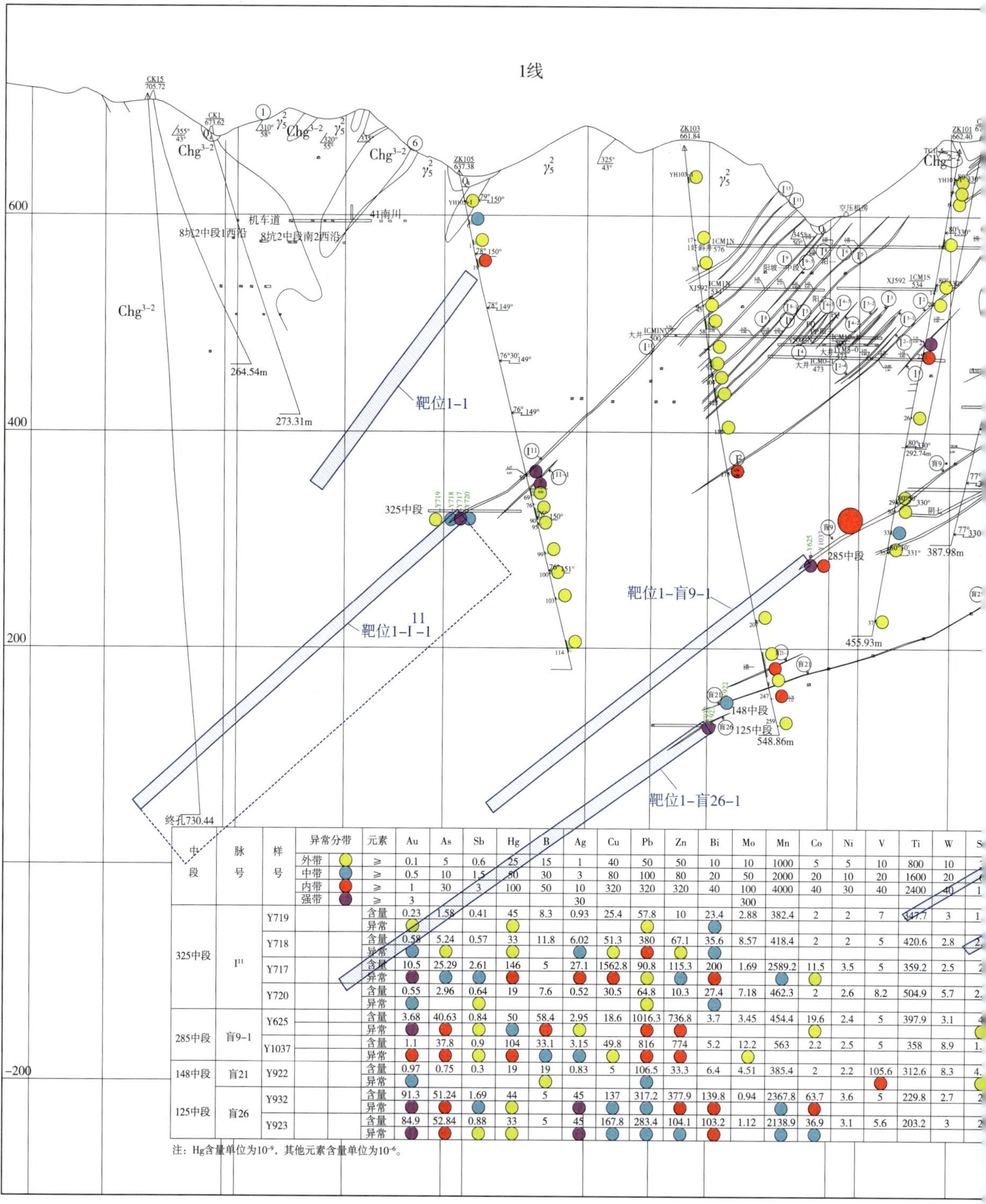

中段	脉号	样号	异常分带	元素	Au	As	Sb	Hg	B	Ag	Cu	Pb	Zn	Bi	Mo	Mn	Co	Ni	V	Ti	W
			外带	≥	0.1	5	0.6	25	15	1	40	50	50	10	10	1000	5	5	10	800	10
			中带	≥	0.5	10	1.5	50	30	3	80	100	80	20	50	2000	20	10	20	1600	20
			内带	≥	1	30	3	100	50	10	320	320	320	40	100	4000	40	30	40	2400	40
			强带	≥	3					30					300						
325中段	I11	Y719		含量	0.23	1.58	0.41	45	8.3	0.93	25.4	57.8	10	23.4	2.88	382.4	2	2	7	347.7	3
				异常	外			外				外		中							
		Y718		含量	0.58	5.24	0.57	33	11.8	6.02	51.3	380	67.1	35.6	8.57	418.4	2	2	5	420.6	2.8
				异常	中	外		外		中	外	内	外	中							
		Y717		含量	10.5	25.29	2.61	146	5	27.1	1562.8	90.8	115.3	200	1.69	2589.2	11.5	3.5	5	359.2	2.5
				异常	强	中	中	内		内	内	外	中	内		中	外				
		Y720		含量	0.55	2.96	0.64	19	7.6	0.52	30.5	64.8	10.3	27.4	7.18	462.3	2	2.6	8.2	504.9	5.7
				异常	中		外					外		中							
285中段	盲9-1	Y625		含量	3.68	40.63	0.84	50	58.4	2.95	18.6	1016.3	736.8	3.7	3.45	454.4	19.6	2.4	5	397.9	3.1
				异常	强	内	外	中	内	外		内	内				外				
		Y1037		含量	1.1	37.8	0.9	104	33.1	3.15	49.8	816	774	5.2	12.2	563	2.2	2.5	5	358	8.9
				异常	内	内	外	内	中	中	外	内	内		外						
148中段	盲21	Y922		含量	0.97	0.75	0.3	19	19	0.83	5	106.5	33.3	6.4	4.51	385.4	2	2.2	105.6	312.6	8.3
				异常	中				外			中							内		
125中段	盲26	Y932		含量	91.3	51.24	1.69	44	5	45	137	317.2	377.9	139.8	0.94	2367.8	63.7	3.6	5	229.8	2.7
				异常	强	内	中	外		强	中	中	内	内		中	内				
		Y923		含量	84.9	52.84	0.88	33	5	45	167.8	283.4	104.1	103.2	1.12	2138.9	36.9	3.1	5.6	203.2	3
				异常	强	内	外	外		强	中	中	中	内		中	中				

注：Hg含量单位为10^{-9}，其他元素含量单位为10^{-6}。

图B.11　河北某脉带型金矿床1-2线构造叠加晕及预测靶位剖面图（缩略示意图）

（据李德亮等，2009）

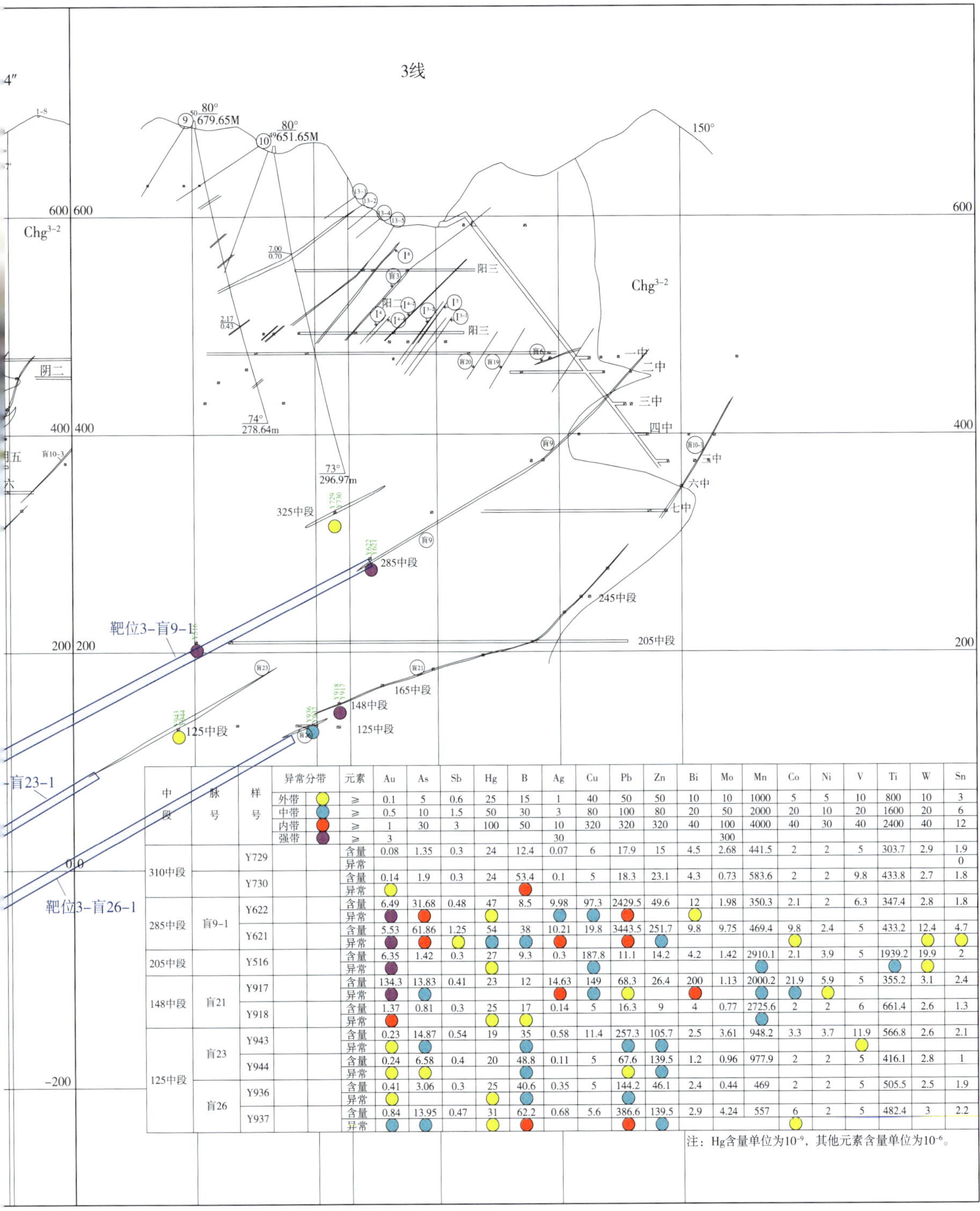

中段	脉号	样号	异常分带	元素	Au	As	Sb	Hg	B	Ag	Cu	Pb	Zn	Bi	Mo	Mn	Co	Ni	V	Ti	W	Sn
			外带	≥	0.1	5	0.6	25	15	1	40	50	50	10	10	1000	5	5	10	800	10	3
			中带	≥	0.5	10	1.5	50	30	3	80	100	80	20	50	2000	20	10	20	1600	20	6
			内带	≥	1	30	3	100	50	10	320	320	320	40	100	4000	40	30	40	2400	40	12
			强带	≥	3					30					300							
310中段		Y729		含量	0.08	1.35	0.3	24	12.4	0.07	6	17.9	15	4.5	2.68	441.5	2	2	5	303.7	2.9	1.9
				异常																		0
		Y730		含量	0.14	1.9	0.3	24	53.4	0.1	5	18.3	23.1	4.3	0.73	583.6	2	2	9.8	433.8	2.7	1.8
				异常	外带				内带													
285中段	盲9-1	Y622		含量	6.49	31.68	0.48	47	8.5	9.98	97.3	2429.5	49.6	12	1.98	350.3	2.1	2	6.3	347.4	2.8	1.8
				异常	强带	内带		外带		中带	中带	内带		外带								
		Y621		含量	5.53	61.86	1.25	54	38	10.21	19.8	3443.5	251.7	9.8	9.75	469.4	9.8	2.4	5	433.2	12.4	4.7
				异常	强带	内带	外带	中带	中带	内带		内带	中带				外带				外带	外带
205中段		Y516		含量	6.35	1.42	0.3	27	9.3	0.3	187.8	11.1	14.2	4.2	1.42	2910.1	2.1	3.9	5	1939.2	19.9	2
				异常	强带			外带			中带					中带				中带	外带	
148中段	盲21	Y917		含量	134.3	13.83	0.41	23	12	14.63	149	68.3	26.4	200	1.13	2000.2	21.9	5.9	5	355.2	3.1	2.4
				异常	强带	中带				内带	中带	外带		内带		中带	中带	外带				
		Y918		含量	1.37	0.81	0.3	25	17	0.14	5	16.3	9	4	0.77	2725.6	2	2	6	661.4	2.6	1.3
				异常	内带			外带	外带							中带						
125中段	盲23	Y943		含量	0.23	14.87	0.54	19	35	0.58	11.4	257.3	105.7	2.5	3.61	948.2	3.3	3.7	11.9	566.8	2.6	2.1
				异常	外带	中带			中带			中带	中带						外带			
		Y944		含量	0.24	6.58	0.4	20	48.8	0.11	5	67.6	139.5	1.2	0.96	977.9	2	2	5	416.1	2.8	1
				异常	外带	外带			中带			外带	中带									
	盲26	Y936		含量	0.41	3.06	0.3	25	40.6	0.35	5	144.2	46.1	2.4	0.44	469	2	2	5	505.5	2.5	1.9
				异常	外带			外带	中带			中带										
		Y937		含量	0.84	13.95	0.47	31	62.2	0.68	5.6	386.6	139.5	2.9	4.24	557	6	2	5	482.4	3	2.2
				异常	中带	中带		外带	内带			内带	中带				外带					

注：Hg含量单位为10^{-9}，其他元素含量单位为10^{-6}。

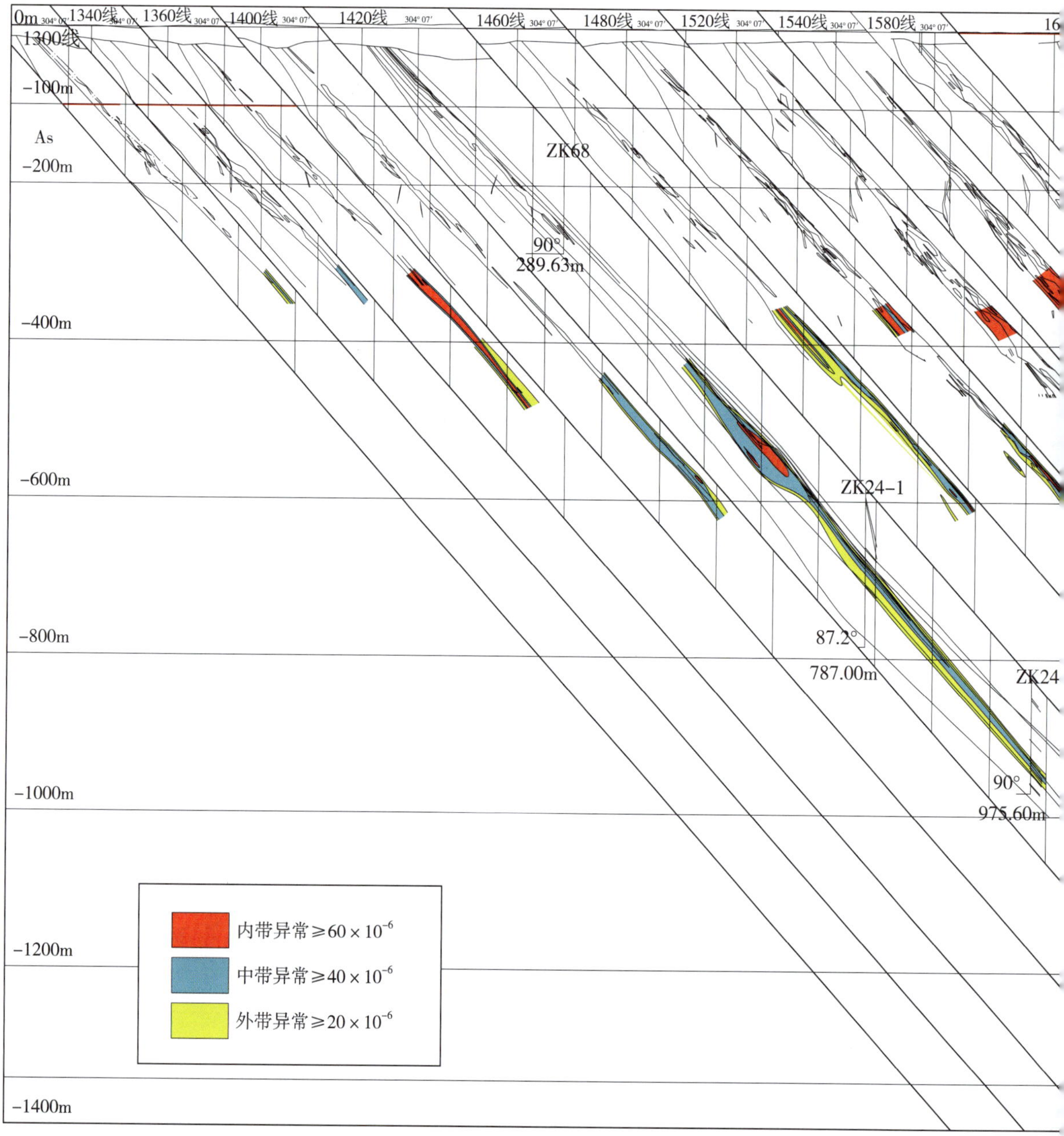

图B.12　山东三山岛蚀变岩型金矿床不同剖面As构造叠加晕对比图（缩略示意图）

（据禹斌等，2009）

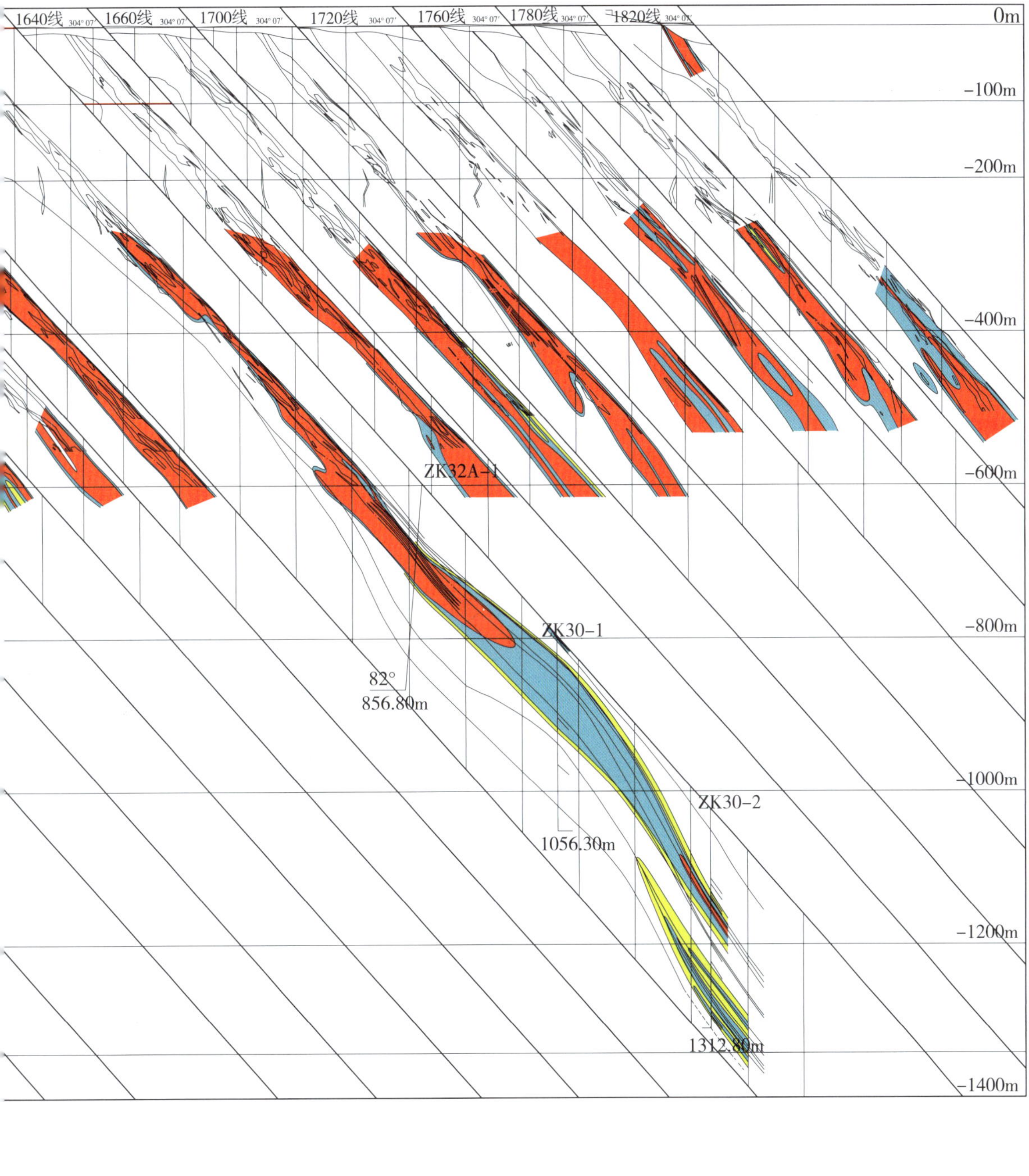

1640线 304° 07′
1660线 304° 07′
1700线 304° 07′
1720线 304° 07′
1760线 304° 07′
1780线 304° 07′
1820线 304° 07′
0m
-100m
-200m
-400m
-600m
-800m
-1000m
-1200m
-1400m
ZK32A-1
82°
856.80m
ZK30-1
1056.30m
ZK30-2
1312.80m

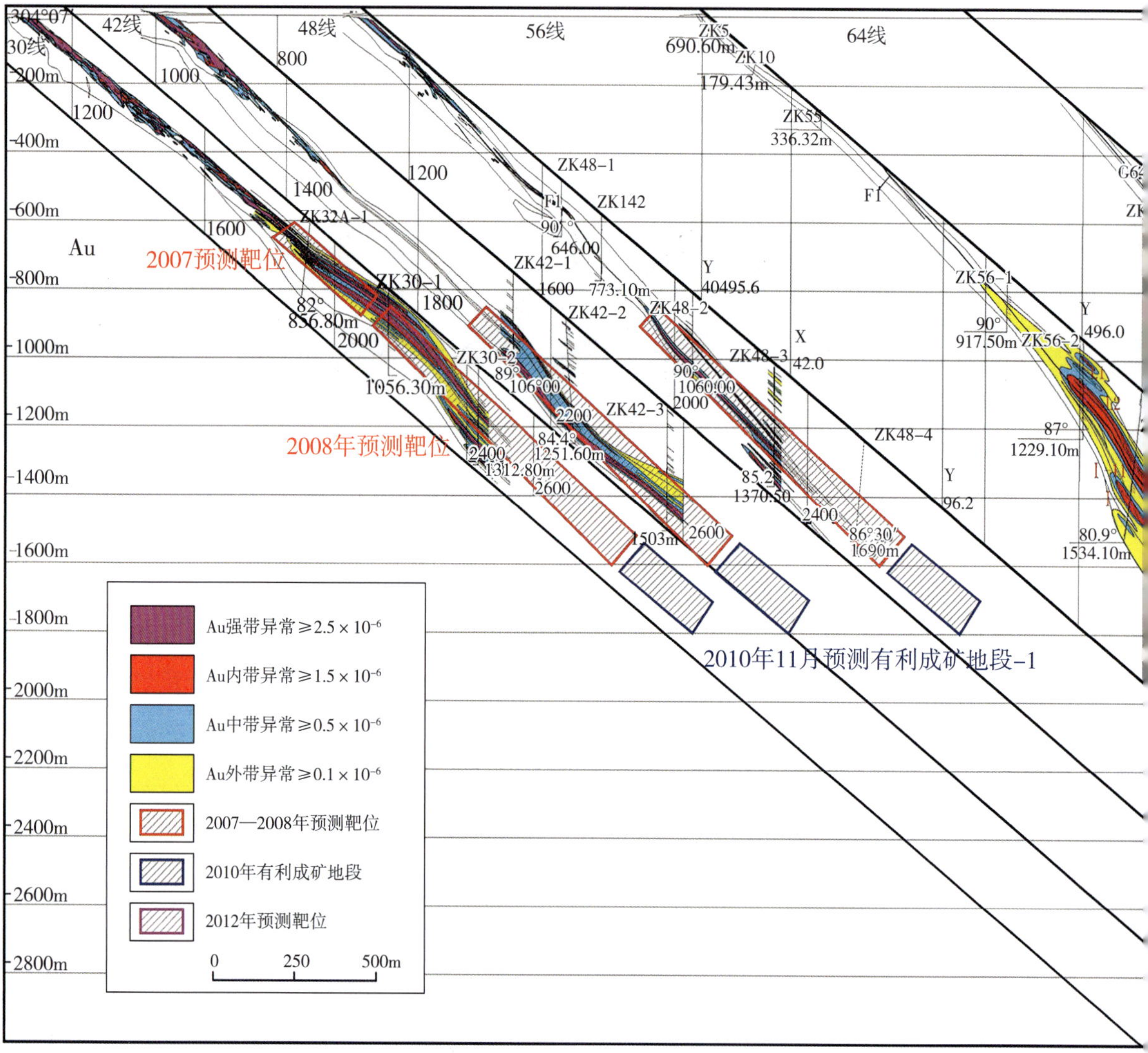

图B.13 山东三山岛蚀变岩型金矿床不同剖面Au构造叠加晕及预测靶位联合图（缩略示意图）

（据禹斌等，2009）

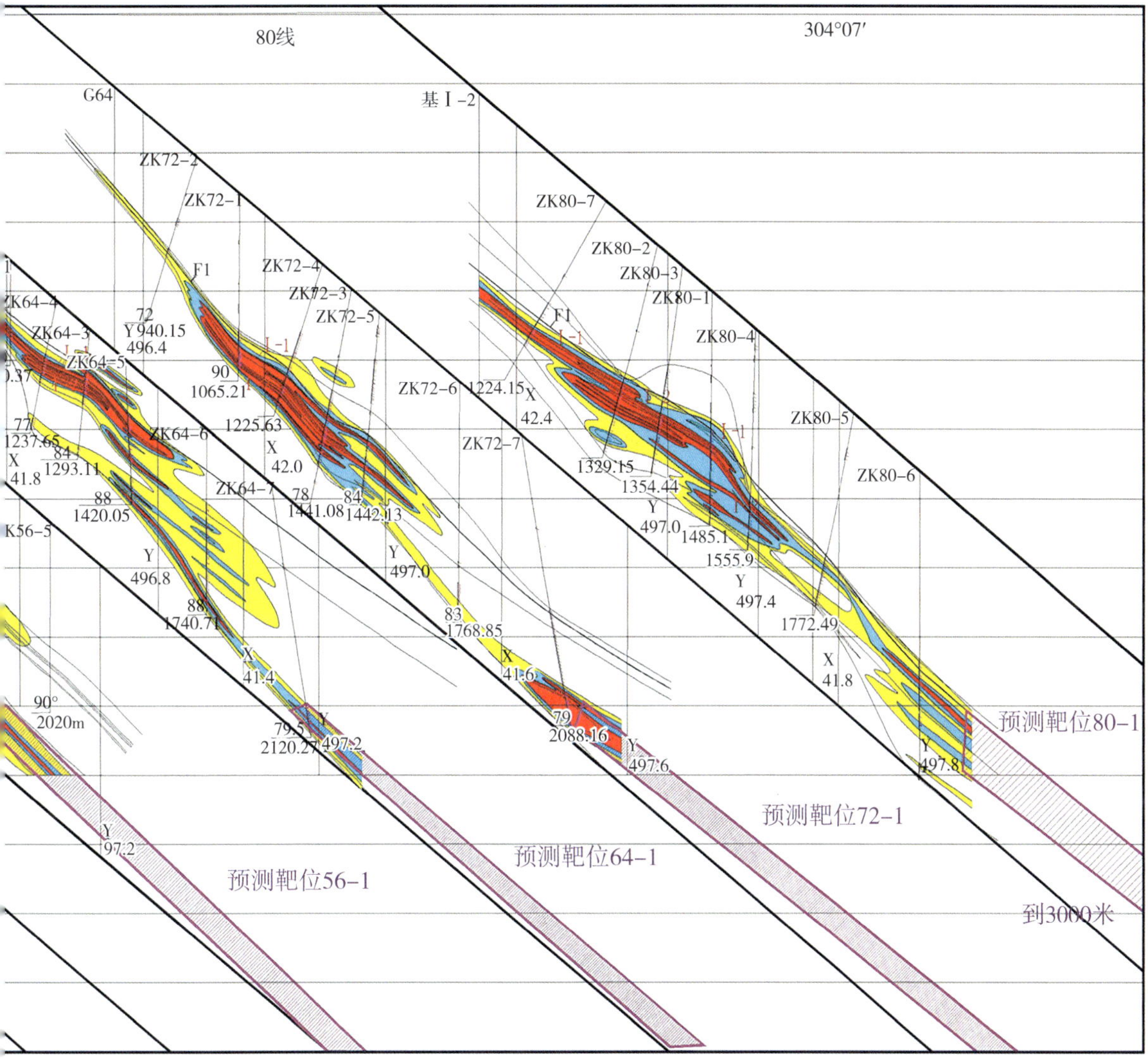

80线
304°07′
G64
基Ⅰ-2
ZK72-2
ZK72-1
ZK80-7
ZK80-2
ZK80-3
ZK80-1
ZK80-4
ZK80-5
ZK80-6
ZK72-4
ZK72-3
ZK72-5
ZK72-6
ZK72-7
ZK64-4
ZK64-3
ZK64-5
ZK64-6
ZK64-7
F1
预测靶位80-1
预测靶位72-1
预测靶位64-1
预测靶位56-1
到3000米

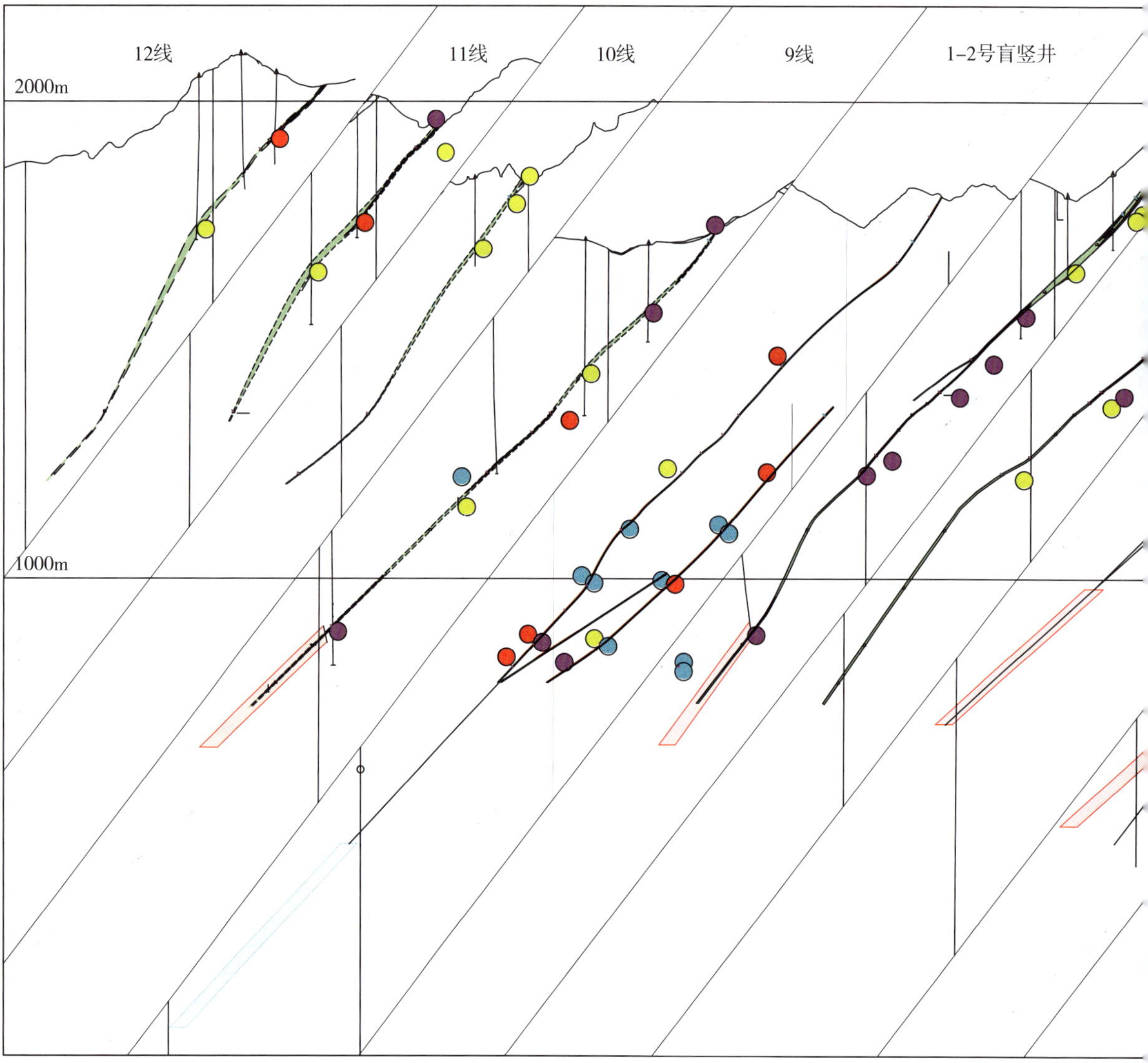

图B.14　河南秦岭杨砦峪石英脉金矿60号脉12-1线剖面Au构造叠加晕及预测靶位联合图
（据李德亮等，2010）

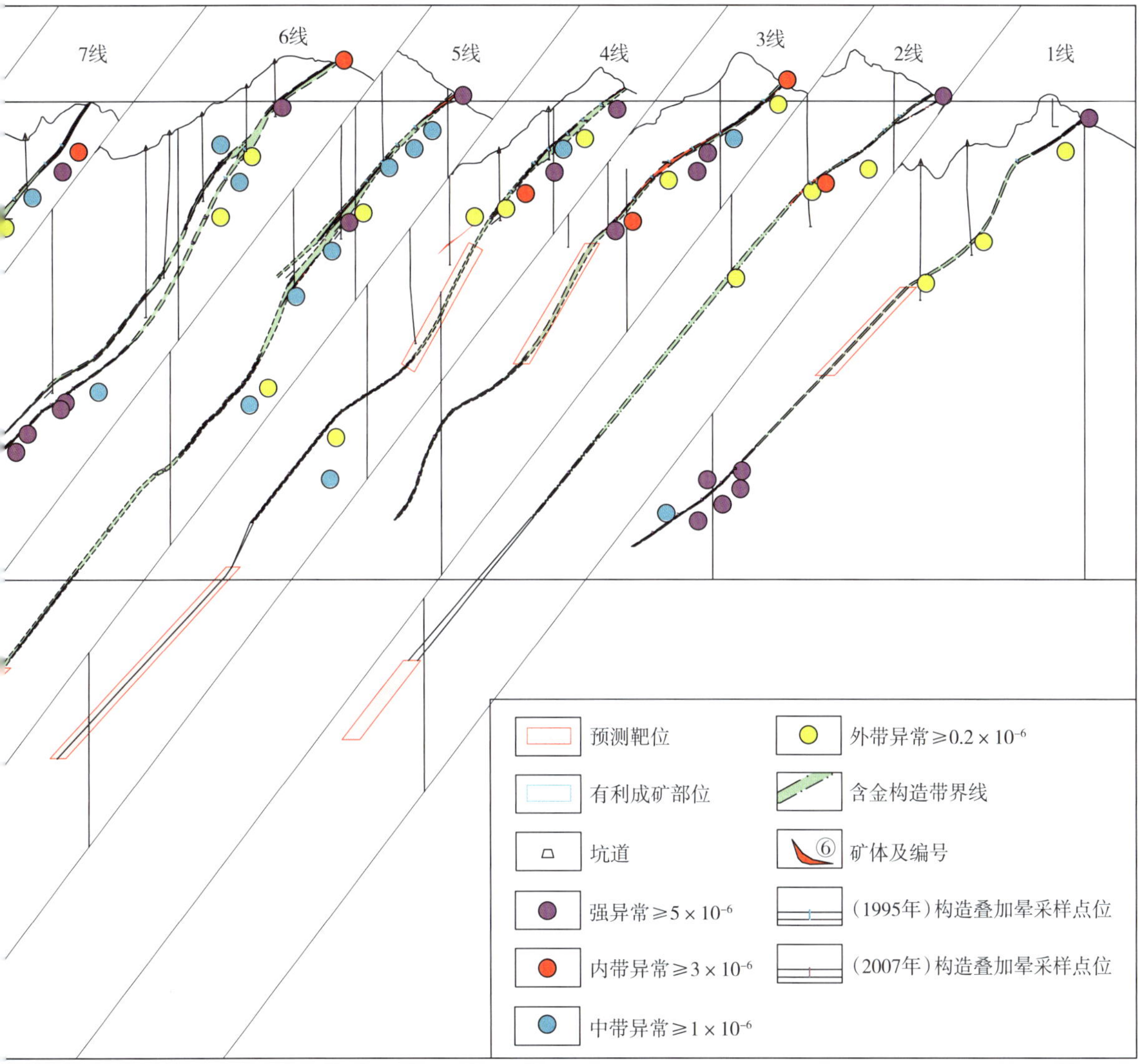

7线
6线
5线
4线
3线
2线
1线
预测靶位
有利成矿部位
坑道
强异常≥5×10⁻⁶
内带异常≥3×10⁻⁶
中带异常≥1×10⁻⁶
外带异常≥0.2×10⁻⁶
含金构造带界线
⑥
矿体及编号
(1995年)构造叠加晕采样点位
(2007年)构造叠加晕采样点位

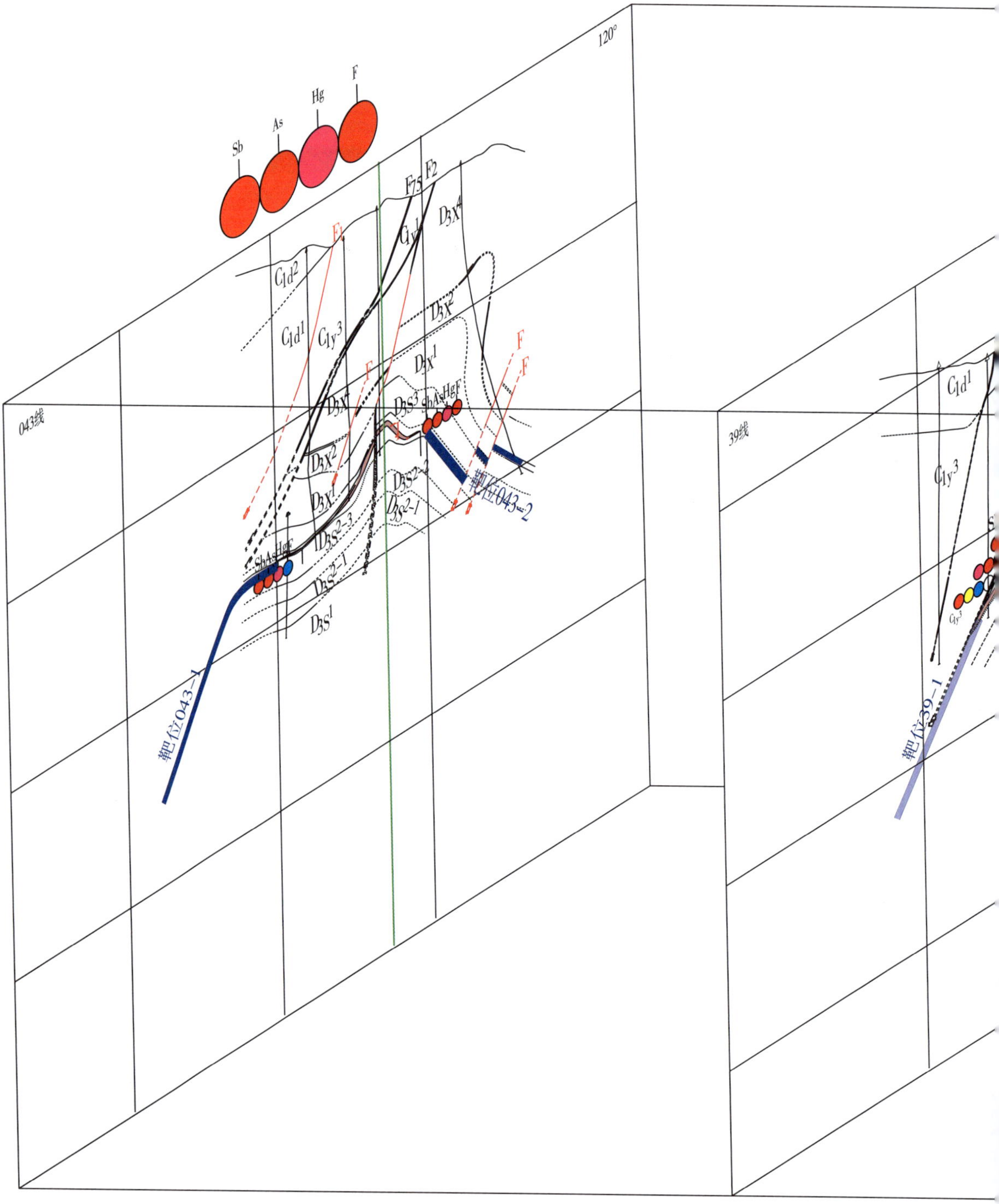

图B.15　湖南锡矿山锑矿不同剖面构造叠加晕及预测靶位联合图
（据马久菊等，2012）

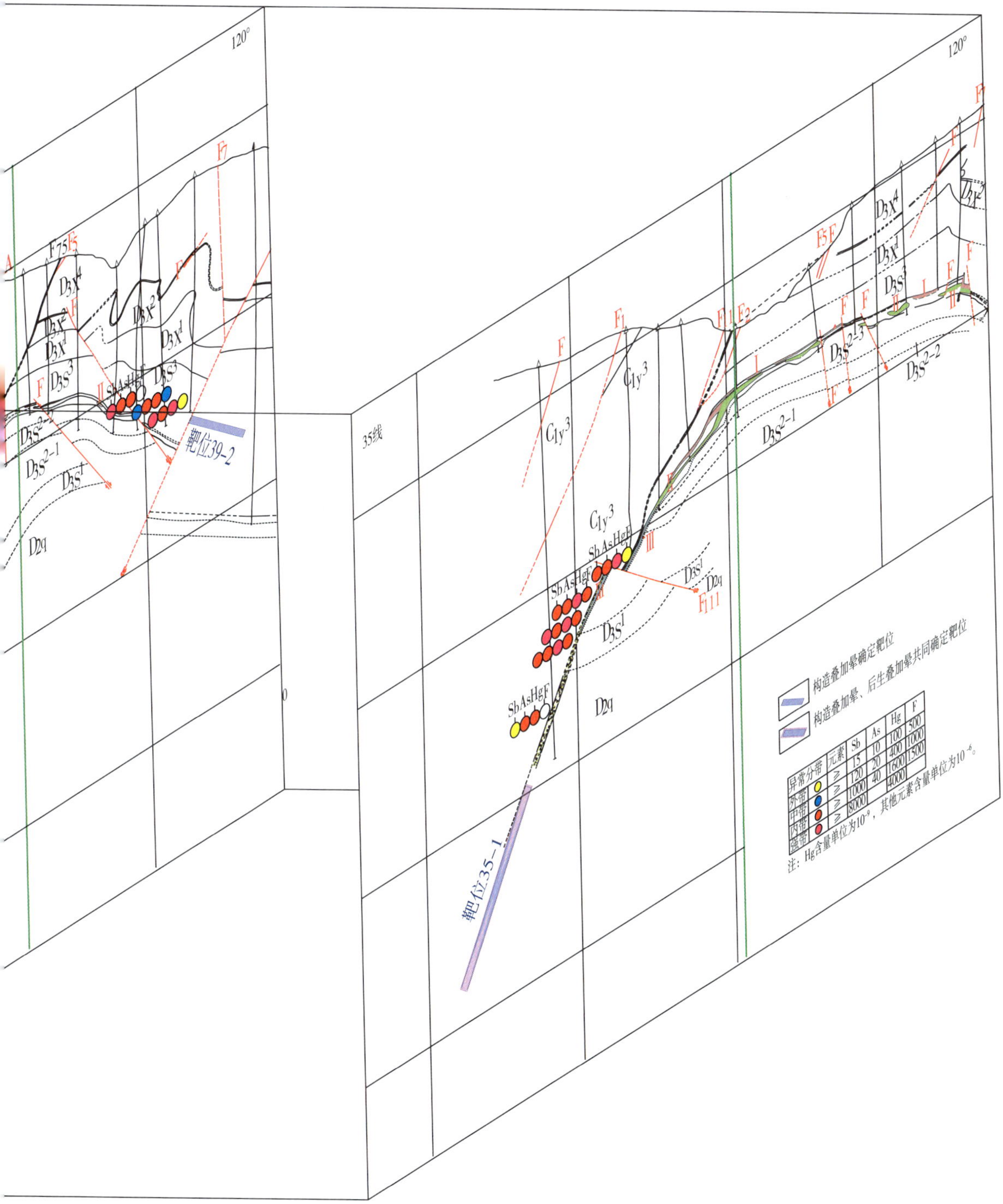
120°
35线
靶位39-2
靶位35-1
构造叠加晕确定靶位
构造叠加晕、后生叠加晕共同确定靶位
异常分带 元素 Sb As Hg F
外带 ≥ 15 10 100 500
中带 ≥ 120 20 400 1000
内带 ≥ 1000 40 1600 1500
强带 ≥ 8000 4000
注：Hg含量单位为10⁻⁹，其他元素含量单位为10⁻⁶。

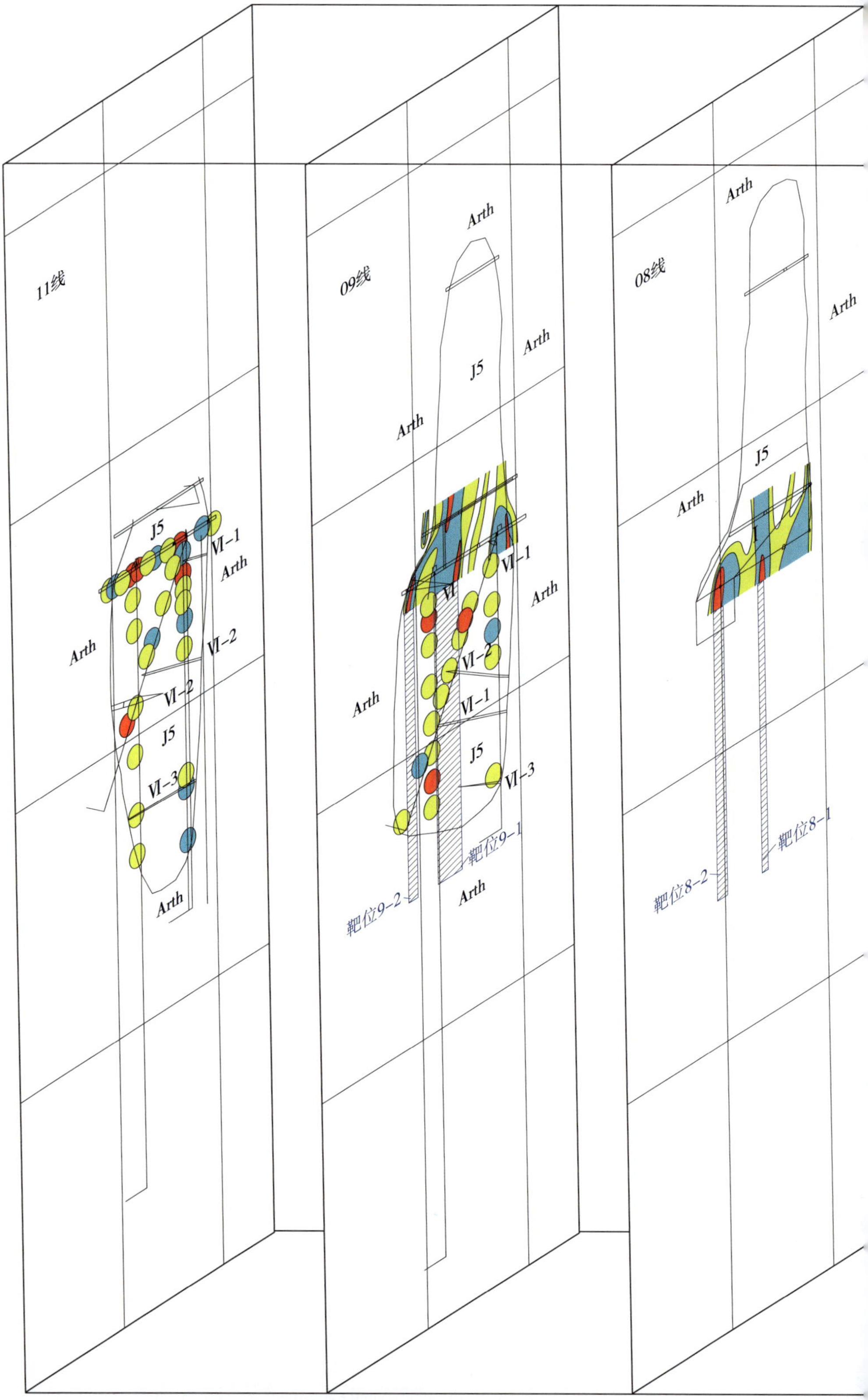

图B.16　河南祁雨沟角砾岩筒金矿床As构造叠加晕及预测靶位联合剖面图
（据禹斌等，2010）

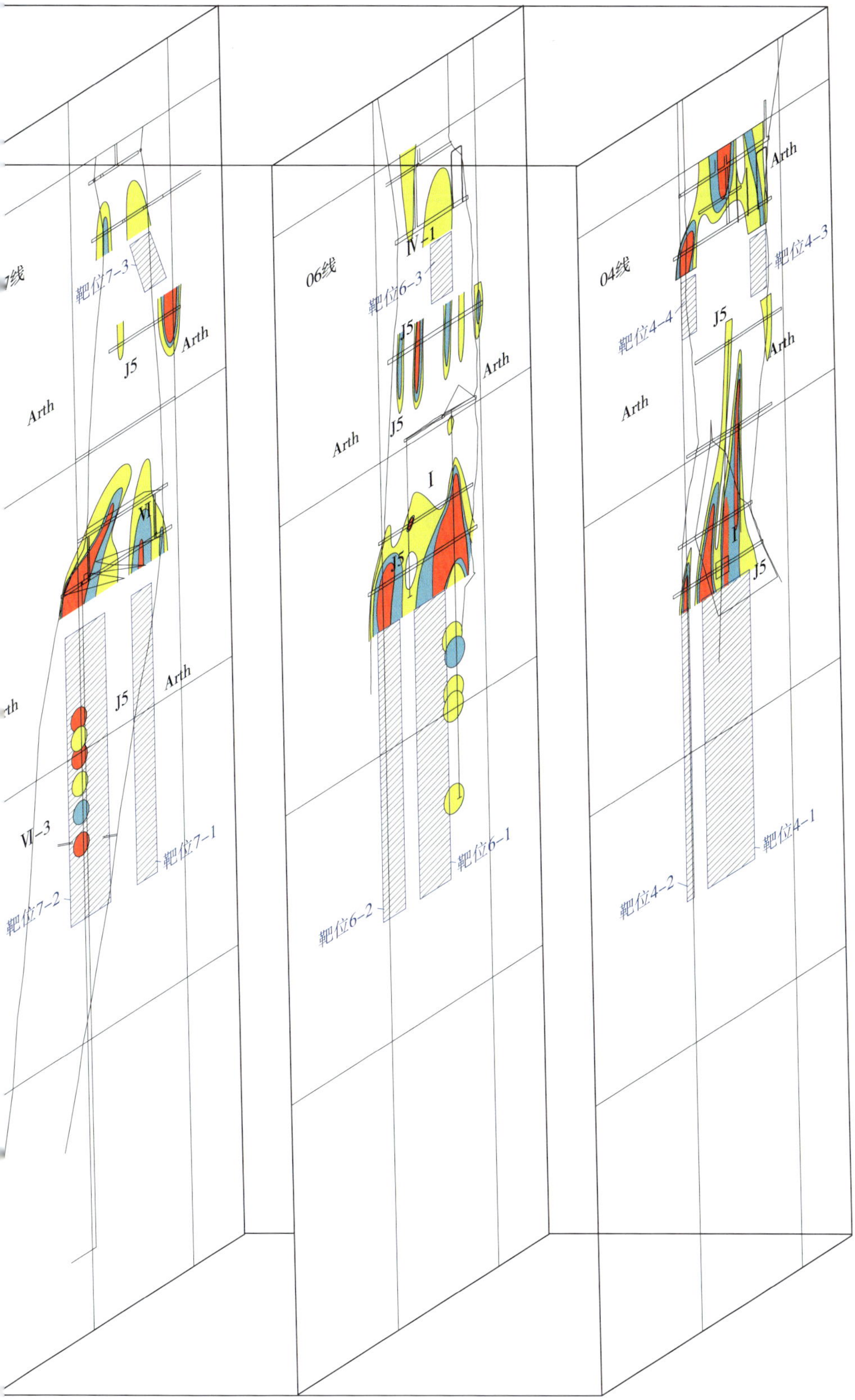

7线
靶位7-3
Arth
J5
Arth
Ⅵ
Arth
J5
Arth
Ⅵ-3
靶位7-1
靶位7-2
Ⅳ-1
06线
靶位6-3
J5
Arth
J5
Arth
I
J5
靶位6-1
靶位6-2
Arth
04线
靶位4-3
靶位4-4
J5
Arth
Arth
I
J5
靶位4-1
靶位4-2

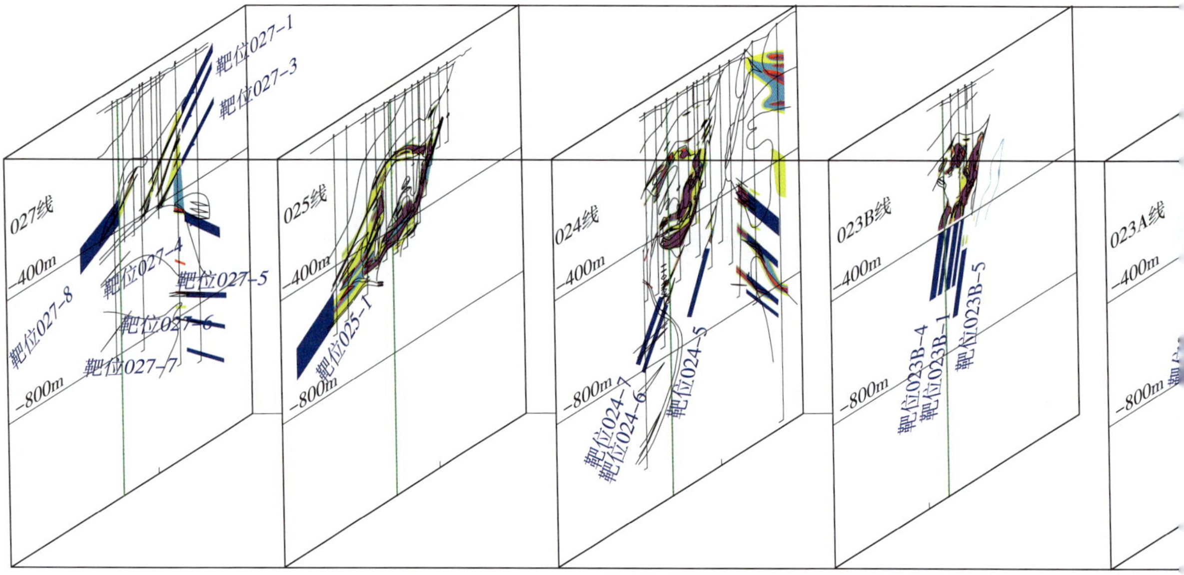

图B.17　湖北大冶鸡冠嘴矽卡岩型铜金矿床构造叠加晕及预测靶位联合剖面图

（据禹斌和李惠，2009）

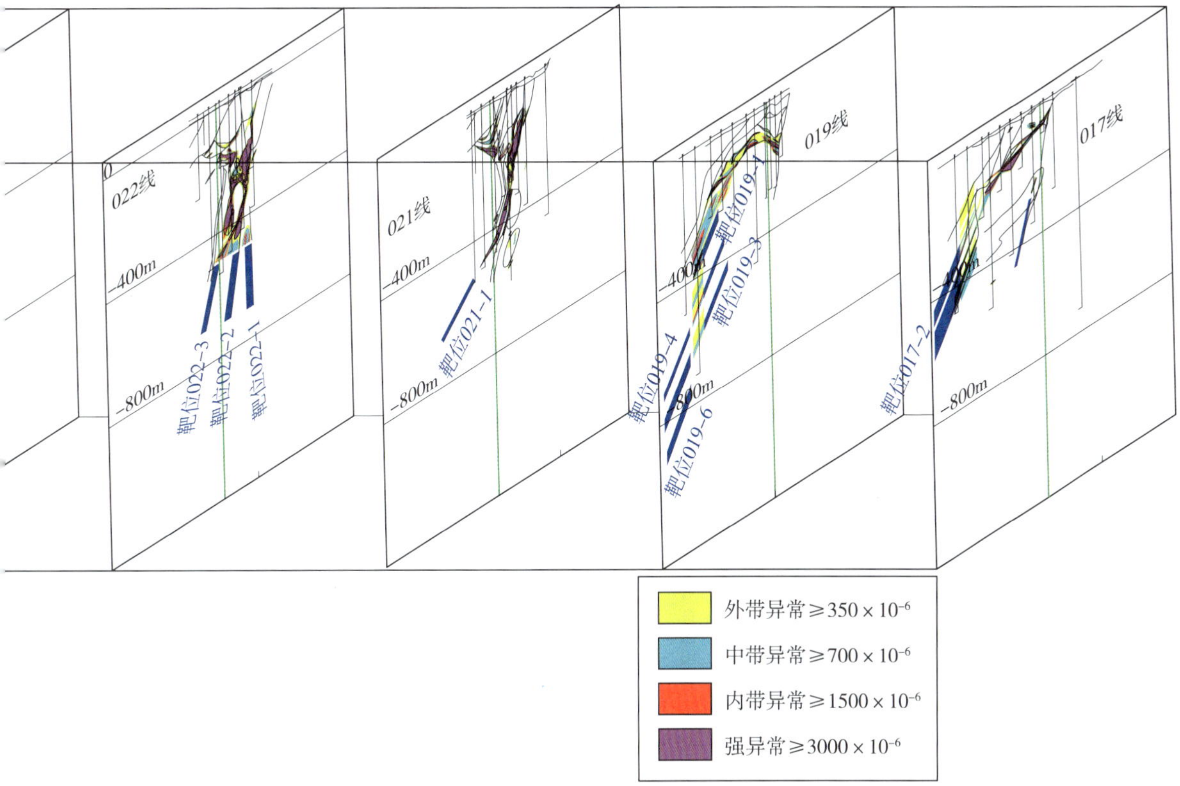
0
022线
-400m
-800m
靶位022-3
靶位022-2
靶位022-1
021线
-400m
-800m
靶位021-1
019线
-400m
-800m
靶位019-1
靶位019-3
靶位019-4
靶位019-6
017线
-400m
-800m
靶位017-2
外带异常≥350×10⁻⁶
中带异常≥700×10⁻⁶
内带异常≥1500×10⁻⁶
强异常≥3000×10⁻⁶

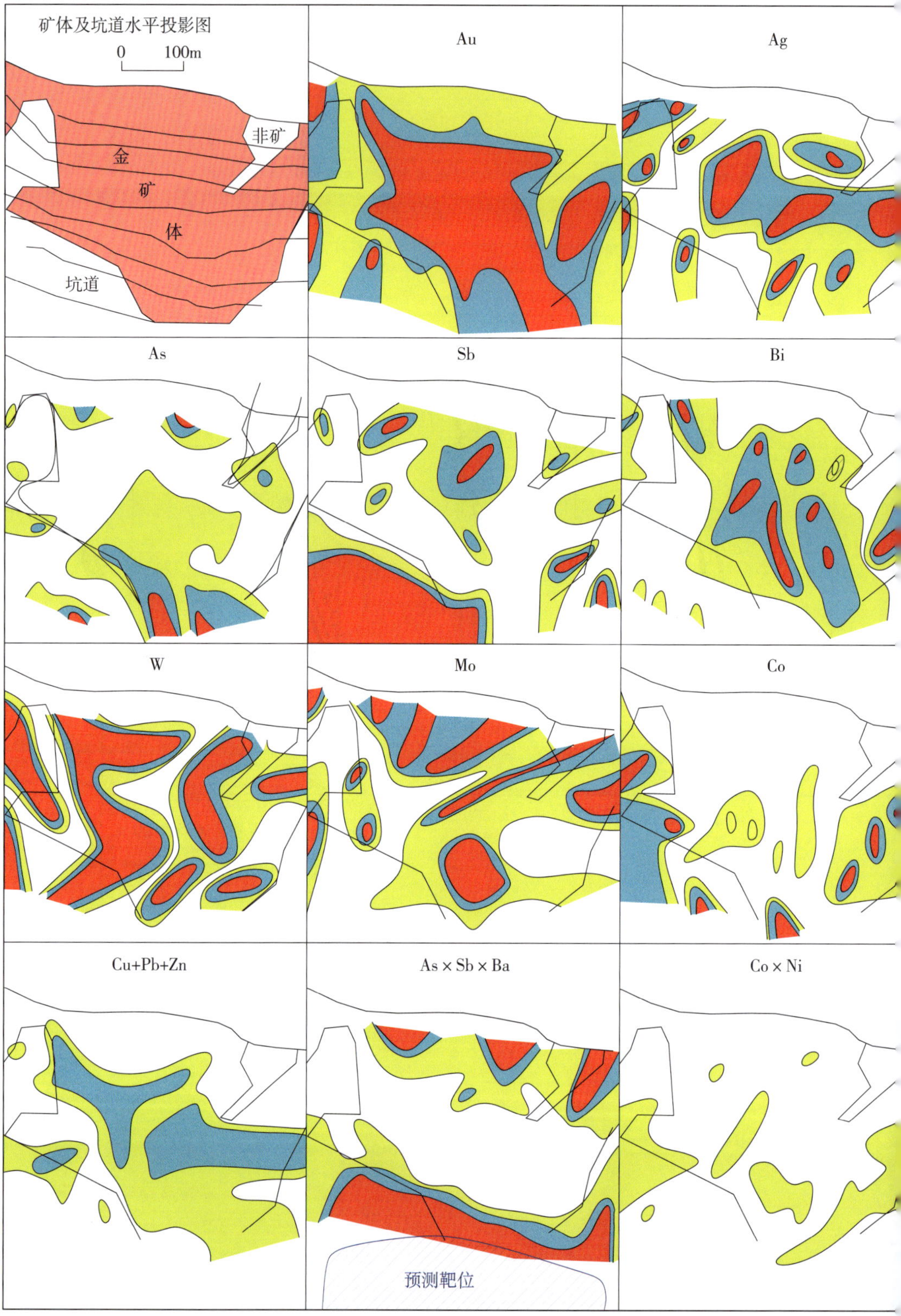

图B.18 河南秦岭石英脉型60号脉1765中段以上3号矿体构造叠加晕及预测靶位水平投影图
（据李惠，1995）

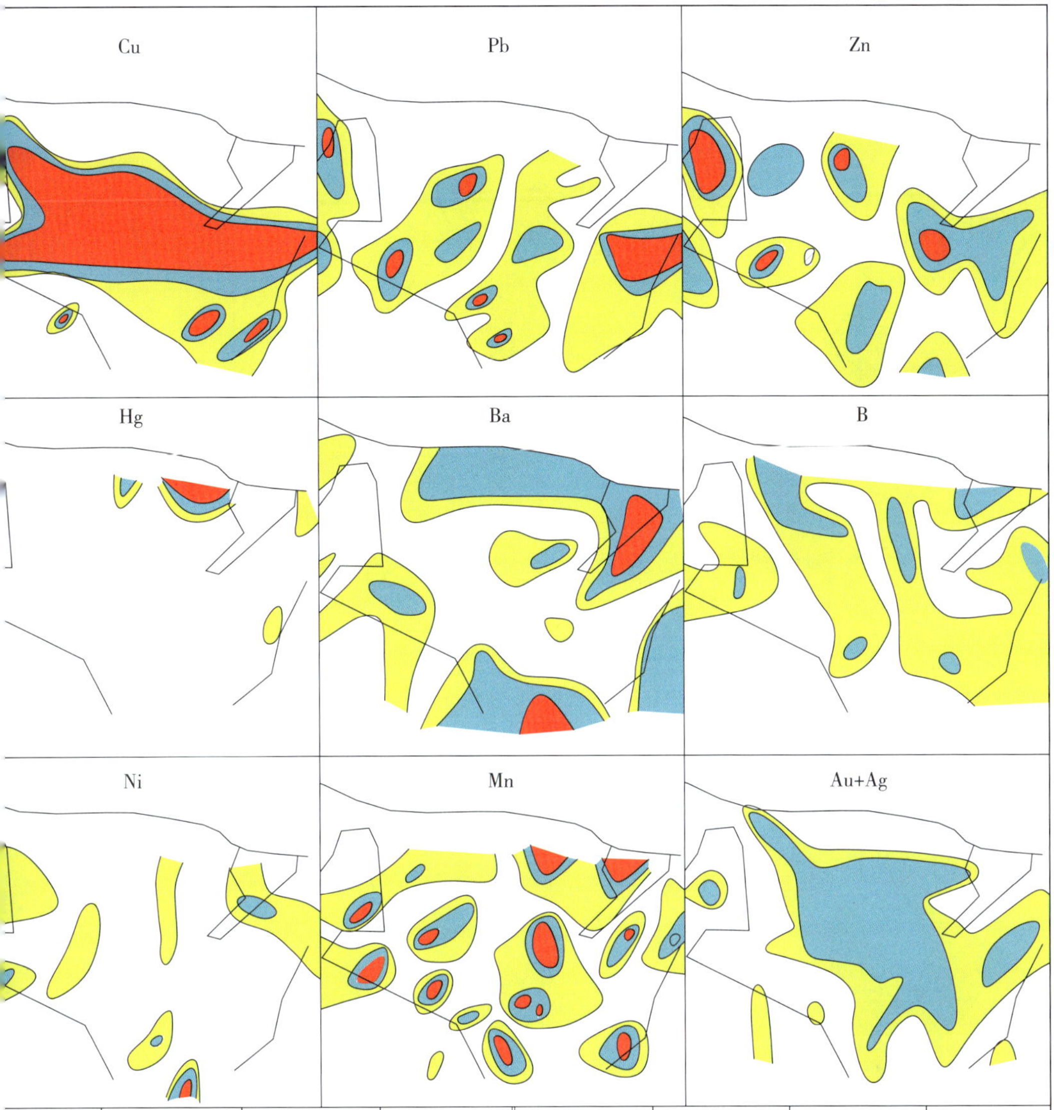

元素	外带	中带	内带	元素	外带	中带	内带
Au	0.2~1	1~5	≥5	B	6~10	≥10	
Ag	1~3	3~5	≥5	W	200~300	300~400	≥400
Cu	200~400	400~1000	≥1000	Mo	3~6	6~9	≥9
Pb	80~160	160~320	≥320	Co	10~15	15~20	≥20
Zn	50~100	100~150	≥150	Ni	15~30	30~50	≥50
As	2~3	3~4	≥4	Mn	2000~3000	3000~4000	≥4000
Sb	0.4~0.8	0.8~1.6	≥1.6	Au+Ag	5~10	≥10	
Bi	10~30	30~100	≥100	Cu+Pb+Zn	300~1500	≥1500	
Hg	0.04~0.08	0.08~0.16	≥0.16	As×Sb×Ba	300~1000	1000~2000	≥2000
Ba	400~800	800~1600	≥1600	Co×Ni	≥150		

注：元素含量单位为10^{-6}。

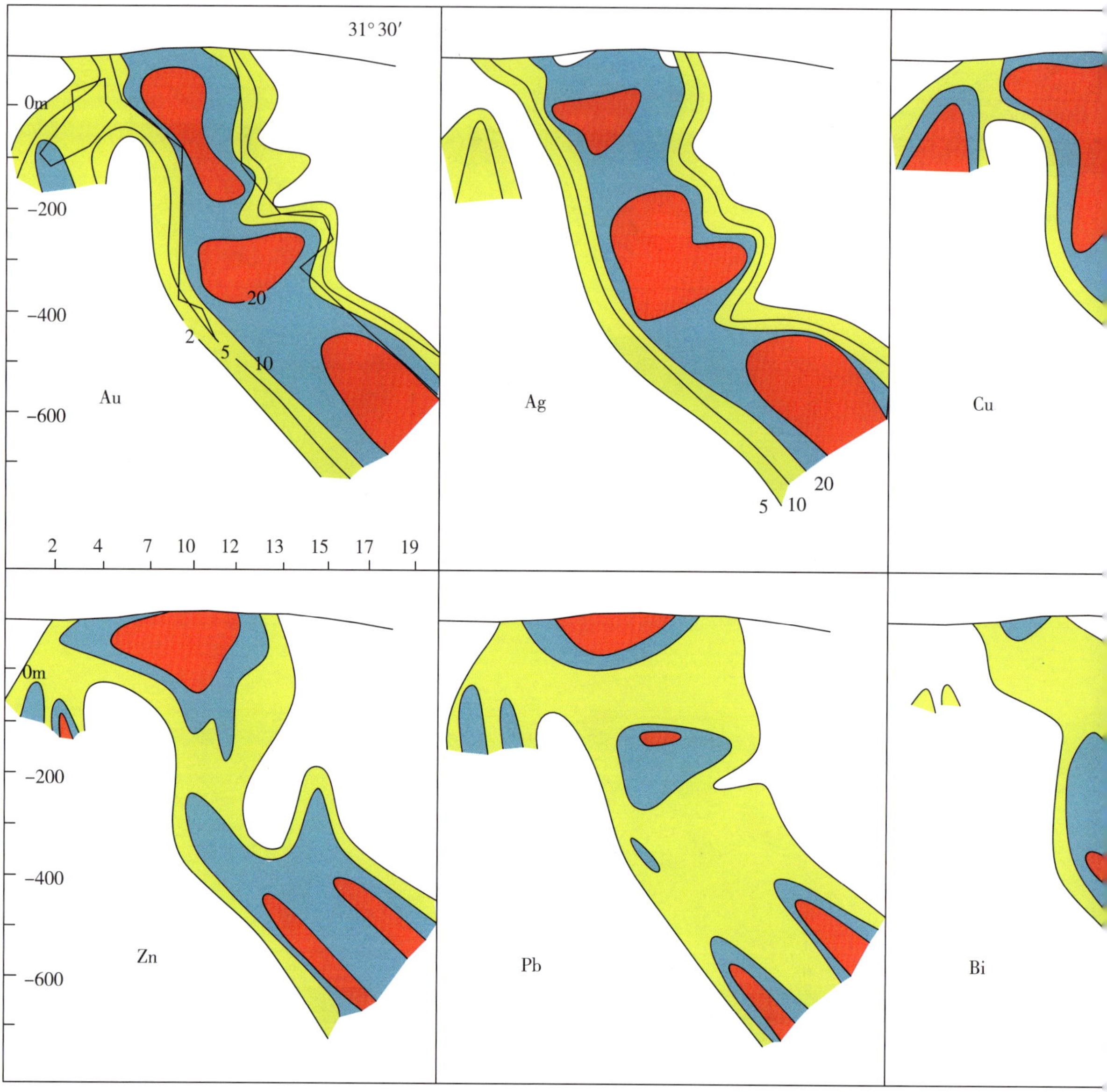

异常分带		元素	Au		Ag		Cu	Pb	Zn	As	Sb	Hg	Bi	Mo
外带		≥	2	5	5	10	480	30	80	20	0.8	0.04	0.8	6
中带		≥	10		20		960	120	200	80	3	0.1	3	15
内带		≥	20		40		3000	480	800	320	12	1	12	25

注：元素含量单位为10^{-6}。

图B.19　山东乳山金青顶石英脉型金矿-700 m以上构造叠加晕及预测靶位垂直纵投影图
（据李惠，1996）

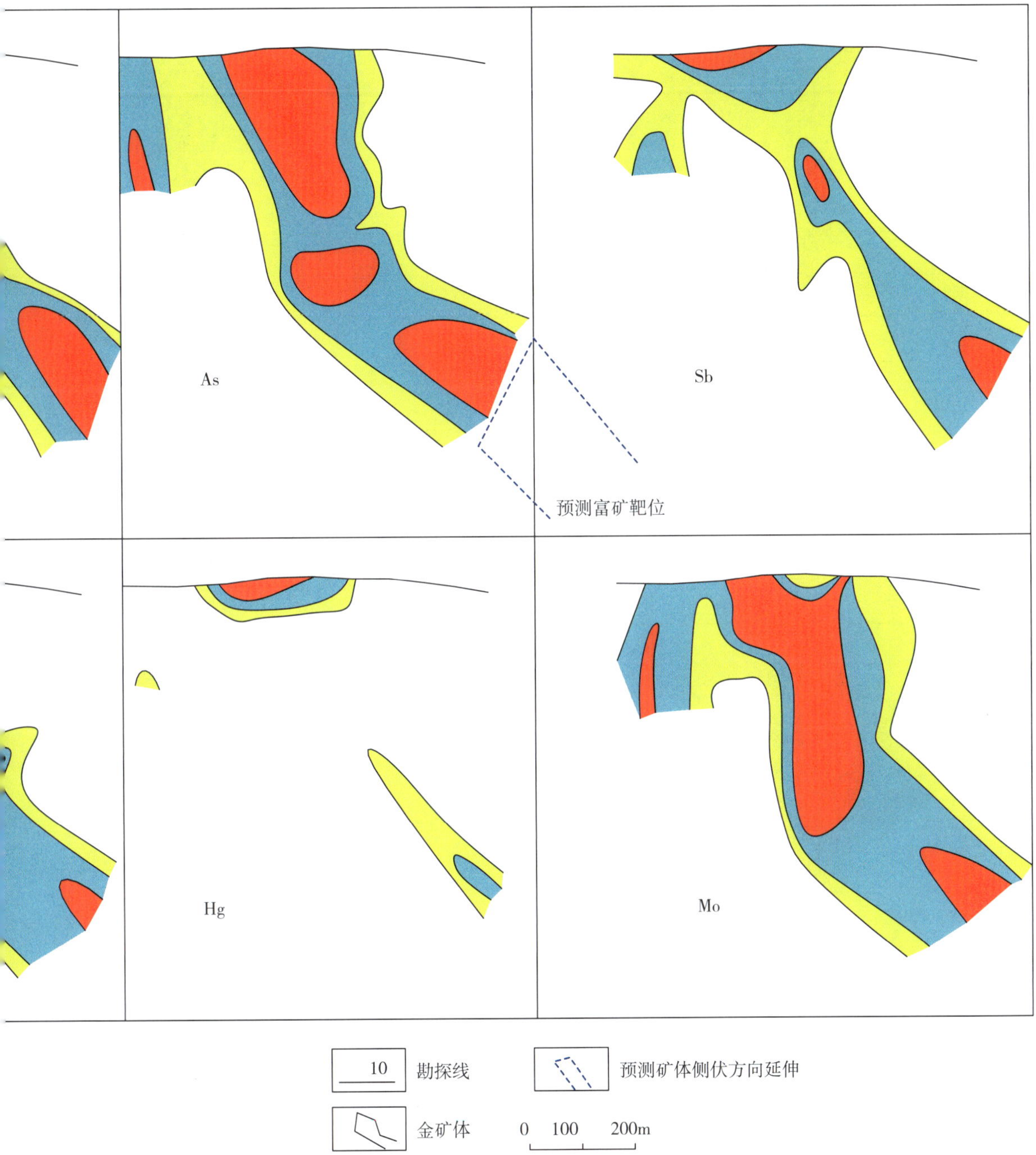

As
Sb
预测富矿靶位
Hg
Mo
10
勘探线
预测矿体侧伏方向延伸
金矿体
0 100 200m

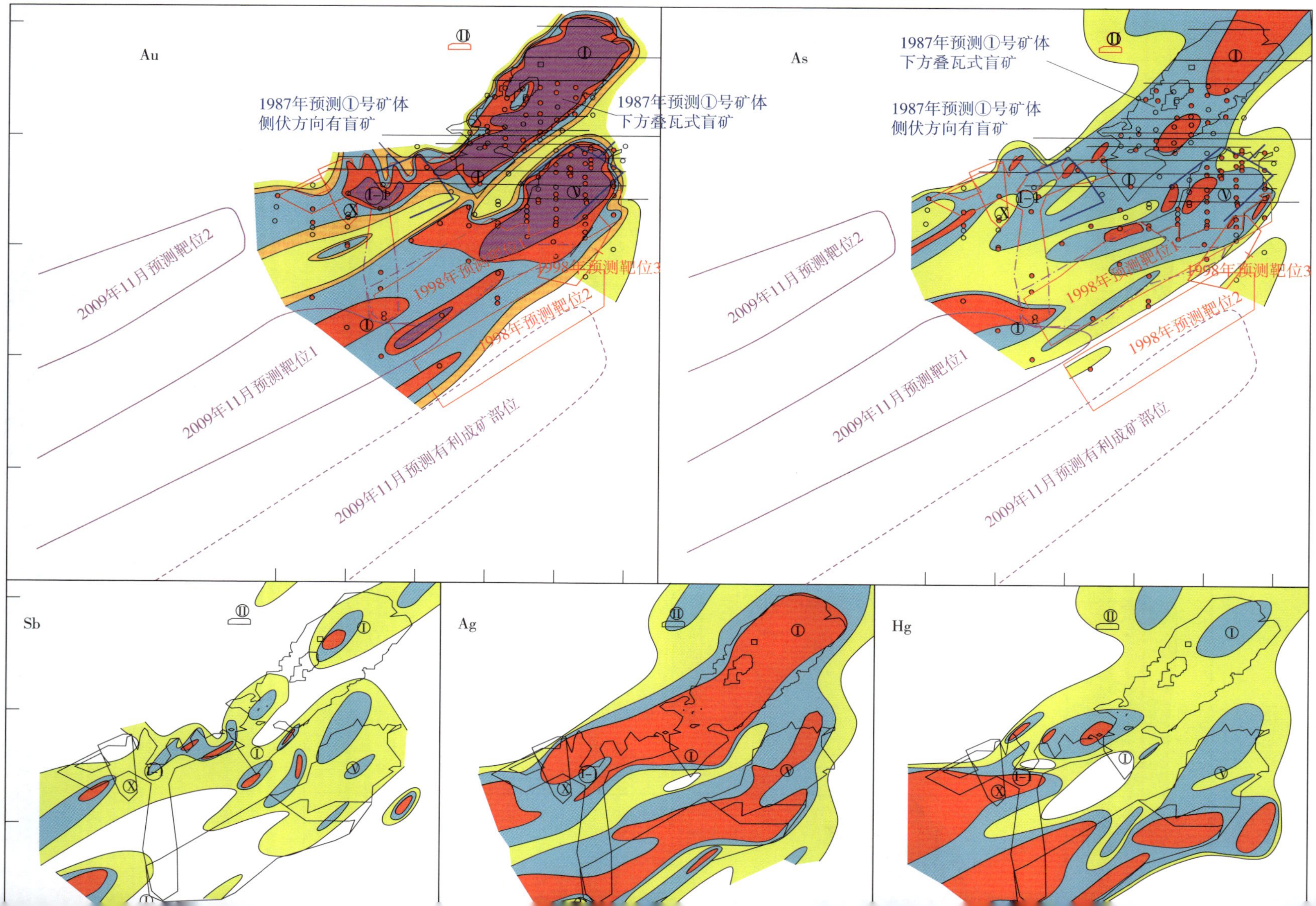
Au
1987年预测①号矿体侧伏方向有盲矿
1987年预测①号矿体下方叠瓦式盲矿
1998年预测靶位1
1998年预测靶位2
1998年预测靶位3
2009年11月预测靶位1
2009年11月预测靶位2
2009年11月预测有利成矿部位
As
1987年预测①号矿体下方叠瓦式盲矿
1987年预测①号矿体侧伏方向有盲矿
1998年预测靶位1
1998年预测靶位2
1998年预测靶位3
2009年11月预测靶位1
2009年11月预测靶位2
2009年11月预测有利成矿部位
Sb
Ag
Hg

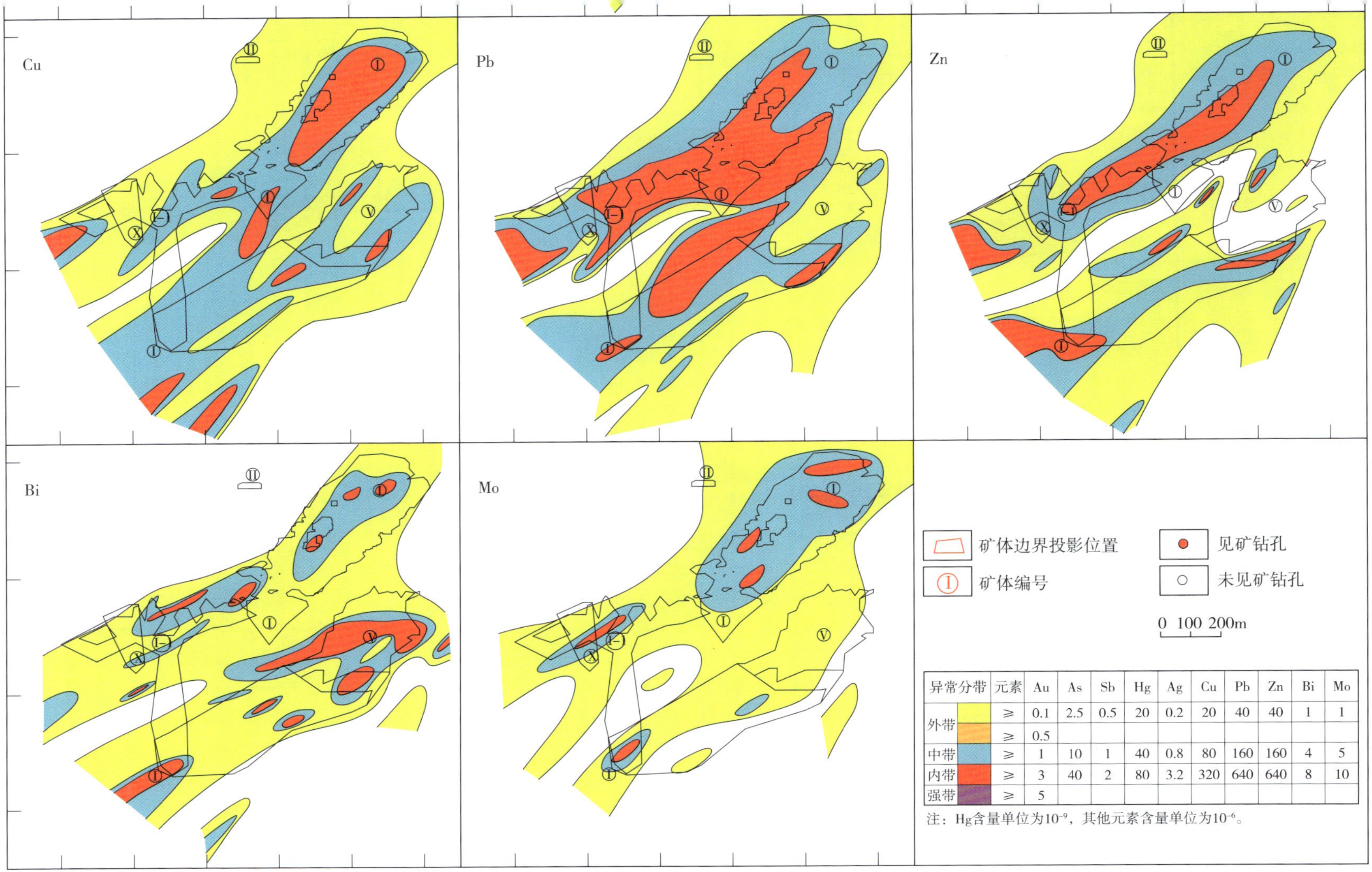

异常分带		元素	Au	As	Sb	Hg	Ag	Cu	Pb	Zn	Bi	Mo
外带		≥	0.1	2.5	0.5	20	0.2	20	40	40	1	1
		≥	0.5									
中带		≥	1	10	1	40	0.8	80	160	160	4	5
内带		≥	3	40	2	80	3.2	320	640	640	8	10
强带		≥	5									

注：Hg含量单位为10^{-9}，其他元素含量单位为10^{-6}。

图B.20　山东某蚀变岩型金矿床构造叠加晕及预测靶位垂直纵投影图

（据禹斌等，2009）

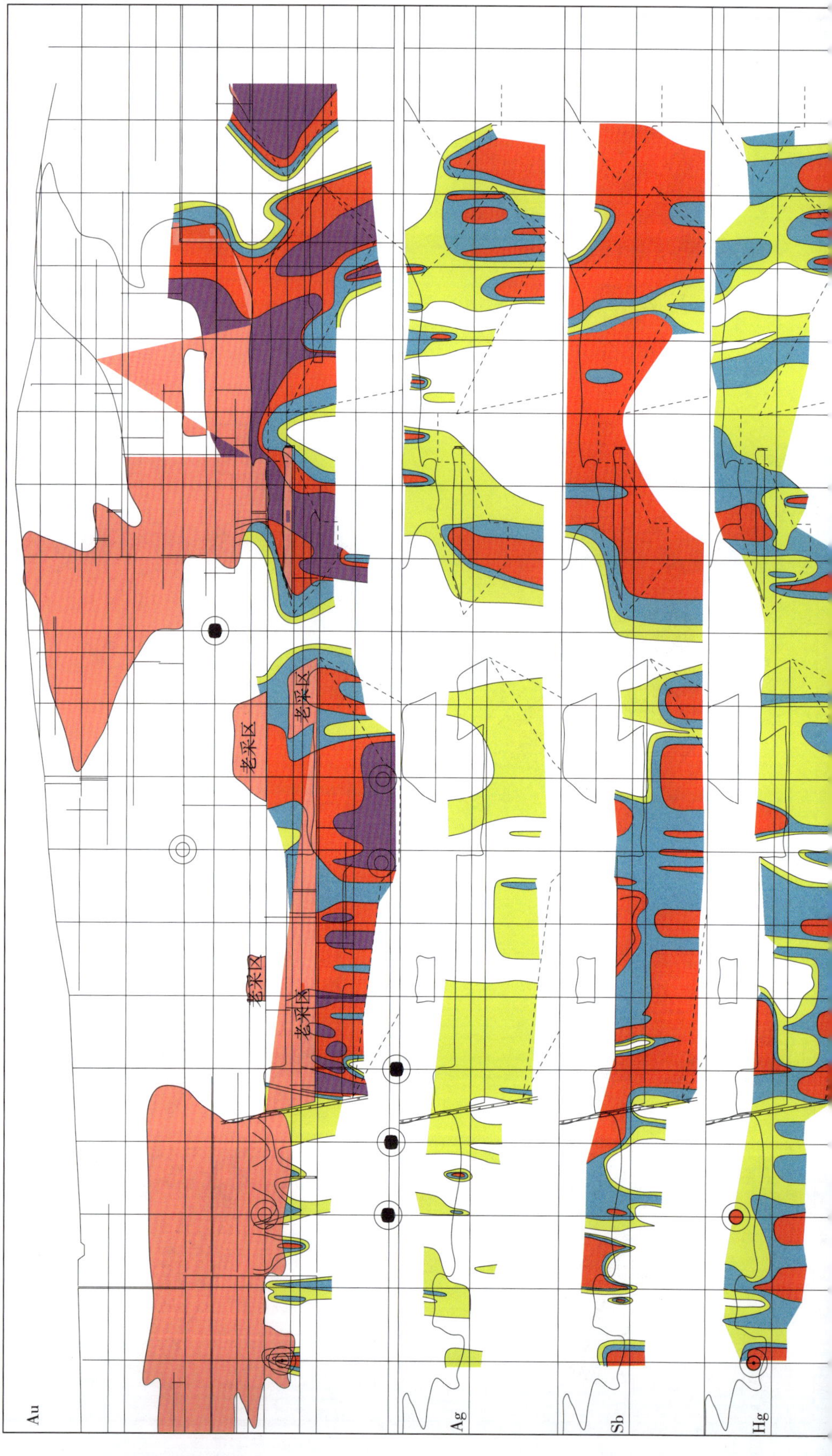
Au
Ag
Sb
Hg
老采区
老采区
老采区
老采区

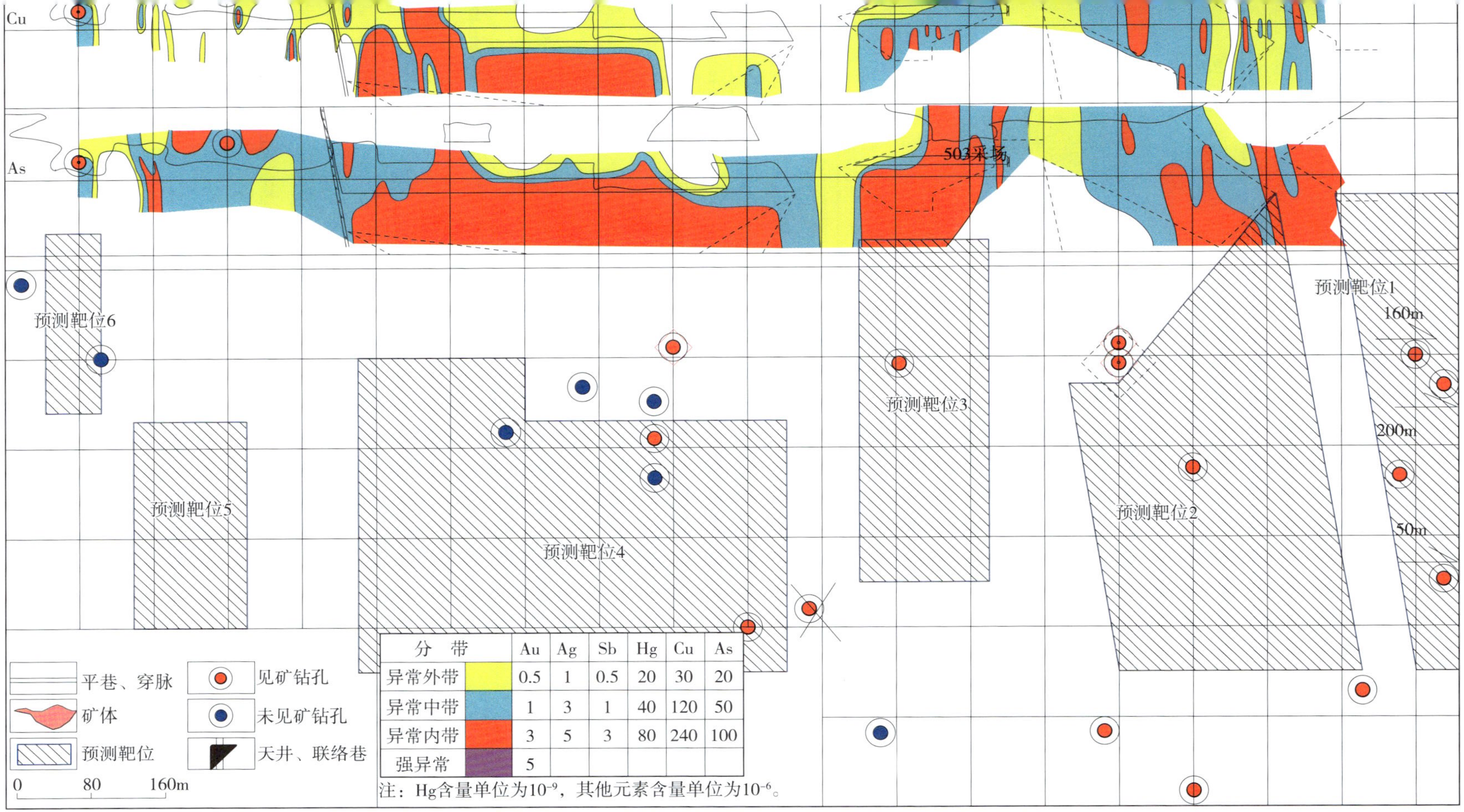

图B.21　山东某石英脉型金矿床构造叠加晕及预测靶位垂直纵投影图

（据李德亮等，2012）

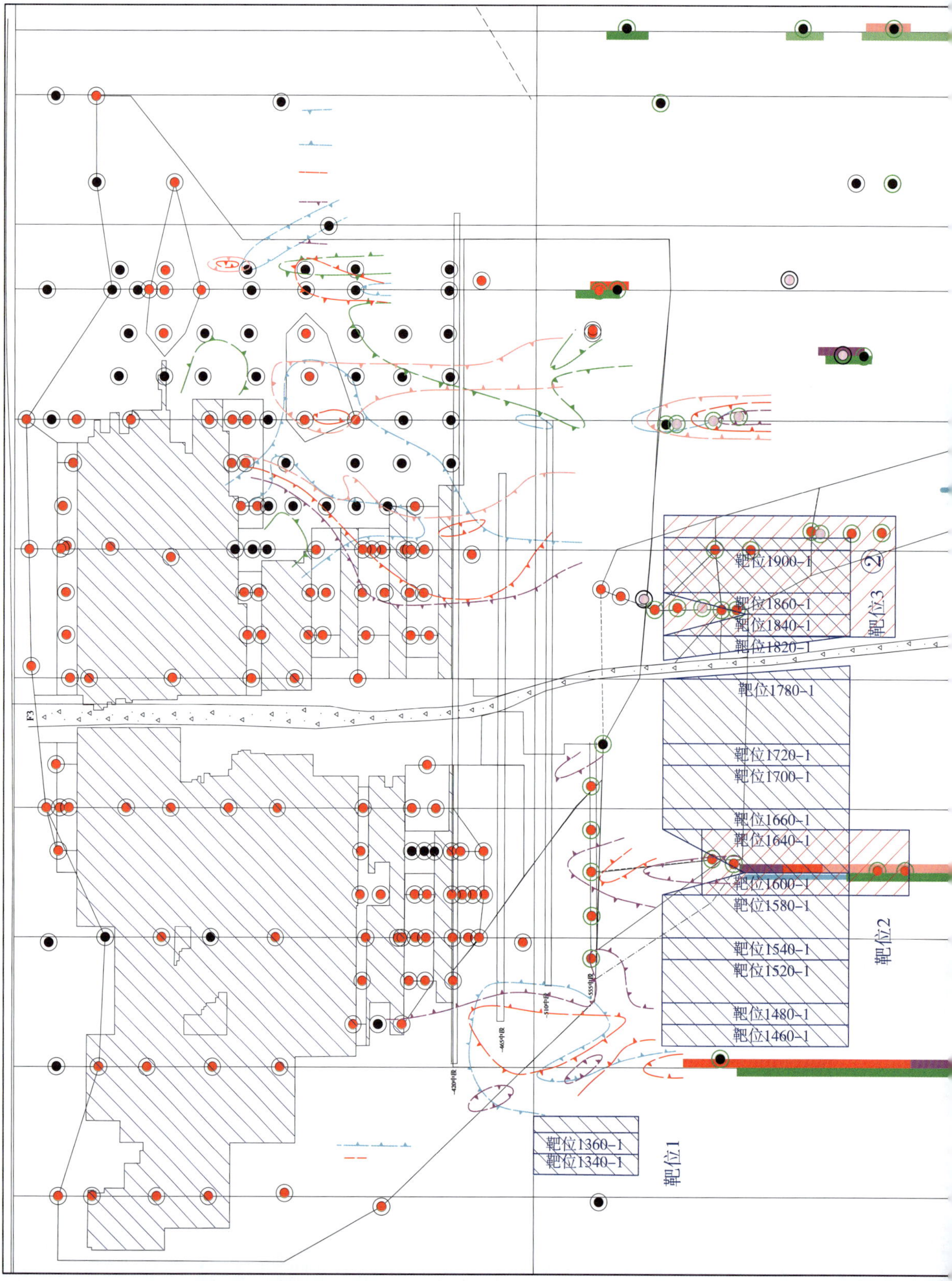

靶位1900-1
②
靶位3
靶位1860-1
靶位1840-1
靶位1820-1
F3
靶位1780-1
靶位1720-1
靶位1700-1
靶位1660-1
靶位1640-1
靶位1600-1
靶位1580-1
靶位2
靶位1540-1
靶位1520-1
靶位1480-1
靶位1460-1
靶位1360-1
靶位1340-1
靶位1

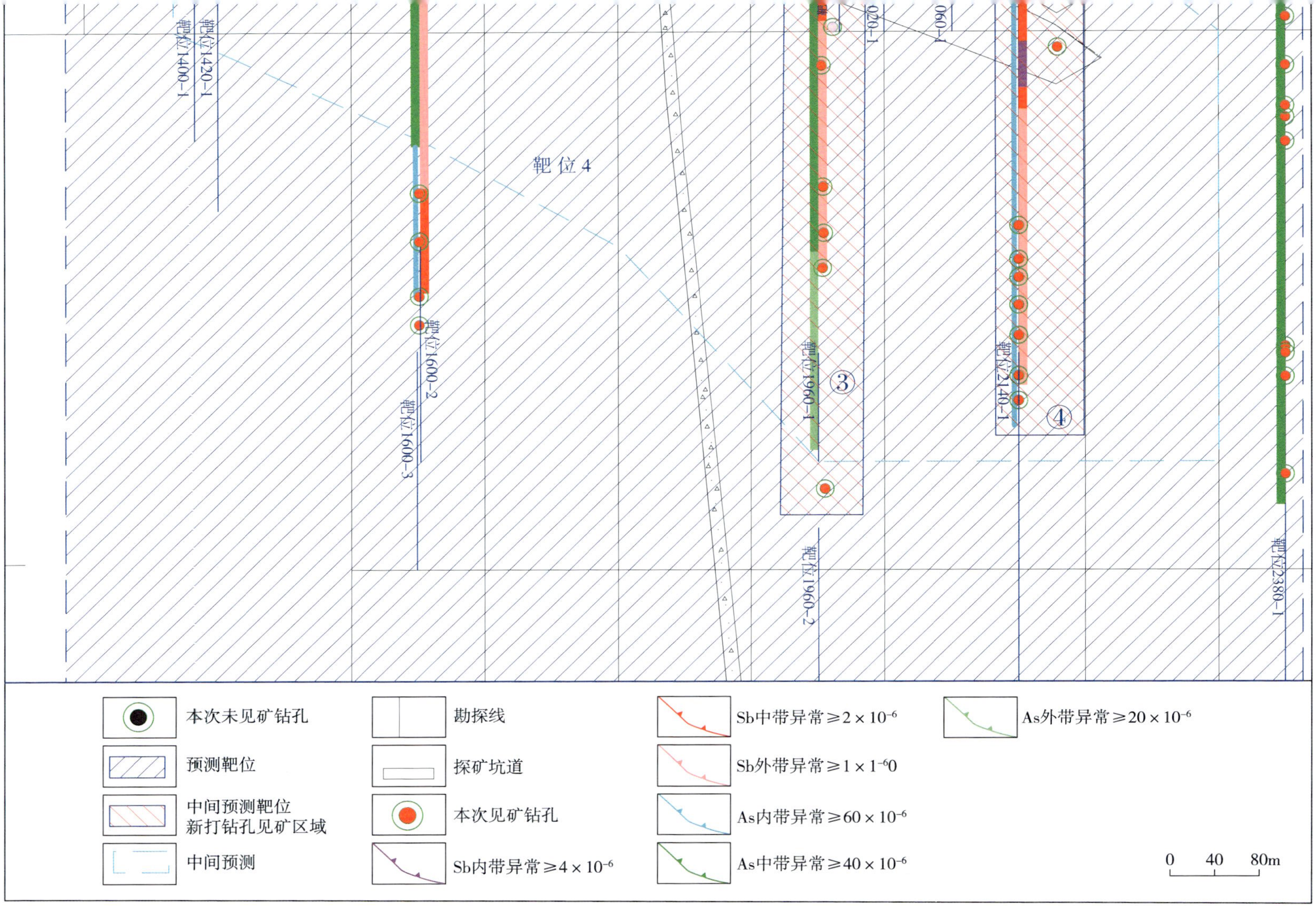

图B.22 山东某蚀变岩型金矿主矿体As、Sb构造叠加晕综合图及深部盲矿预测靶位

（据禹斌等，2009）

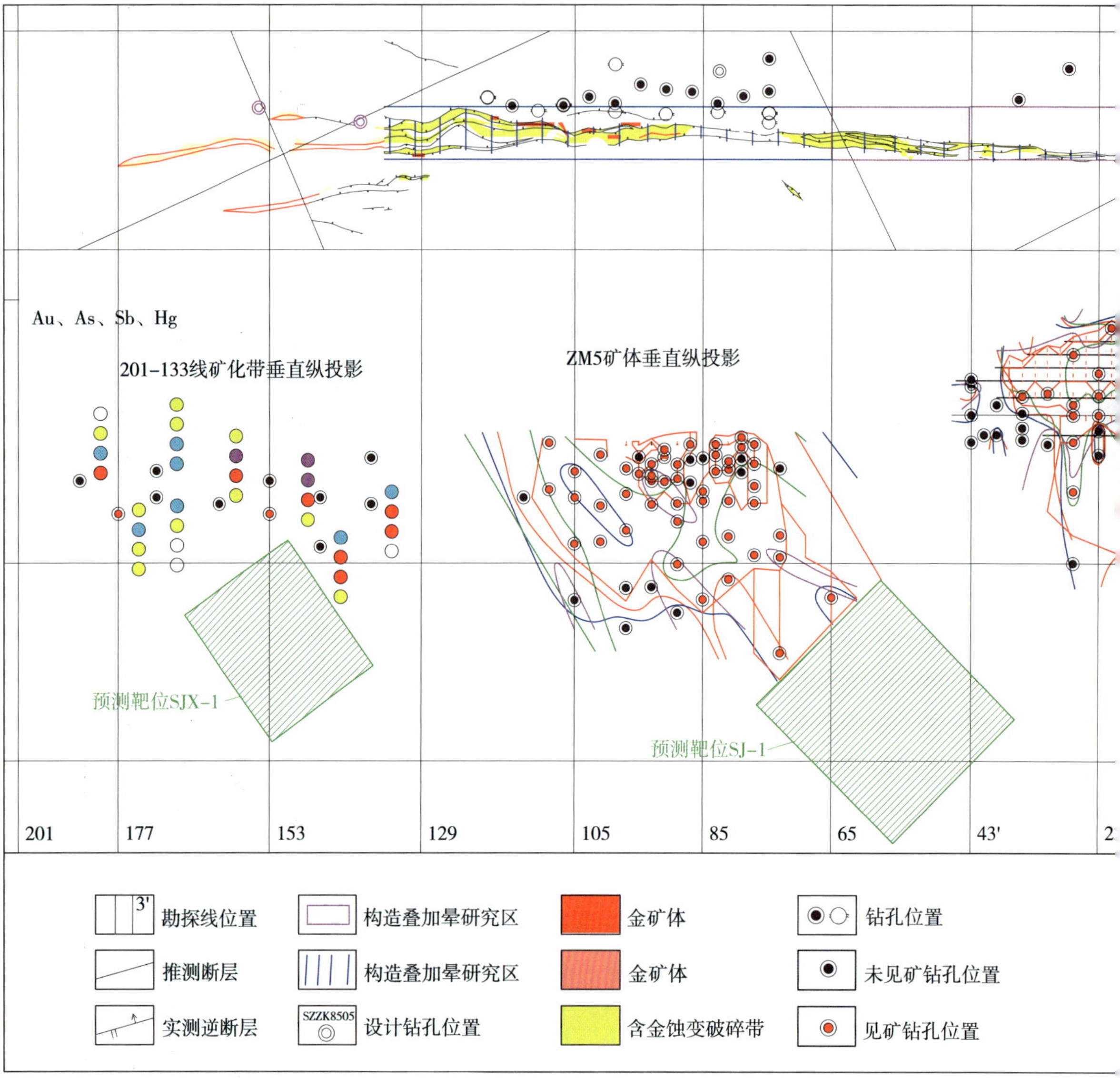

图B.23　青海某金矿区11号矿化带构造叠加晕及预测靶位综合图

（据孙凤舟等，2014）

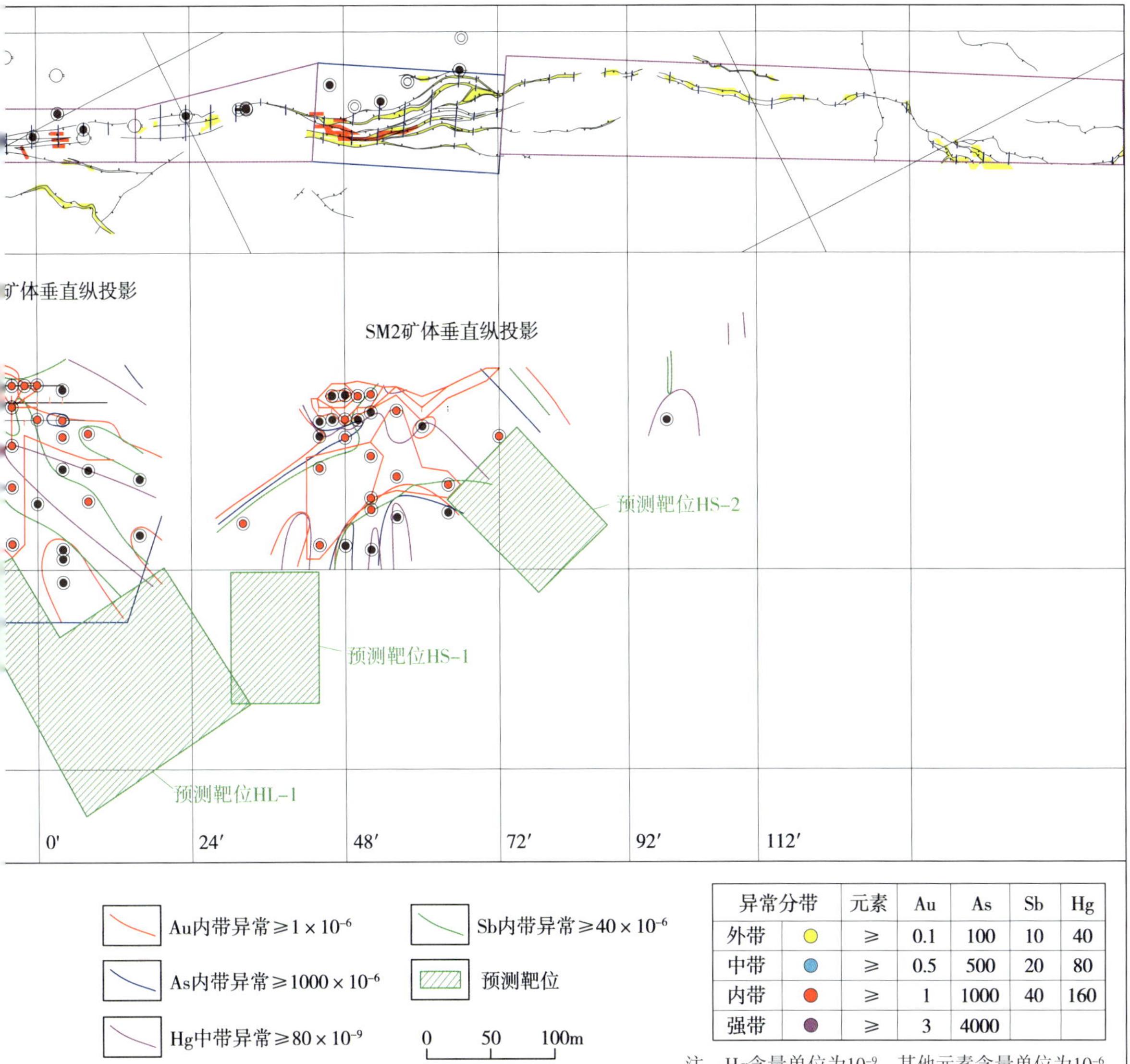

异常分带		元素	Au	As	Sb	Hg
外带	黄色	≥	0.1	100	10	40
中带	蓝色	≥	0.5	500	20	80
内带	红色	≥	1	1000	40	160
强带	紫色	≥	3	4000		

注：Hg含量单位为10^{-9}，其他元素含量单位为10^{-6}。

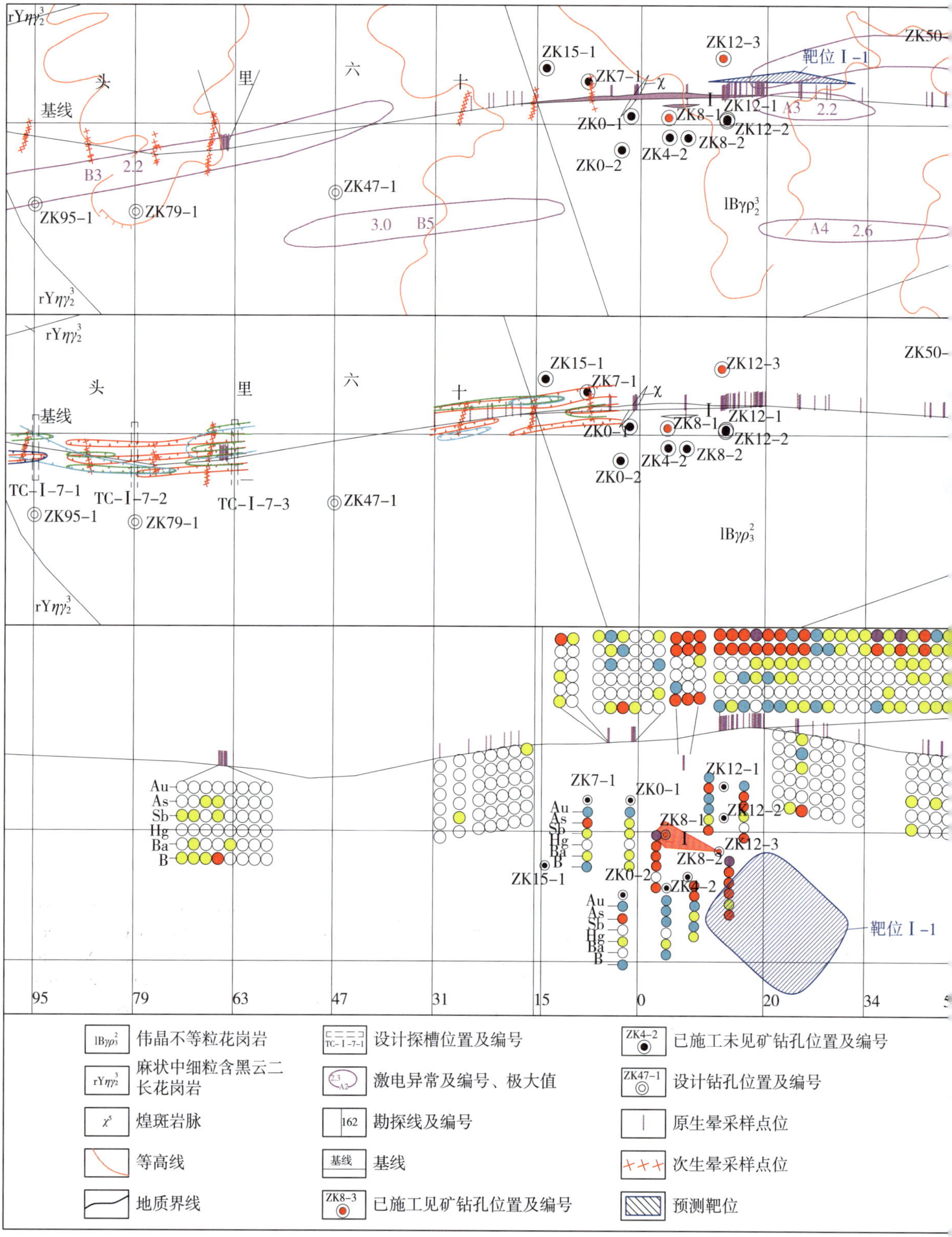

图B.24　山东某带构造叠加晕土壤地球化学异常平面-垂直纵投影预测靶位综合图（缩略示意图）

（据李德亮等，2013）

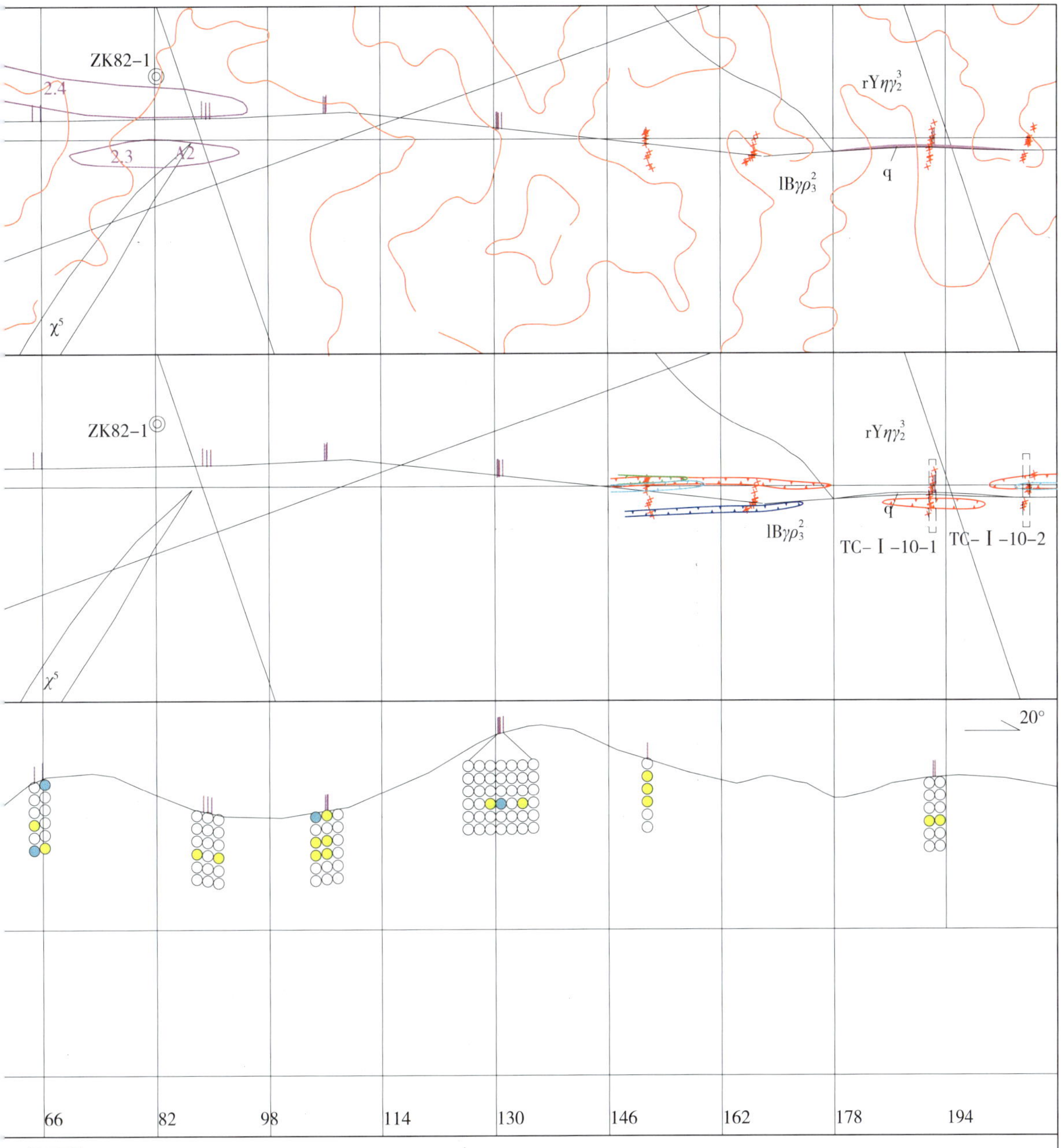

Au中带异常≥3×10^{-9}

As外带异常≥6×10^{-6}

Sb外带异常≥0.8×10^{-6}

Hg中带异常≥50×10^{-9}

0 50 100m

异常分带		元素	Au	As	Sb	Hg	Ba	B
外带	黄色圆圈	≥	10	2	0.2	5	700	2
中带	蓝色圆圈	≥	40	4	0.4	10	1400	4
内带	红色圆圈	≥	160	8	1	20		8
强带	紫色圆圈	≥	1000					

注：Au、Hg含量单位为10^{-9}，其他元素含量单位为10^{-6}。

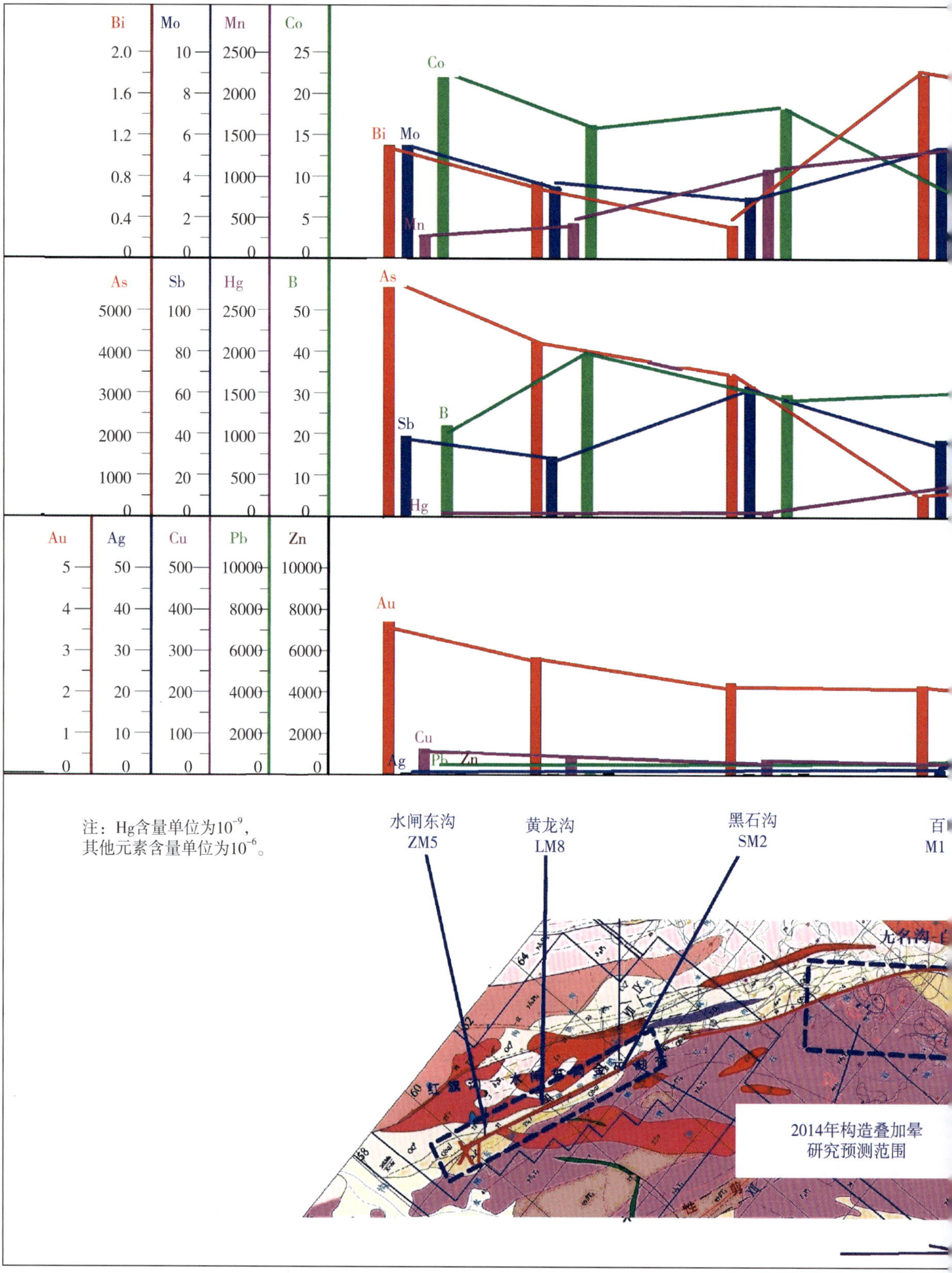

图B.25　青海某构造带不同部位矿体元素含量对比图
（据马久菊等，2015）

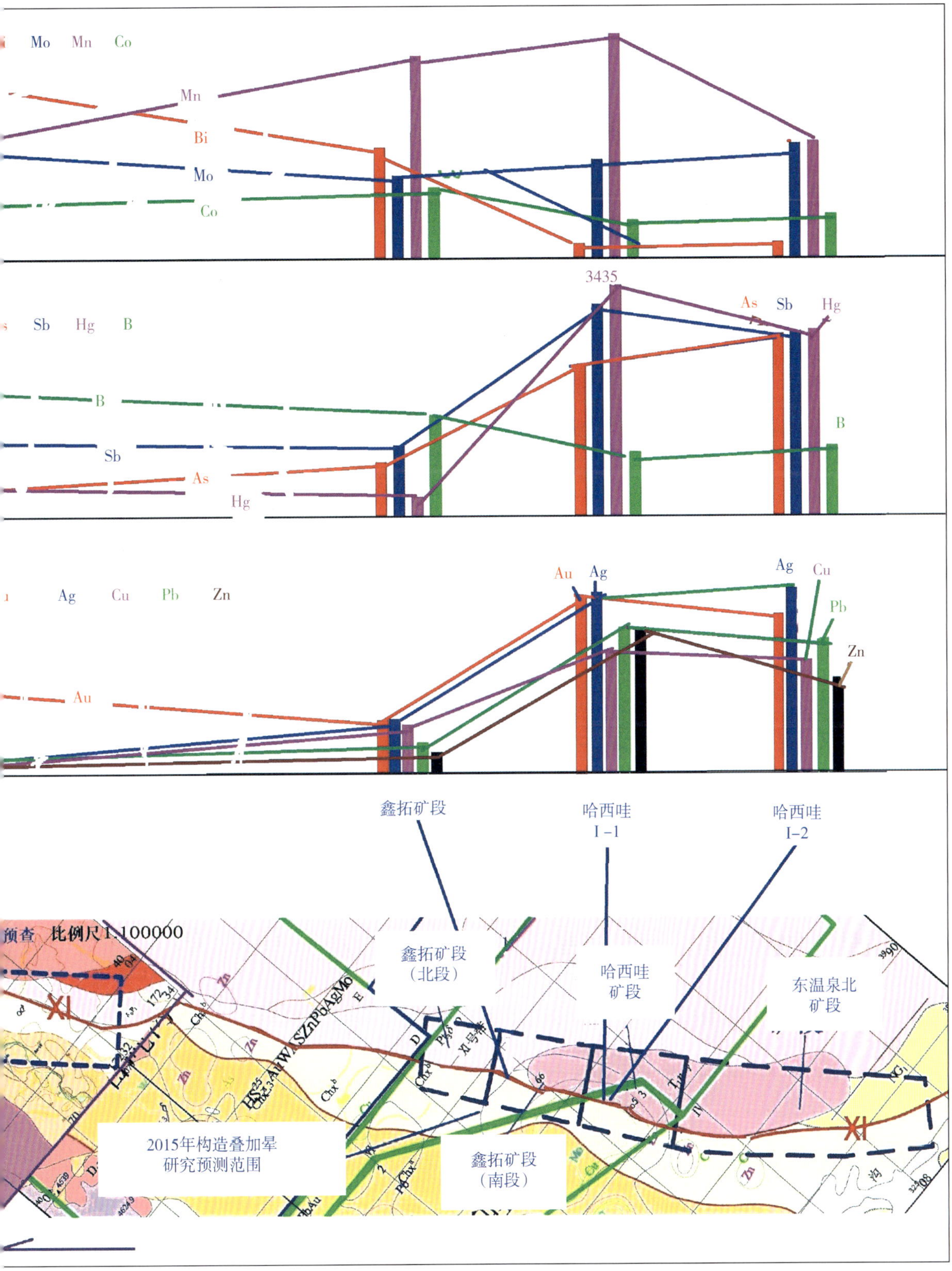
Mo Mn Co
Mn
Bi
Mo
Co
3435
Sb Hg B
As Sb Hg
B
B
Sb
As
Hg
Ag Cu Pb Zn
Au Ag
Ag Cu
Pb
Zn
Au
鑫拓矿段
哈西哇
I-1
哈西哇
I-2
预查 比例尺1:100000
鑫拓矿段
（北段）
哈西哇
矿段
东温泉北
矿段
2015年构造叠加晕
研究预测范围
鑫拓矿段
（南段）

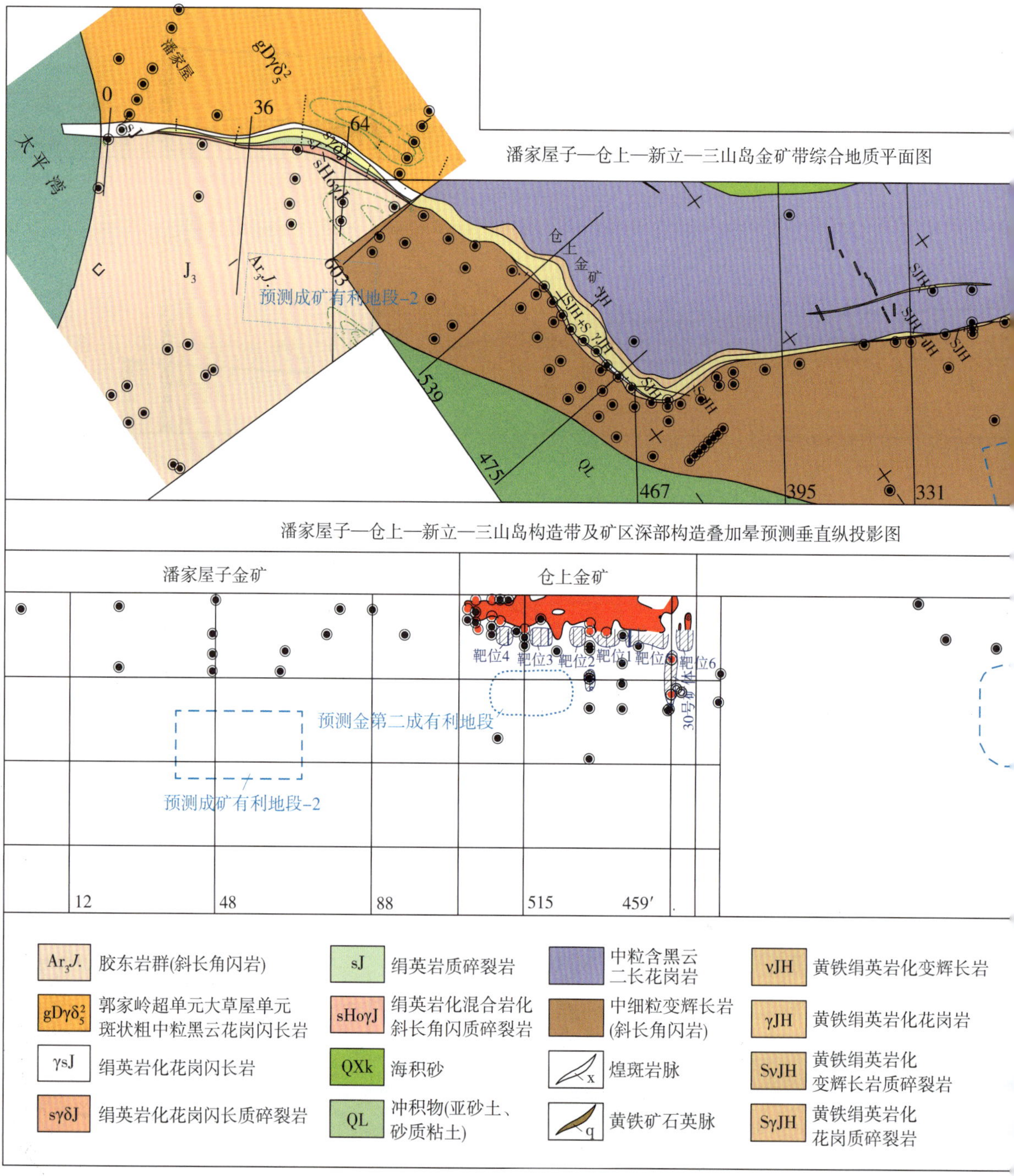

图B.26　山东莱州三山岛—新立—仓上—潘家屋子金矿深部构造叠加晕综合预测图

（据禹斌等，2009）

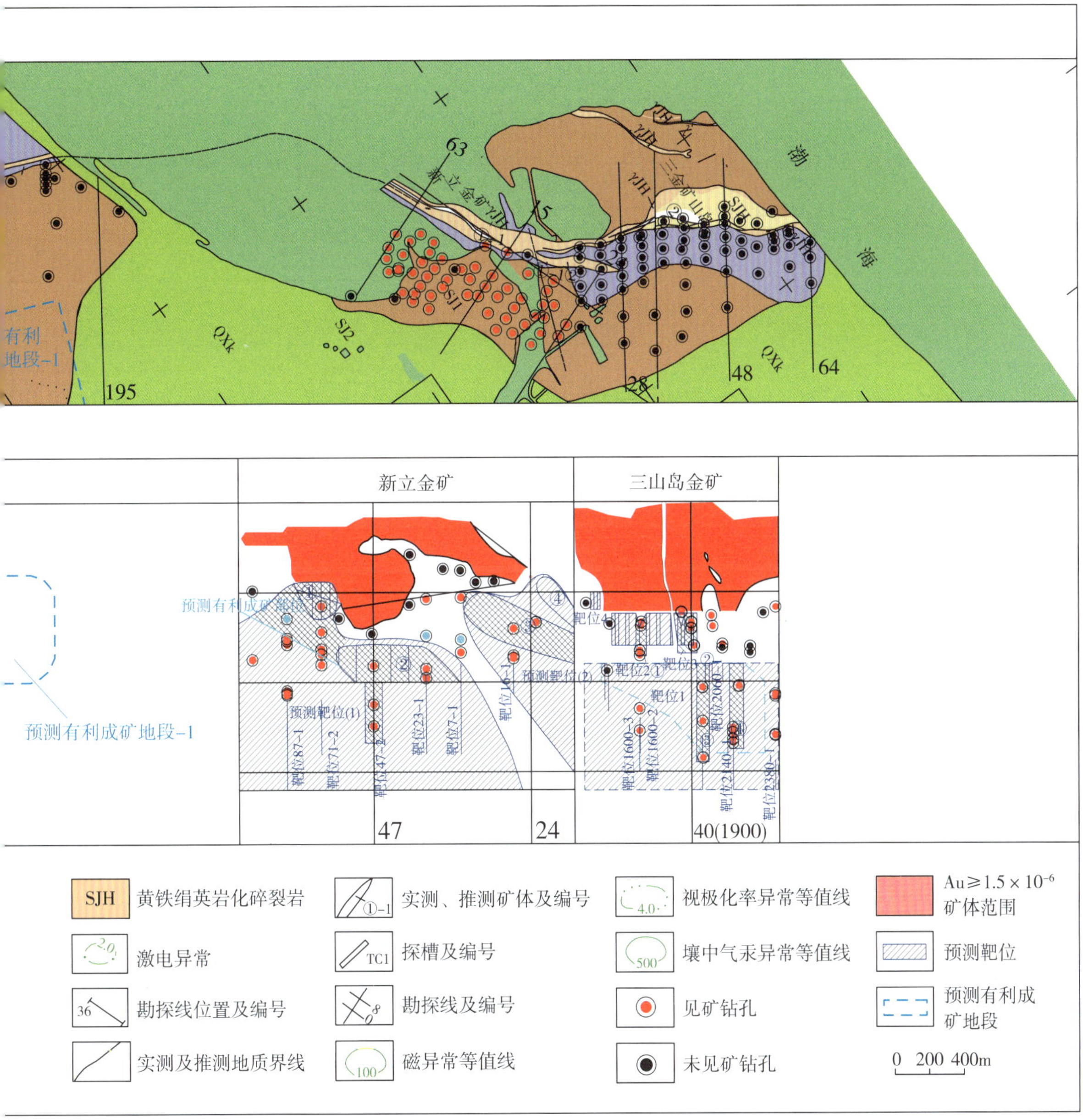
渤
海
新立金矿
三山岛金矿
预测有利成矿地段-1
QXk
195
63
15
28
48
64
47
24
40(1900)
预测靶位(1)
预测靶位(2)
靶位1
靶位4
靶位87-1
靶位71-2
靶位47-1
靶位23-1
靶位7-1
靶位16-1
靶位1600-3
靶位1600-2
靶位2000-1
靶位2140-1
靶位2380-1
SJH 黄铁绢英岩化碎裂岩
激电异常
勘探线位置及编号
实测及推测地质界线
实测、推测矿体及编号
探槽及编号
勘探线及编号
磁异常等值线
视极化率异常等值线
壤中气汞异常等值线
见矿钻孔
未见矿钻孔
Au≥1.5×10⁻⁶ 矿体范围
预测靶位
预测有利成矿地段
0 200 400m

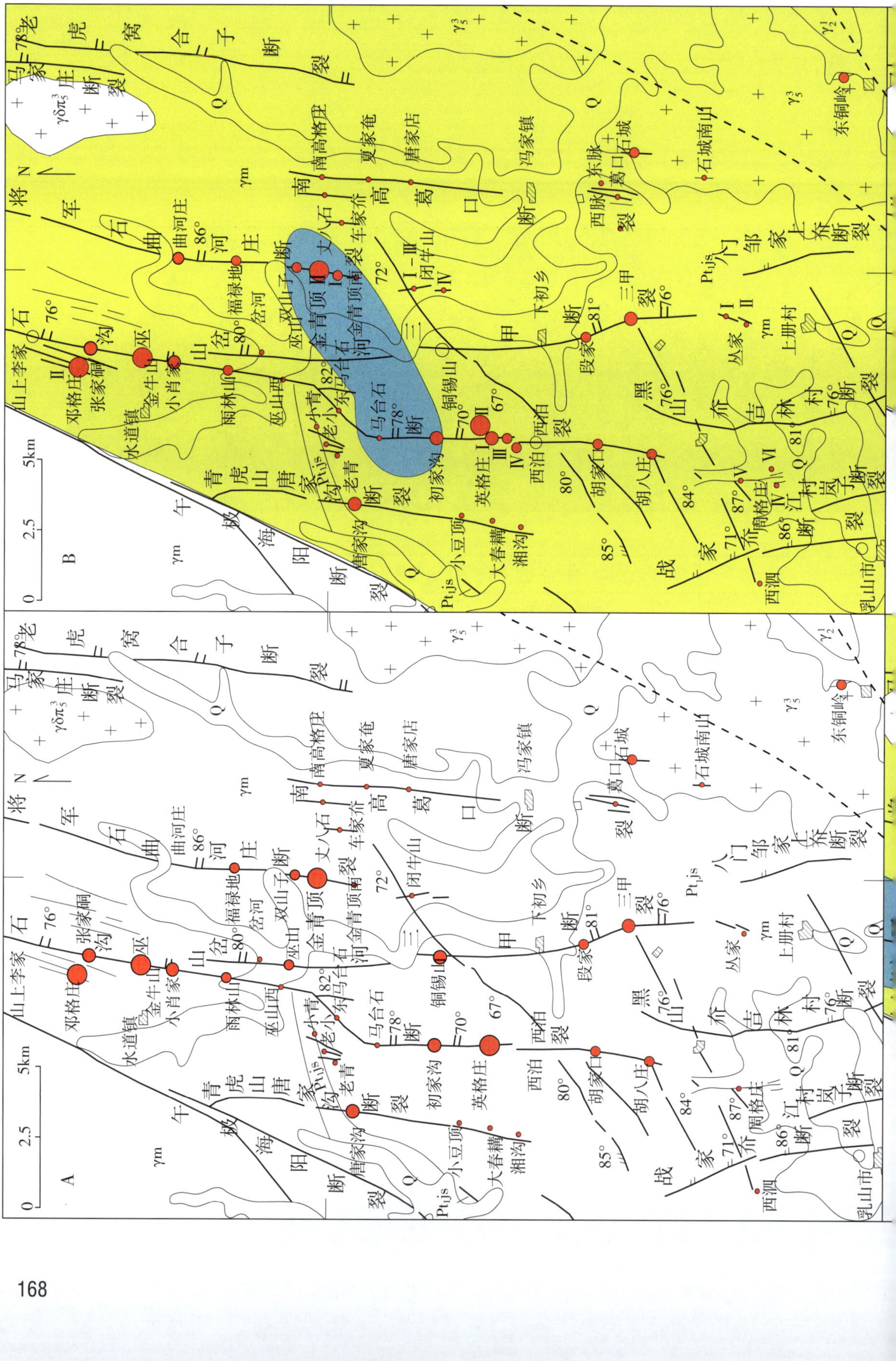
A
B
0
2.5
5km
N
老虎窝合子断裂
马家庄断裂
将军石曲河庄断裂
南高格庄
夏家奄
唐家店
冯家镇
南高葛口断裂
石城
石城南山
东铜岭
邹家上夼断裂
八门
三甲断裂
下初乡
闭牛山
丈八石
车家夼
双山子
金青顶
金青顶南裂
曲河庄
福禄地
岔河
石山岔沟
巫山
张家硐
邓格庄
山上李家
金牛山
小肖家
水道镇
雨林山
巫山西
小青
老小
东马台石
马台石断
铜锡山
初家沟
英格庄
西泊
西泊断裂
段家
胡家口
胡八庄
黑山夼吉林村断裂
上册村
从家
闫格庄
江村岚子断裂
乳山市
西泗
战家夼断裂
青虎山唐家沟断裂
老青
唐家沟
小豆顶
大春耩
湘沟
午极海阳断裂
葛口
东脉
西脉
γm
Q
Pt_1js
$γδπ_5^3$
$γ_5^3$
$γ_2^1$
76°
86°
80°
82°
78°
70°
67°
72°
81°
84°
85°
87°
71°
I
II
III
IV
V
VI
I－III

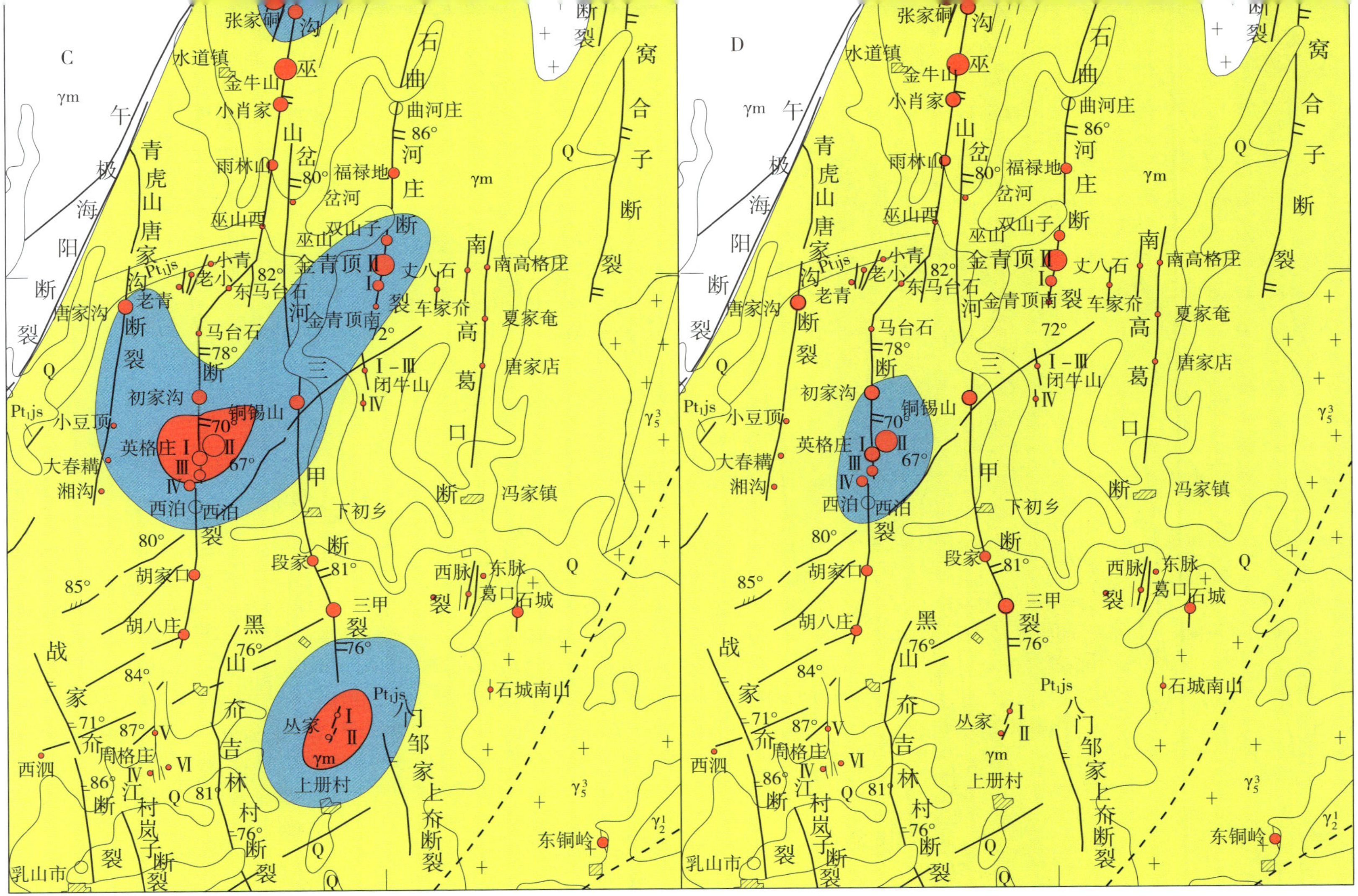

图B.27　山东牟-乳金矿带乳山段地球化学背景平面图

（据李惠等，2010）

A—地质图；B—Au含量平面图；C—As含量平面图；D—Sb含量平面图

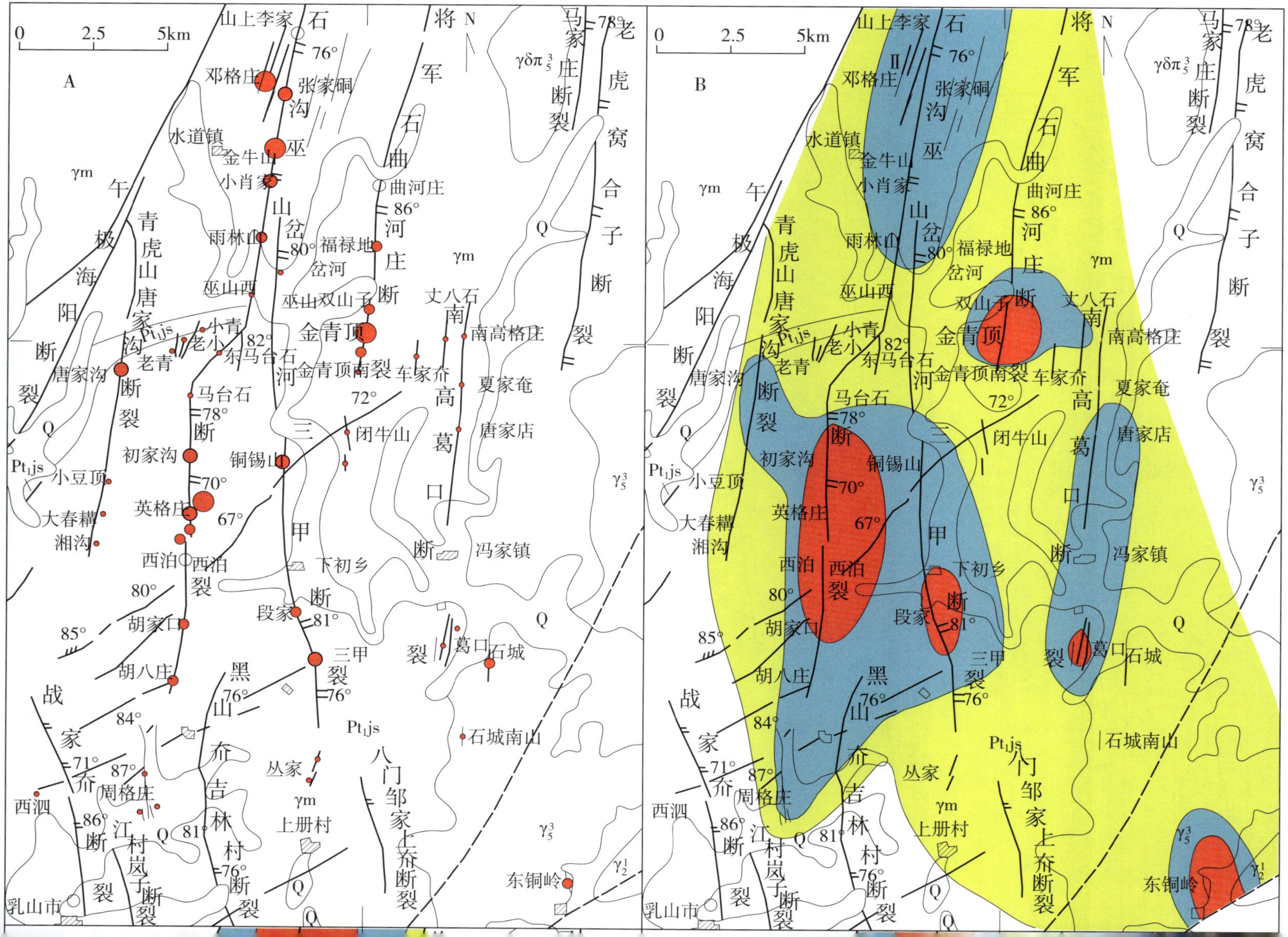
A
B
0
2.5
5km
N
山上李家
石
邓格庄
张家硐
沟
水道镇
金牛山
巫
小肖家
雨林山
山
岔
福禄地
岔河
巫山西
巫山双山子
金青顶
小青
老小
老青
东马台石
河
金青顶南裂
车家夼
马台石
初家沟
铜锡山
英格庄
西泊
西泊
裂
胡家口
胡八庄
段家
三甲
将
军
曲
曲河庄
河
庄
断
丈八石
南
南高格庄
夏家奄
高
唐家店
葛
口
冯家镇
闭牛山
下初乡
葛口
石城
石城南山
八
门
邹
家
上
夼
断
裂
马
家
庄
断
裂
老
虎
窝
合
子
断
裂
午
极
海
阳
断
裂
青
虎
山
唐
家
沟
断
裂
唐家沟
小豆顶
大春耩
湘沟
战
家
夼
周格庄
西泗
江
村
岚
子
乳山市
黑
山
夼
吉
林
村
丛家
上册村
东铜岭
Pt₁js
Q
γm
γδπ
76°
80°
82°
78°
70°
67°
86°
72°
81°
84°
85°
87°
71°

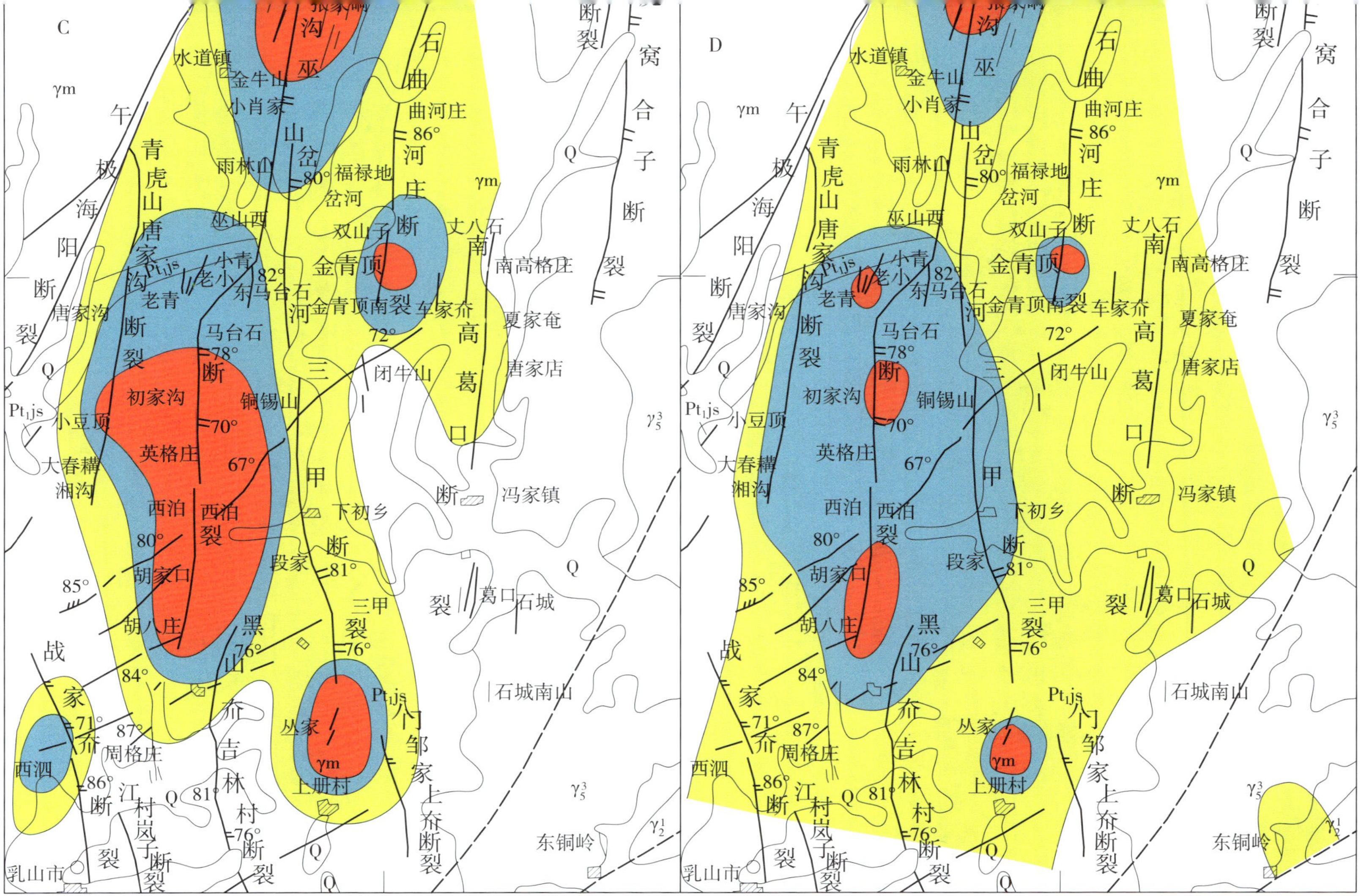

图B.28 山东牟-乳金矿带构造叠加晕平面图

（据李惠等，2010）

A—地质及采样点位图；B—Au平面图；C—As平面图；D—Sb平面图

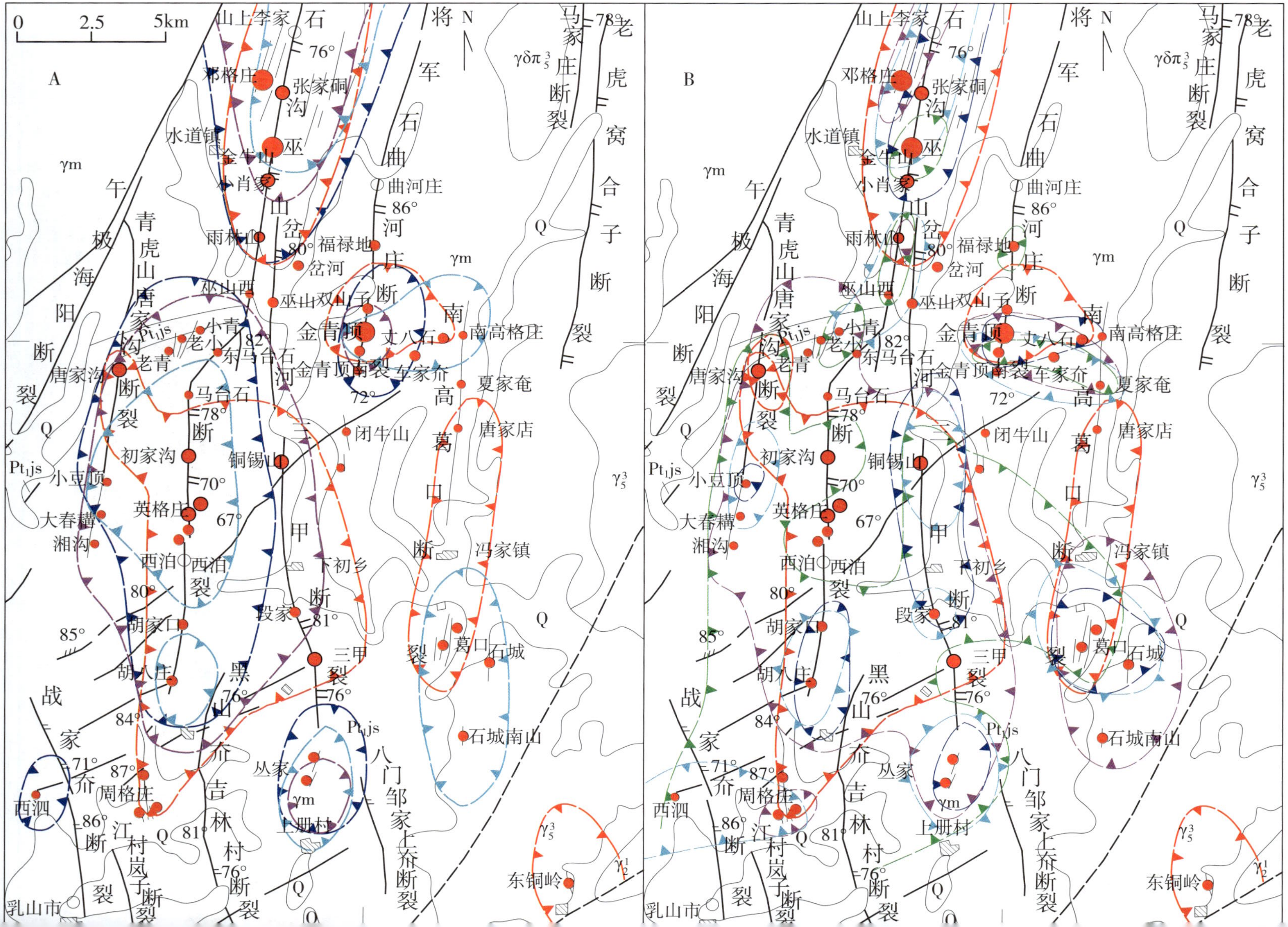

0 2.5 5km
A
B
N
山上李家
邓格庄
张家硐
沟
巫
金牛山
小肖家
水道镇
雨林山
岔
福禄地
岔河
曲河庄
石
曲
河
庄
将
军
马家庄断裂
老虎窝合子断裂
午极海阳断裂
青虎山
唐家沟断裂
巫山西
巫山双山子
断
金青顶
丈八石
南高格庄
金青顶南裂
车家夼
夏家奄
高
唐家店
葛
口
断
裂
冯家镇
葛口
石城
石城南山
小青
老小
老青
东马台石
马台石
河
初家沟
铜锡山
三
甲
断
闭牛山
下初乡
段家
三甲
裂
英格庄
西泊
西泊
裂
小豆顶
大春耩
湘沟
胡家口
胡八庄
黑
山
夼
战
家
夼
周格庄
西泗
江
村
岚
子
断
裂
吉
林
村
断
裂
丛家
上册村
八门
邹家上夼断裂
东铜岭
乳山市
γm
Q
Pt_1js
$\gamma\delta\pi_5^3$
γ_5^3
γ_2^1
76°
78°
86°
80°
82°
72°
70°
67°
81°
85°
84°
71°
87°

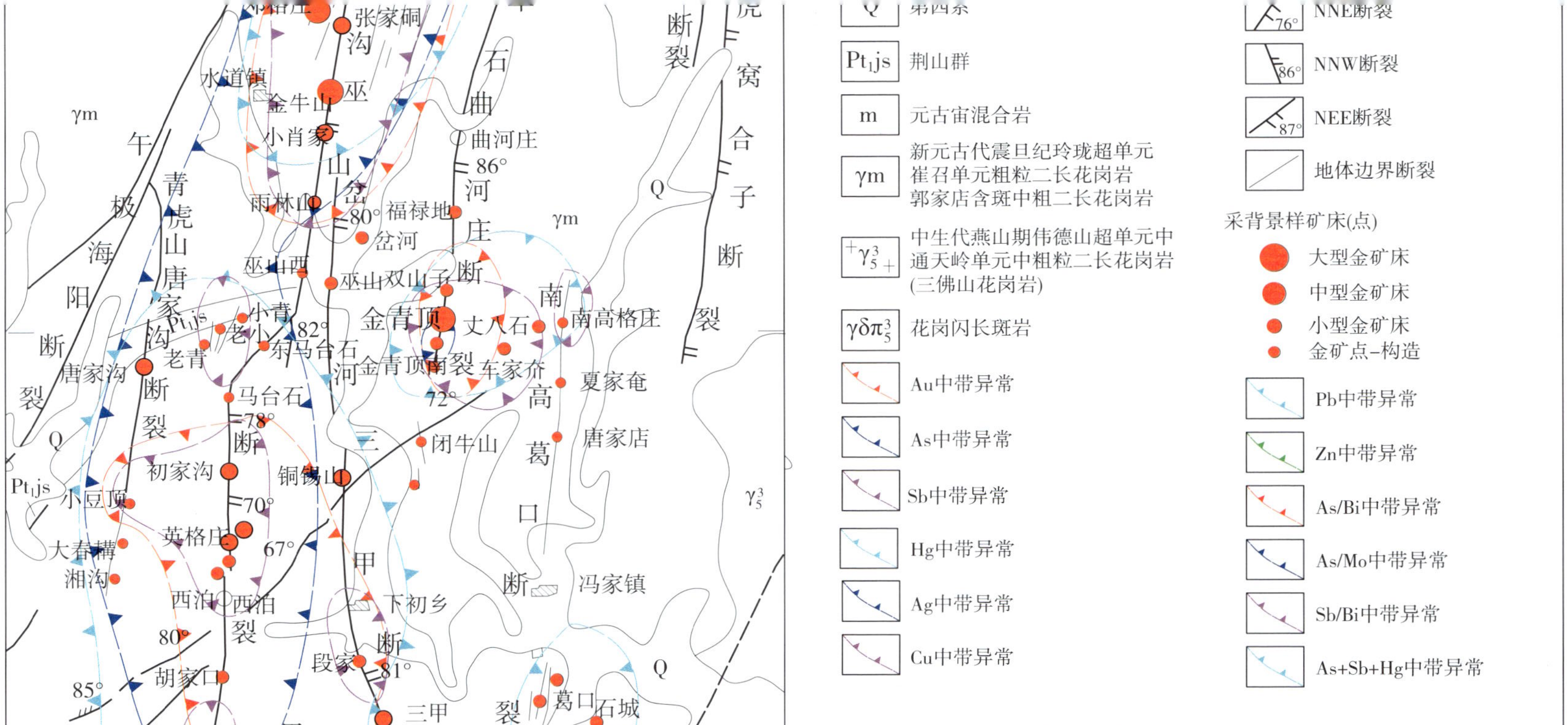

异常分带	元素	Au	As	Sb	Hg	Ag	Cu	Pb	Zn
外带	≥	0.2	5	0.5	20	1	20	50	50
中带	≥	0.5	20	1	30	2	40	100	100
内带	≥	1	50	2	40	3	120	200	200

异常分带	元素	As/Bi	As/Mo	Sb/Bi	As+Sb+Hg
外带	≥	10	5	0.5	2
中带	≥	20	10	1	4
内带	≥	50	20	2	8

注：Hg含量单位为10^{-9}，其他元素含量单位为10^{-6}。

图B.29　山东牟-乳金矿带构造叠加晕异常综合平面图

A—Au-As-Sb-Ag综合平面图；B—Au-Ag-Cu-Pb-Zn综合平面图；C—As/Bi-As/Mo-Sb/Bi-As+Sb+Hg综合平面图

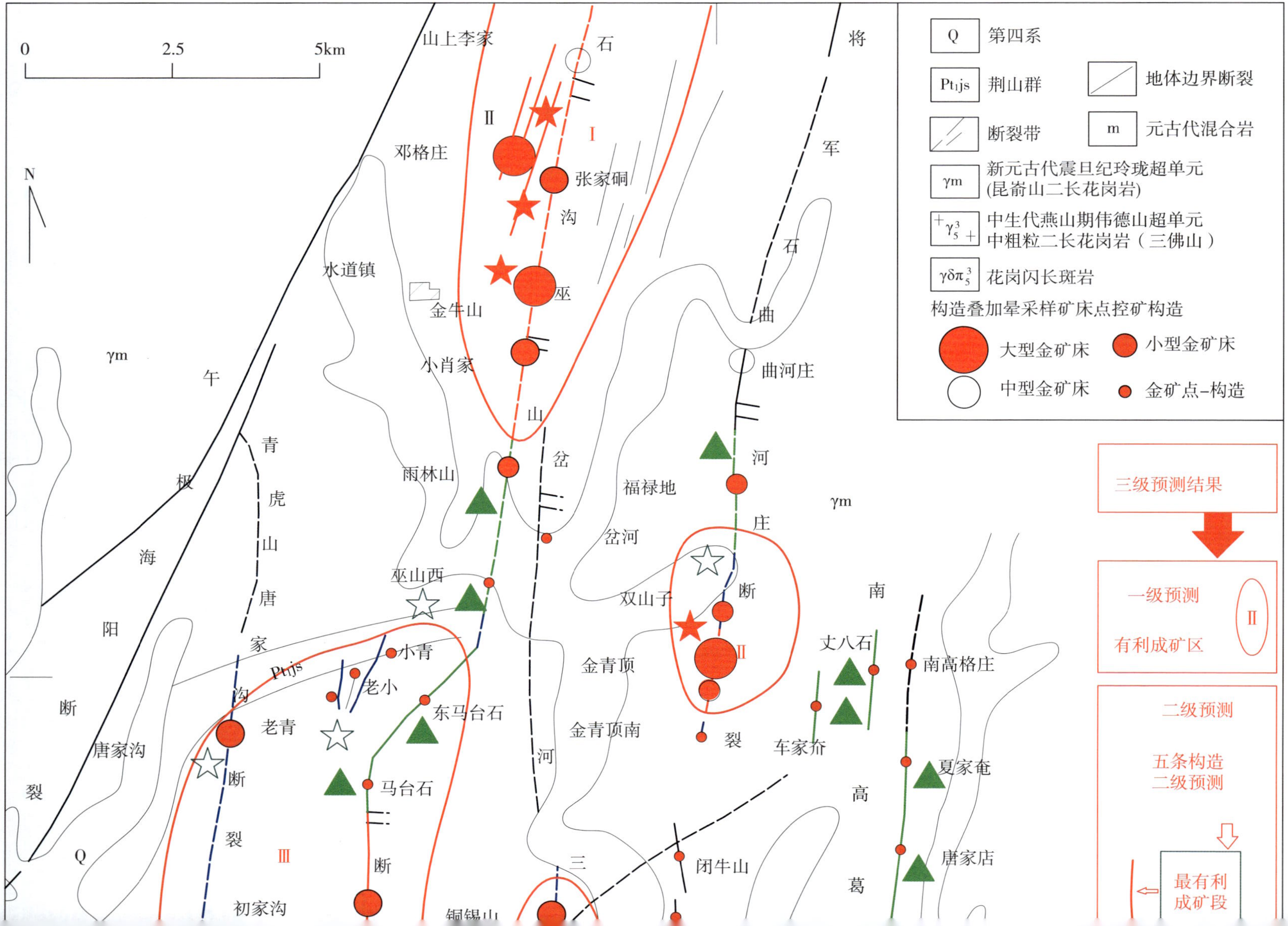
0
2.5
5km
N
Q 第四系
Pt₁js 荆山群
地体边界断裂
断裂带
m 元古代混合岩
γm 新元古代震旦纪玲珑超单元
(昆嵛山二长花岗岩)
中生代燕山期伟德山超单元
中粗粒二长花岗岩（三佛山）
花岗闪长斑岩
构造叠加晕采样矿床点控矿构造
大型金矿床
小型金矿床
中型金矿床
金矿点-构造
三级预测结果
一级预测
有利成矿区
二级预测
五条构造
二级预测
最有利
成矿段
山上李家
邓格庄
张家硐
沟
巫
金牛山
小肖家
水道镇
雨林山
巫山西
小青
老小
东马台石
马台石
老青
唐家沟
初家沟
铜锡山
金青顶
金青顶南
双山子
福禄地
岔河
曲河庄
丈八石
车家夼
南高格庄
夏家奄
唐家店
闭牛山
将
军
石
曲
河
庄
断
裂
南
高
葛
青
虎
山
唐
家
沟
午
极
海
阳
岔
河
三

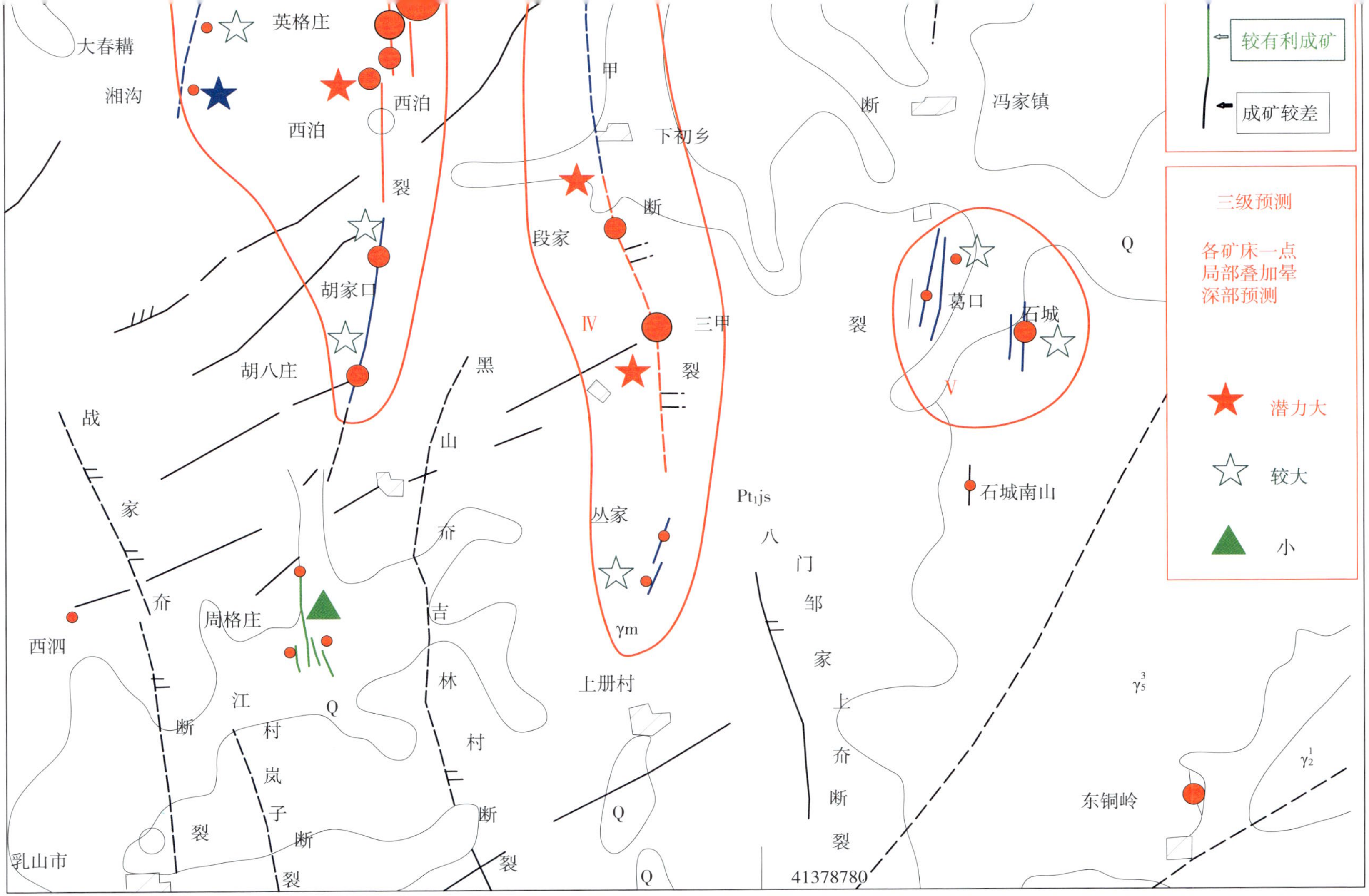

图B.30　山东牟–乳金矿带地球化学构造叠加晕三级预测综合靶位平面图

乳山金矿带构造叠加晕三级预测综合图：一级预测：区内成矿远区预测；二级预测：五条主构造带有利成矿地段预测；三级预测：35个矿床矿点及构造带局部异常深部盲矿预测

元素	异常分带	外带🟡	中带🔵	内带🔴	点号	Rg07	Rg09	Rg11	Rg17	Rg19	Rg20	Rg23	Rg24	Rg25	Rg27	C130	C131	RJ45	C137	RJ36	RJ16
Au	≥	0.1	0.5	1	含量	0.36	5.87	0.56	0.1	1.22	0.5	0.46	1.58	0.98	2.26	3.5	0.98	0.95	0.1	0.79	2.45
					异常	🟡	🔴	🔵	🟡	🔴	🔵	🟡	🔴	🔵	🔴	🔴	🔵	🔵	🟡	🔵	🔴
As	≥	20	40	80	含量	16.3	153	13.5	7.23	273	92.6	66	110	170	119	510	420	71.8	148	138	288
					异常		🔴			🔴	🔴	🔵	🔴	🔴	🔴	🔴	🔴	🔵	🔴	🔴	🔴
Sb	≥	1	2	4	含量	0.6	2.97	0.53	0.3	10.4	5.19	2.62	10.2	12.4	0.63	4.7	5.8	1.49	1.3	1.08	12.2
					异常		🔵			🔴	🔴	🔵	🔴	🔴		🔴	🔴	🟡	🟡	🟡	🔴
Hg	≥	15	30	60	含量	10.9	31.2	16.9	10	107	14.3	10	18	150	10.8	148	48	10	52	14.9	150
					异常		🔵	🟡		🔴			🟡	🔴		🔴	🔵		🔵		🔴
B	≥	10	20	40	含量	5.4	7.3	5.5	9.3	5	7.1	7	5.8	6	5	5	5	5	5	5	11.5
					异常																🟡
Ag	≥	1	5	10	含量	5.67	8.28	1.72	1.15	11.1	4.83	2.06	0.84	11.9	4.95	15.08	2.78	1.3	1.59	3.48	30.3
					异常	🔵	🔵	🟡	🟡	🔴	🟡	🟡		🔴	🟡	🔴	🟡	🟡	🟡	🟡	🔴
Cu	≥	60	120	240	含量	798	1504	155	456	569	228	432	527	1099	2253	103.9	229.9	425	149.9	580	207
					异常	🔴	🔴	🔵	🔴	🔴	🔵	🔴	🔴	🔴	🔴	🟡	🔵	🔴	🔵	🔴	🔵
Pb	≥	60	120	240	含量	14.7	47	26.9	13	157	47	54.3	180	44940	197	5000.1	671.7	181	289.8	289	31230
					异常					🔵			🔵	🔴	🔵	🔴	🔴	🔵	🔴	🔴	🔴
Zn	≥	60	120	240	含量	63.6	103	58.1	29.2	25.5	21.8	47.8	48.9	43305	192	5000	459.6	490	324.5	1493	1232
					异常	🟡	🟡							🔴	🔵	🔴	🔴	🔴	🔴	🔴	🔴

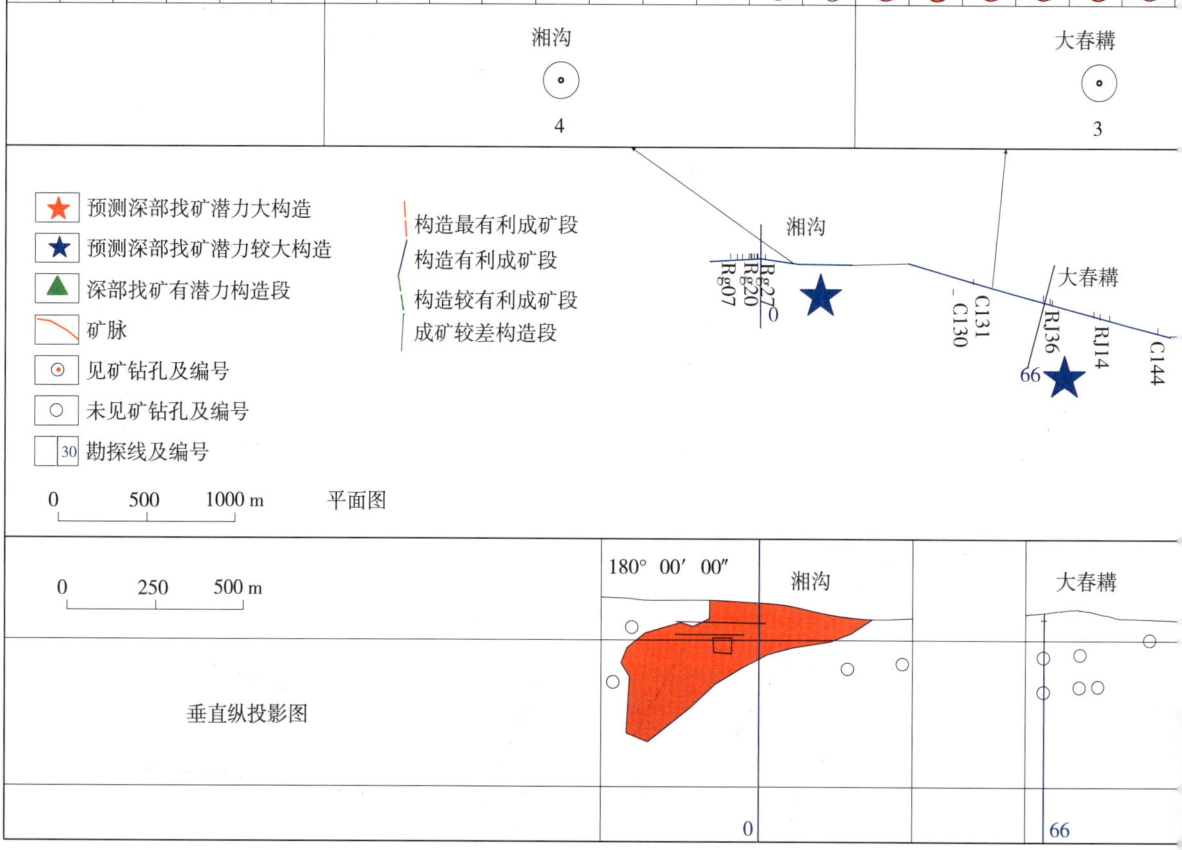

图B.31 山东乳山金矿带青虎山—唐家沟断裂带构造叠加晕及预测靶位平面-垂直纵投影图

C142	C144	C114	C119	C120	C121	C123	C124	C125	C126	C128	C149	RT03	RT07	RT09	RT13	RT18	RT19	RT21	RT24	RT26	RT28
4.06	1.4	0.56	0.56	0.98	0.98	5.8	1.68	1.4	2.52	4.76	0.5	1.04	0.52	2.19	0.15	1.61	2.58	1.82	6.33	5.46	0.34
795	17	63	910	1160	1230	730	208	68	364	1980	13.2	53.6	41.3	179	73.5	134	146	57.6	148	182	86.5
29.5	0.7	0.6	3.4	18.7	5.5	2.4	1.3	2.7	2.8	9	0.5	0.48	0.3	0.3	0.35	0.63	3.62	1.9	1.76	1.81	3.79
132	52	56	84	76	60	80	64	104	92	76	36	10	11.4	27.3	10	43.1	73.5	13.2	10	10	10
5.4	5	50	5	15.4	15.5	5	5	5	5	5	5	17.3	18.8	9.6	8.3	10	5	5	5	5	7.1
50	0.99	1.38	1.41	10.11	3.67	1.64	21.13	28.19	1.39	5.48	0.75	0.92	0.99	12.4	0.65	1.02	1.87	10.6	5.92	5.72	2.05
288.1	85.9	283.9	113.9	407	256.3	325.9	70.9	121.9	738	746.7	101.4	271	103	11.9	172	117	76.2	293	320	439	40.7
5000.1	389.6	39.8	107.6	363.9	238	165.3	58.7	108.9	460.4	714.4	177.7	18.7	141	289	51.6	23.1	80.5	21.4	67.4	126	42.7
2554.7	87.9	8	128.2	55	64.9	98.4	85	134.3	721.6	156.6	87.2	15	21.1	25	222	31.8	46.5	29.1	44.7	34.7	23.7

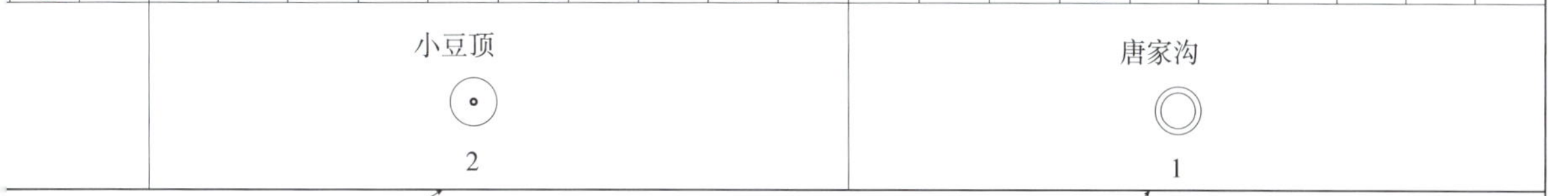

注：Hg含量单位为10^{-9}，其他元素含量单位为10^{-6}。

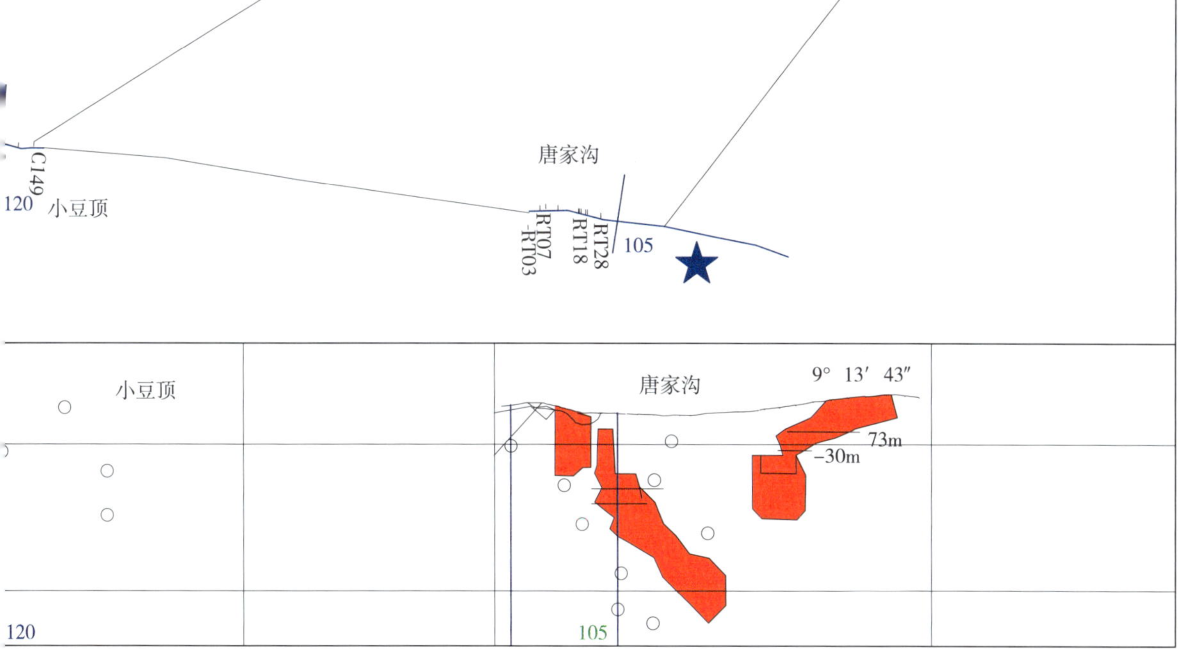

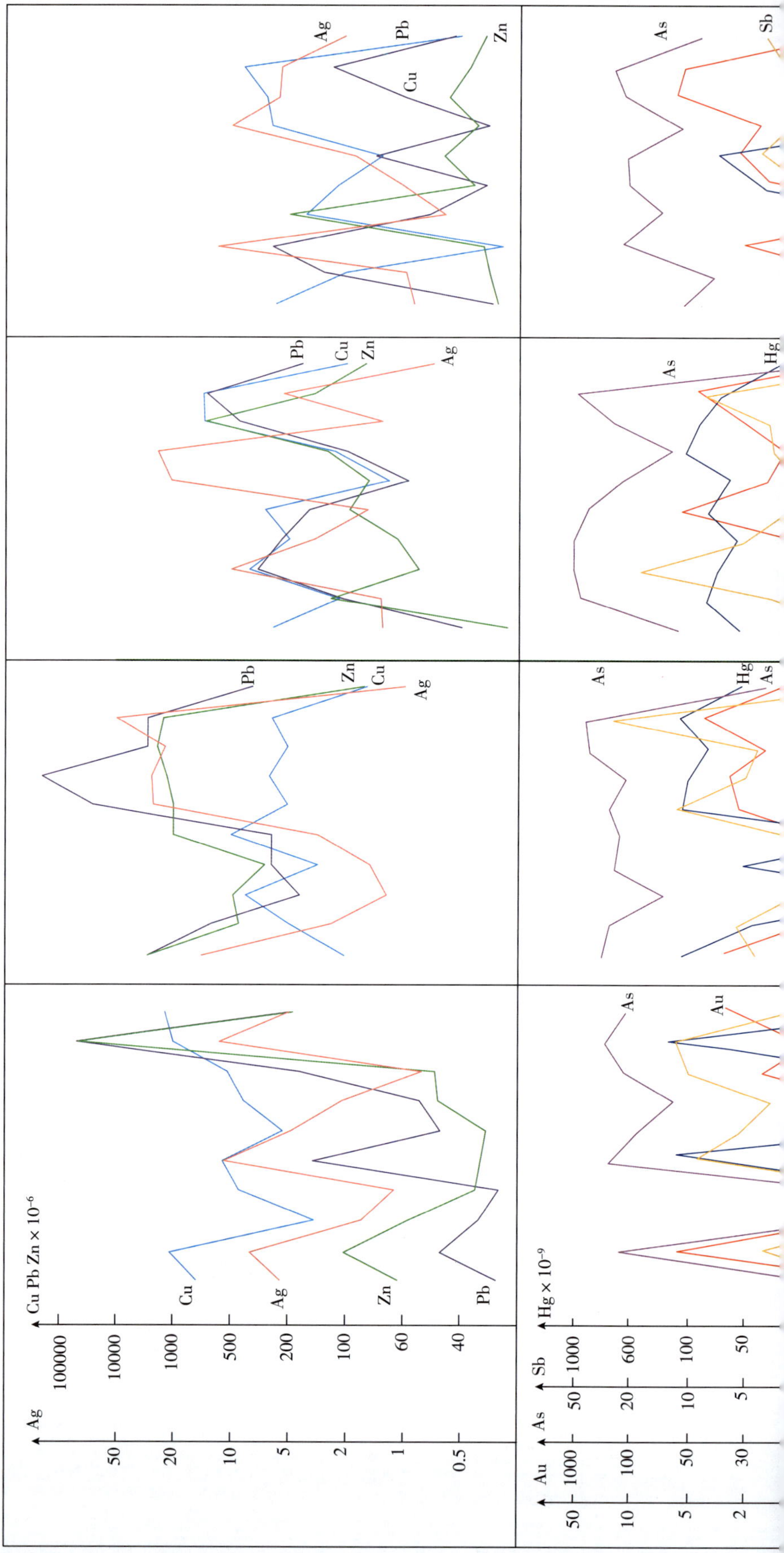
Ag
50
20
10
5
2
1
0.5
Cu Pb Zn × 10⁻⁶
100000
10000
1000
500
200
100
60
40
Cu
Ag
Zn
Pb
Au
50
10
5
2
As
1000
100
50
30
Sb
50
20
10
5
Hg × 10⁻⁹
1000
600
100
50
As
Au
Hg
Sb

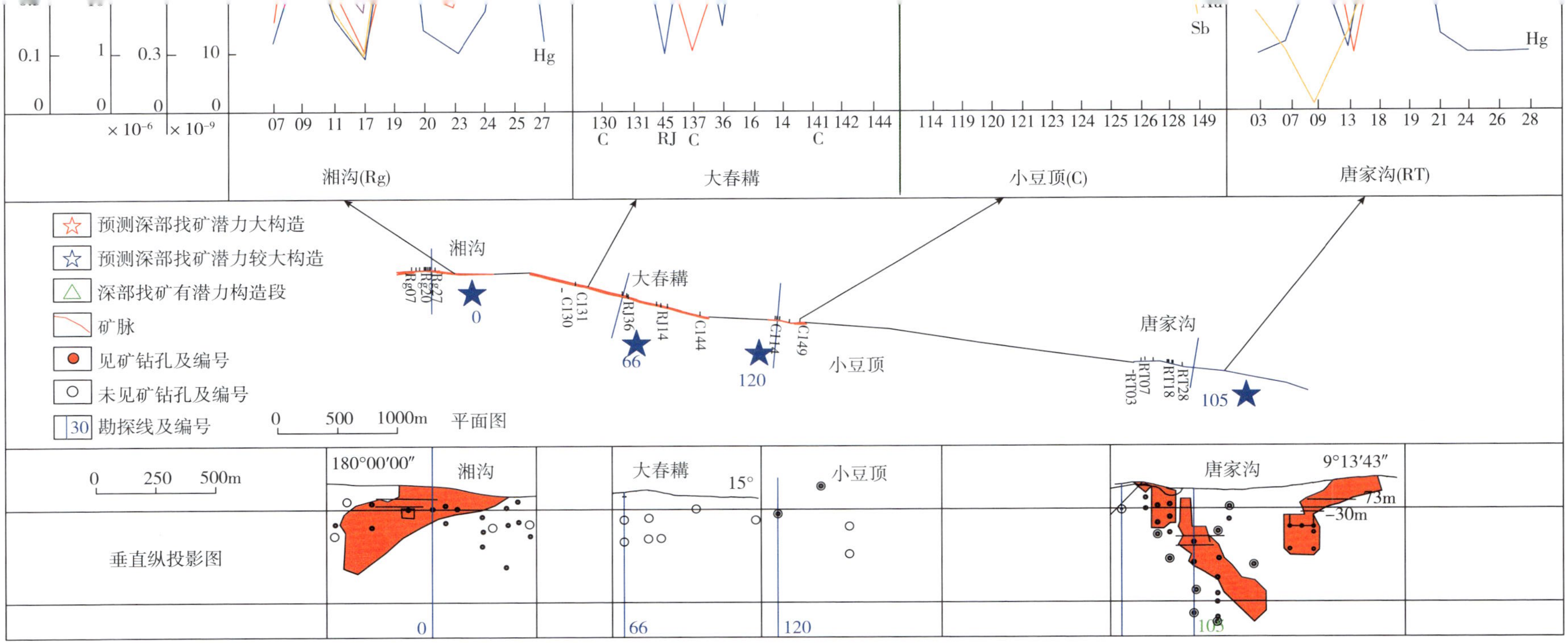

图B.32　山东乳山金矿带青虎山—唐家沟断裂带构造叠加晕及预测靶位平面-垂直纵投影图

元素	异常分带	外带	中带	内带	点号	Rb42	Rb39	Rb37	Rb34	Rb02	Rb09	Rb13	Rb16	Rb19	Rb21	Rb43	Rb44	Rb45	Rb46	Rb47	QD1	QD2	QD3	430	43
Au	≥	0.1	0.5	1	含量	1.42	0.71	1.95	2.13	0.37	0.56	0.76	0.36	8.00	6.17	0.01	0.02	0.01	0.01	0.01	0.03	0.01	0.01	33.30	18.3
					异常	内	中	内	内	外	中	中	外	内	内									内	内
As	≥	5	10	20	含量	5.90	6.86	29.2	22.7	7.41	12.7	44.3	29.2	4.44	45.0	4.45	14.9	1.69	1.48	1.43	25.5	11.4	38.3	1430	557
					异常	外	外	内	内	外	中	内	内		内		中				内	中	内	内	内
Sb	≥	0.4	1	2	含量	0.30	0.30	0.30	0.70	0.34	0.30	0.30	0.30	0.30	0.32	0.30	0.40	0.30	0.41	0.30	1.09	0.41	1.13	518.3	9.0
					异常				外								外		外		中	外	中	内	内
Hg	≥	15	30	60	含量	11.0	13.3	14.0	18.5	14.6	21.8	19.2	10.0	10.0	11.6	21.1	13.7	10.6	21.2	11.3	14.7	15.4	10.0		
					异常				外		外	外				外			外			外			
B	≥	10	20	40	含量	9.50	8.20	9.80	10.5	5.90	9.20	25.7	8.70	10.7	12.4	9.70	13.6	9.00	21.0	10.4	11.0	15.8	16.0		
					异常				外			中		外	外		外		中	外	外	外	外		
Ag	≥	2	10	20	含量	1.52	0.32	10.8	10.3	0.62	0.96	0.91	2.18	2.67	3	0.05	0.26	0.07	0.08	0.05	0.53	0.21	0.11	59.6	37
					异常			中	中				外	外	外									内	内
Cu	≥	20	40	120	含量		2.32	10.4	8.95	14.9	19.7	16.6	14.7	8.49	75.7	2.46	15.5	2.16	2.25	2.47	121	10.4	50.5	789	286
					异常										中						内		中	内	内
Pb	≥	30	60	120	含量		27.4	95.7	19.7	90.7	102	35.4	191	29.8	45.9	10	51.4	10	11.3	10.3	285	10	27.1	2868	420
					异常			中		中	中	外	内		外		外				内			内	内
Zn	≥	30	60	120	含量	15	15	22	15	36.2	52.4	23.6	16	15	35.9	15	109	15	15	15	131	15	41.7	260	72
					异常					外	外				外		中				内		外	内	内

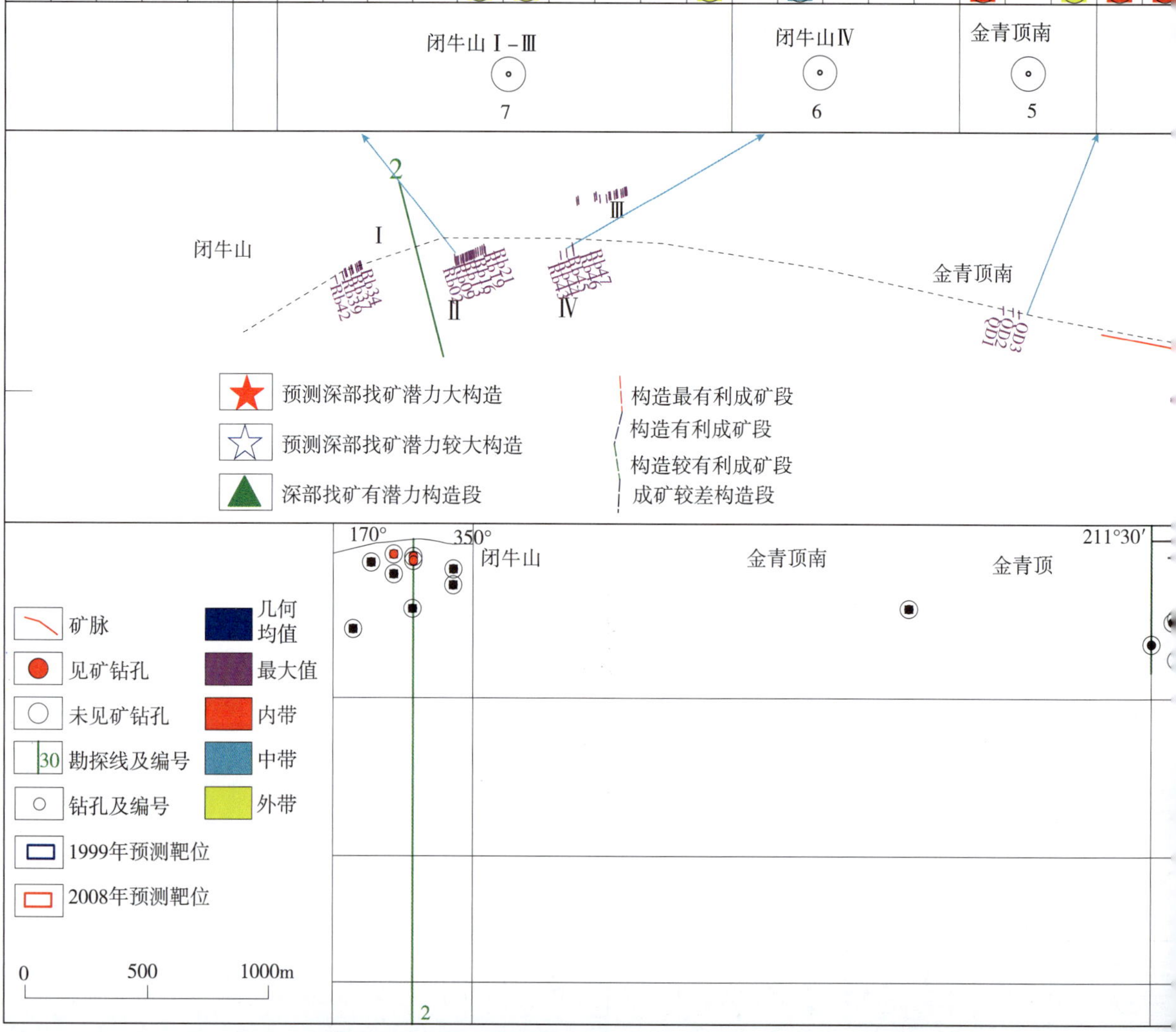

图B.33　山东乳山金矿带将军石—曲河断裂带构造叠加晕及预测靶位平面-垂直纵投影图

314	309	QD7	QD8	331	328	327	112	111	110	SS9	SS8	SS5	SS4	SS3	SS2	FD46	FD45	FD43	FD41	FD35	FD24	FD18	FD11	FD9	FD2
3.82	3.20	1.46	0.10	2.00	0.17	8.43	1.125	1.8	10.3	2.32	3.91	1.27	0.58	3.26	1.00	0.85	0.54	4.08	0.93	0.10	6.63	5.27	1.01	1.03	0.73
183.6	198	160	35.6	14.2	108.5	63	38	137	175	15.4	57.5	19.9	35.6	28.0	40.8	17.2	17.4	108	29.2	14.8	268	138	15.7	23.6	27.7
3.02	6.83	0.54	0.35	1.59	1.73	55.2	0.3	0.4	2	0.30	0.30	0.30	0.30	0.30	0.30	0.43	1.11	0.38	0.30	0.40	0.34	0.30	0.35	0.30	0.43
	20	47.6	26.9	20	20	20	36	72	172	36.5	12.4	13.7	37.1	50.3	35.8	19.5	19.3	15.3	17.6	11.6	23.0	10.0	10.0	10.0	16.6
		15.2	13.4				6.3	20.8	12.5	14.3	15.1	28.2	17.7	21.9	42.1	7.80	6.60	9.10	9.00	10.7	5.00	5.10	9.40	10.5	7.40
22	49.2	3.36	2.8	5.2	1.17	13.4	15	8	25.2	0.42	0.94	1.17	0.86	2.13	1.29	2.54	1.37	3.62	1.47	0.39	1.74	3.5	1.21	0.97	1.52
2070	5930	1528	357	469	176	122	441	525	195	5.53	6.49	250	12.6	24.8	58.4	5.15	84.2	156	30.3	7.1	11.2	15.2	18.8	7.4	33.3
12456	544	22.9	10	81	44	56	26	274	756	16.1	24.5	10	50.9	24.2	21.1	47.3	32.6	53.6	23.4	30.8	10	119	23.3	62.8	14.1
140	888	138	15	48	52	42	33	136	79	15	21.5	15	26.9	59	15	17	124	19.7	75.1	15	15	29.3	15	15	15

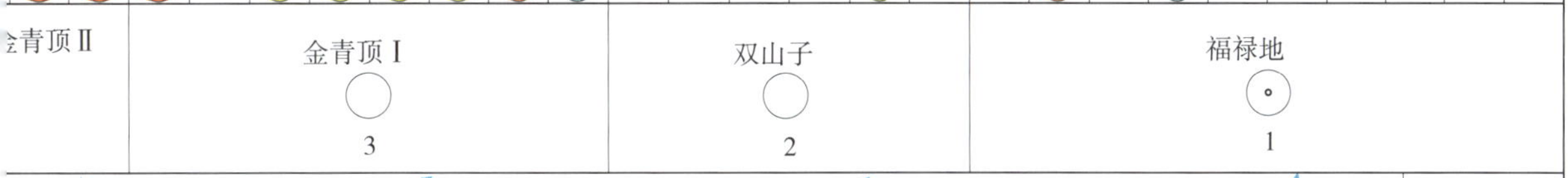

注：Hg含量单位为10^{-9}，其他元素含量单位为10^{-6}。

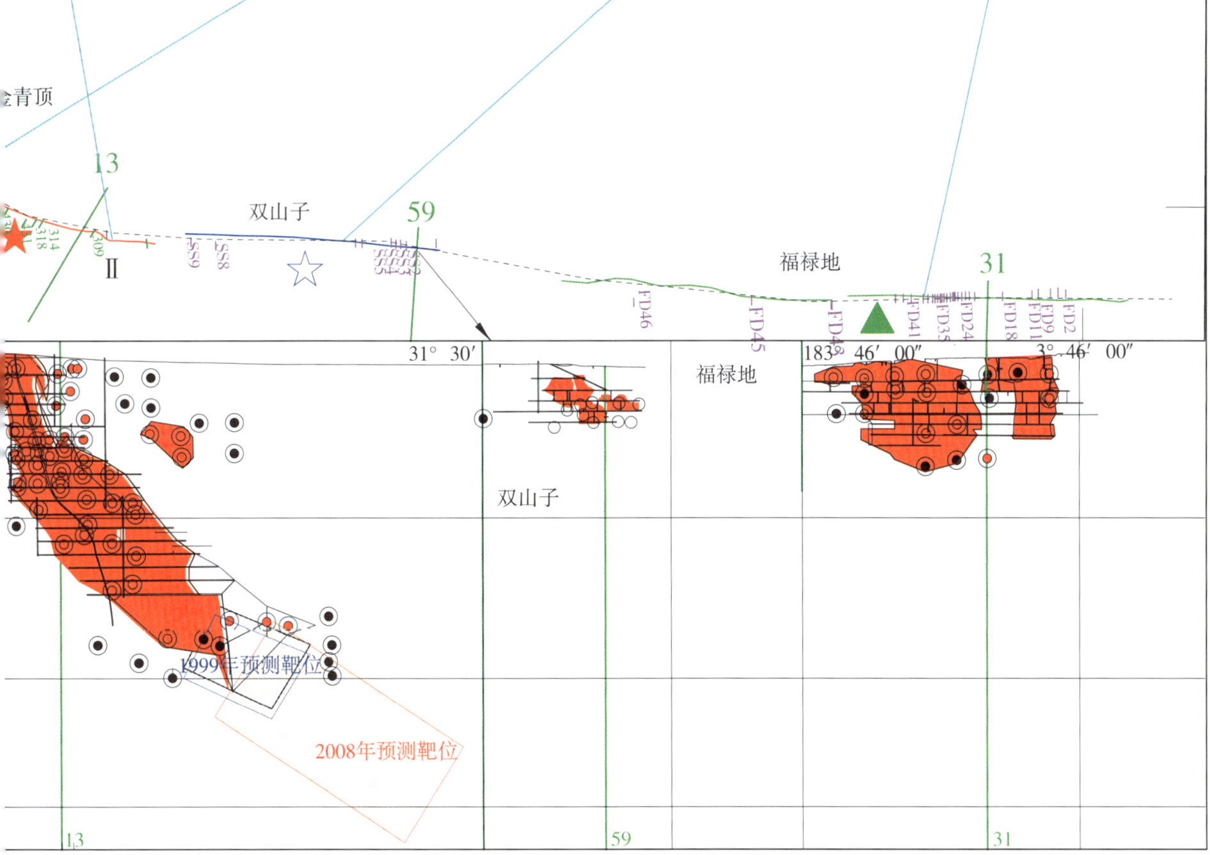

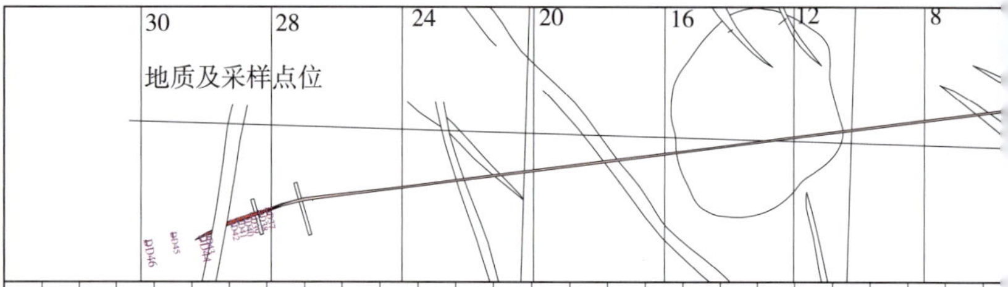

元素	异常分带	外带(黄)	中带(蓝)	内带(红)	点号	DD46	DD45	DD44	DD43	DD42	DD41	DD40	DD39	DD38	DD37	DD36	DD35	DD34	DD33	DD32	DD31	DD30	DD29	DD28	DD27
Au	≥	0.1	0.5	1.5	含量	6.56	6.42	5.62	0.49	4.09	6.92	6.75	6.49	0.02	3.38	6.87	0.31	0.58	0.74	0.14	3.93	1.62	0.86	0.39	5.9
					异常	红	红	红	黄	红	红	红	红		红	红	黄	蓝	蓝	黄	红	红	蓝	黄	红
As	≥	20	40	60	含量	90	23.1	32.9	3.6	32.9	14.8	11.3	7.49	0.89	15.6	32.2	18.7	71.2	17.4	4.9	52.8	68.4	26.1	26	49.8
					异常	红	蓝	蓝		蓝	黄	黄			黄	蓝	黄	红	黄		红	红	蓝	蓝	红
Sb	≥	1	2	4	含量	0.3	0.3	1.5	0.3	0.55	0.3	0.3	0.3	0.3	0.3	1.58	0.47	1.12	0.53	0.32	0.32	0.36	0.3	0.3	1.12
					异常			蓝		黄						蓝	黄	蓝	黄						蓝
Hg	≥	40	60	80	含量	21.7	27.6	46.7	12.3	46.6	25.7	55.5	54.4	10	45.8	17.7	10	17.5	39.8	11.4	33.8	17.5	32.5	17	18.2
					异常	黄	黄	蓝		蓝	黄	蓝	蓝		蓝	黄		黄	蓝		蓝	黄	蓝	黄	黄
B	≥	10	20	30	含量	9.2	5	9.9	17.1	15	12.6	14.8	10.2	7.9	6.1	14.5	23.6	15.3	11.6	14.1	14.9	21.3	45.1	8.5	9
					异常				黄	黄	黄	黄	黄			黄	蓝	黄	黄	黄	黄	蓝	红		
Ba	≥	1000	2000	3000	含量	300	252	1240	344	1281	903	1271	1325	589	1459	93.8	304	328	307	75.9	235	303	585	404	125
					异常			黄		黄		黄	黄		黄										
Ag	≥	1	3	5	含量	12.7	7.54	7.43	0.42	3.93	12.8	6.13	7.74	0.25	2.77	2.74	2.54	4.06	3.51	0.6	3.44	2.3	0.74	0.63	3.9
					异常	蓝	黄	黄		黄	蓝	黄	黄		黄	黄	黄	黄	黄		黄	黄			黄
Cd	≥	0.4	0.8	1.6	含量	1.39	0.86	1.55	0.2	0.49	0.47	0.59	0.56	0.2	0.83	0.33	0.2	3.12	2.59	0.41	0.51	1.91	0.43	0.2	0.71
					异常	蓝	蓝	蓝		黄	黄	黄	黄		蓝			红	红	黄	黄	红	黄		黄
Cu	≥	40	80	120	含量	1878	1664	1831	734	1531	3929	2421	3389	16.7	1806	115	350	441	636	36.6	611	126	217	48.6	6369
					异常	红	红	红	红	红	红	红	红		红	黄	蓝	蓝	红		红	蓝	蓝		红
Pb	≥	100	200	400	含量	120	215	864	37.9	99.8	26.1	40.9	24.8	10	57.1	83.4	10	146	50.8	27	46.7	337	22.3	37.5	32
					异常	蓝	蓝	红		黄						黄		蓝				蓝			
Zn	≥	50	100	200	含量	285	527	1044	66.9	98.4	127	119	176	15	229	32.2	31.8	460	186	50.4	83.4	902	50.7	33.4	116
					异常	蓝	红	红	黄	黄	蓝	黄	蓝		蓝			蓝	蓝		黄	红			黄
Bi	≥	1	3	5	含量	2.14	1.17	1.93	0.3	0.94	0.34	0.3	0.3	0.3	0.3	0.96	0.3	0.51	0.3	0.3	0.69	2.04	0.42	0.3	0.54
					异常	黄	黄	黄														黄			
Mo	≥	1	3	5	含量	6.76	12.8	37	0.5	1.1	1.35	1.81	0.64	0.5	0.59	1.17	5.69	10.3	7.11	1.62	1.62	9.8	0.73	0.5	1.54
					异常	蓝	红	红									蓝	红	蓝			红			
Mn	≥	400	800	1600	含量	1116	897	2291	993	7053	7096	6359	11499	306	4465	519	1709	2660	2447	1212	1726	640	1470	904	1158
					异常			黄		蓝	蓝	蓝	红		蓝			黄	黄						
Co	≥	5	10	20	含量	110	36	57	6.63	62.5	85.8	39.9	125	1.99	7.05	2.32	13.9	43.3	24.2	5.05	28.2	49	41.9	24.1	33.9
					异常	红	红	红	黄	红	红	红	红		黄		蓝	红	红	黄	红	红	红	红	红
Ni	≥	4	6	12	含量	58	7.55	19.5	6.43	9.35	10.7	9.66	9.54	3	11.7	3.51	12.4	59.4	22	10.9	18.3	85.1	19.8	13.1	14.1
					异常	红		黄			黄				黄		黄	红	蓝	黄	黄	红	黄	黄	黄
V	≥	10	20	40	含量	29.6	17.9	25.7	9.86	21.2	13	20.5	14.9	3.37	16	13.9	28	213	137	14	7.54	245	126	29	17.9
					异常	黄		黄		黄		黄					黄	红	红			红	红	黄	
Ti	≥	500	1000	1500	含量	684	393	1081	626	810	525	654	710	89.7	181	209	588	3177	2207	116	234	2705	5826	852	482
					异常													黄	黄			黄	蓝		
W	≥	5	10	20	含量	2.3	0.5	0.5	2.18	2.16	0.64	0.6	1.22	0.5	0.5	0.5	1.25	9.96	6.55	0.5	0.5	7.91	19.7	7.74	3.08
					异常													蓝	蓝			蓝	红	蓝	
Sn	≥	4	8	16	含量	4.1	4.1	4.5	1.6	4.1	3.3	2.5	1.8	1	1.6	2.6	2.3	3.2	2.6	1.4	2.4	3	7.6	2.1	4.4
					异常	蓝	蓝	蓝		蓝	黄	黄				黄	黄	黄	黄		黄	黄	红	黄	蓝

注：Hg含量单位为10^{-9}，其他元素含量单位为10^{-6}。

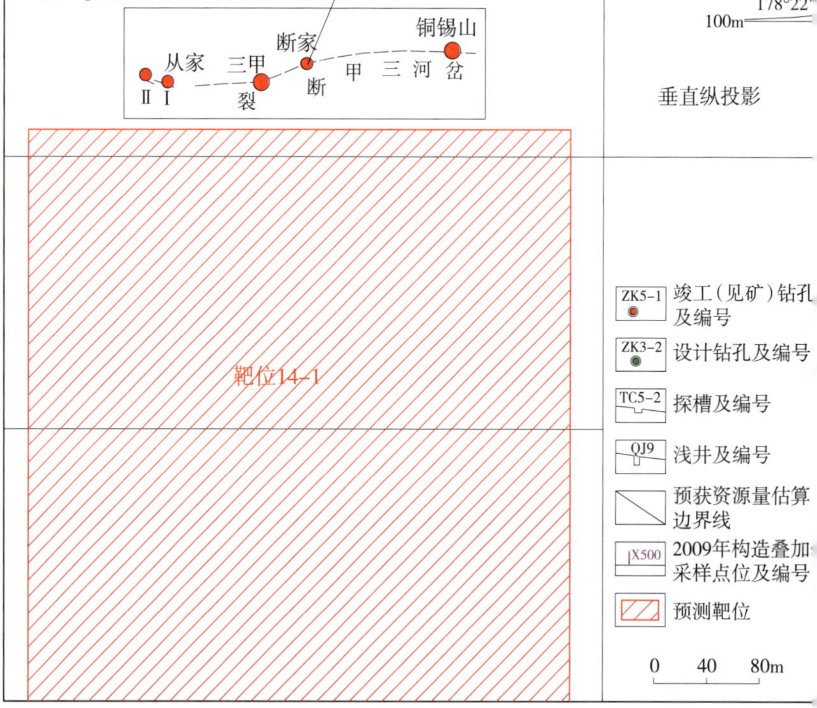

图B.34 山东乳山金矿带断家断裂带构造叠加晕及预测靶位平面–垂直纵投影图（缩略示意图）

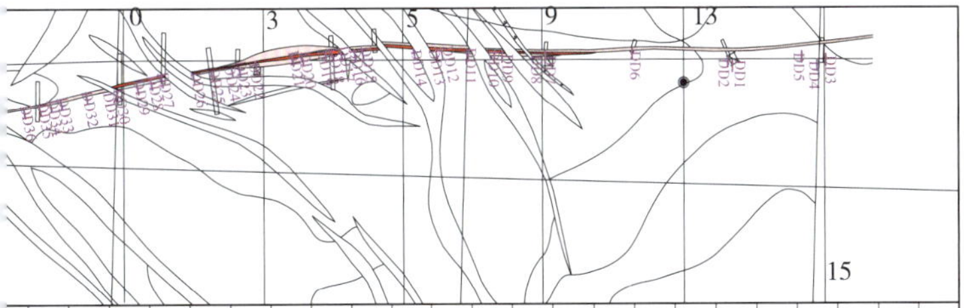

)24	DD23	DD22	DD21	DD20	DD19	DD18	DD17	DD16	DD15	DD14	DD13	DD12	DD11	DD10	DD9	DD8	DD7	DD6	DD2	DD1	DD5	DD4	DD3
99	1.74	0.01	2.27	4.69	0.94	2.9	0.08	1.18	0.02	3.42	6.56	0.01	1.06	0.45	0.02	0.5	0.03	0.01	0.47	0.01	0.46	0.01	0.01
.7	43.9	3.76	19.4	75	23.4	179	4.08	6.71	4.33	47.1	22.8	10.7	70.2	45.1	7.2	73.8	85	3.11	23.7	1.96	280	0.5	1.13
69	0.63	0.33	0.52	1.49	1.95	8.69	1.11	5.51	4.45	4.6	2.61	0.86	2.94	0.92	0.3	0.53	0.48	0.3	0.73	0.3	3.05	0.3	0.34
.9	14.6	22	11.6	16.7	25.5	42.7	28.3	39.5	34.7	149	22	29.6	28.4	58.4	14.6	31.9	26.7	61.5	27.5	18.3	24.2	16.7	10
.5	19.9	61.7	8	15.1	8.1	12.9	11.2	7.9	20.6	7	10.2	17.2	8	17.6	10.5	9.6	7.2	18.7	7.4	7.6	11.3	6.1	7.7
98	568	353	214	190	80	1200	176	399	1179	16.6	535	334	11.9	412	290	274	236	0	191	566	179	502	29.3
56	5.87	1.55	3.32	8.78	2.15	11.7	1.14	5.76	2.9	25.4	11.7	3.11	4.2	0.35	1.37	3.3	1.76	0	1.89	0.24	5.67	0.06	0.15
51	0.4	0.2	0.2	0.2	0.62	4.64	14.6	10.5	12.01	6.72	4.27	0.24	0.43	0.2	3.31	0.76	1.08	0	8.7	0.2	0.81	0.2	0.2
15	709	128	567	919	1681	470	33.3	198	39.5	4399	6860	1258	44.2	9.78	40.9	7.51	10.7	0	52.9	25.8	496	25.9	17.2
.4	38	67.5	31.4	61.1	522	2338	4893	293	1219	176	101	53.1	317	51.4	19.5	210	69.6	0	494	43.5	342	33.4	10
74	402	33.1	77.5	97.3	411	1287	1824	1600	885	1241	662	250	73.8	78	52.3	506	149	0	1493	95.9	1073	15	15
.3	0.38	0.3	0.46	1.35	0.89	7.5	0.44	0.3	0.3	1.95	0.32	0.39	4.36	0.94	0.3	0.53	0.59	0.3	0.84	0.3	1.38	0.3	0.3
54	0.52	0.5	2.51	0.87	1.06	4.45	1.64	2.22	1.34	0.59	1.48	0.5	0.63	1.97	0.93	2.23	0.64	0	2.55	4.13	6.79	0.56	0.8
26	479	378	568	594	714	683	2082	4906	913	2857	3658	1159	2686	1664	2370	1862	820	0	2976	1960	543	867	490
3.9	18.4	2.82	10.5	37.4	18.2	15.5	8.23	5.96	8.54	17.3	12.5	39.2	70.5	31.6	20.5	68.9	89.5	0	25.3	9.91	28.9	9.27	3.24
.3	9.18	3.16	9.58	18.6	12.7	11.9	8.91	13.5	18.3	45.5	32	14.7	30.7	23.2	44.2	27.9	40	0	26.6	15.9	29.1	10.9	4.62
.38	16.4	8.64	16.1	37.8	10.7	58.8	39.7	41.6	72.4	14	43.5	25.2	12.4	83.7	112	18.6	29.3	0	43.1	65	42.2	5.65	6.07
94	1020	584	484	936	169	324	795	483	1982	54.9	313	518	91.7	1924	2630	804	1388	0	1113	2301	682	115	81.4
.94	3.56	1.64	1.09	2.19	0.5	0.52	3.07	1.59	7.49	0.5	0.78	1.17	0.5	5.5	0.5	11.3	6.51	0	0.5	0.5	3.6	0.5	0.5
2.2	1.6	1.4	1.2	6.3	2.5	2.5	2	1.4	3	1.5	1.7	2.6	2	2.7	1.4	2.5	2	2.1	1.7	1.4	5.5	1	1.7

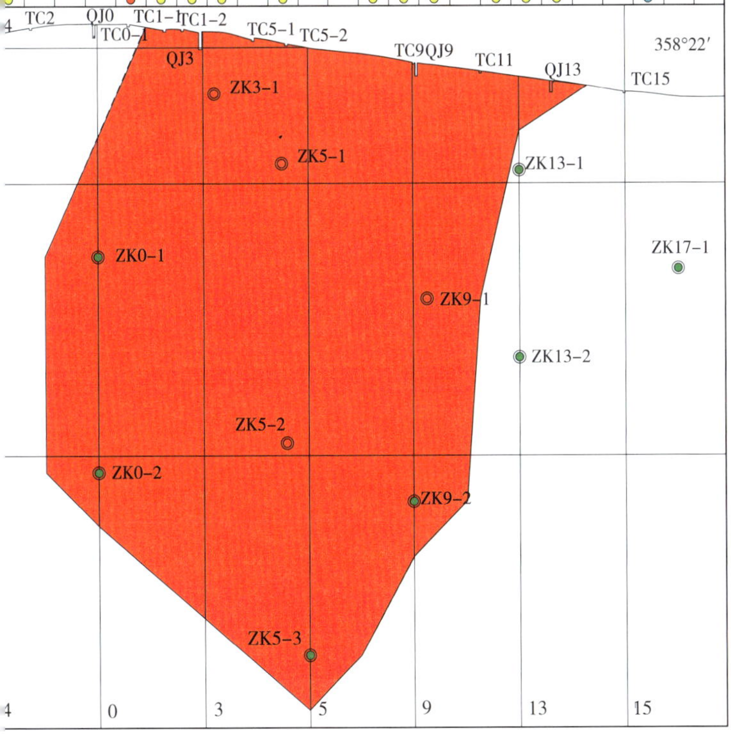

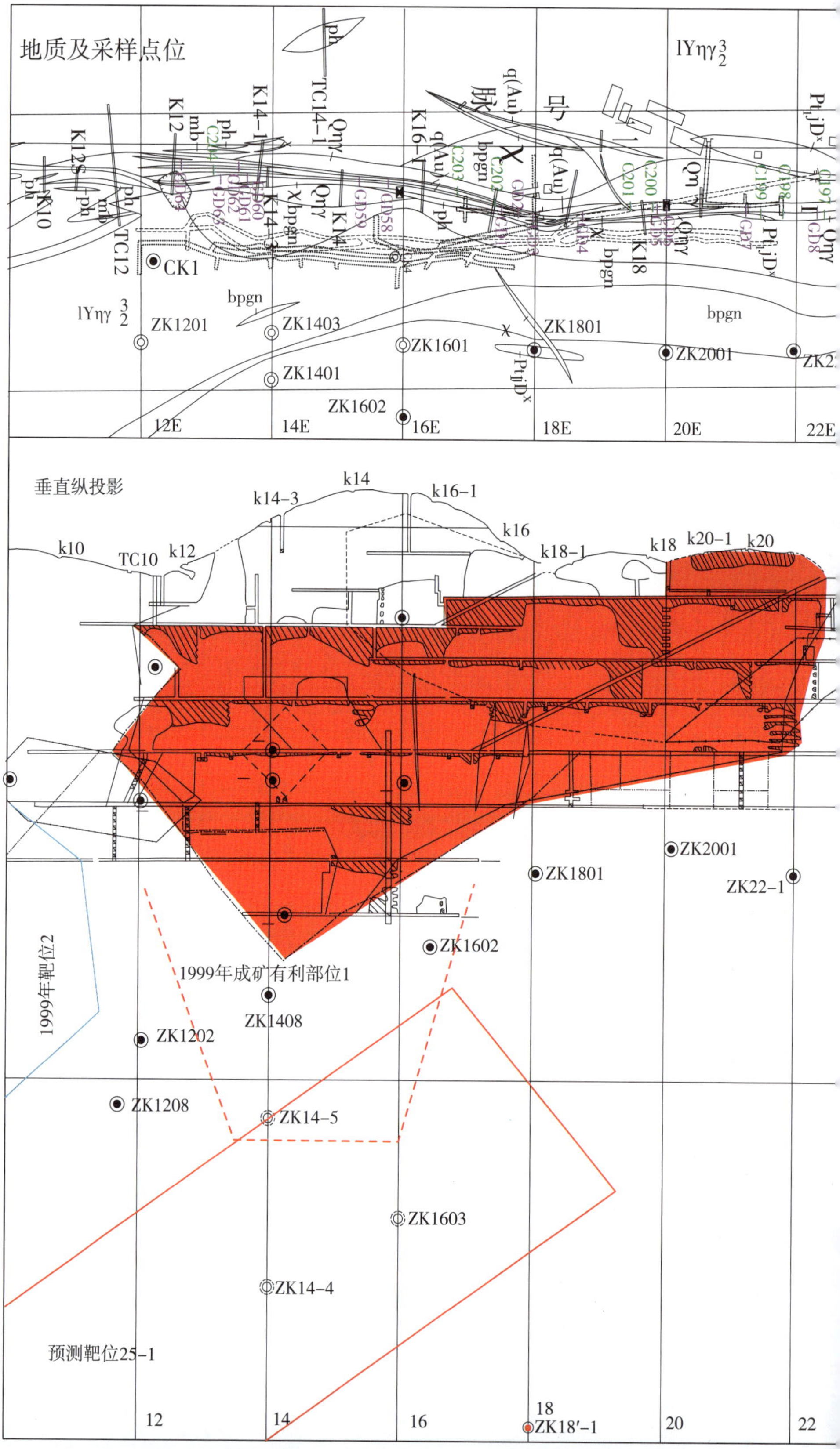

图B.35　山东乳山初家沟金矿区地质平面-矿体垂直纵投影构造叠加晕预测图（缩略示意图）

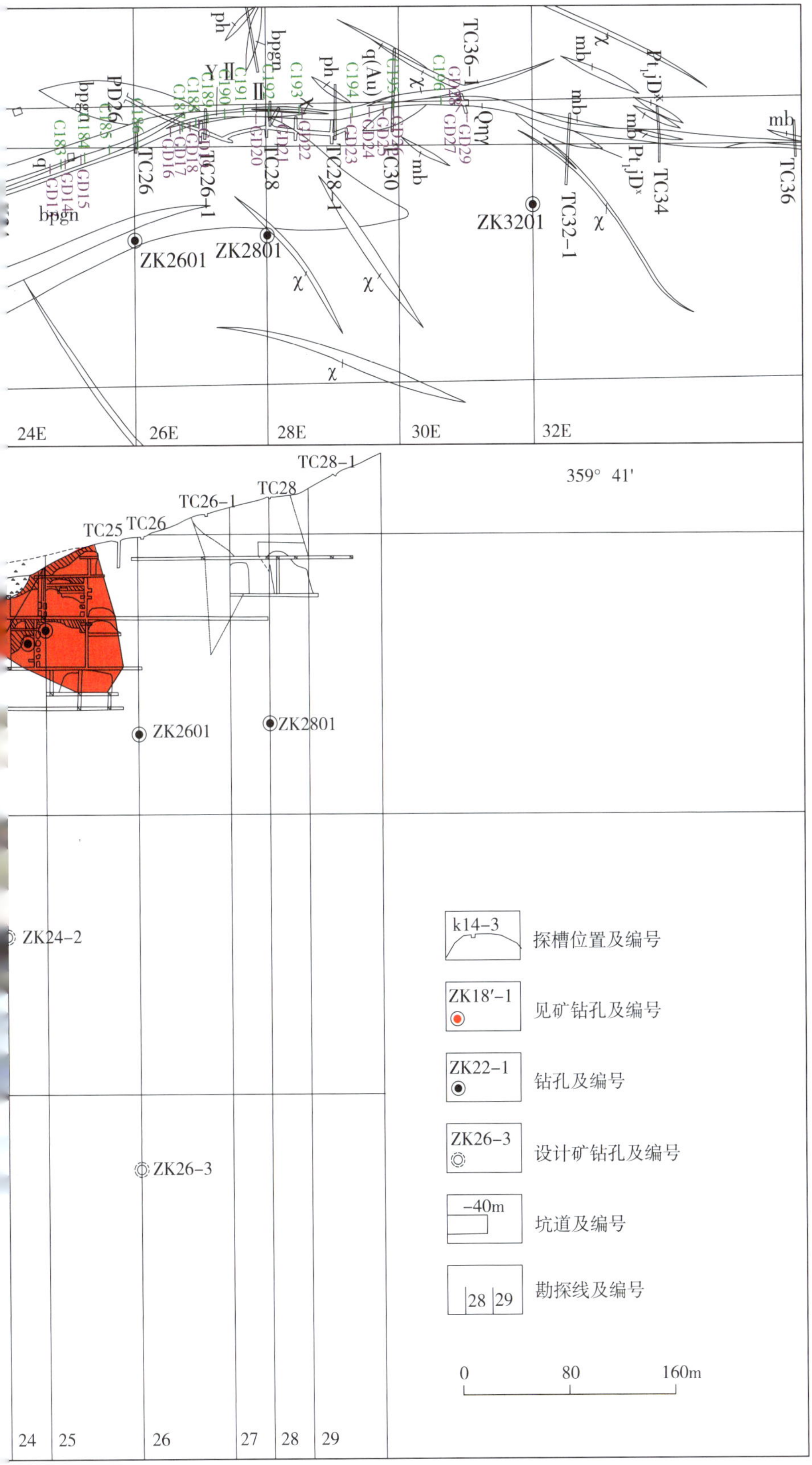

ZK2601
ZK2801
ZK3201
24E
26E
28E
30E
32E
TC28-1
TC28
TC26-1
TC25
TC26
359° 41'
ZK24-2
ZK26-3
k14-3
探槽位置及编号
ZK18′-1
见矿钻孔及编号
ZK22-1
钻孔及编号
ZK26-3
设计矿钻孔及编号
-40m
坑道及编号
28 29
勘探线及编号
0
80
160m
24
25
26
27
28
29

元素	异常分带	外带🟡	中带🔵	内带🔴	点号	GD64	C204	GD63	GD62	GD61	GD60	GD59	GD58	C203	C202	GD1	GI
Au	≥	0.1	0.5	1	含量	2.78	4.34	0.01	2.62	6.12	3.14	0.79	0.41	13.1	2.24	0.26	0.5
					异常	🔴	🔴		🔴	🔴	🔴	🔵	🟡	🔴	🔴	🟡	🔵
As	≥	40	80	160	含量	10.4	770	197	161	169	82.5	9.89	13.1	2730	450	49.4	85
					异常		🔴	🔴	🔴	🔴	🔵			🔴	🔴	🟡	🔵
Sb	≥	1	2	4	含量	0.56	7.8	14.6	16.7	14.3	9.13	0.94	5.43	9.7	14.5	1.01	2.
					异常		🔴	🔴	🔴	🔴	🔴		🔴	🔴	🔴	🟡	🔵
Hg	≥	20	40	80	含量	26.4	48	23.5	17.1	25.7	27.4	21.6	25.3	48	36	12.7	1
					异常	🟡	🔵	🟡		🟡	🟡	🟡	🟡	🔵	🟡		
B	≥	10	20	40	含量	5	5	9.2	5	8.8	9.1	5	5.6	9.8	5	5	5
					异常												
Ba	≥	1000	2000	3000	含量	247	0	21.2	22.3	36.3	31.7	36.6	55.2	0	0	67.7	1
					异常												
Ag	≥	1	5	10	含量	0.11	0.83	15.2	6.74	5.73	11.2	0.05	0.05	3.92	2.75	0.59	2.9
					异常			🔴	🔵	🔵	🔴			🟡	🟡		🟡
Cd	≥	0.4	0.8	1.6	含量	0.2	0	0.2	0.2	0.2	4.18	0.2	0.2	0	0	0.2	0.
					异常						🔴						
Cu	≥	30	60	120	含量	7.1	187.4	1833	1238	46.5	1162	182	41.1	172.7	372.8	178	42
					异常		🔴	🔴	🔴	🟡	🔴	🔴	🟡	🔴	🔴	🔴	🔴
Pb	≥	30	60	120	含量	10	19.9	123	126	322	1013	12	10	27.9	384.6	13.8	47.
					异常			🔴	🔴	🔴	🔴				🔴		🟡
Zn	≥	30	60	120	含量	24.4	6.9	33.9	48.8	31.8	1072	15	17.4	1349.9	27.5	19.5	27
					异常			🟡	🟡	🟡	🔴			🔴			
Bi	≥	1	3	6	含量	0.3	1.5	0.73	0.97	2.15	0.92	0.75	0.82	0.3	18.9	1.02	14.
					异常		🟡			🟡					🔴	🟡	🔴
Mo	≥	2	4	8	含量	1.16	1.25	0.5	0.85	0.71	0.7	0.85	0.97	2.66	3.98	1.1	2.1
					异常									🟡	🟡		🟡
Mn	≥	2000	4000	8000	含量	1304	1403	1479	654	544	2694	1624	1661	852.8	477	1385	73
					异常						🟡						
Co	≥	30	60	120	含量	1.88	45.3	20.3	15.7	86.5	34.2	16.4	23.5	41.1	13.6	66.4	98.
					异常		🟡			🔵	🟡			🟡		🔵	🔵
Ni	≥	30	60	120	含量	9.61	236.2	5.93	8.71	8.09	12.3	21.6	19.2	22.9	45.3	60.1	103
					异常		🔴								🟡	🔵	🔴
V	≥	30	60	120	含量	58.9	11.7	9.4	4.98	5.91	9.46	26.7	20.8	18.5	29.8	30.8	12.
					异常	🟡										🟡	
Ti	≥	1000	2000		含量	1357	122	98	32.1	289	67.9	90.6	83.2	121	756	252	55.
					异常	🟡											
W	≥	3.1	6	12	含量	4.09	2.6	0.5	0.5	1.49	0.5	0.5	0.5	2.8	2.2	0.87	0.5
					异常	🟡											
Sn	≥	3	6	9	含量	1	2.6	2.7	4.5	3.1	1.4	1.2	1.5	3.3	3	2	2
					异常				🟡	🟡				🟡	🟡		

元素	异常分带	外带🟡	中带🔵	内带🔴	点号	GD14	GD15	C184	C185	C186	GD16	GD17	C187	GD18	C188	GD19	C18
Au	≥	0.1	0.5	1	含量	0.37	1.38	7.98	1.68	0.034	4.74	0.77	4.48	3.23	0.42	1.18	4.7
					异常	🟡	🔴	🔴	🔴		🔴	🔵	🔴	🔴	🟡	🔴	🔴
As	≥	40	80	160	含量	278	207	1790	188	5	318	346	192	244	94	184	25
					异常	🔴	🔴	🔴	🔴		🔴	🔴	🔴	🔴	🔵	🔴	🔴
Sb	≥	1	2	4	含量	10.5	7.77	11.6	2	0.61	4.37	3.79	5.8	1.74	1	7.36	3.5
					异常	🔴	🔴	🔴	🔵		🔴	🔵	🔴	🟡	🟡	🔴	🔵
Hg	≥	20	40	80	含量	24.9	26.7	72	60	148	25	35.2	48	21.8	36	21.4	16
					异常	🟡	🟡	🔵	🔵	🔴	🟡	🟡	🔵	🟡	🟡	🟡	
B	≥	10	20	40	含量	5	5	5.5	5	5	5	5	7.9	5	5.3	19.8	11
					异常											🟡	🟡
Ba	≥	1000	2000	3000	含量	16.6	23.2	0	0	0	113	58.4	0	71.4	0	234	0
					异常												
Ag	≥	1	5	10	含量	5.17	8.15	0.56	0.56	0.31	5.89	17	0.82	0.92	0.17	1.41	1.28
					异常	🔵	🔵				🔵	🔴				🟡	🟡
Cd	≥	0.4	0.8	1.6	含量	0.2	0.2	0	0	0	0.2	0.2	0	0.2	0	0.2	0
					异常												
Cu	≥	30	60	120	含量	708	144	19.4	101.9	63.9	1067	512	88.9	109	35.7	57.4	50.1
					异常	🔴	🔴		🔵	🔵	🔴	🔴	🔵	🔵	🟡	🟡	🟡
Pb	≥	30	60	120	含量	113	163	17.9	16.9	6.5	272	75	48.3	22.9	17.9	26.5	43
					异常	🔵	🔴				🔴	🔵	🟡				🟡
Zn	≥	30	60	120	含量	237	117	6.2	13.3	8.5	531	274	7.4	29.5	6.8	35.4	6.5
					异常	🔴	🔵				🔴	🔴				🟡	
Bi	≥	1	3	6	含量	6.38	4.99	1	2.1	0.3	4.51	4.38	0.7	2.34	0.3	0.88	0.9
					异常	🔴	🔵	🟡	🟡		🔵	🔵		🟡			
Mo	≥	2	4	8	含量	0.96	8.48	7.08	3.1	0.71	14.9	2.25	22.2	3.25	1.89	3.19	3.31
					异常		🔴	🔵	🟡		🔴	🟡	🔴	🟡		🟡	🟡
Mn	≥	2000	4000	8000	含量	3310	13281	109.5	883	961.8	1764	3111	2073	2273	2602	2193	132
					异常	🟡	🔴					🟡	🟡	🟡	🟡	🟡	
Co	≥	30	60	120	含量	88.8	71.5	17.8	25.6	1.6	59.8	21.3	55.7	108	36.3	15.6	16.2
					异常	🔵	🔵				🟡		🟡	🔵	🟡		
Ni	≥	30	60	120	含量	91.4	466	16.7	23.6	31.1	87.8	57.3	34.7	14.7	9.7	25.7	19.4
					异常	🔵	🔴			🟡	🔵	🟡	🟡				
V	≥	30	60	120	含量	18.8	25.1	25.3	45.1	13.5	158	21.9	76.2	24.3	21.5	59.1	23
					异常				🟡		🔴		🔵			🟡	
Ti	≥	1000	2000		含量	138	12.6	437	336	1113	212	76.3	96.9	63.8	348	773	964.
					异常					🟡							
W	≥	3.1	6	12	含量	0.5	0.5	2.5	2.8	2.7	0.5	0.5	2.2	0.5	2.4	2	2.3
					异常												
Sn	≥	3	6	9	含量	3	1	2.2	2.1	1.3	3	3.5	5.5	3	2.2	6.1	3.2
					异常	🟡					🟡	🟡	🟡	🟡		🔵	🟡

注：Hg含量单位为10^{-9}，其他元素含量单位为10^{-6}。

图B.35　山东乳山初家沟金矿区地质平面–矿体垂直纵投影构造叠加晕预测图（续）

GD4	C201	C200	GD5	GD6	GD7	C199	C198	GD8	C197	GD9	GD10	GD11	GD12	GD13	C183
0.49 🟡	1.68 🔴	4.3 🔴	0.01	0.01	0.01	0.42 🟡	3.22 🔴	1.54 🔴	1.4 🔴	0.02	0.16 🟡	3.04 🔴	1.16 🔴	6.34 🔴	1.26 🔴
500 🔴	1140 🔴	214 🔴	82 🔵	390 🔴	11	510 🔴	180 🔴	330 🔴	2.7	27.7	180 🔴	381 🔴	52.6 🟡	107 🔵	63.5 🟡
3.51 🔵	12 🔴	1.4 🟡	0.39	1.81 🟡	0.33	2.2 🔵	2.4 🔵	6.71 🔴	0.7	2.1 🔵	3.36 🔵	2.87 🔵	2.66 🔵	3.28 🔵	7.7 🔴
71.2 🔵	52 🔵	60 🔵	18	18.8	19.6	44 🔵	56 🔵	30.1 🟡	44 🔵	17.5	17.7	10	11.1	46.3 🔵	544 🔴
5	5	5	5	5	13.2 🟡	5	5	5	5	8.1	5	5	5	5	5
859	0	0	0	128	26.4	0	0	16.4	0	80.5	16.6	12.7	44.8	24.9	0
1.58 🟡	1.43 🟡	1.03 🟡	0.55	6.02 🔵	0.64	7.01 🔵	2.9 🟡	4.72 🟡	2.45 🟡	5.66 🔵	5.79 🔵	15.9 🔴	3.91 🟡	10.3 🔴	0.11
0.2	0	0	0.27	0.29	0.2	0	0	0.42 🟡	0	0.2	0.2	0.42 🟡	0.2	0.2	0
604 🔴	276.7 🔴	726.3 🔴	0	1014 🔴	11	395.2 🔴	274.5 🔴	190 🔴	3604.2 🔴	18.1	262 🔴	8043 🔴	694 🔴	551 🔴	96.3 🔵
54 🟡	33.1 🟡	7.4	0	58 🟡	10	56.2 🟡	26.9	61.4 🔵	23.9	14.9	36.9 🟡	50.4 🟡	21.7	35 🟡	5.9
45.4 🟡	34 🟡	13.1	0	80.5 🔵	15	72.7 🔵	218.5 🔴	164 🔴	1841.6 🔴	32.1 🟡	31.3 🟡	94.1 🔵	30.3 🟡	66 🔵	6
5.49 🔵	2.4 🟡	1.1 🟡	0.3	2.31 🟡	0.3	4.2 🔵	0.4	5.01 🔵	0.3	0.3	3.41 🔵	6.32 🔴	1.37 🟡	2.07 🟡	0.6
18.8 🔴	5.35 🔵	12.4 🔴	0	5.59 🔵	1.39	4.83 🔵	1.14	0.5	3.26 🟡	0.83	3.31 🟡	2.09 🟡	0.5	7.96 🔵	0.76
1318	2216 🟡	789	0	1356	1235	1125	2577 🟡	1695	10000 🔴	3711 🟡	1091	1254	4640 🔵	419	653.9
87.5 🔵	18	77.9 🔵	0	40.6 🟡	5.05	66.5 🔵	97.3 🔵	192 🔴	297.9 🔴	4.42	70.5 🔵	147 🔴	67.8 🔵	49.7 🟡	12
102 🔵	44.5 🟡	58.7 🟡	0	97.1 🔵	6.51	89.3 🔵	325.6 🔴	262 🔴	500 🔴	12.5	233 🔴	326 🔴	748 🔴	10.2	5.5
523 🔴	14	46.8 🟡	0	74.7 🔵	28.1	23.4	21.6	11.4	37.6 🟡	38.8 🟡	22.5	17	40.5 🟡	13.7	10.8
341	49	171	0	94.9	317	578	49.8	30.7	228	288	222	14.9	162	113	616
2.23	2.3	2.6	0	0.5	2.2	2.4	2.8	0.5	2.8	0.5	0.74	0.5	0.5	0.5	2.6
3 🟡	3.2 🟡	5.4 🟡	3.5 🟡	3 🟡	3 🟡	2.5	2.9	2.9	3.4 🟡	1.4	3 🟡	3 🟡	2	2	1.2

C191	GD20	C192	GD21	C193	GD22	GD23	C194	GD24	GD25	C195	GD26	C196	GD27	GD28	GD29
2.1 🔴	1.76 🔴	7.84 🔴	2.16 🔴	0.13 🟡	0.43 🟡	0.45 🟡	4.2 🔴	0.06	0.82 🔵	0.84 🔵	0.01	1.26 🔴	0.01 🔵	0.01 🔴	0.01 🟡
30.6	500 🔴	1100 🔴	500 🔴	79.5 🟡	45.4 🟡	33.9	180 🔴	29.7	69.2 🟡	820 🔴	15	320 🔴	8.34	19.7	6.12
0.6	5.17 🔴	14.8 🔴	5.92 🔴	0.5	11.3 🔴	1.05 🟡	0.5	0.94	1.25 🟡	1.8 🟡	0.3	1.6 🟡	0.32	0.44	0.36
48 🔵	32.1 🟡	56 🔵	27.8 🟡	32 🟡	38.7 🟡	35.7 🟡	24 🟡	31.8 🟡	36.5 🟡	48 🔵	18.8	44 🔵	58.9 🔵	45.6 🔵	44.2 🔵
16.2 🟡	5	5.4	5	5	19.7 🟡	7.1	5	7.2	5	8.9	5	5	7.7	10.2 🟡	8.2
0	53.5	0	29.7	0	82.8	32.7	0	636	287	0	68.4	0	174	239	81.6
0.15	2.29 🟡	2.08 🟡	5.99 🔵	1.31 🟡	0.82	0.3	0.23	0.94	1.22 🟡	0.89	0.08	0.25	0.05	2.74 🟡	0.05
0	0.2	0	0.2	0	0.2	0.2	0	0.2	0.2	0	0.2	0	0.2	0.28	0.2
53.2 🟡	118 🔵	348.8 🔴	210 🔴	50.1 🟡	13.4	23.4	162 🔴	25	181 🔴	32.1 🟡	33.1 🟡	8	21.7	31.1 🟡	16.9
5	35.2 🟡	69.3 🔵	121 🔴	13.6	78.3 🔵	14.1	5.8	11.3	25.3	35.7 🟡	10	18.9	12.4	22.7	16.6
6.1	20.3	7.3	92.4 🔵	6.2	19.5	15	6.1	15	22.6	6.1	15	6.5	92.5 🔵	135 🔴	43.2 🟡
0.3	3.44 🔵	2.6 🟡	1.46 🟡	0.5	1.29 🟡	1.3 🟡	0.5	0.3	3.66 🔵	4.1 🔵	0.3	0.5	0.3	0.3	0.3
1.04	5.45 🔵	22.89 🔴	27.2 🔴	2.96 🟡	3.49 🟡	0.5	4.85 🔵	1.35	2.96 🟡	10.67 🔴	0.85	13.58 🔴	2.18 🟡	3.7 🟡	1.56
172.3	344	360.6	351	848	1716	686	876	512	1974	2617.1 🟡	763	626	2630 🟡	1607	1781
1.5	35.8 🟡	23.1	15.8	13.6	75.3 🔵	96.4 🔵	9.4	3.27	87.7 🔵	68.4 🔵	5.49	36.1 🟡	6.55	9.4	2.88
1.5	15.3	6.9	25.1	5.5	15.5	24.9	7.2	4.6	135 🔴	195.1 🔴	7.4	125.5 🔴	31.9 🟡	49.4 🟡	17.2
6.5	13.8	38.6 🟡	52 🟡	13.7	84.5 🔵	17.1	30.7 🟡	15.4	60.2 🔵	132.4 🔴	33.3 🟡	55.2 🟡	76.6	242	36.3
469	128	807	441	593	1777 🟡	177	209	171	199	1129 🟡	380	448	541	3079 🔵	269
2.4	0.5	2.5	0.5	2.7	6.46 🔵	0.5	2.6	0.5	0.5	2.5	1.35	2.5	0.5	0.5	0.5
0.8	8.1 🔵	3.5 🟡	8.1 🔵	1.6	6.1	4.1 🟡	1.9	1.6	2.5	4.1 🟡	1.3	2.9	2.4	8.2 🔵	3.5 🟡

附录C 不同矿种类型金矿及有色金属矿床深部盲矿预测的构造叠加晕模型或实用模型

C.1 石英脉型金矿床深部盲矿预测的构造叠加晕模式及实用模型图（图C.1~C.5）

C.2 蚀变岩型金矿床深部盲矿预测的构造叠加晕模型及实用模型图（图C.6~C.7）

C.3 构造破碎带型金矿床深部盲矿预测的构造叠加晕模式及实用模型（图C.8~C.9）

C.4 脉带型金矿床深部盲矿预测的构造叠加晕模式及实用模型（图C.10~C.12）

C.5 矽卡岩型金-铜、金-银矿床深部盲矿预测的构造叠加晕模式及实用模型图（图C.13~C.16）

C.6 角砾岩型金矿床深部盲矿预测的构造叠加晕模式图（图C.17~C.20）

C.7 侧伏矿体深部盲矿预测的构造叠加晕理想模式及实用模型图（图C.21）

C.8 缓倾斜金矿体深部盲矿预测的构造叠加晕实用模型垂直纵投影及剖面图（图C.22）

C.9 金矿床深部盲矿预测包裹体气晕-离子晕及其叠加晕理想模式图（图C.23）

C.10 热液金矿床深部盲矿预测的构造叠加晕四种理想模式剖面图（图C.24~C.28）

C.11 热液脉带铅锌矿及热卤水强改造沉积变质铅锌矿床深部盲矿预测的构造叠加晕模式实用模式图（图C.29~C.30）

C.12 锡矿山锑矿床深部盲矿预测的构造叠加晕模式及实用模型图（图C.31~C.32）

C.13 热液矿床深部盲矿预测的构造叠加晕-包体-黄铁矿蚀变理想实用综合模型图（图C.33~C.34）

C.14 勘查新区-普查区无已知矿建模，寻找热液矿床对地表构造带深部盲矿相对预测的构造叠参考模式图（图C.35~C.36）

C.15 矿区外围坑道盲脉构造叠加晕参照模式及对盲脉上、下空间盲矿预测参考模型（图C.37）

C.16 金矿脉原生叠加晕与铅锌矿脉叠加晕的多建造晕模式剖面图（图C.38）

C.17 构造叠加晕预测深度与采样深度关系示意图（图C.39）

C.18 不同矿床前缘晕元素含量不同具体预测盲矿标志不同（图C.40）

C.19 金矿床-体不同剥蚀程度原生晕、土壤地球化学、水系沉积物异常强度及元素组合的关系示意图（图C.41）

C.20 某些有色金属矿床地球化学异常分带模式图

C.20.1 斑岩铜矿床地球化学异常分带模式（图C.42）

C.20.2 脉带型钨矿床地球化学异常分带模式图（图C.43~C.46）

C.20.3 广西栗木花岗岩型铌钽矿床原生地球化学异常分带模式（图C.47）

C.20.4 沉积变质层控铅锌矿床构造叠加晕模式图（图C.48~C.49）

C.20.5 沉积变质优质锰矿床地球化学异常模式图（图C.50）

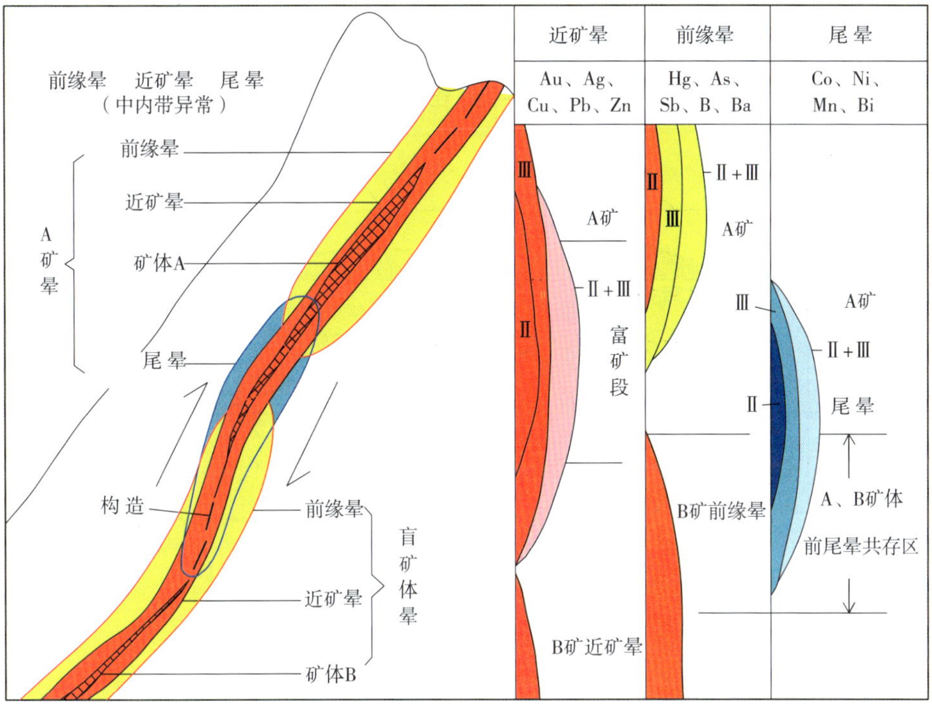

图 C.1 河南小秦岭石英脉型金矿床深部盲矿预测的构造叠加晕模式剖面图

（据李惠和王支农，1993；禹斌和李德亮，2010）

典型矿床：胶东有金青顶、三甲、金牛山、邓格庄、黑岚沟、大柳行等 20 个金矿；豫陕小秦有杨砦峪、文峪、东桐峪、李家、红土岭、双鑫、金硐岔、四范沟等 20 个金矿。

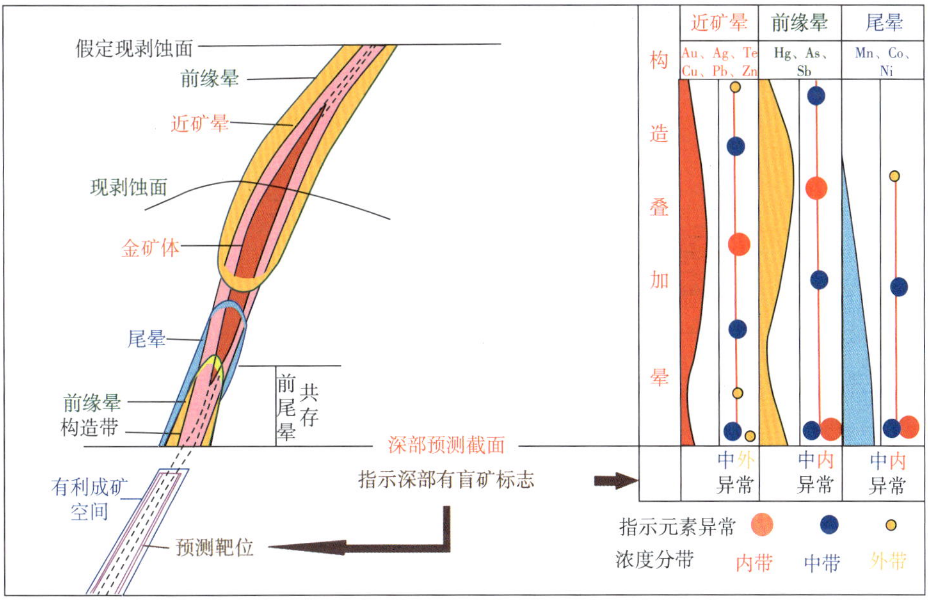

图 C.2 石英脉型金矿床深部盲矿预测的构造叠加晕实用模型剖面图

（据李惠，2016）

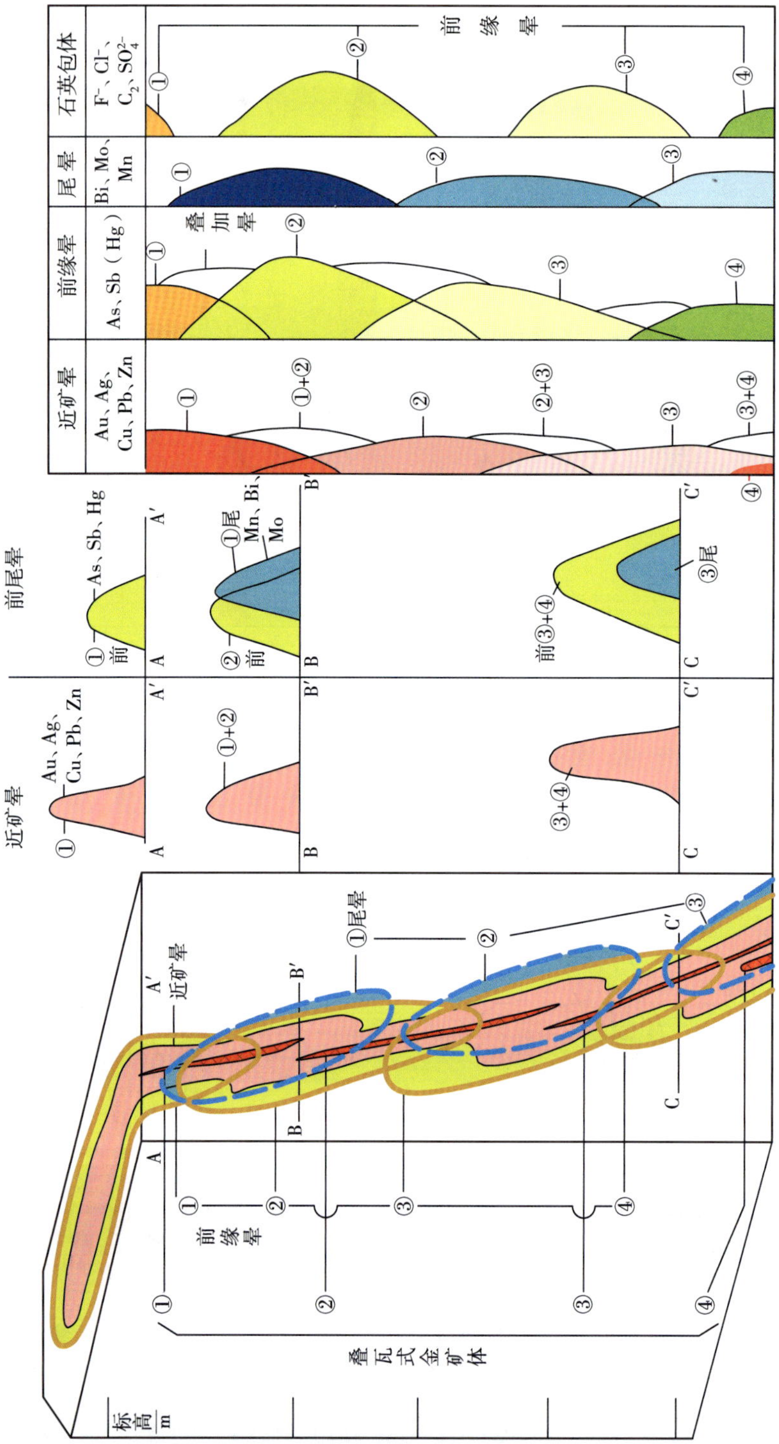

图 C.3 山东乳山三甲金矿石英脉型金矿中含金石英脉在构造带内叠瓦式分布构造叠加晕模式剖面图

（据李惠，1997）

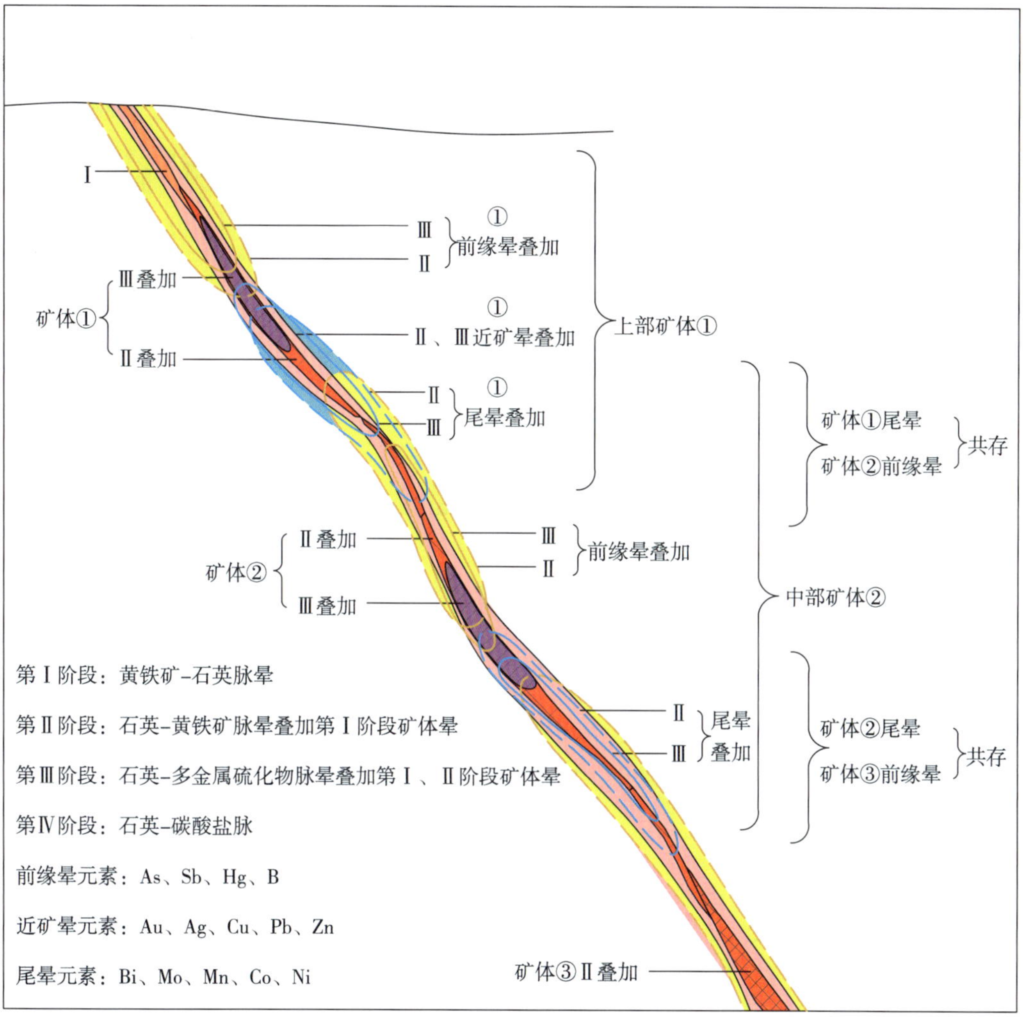

图C.4 石英脉型金矿床深部盲矿预测的构造叠加晕模式剖面图

（据李惠和禹斌，2015）

典型金矿床：山东乳山金青顶、三甲、英格庄、初家沟、牟平邓格庄、金牛山、蓬莱黑岚沟、大柳行、河西、玲珑东风、河南秦岭、四范沟、金硐岔、红土岭、706文峪、陕西桐峪、辽宁五龙金矿等

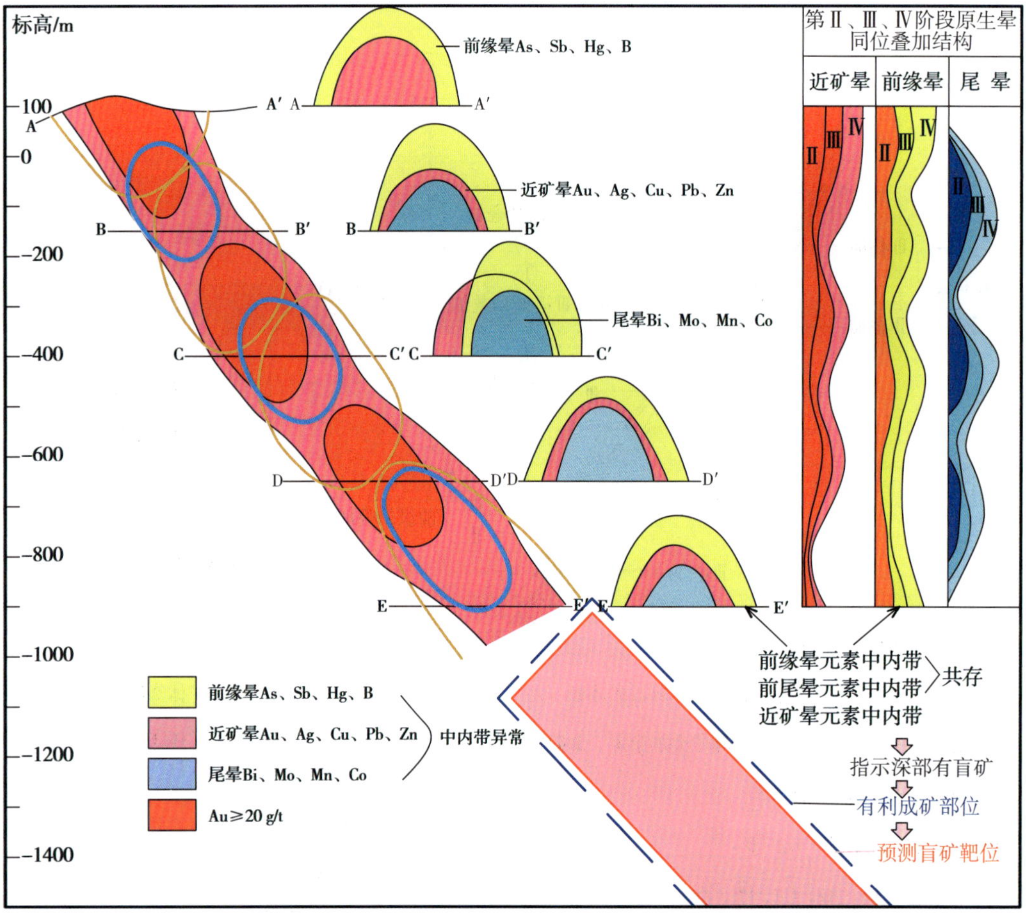

图 C.5 石英脉型金矿床深部盲矿预测的构造叠加晕实用模型垂直纵投影图

（据李惠等，2015）

典型金矿床：同上图

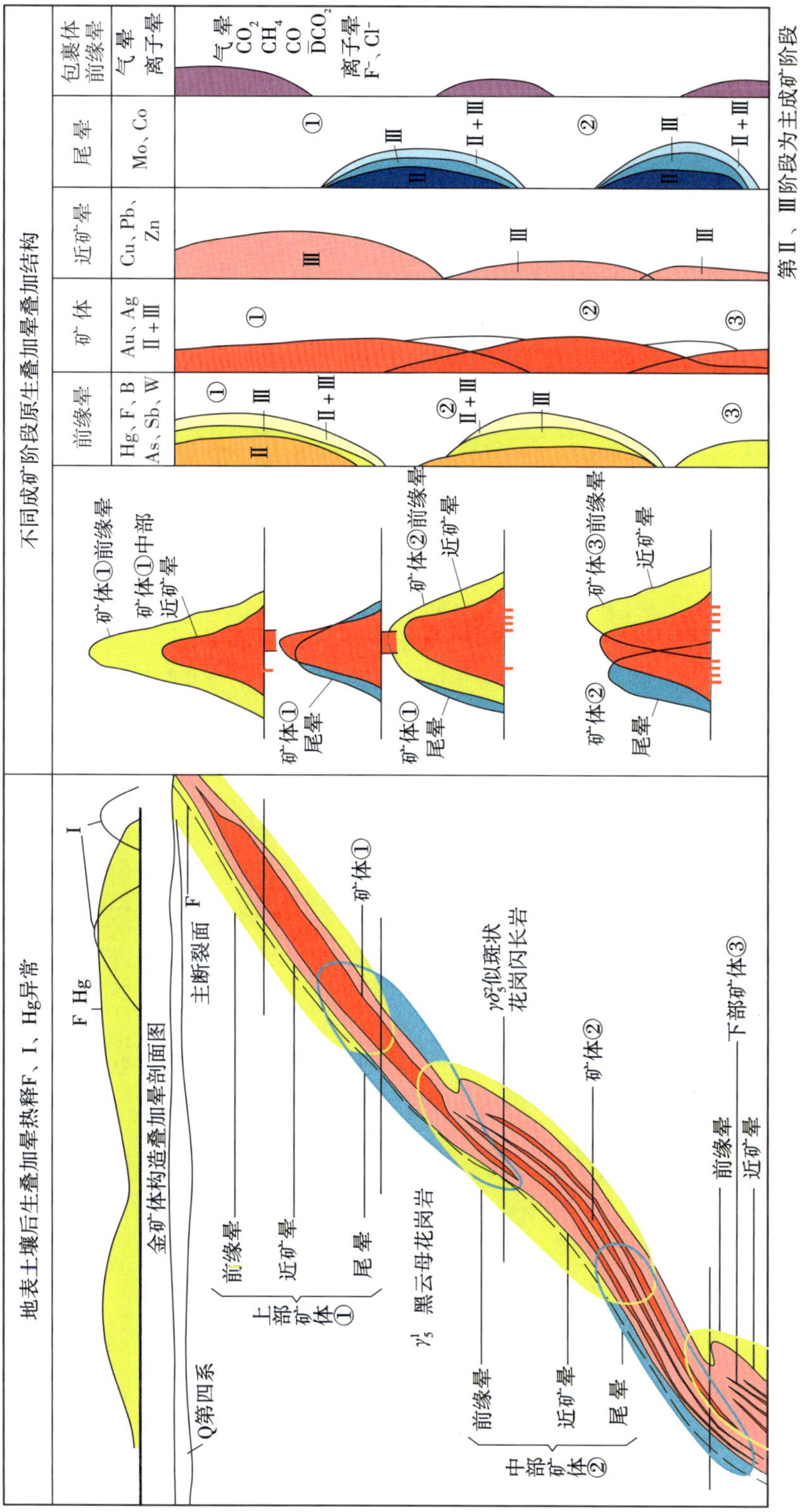

图C.6 山东新城金矿蚀变岩型金矿深部盲矿预测的构造叠加晕模式剖面图

（据李惠和张文华，1998）

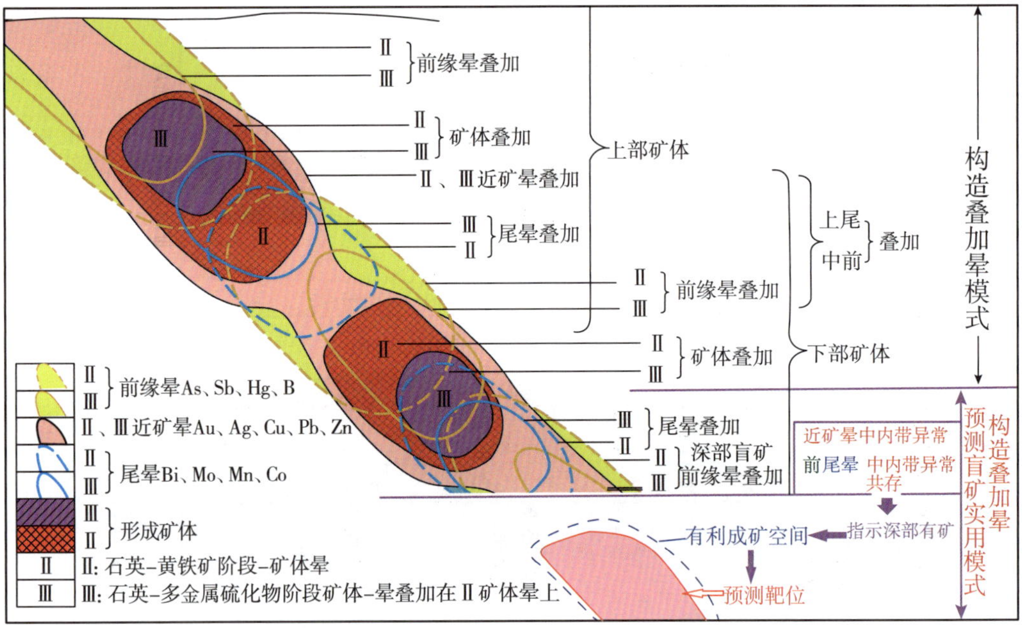

图 C.7 蚀变岩型金矿床深部盲矿预测的构造叠加晕实用模型垂直纵投影图

（据李惠等，2015）

典型金矿床：山东新城、焦家、寺庄、仓上、新立、三山岛、西岭 灵山沟 5 号等金矿

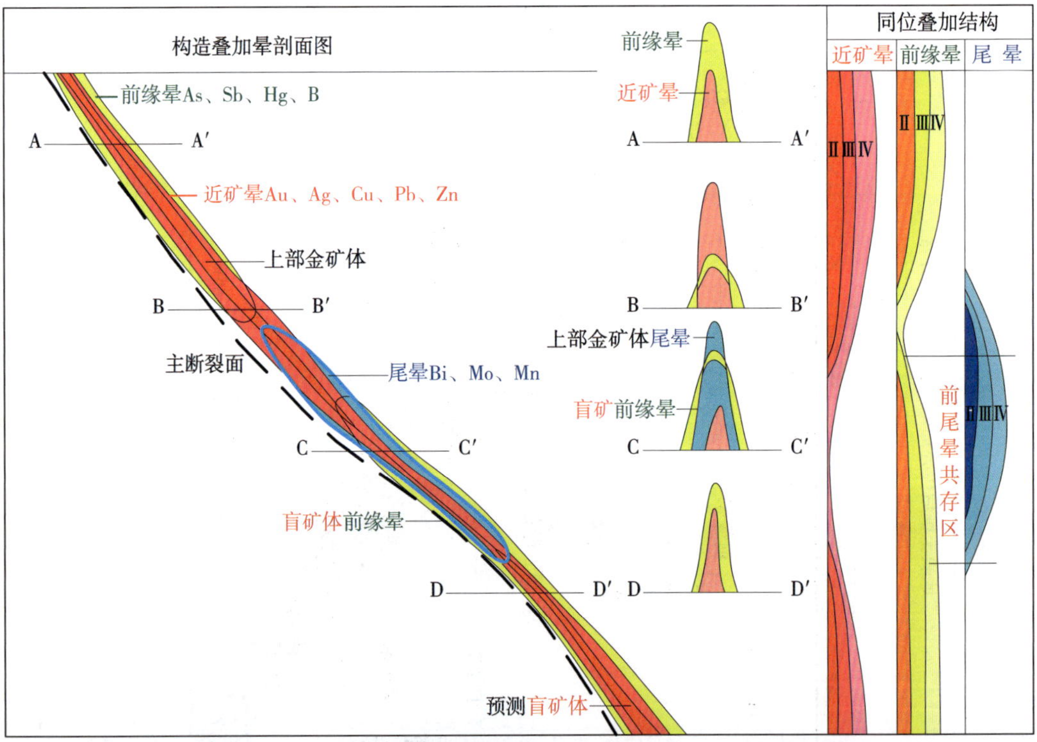

图 C.8 山东平度大庄子断裂破碎带脉状金矿床深部盲矿预测的构造叠加晕模式剖面图

（据李惠等，2010）

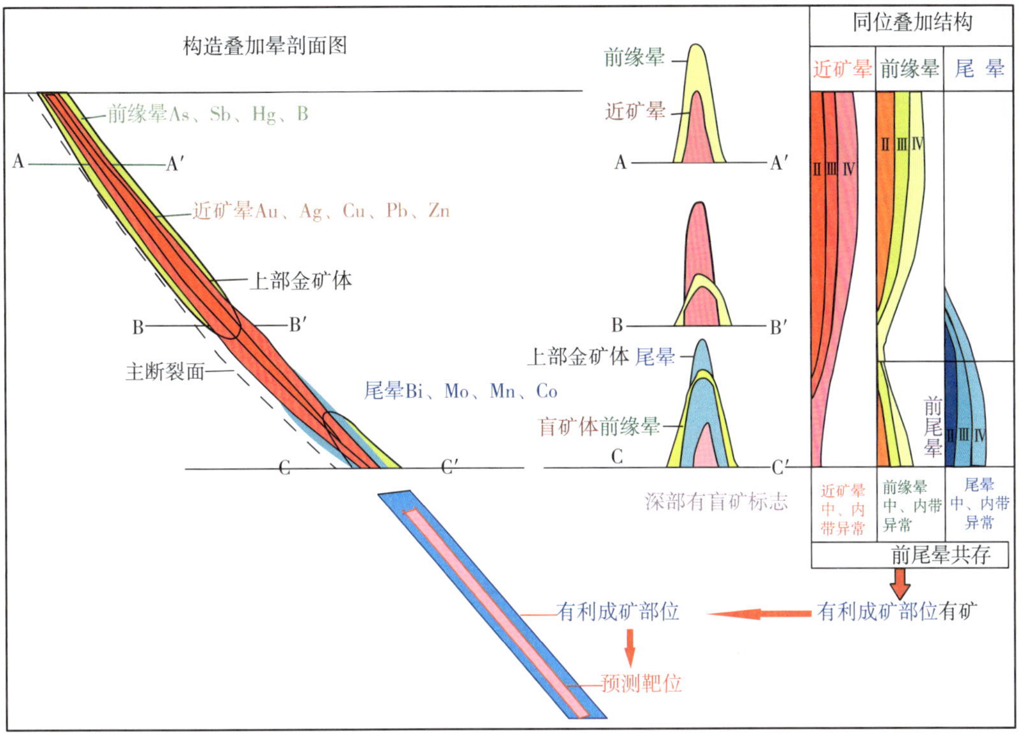

分带	元素	Au	As	Sb	Hg	B	Ag	Cu	Pb	Zn	Bi	Mo	Mn	Co	Ni	V	Ti	W	Sn
外带	≥	0.1	5	0.6	20	10	1	40	100	100	0.6	3	1000	25	40	150	4000	10	3
中带	≥	0.5	15	2	80	20	3	80	300	300	1.2	6	2000	50	80	300	8000	20	6
内带	≥	1	30	8	160	40	9	500	1000	1000	2.4	12	4000	100	160	600	16000	40	12

注：具体矿床必须附金矿床指示元素异常外带、中带、内带分带标准。除 Hg 含量单位为 10^{-9} 外，其他元素含量单位为 10^{-6}。

图 C.9　山东平度大庄子断裂破碎带脉状金矿床深部盲矿预测的构造叠加晕实用模型剖面图

（据李惠，2017）

类似矿床：辽宁凤城白云金矿等

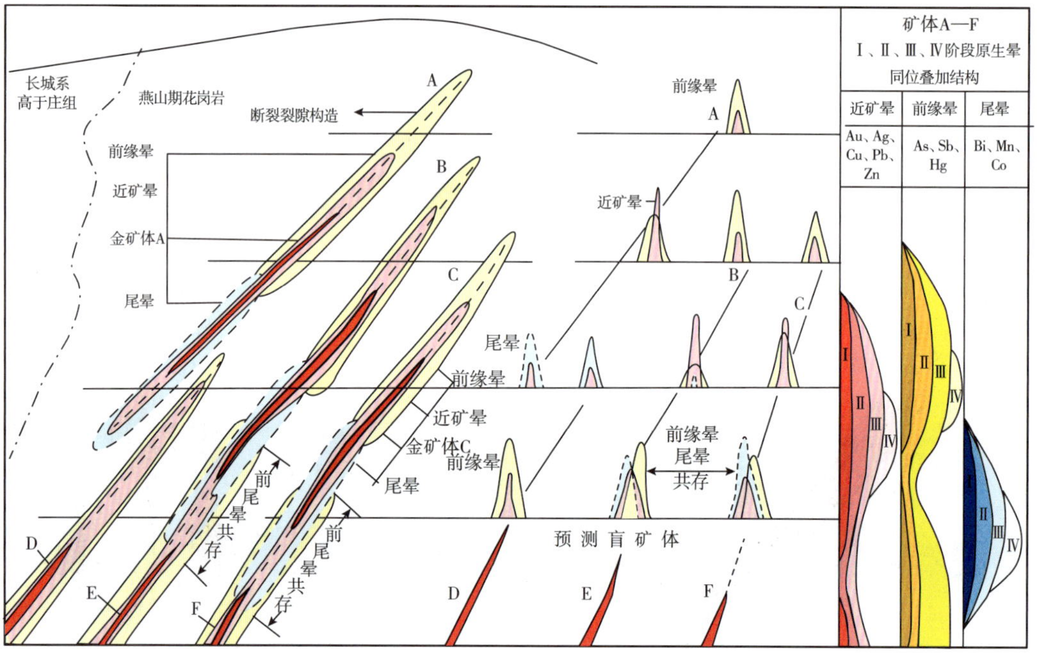

图 C.10 脉带型金矿床深部盲矿预测的构造叠加晕模式剖面图

（据李惠和禹斌，2005）

典型矿床：河北金厂峪、峪耳崖金矿，山东原疃，陕西洛南葫芦沟，甘肃黑水沟、通天坪、北东，新疆托里金矿，河北东坪金矿等

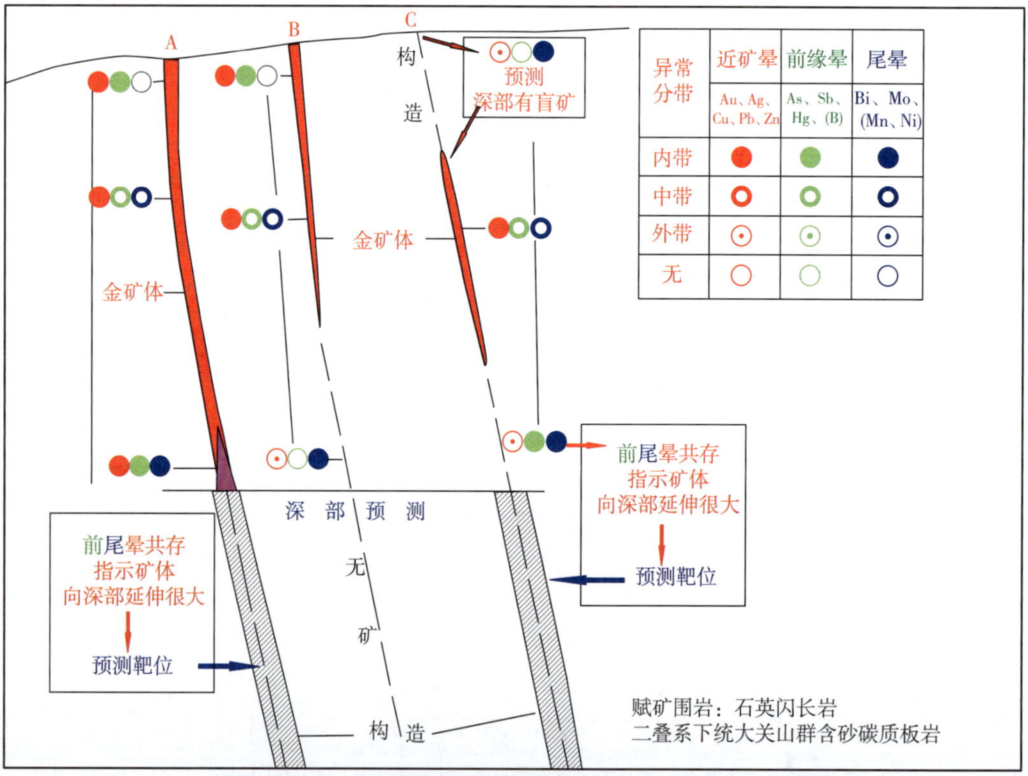

图 C.11 脉带型金矿深部盲矿预测的构造叠加晕实用模型剖面图

（据李惠，2015）

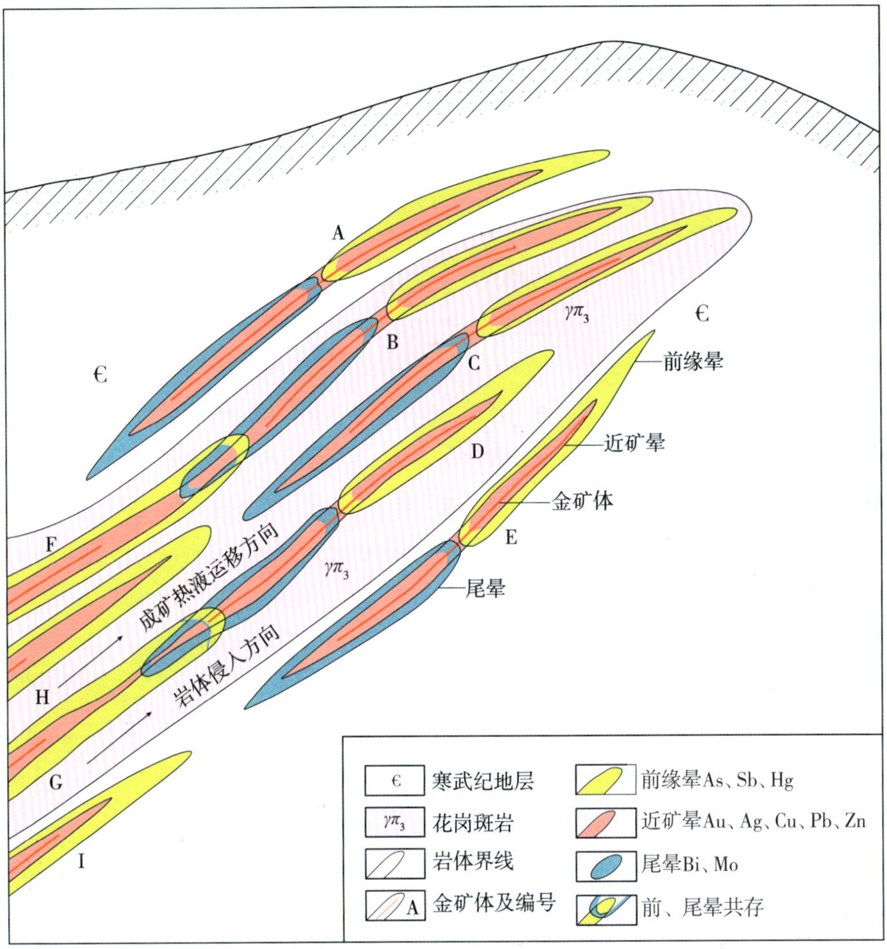

分带	元素	Au	Ag	As	Sb	Hg	Ba	Cu	Pb	Zn	Bi	Mo	Mn	Co	Ni	Ti	V	W	Sn
外带	≥	0.5	0.2	30	5	15	750	90	60	90	1.5	3	650	15	40	2000	90	10	3.5
中带	≥	1	0.5	90	15	30	/	180	120	180	5	6	1300	30	80	3000	180	20	7
内带	≥	3	1	270	45	45	/	360	240	360	15	12	1950	45	120	4000	270	40	14

注："/"代表无数据，Hg含量单位为10^{-9}，其他元素含量单位为10^{-6}。

图C.12 广西昭平大王顶斑岩-脉带型金矿床深部盲矿预测的构造叠加晕模式剖面图
（据马久菊等，2013）

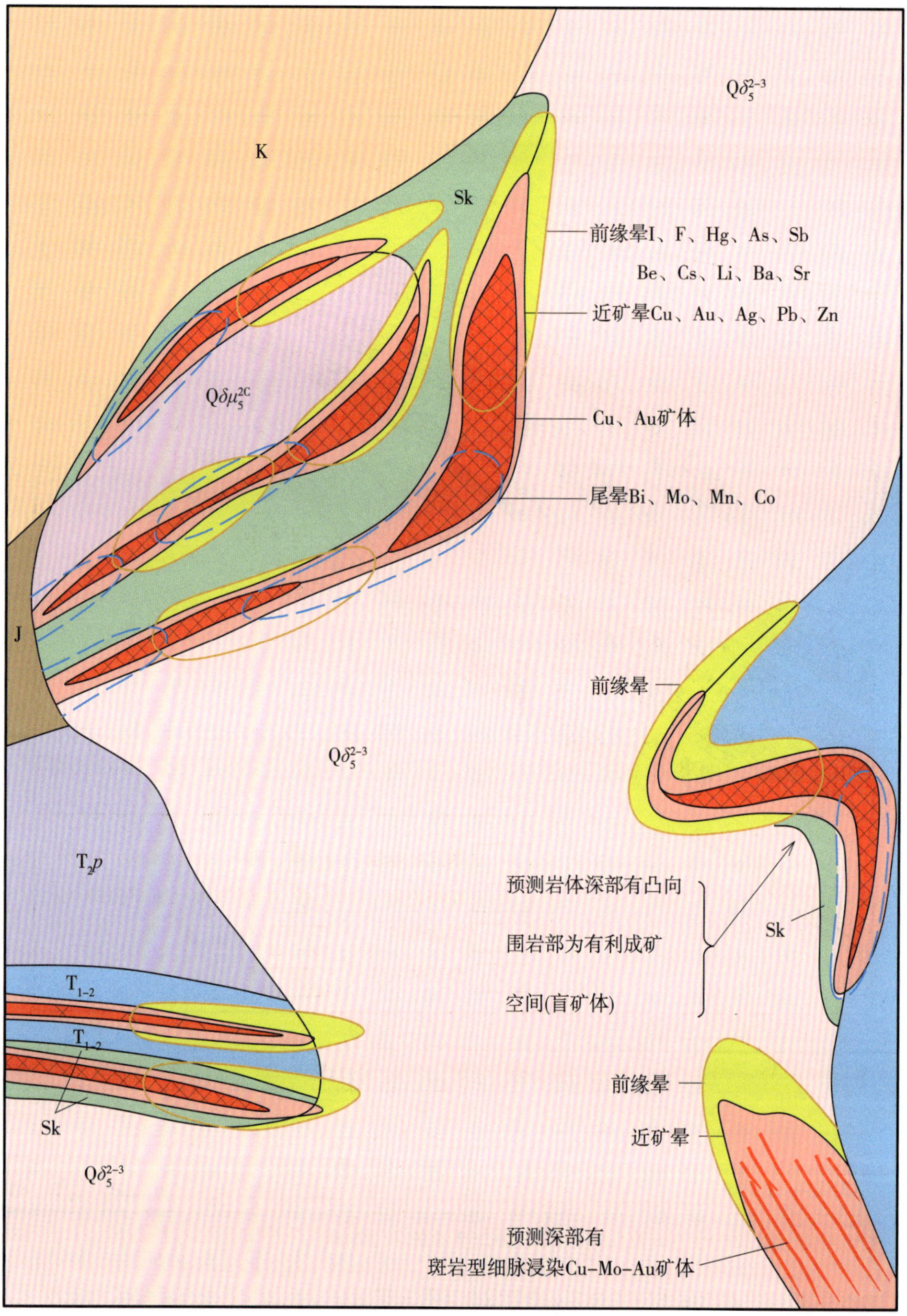

图 C.13 湖北大冶鸡冠咀矽卡岩型铜金矿床深部盲矿预测的构造叠加晕模式剖面图

（据李惠和禹斌，2009）

K—白垩系安玄岩；J—侏罗系角砾凝灰岩；T_2p—三叠系粉砂质粘土岩；T_{1-2}—三叠系灰岩-大理岩；$Q\delta_5^{2-3}$—石英闪长岩；$Q\delta\mu_5^{2C}$—石英正长闪长玢岩；SK—矽卡岩

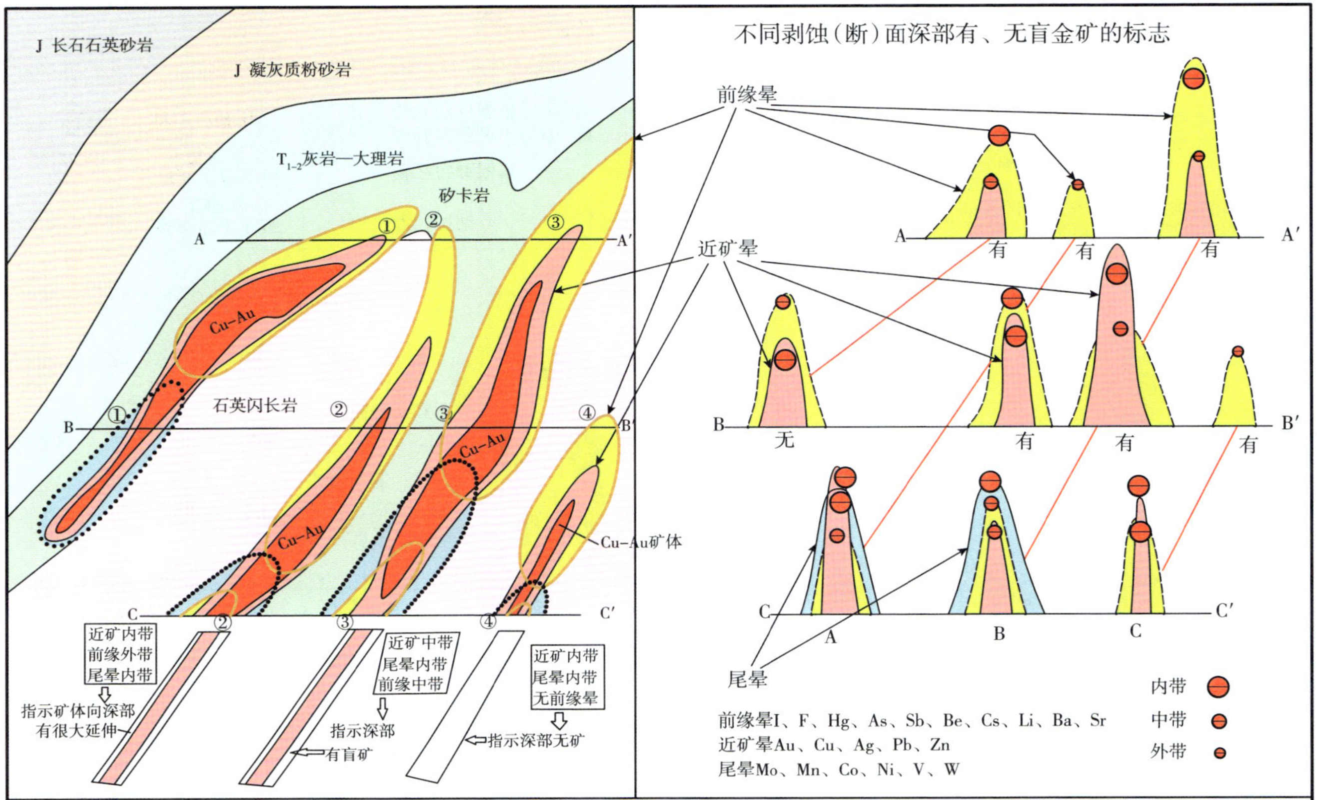

异常分带	元素	Ba	Sr	Li	Cs	Ag	Pb	Zn	Cd	Tl	La	Ce	Bi	Mo	Mn	Co	Ni	V	Ti
外带	≥	400	800	15	5	1	50	100	0.5	1	45	70	1.5	20	400	20	12	35	3000
中带	≥	800	1600	30	10	2	100	200	1	2	90	140	3	40	800	40	24	70	6000
内带	≥	1600	3200	60	20	4	200	400	2	4	180	280	6	80	1600	80	48	140	12000

注：元素含量单位为10^{-6}。

图 C.14 湖北大冶鸡冠咀矽卡岩型铜金矿床深部盲矿预测的构造叠加晕实用模型剖面图
（据李惠和禹斌，2016）

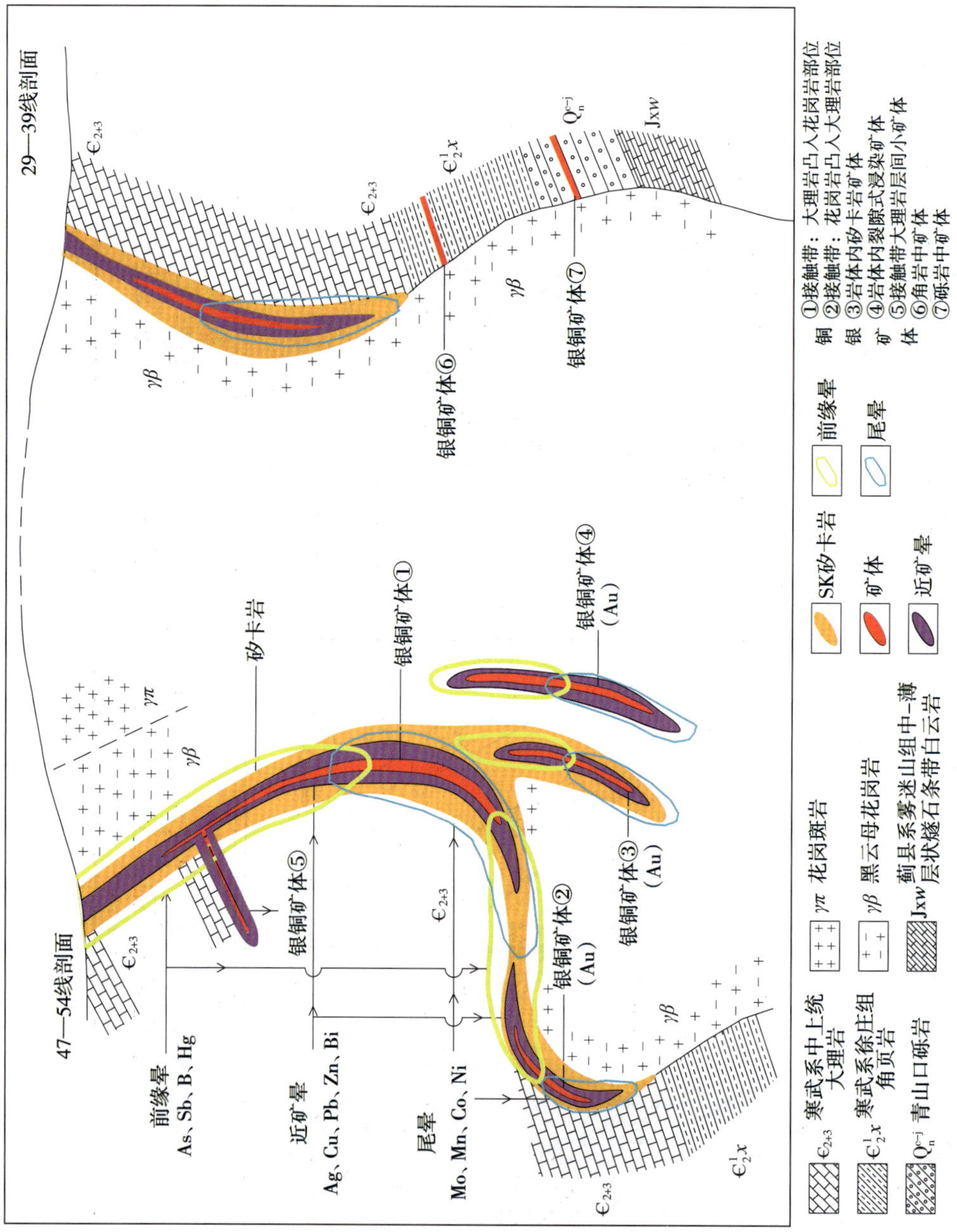

图 C.15 山西刁泉矽卡岩型银铜矿床深部盲矿预测的构造叠加晕模式剖面图
（据李惠和张文华，2003；禹斌，2010）

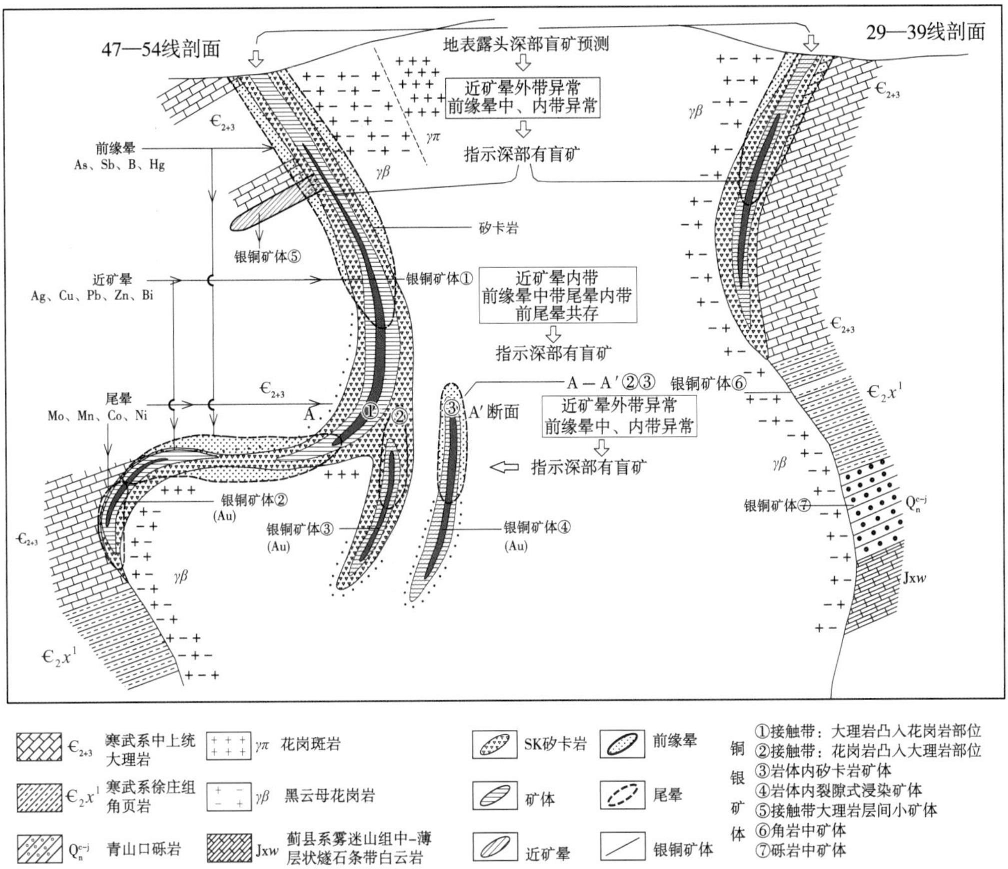

元素	Au	Ag	Cu	Pb	Zn	As	Sb	Hg	B	Mo	Co	Ni	W	Cr	Bi	Ti	Mn	V	Sn
外带	0.1	10	500	100	100	20	1	0.02	30	20	10	5	15	50	3	2000	2000	50	20
中带	0.5	30	1000	200	200	40	2	0.05	60	40	20	10	30	100	6	4000	4000	100	40
内带	1	50	5000	400	400	80	4	0.1	120	80	40	20	60	200	9	8000	8000	200	80

注：元素含量单位为10^{-6}。

图C.16　山西刁泉矽卡岩型银铜矿床深部盲矿预测的构造叠加晕实用模型剖面图

（据李惠和禹斌，2017）

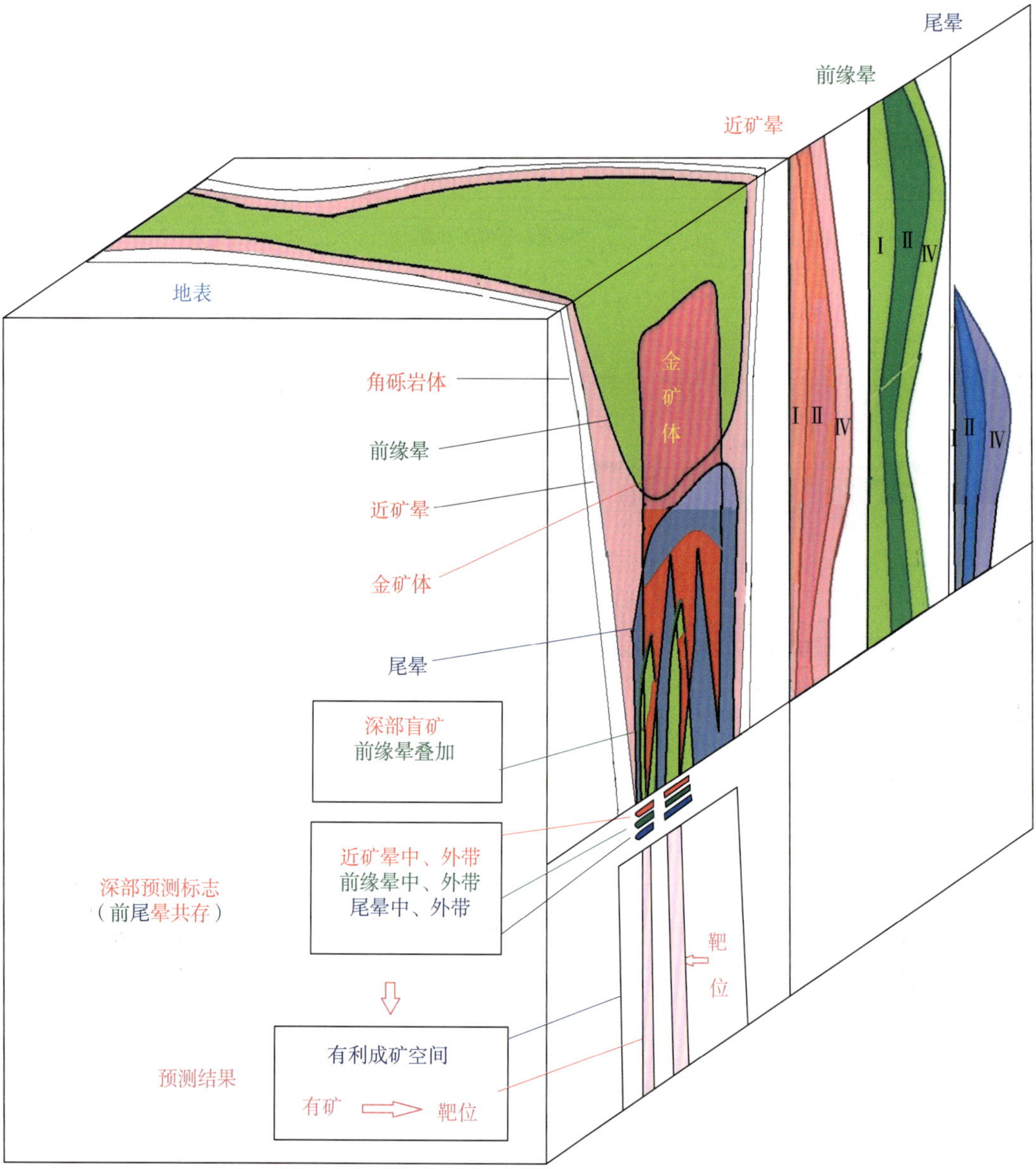

分带		近矿晕					前缘晕				尾晕						
元素		Au	Ag	Cu	Pb	Zn	As	Sb	Hg	B	Bi	Mo	Mn	Co	Ni	V	Ti
外带	≥	0.8	0.08	10	10	10	15	0.08	0.09	100	0.7	0.4	500	10	50	80	500
中带	≥	1.5	0.15	20	20	20	30	0.15	0.15	200	1.5	0.8	1000	20	80	120	1000
内带	≥	3.0	0.3	40	40	40	60	0.3	0.3	400	3.0	1.6	2000	40	/	/	2000

注：“/”代表无数据，元素含量单位为10^{-6}。

图 C.17　陕西太白双王角砾岩型金矿床深部盲矿预测的构造叠加晕实用模型立体图

（据李惠，1996；禹斌，2010；魏子鑫和魏江，2022）

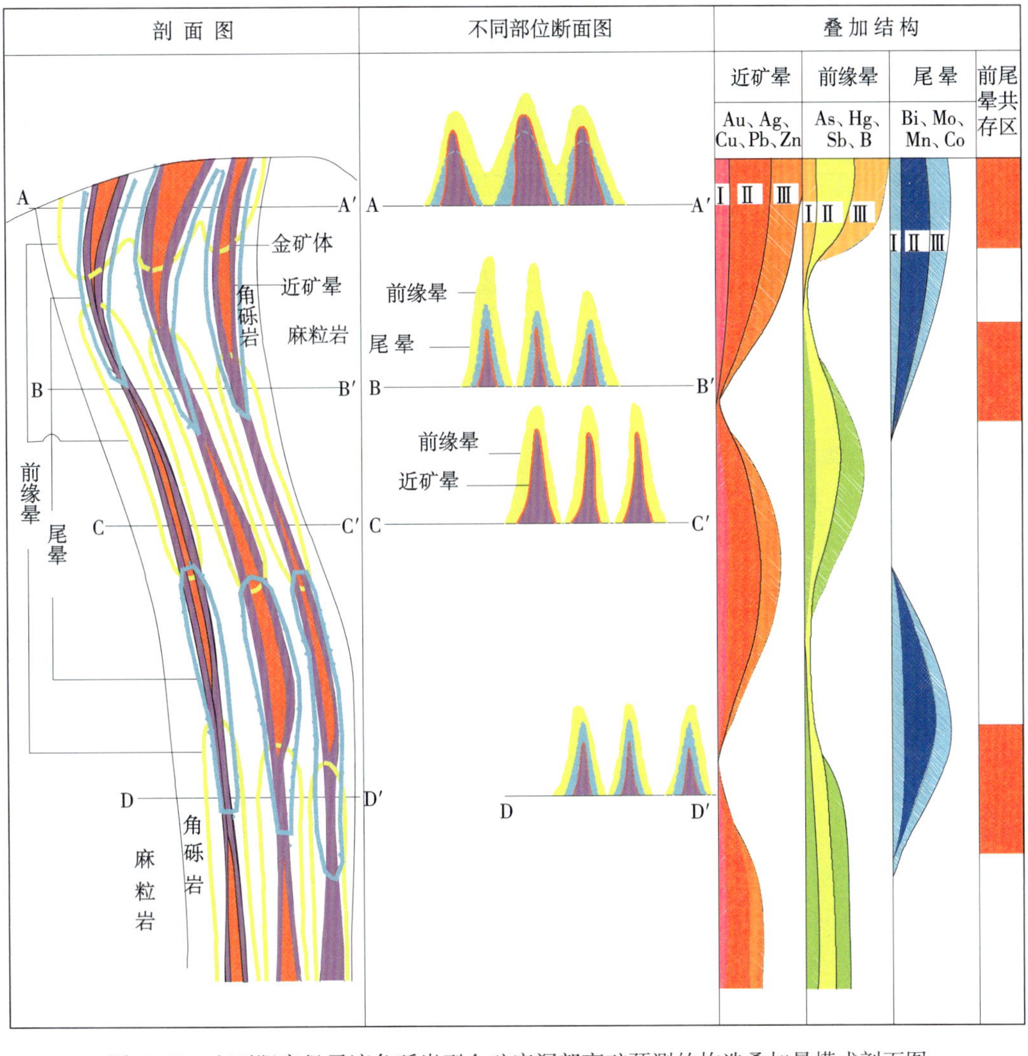

图C.18 山西阳高堡子湾角砾岩型金矿床深部盲矿预测的构造叠加晕模式剖面图
（据李惠和张文华，2022）

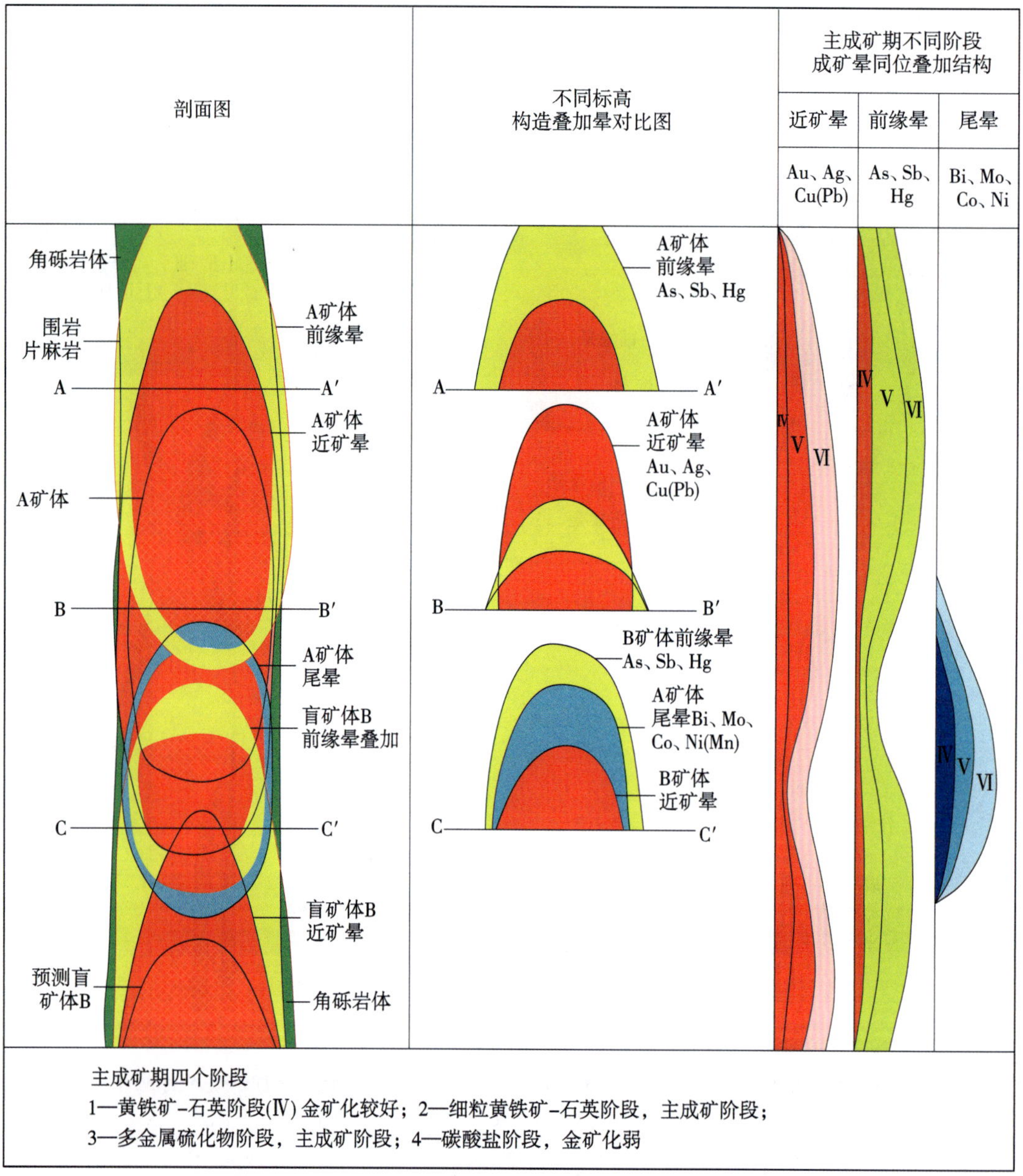

图 C.19　河南祁雨沟角砾岩型金矿床深部盲矿预测的构造叠加晕模式垂直纵投影图

（据李惠等，2010）

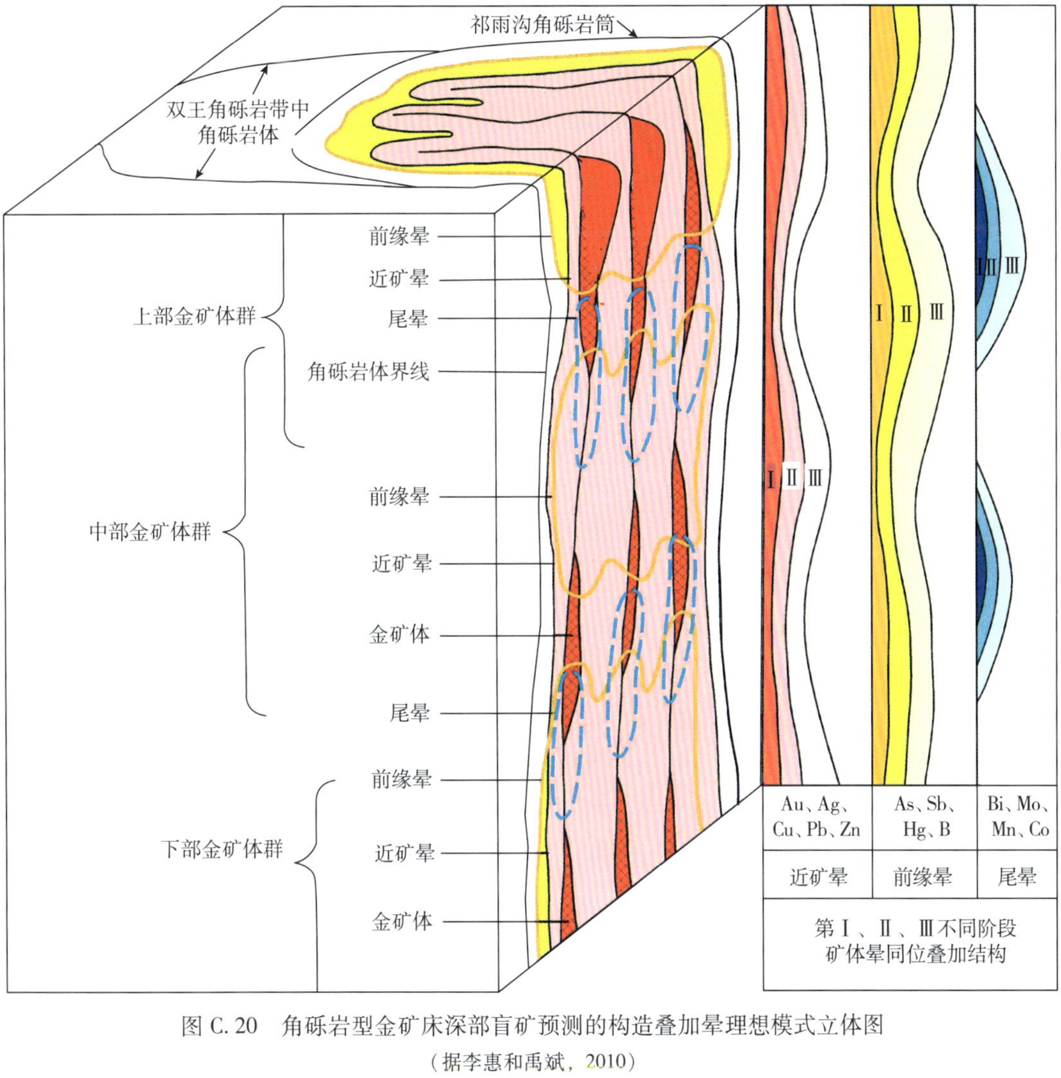

图 C.20 角砾岩型金矿床深部盲矿预测的构造叠加晕理想模式立体图

（据李惠和禹斌，2010）

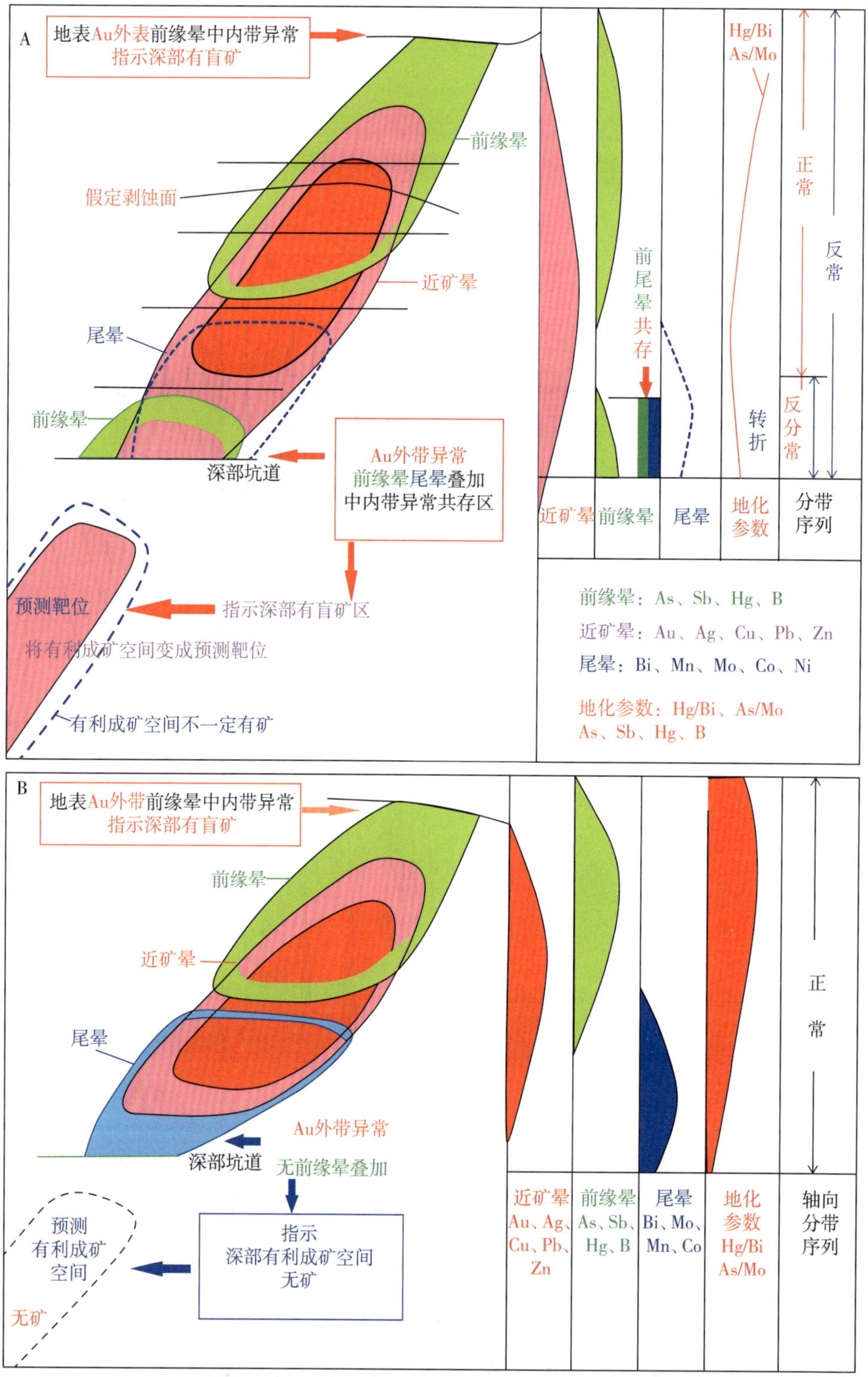

图 C.21　侧伏矿体深部盲矿预测的构造叠加晕理想模式及实用模型垂直纵投影图

（据李惠等，2018）

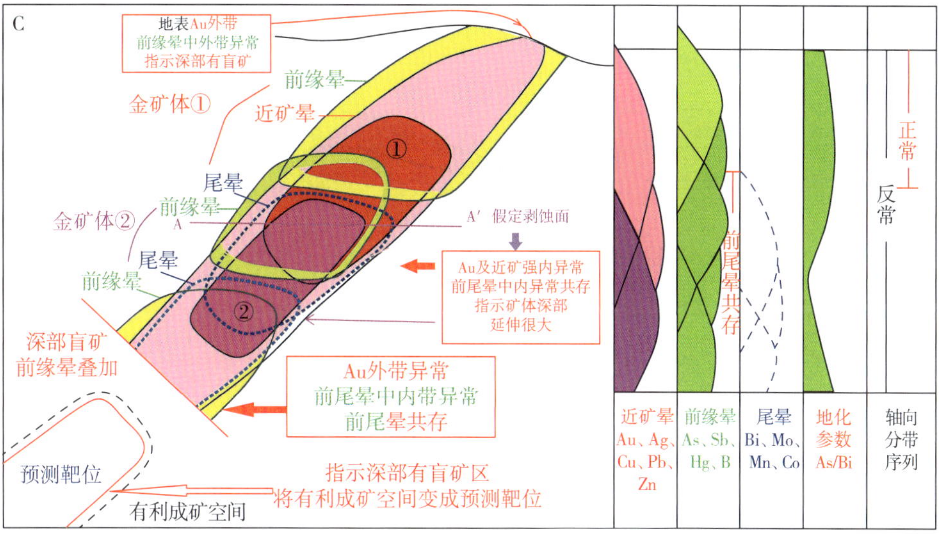

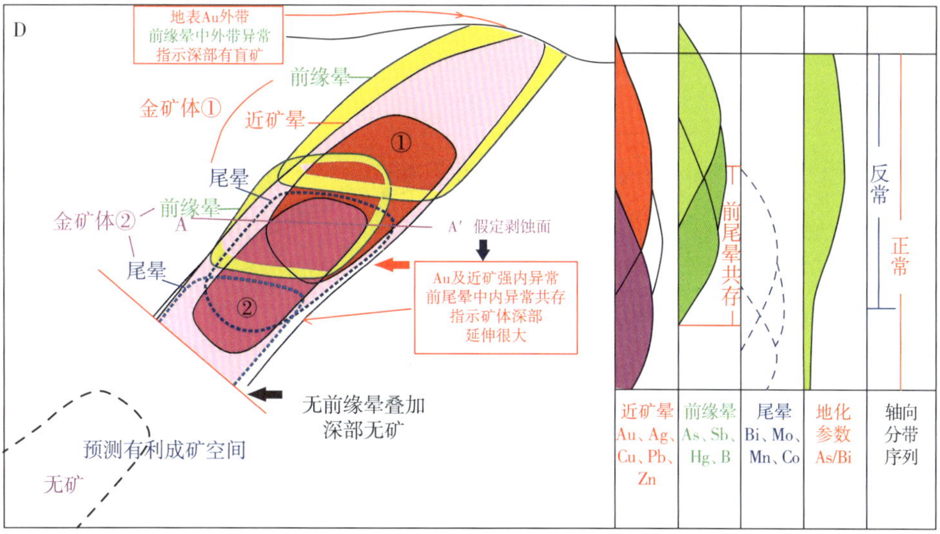

图 C.21　侧伏矿体深部盲矿预测的构造叠加晕理想模式及实用模型垂直纵投影图（续）

（据李惠等，2018）

A—侧伏矿体深部盲矿预测有矿的构造叠加晕理想实用模式垂直纵投影图；B—侧伏已知矿体深部预测无矿的构造叠加晕理想实用模式垂直纵投影图；C—侧伏矿体深部预矿有关的构造叠加晕理想实用模式垂直纵投影图；D—侧伏矿体已知深部预测无矿的构造叠加晕理想实用模式垂直纵投影图

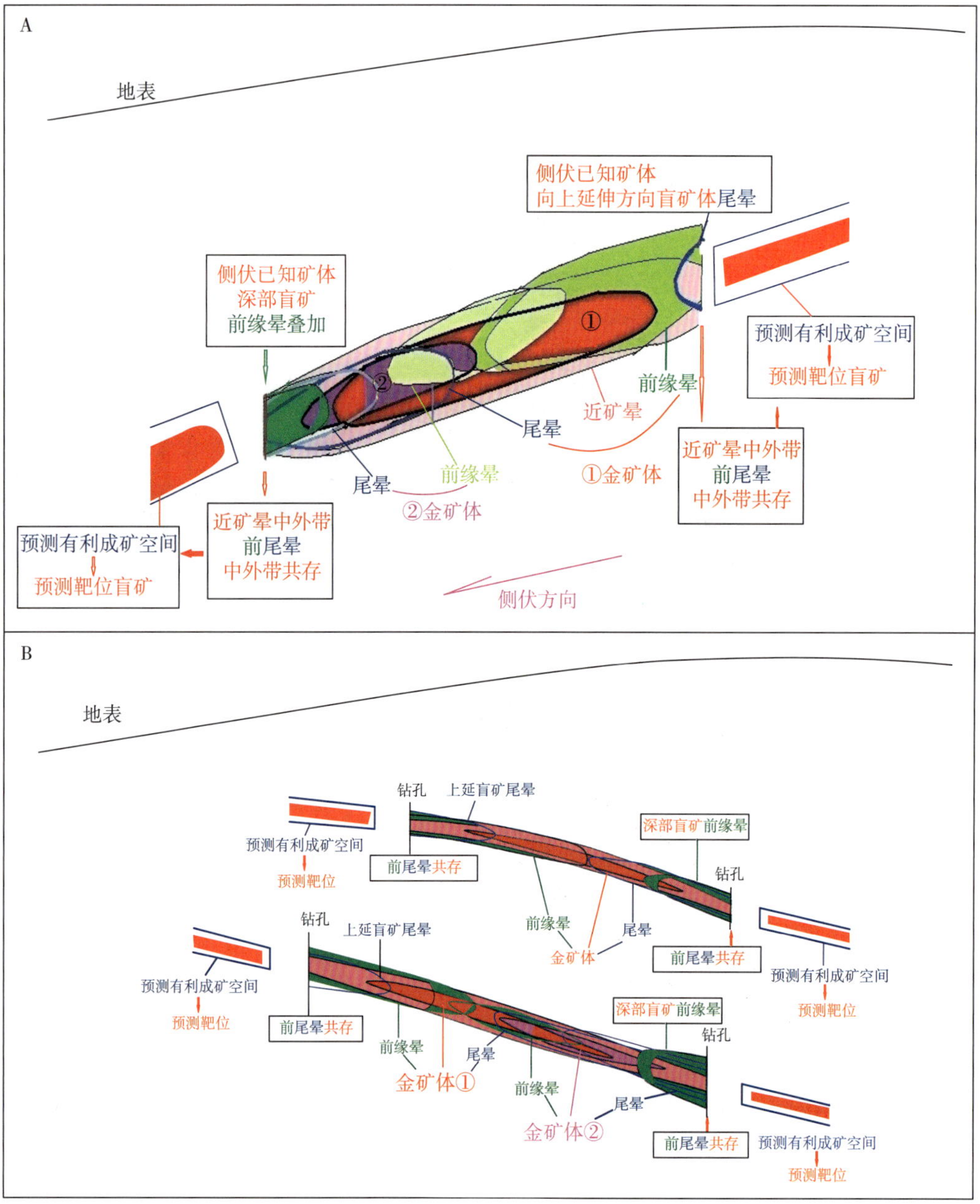

分带		近矿晕					前缘晕				尾晕						
元素		Au	Ag	Cu	Pb	Zn	As	Sb	Hg	B	Bi	Mo	Mn	Co	Ni	V	Ti
外带	≥	0.1	0.2	20	20	30	5.0	0.3	4.0	4.0	1.0	0.8	1000	25	20	30	1500
中带	≥	0.5	0.6	40	40	60	20	0.6	6.0	8.0	2.0	1.2	1500	50	40	60	2500
内带	≥	1.0	1.8	80	80	120	80	1.2	8.0	12	4.0	1.6	2000	100	80	90	3500

注：Hg含量单位为10^{-9}，其他元素含量单位为10^{-6}。

图 C.22　山东海洋龙口土堆缓倾斜金矿床预测盲矿的构造叠加晕实用模型

（据李惠等，2022）

A—缓倾斜侧伏矿体构造叠加晕预测盲矿实用模型垂直纵投影图；

B—缓倾斜矿体构造叠加晕预测盲矿实用模型剖面图

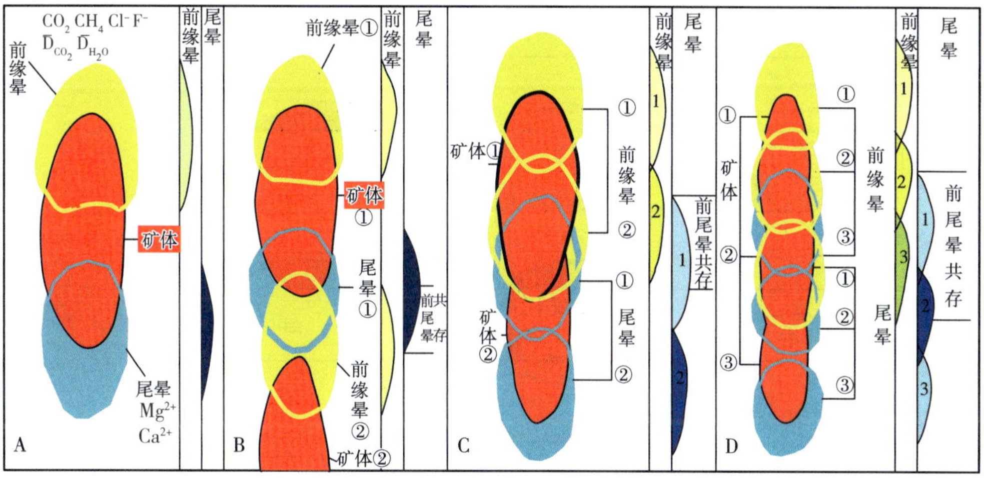

图 C.23 金矿床深部盲矿预测的包裹体气晕-离子晕及其叠加晕理想模式图

（据李惠和王支农，1995）

A—模型 1：单阶段或两个阶段形成的矿（晕）全重叠；B—模型 2：①、②矿（晕）为一个阶段形成尖灭再现或两个阶段形成；C—模型 3：两个主要成矿阶段形成矿（晕）部分叠加；D—模型 4：第 I 主成矿阶段形成①、③矿（晕），第 II 主成矿阶段形成②矿（晕）叠加其间

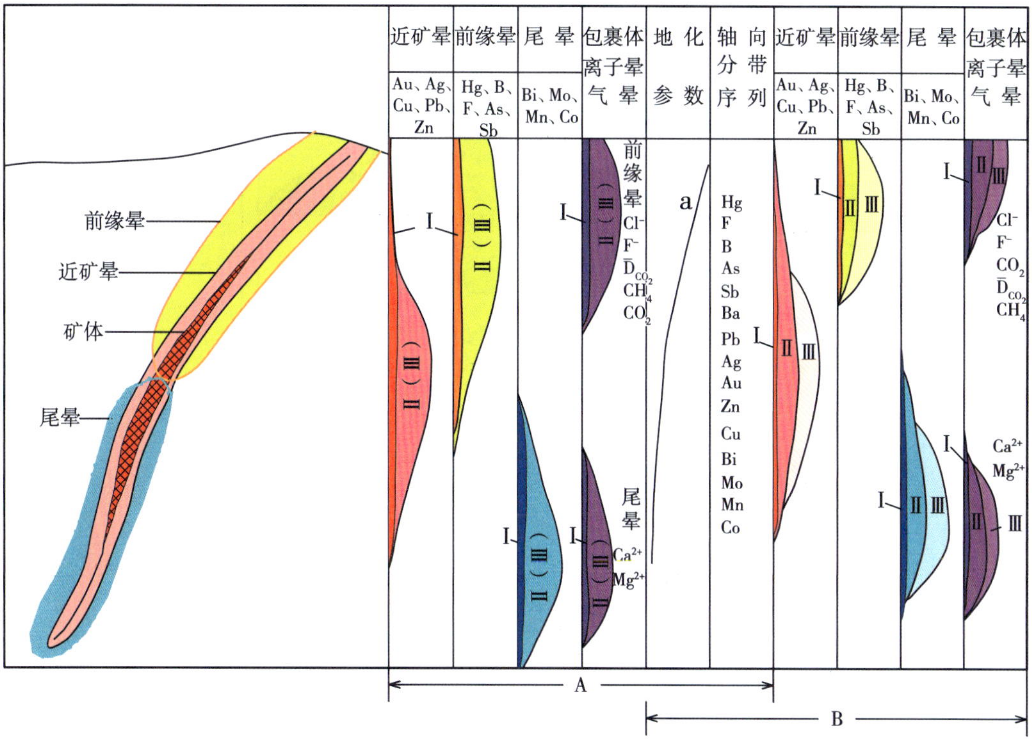

图 C.24 热液金矿床深部盲矿预测的构造叠加晕理想模式图-1

（据李惠等，1998；禹斌，2005；李惠，2013）

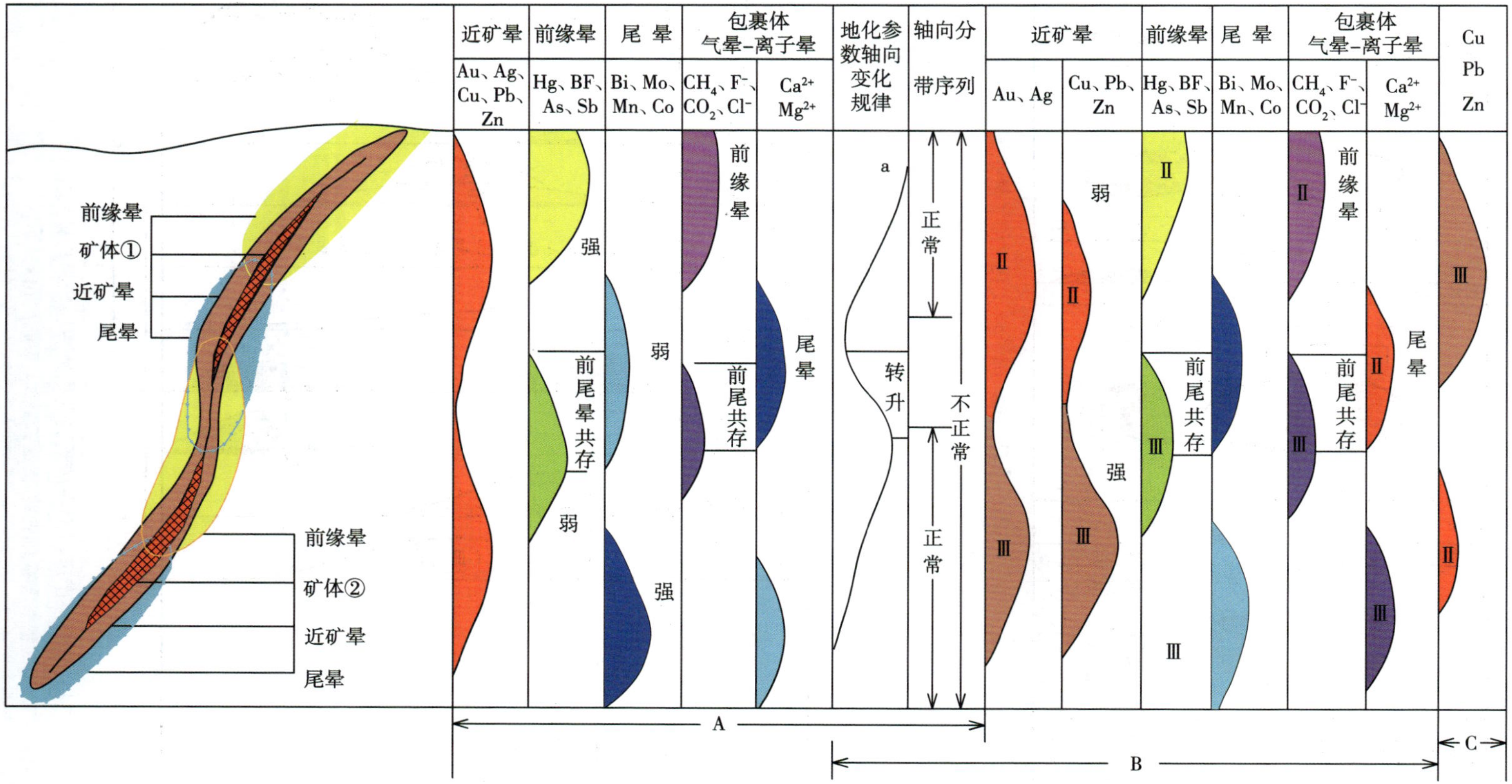

图 C.25　热液金矿床深部盲矿预测的构造叠加晕理想模式图-2

（据李惠等，1998；禹斌，2005；李惠，2013）

A—单一主成矿阶段形成矿体（晕）或两个主成矿阶段同位叠加；B—第Ⅱ主成矿阶段形成矿体（晕）①在上，第Ⅲ阶段形成矿体（晕）在②下；C—第Ⅱ1阶段在下，第Ⅲ阶段在上；地化参数 a 为前缘晕元素含量或前缘晕元素（含量、累加、累乘）/尾晕元素（含量、累加、累乘）

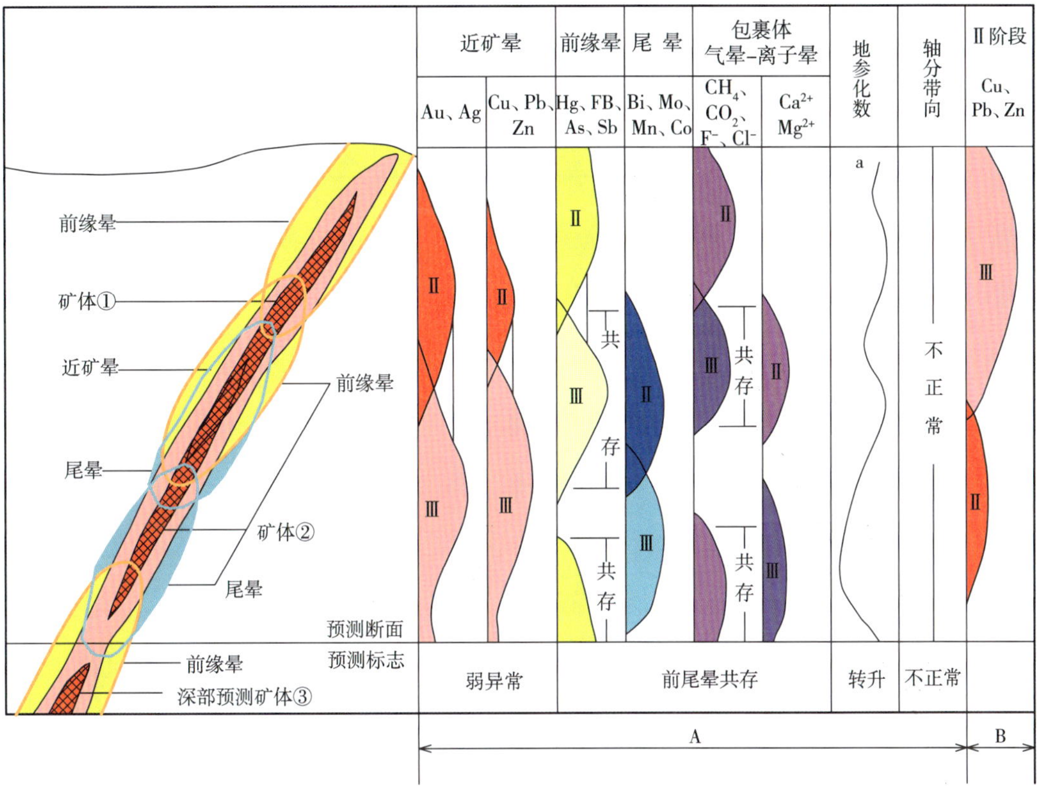

图 C.26　热液金矿床深部盲矿预测的构造叠加晕理想模式图-3

（据李惠等，1998；禹斌，2005；李惠，2013）

A—Ⅲ阶段形成矿体②叠加在Ⅱ阶段形成矿体①尾部；B—Ⅲ阶段形成矿体①超越②叠加于Ⅱ阶段形成矿体②的头部和前缘，其中 Cu、Pb、Zn 异常强度不同：Ⅱ弱、Ⅲ强，其余相似。化参数 a 为前缘晕元素含量或前缘晕元素（含量、累加、累乘）/尾晕元素（含量、累加、累乘）

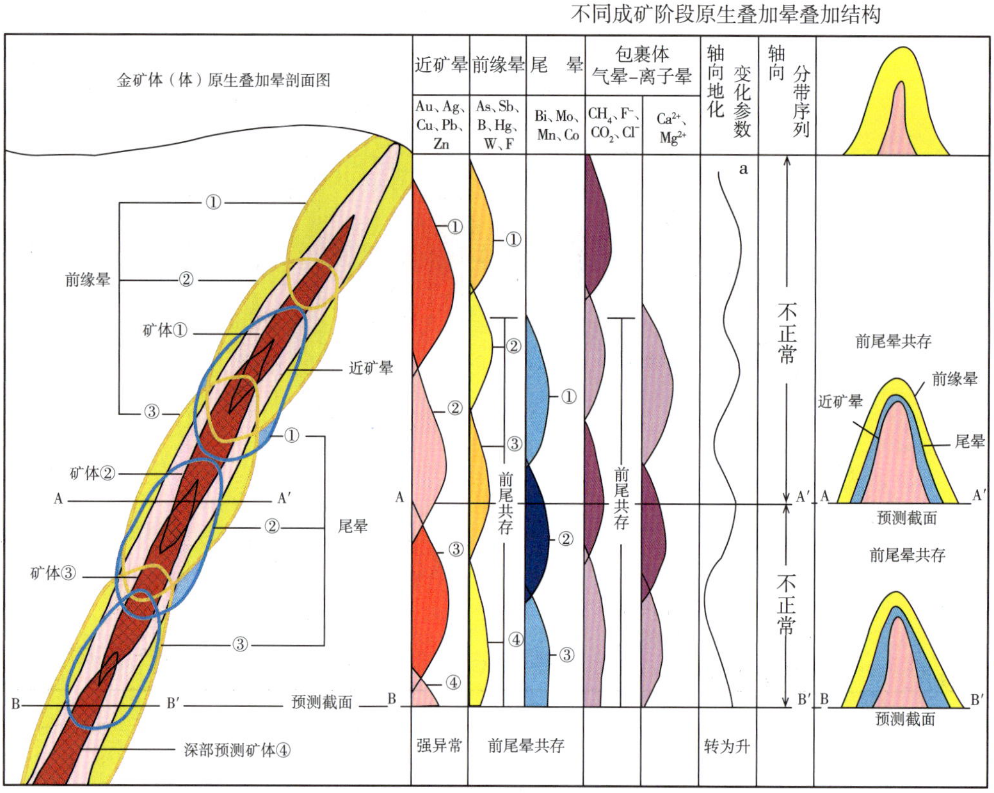

图 C.27 热液金矿床深部盲矿预测的构造叠加晕理想模式图-4

（据李惠等，1998；禹斌，2005；李惠，2013）

地化参数 a 为前缘晕元素含量或前缘晕元素（含量、累加、累乘）/尾晕元素（含量、累加、累乘）

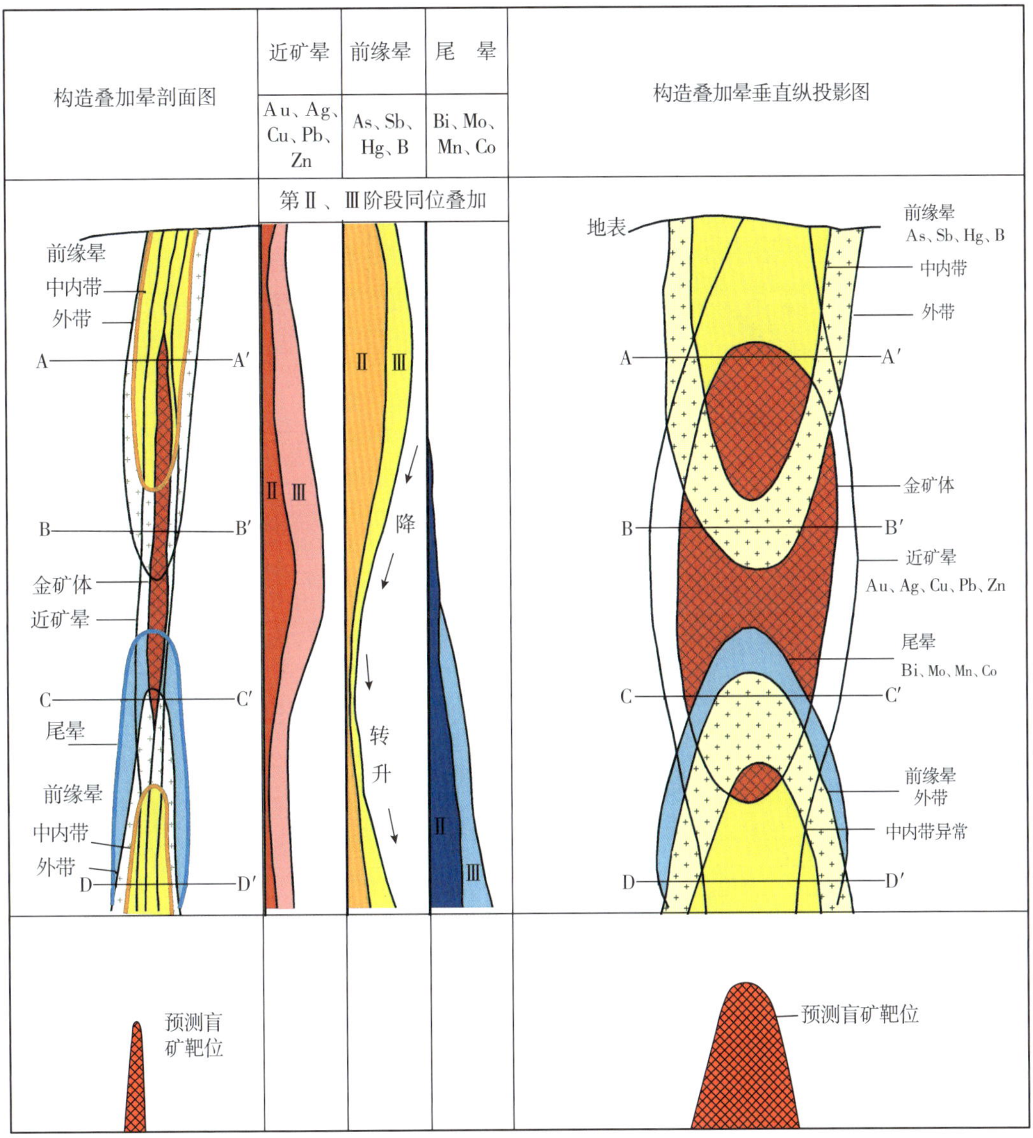

图C.28 金矿床深部盲矿预测的构造叠加晕轴（垂）向前缘晕增强趋势标志

（据李惠等，1998；禹斌，2005；李惠，2013）

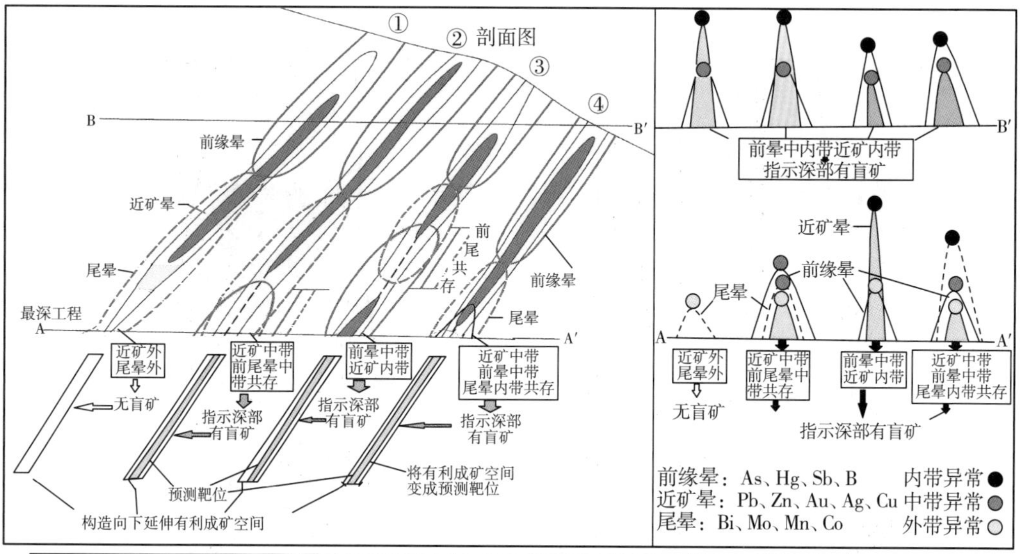

异常分带	元素	Pb	Zn	Ag	Cu	As	Sb	Hg	F
外带异常		200	250	2	50	60	5	25	320
中带异常		1600	2000	5	100	180	10	50	400
内带异常		6400	8000	10	200	360	20	100	500
强带异常		25000	32000	/	/	/	/	/	/

注：Hg含量单位为10^{-9}，其他元素含量单位为10^{-6}，“/”代表无数值。

图 C.29　云南江城岩脚热液脉带型铅锌矿深部盲矿预测的构造叠加晕理想实用模式剖面图

（据李惠等，2014；李惠和禹斌，2016）

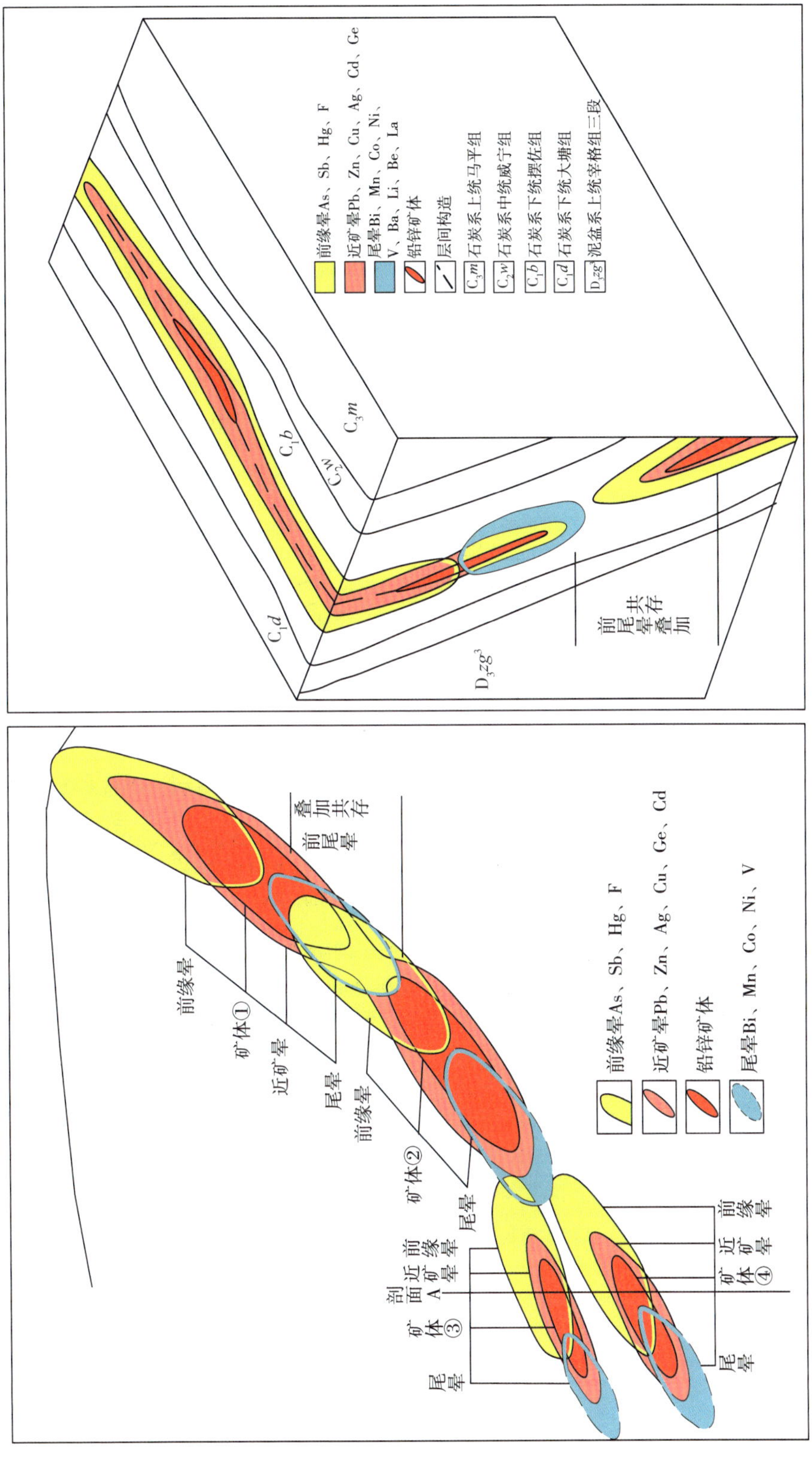

图 C.30 云南会泽沉积强改造铅锌矿床侧伏矿体深部盲矿预测的构造叠加晕模式垂直纵投影（左）模式、剖面（右）模式图
（据李惠等，2014）

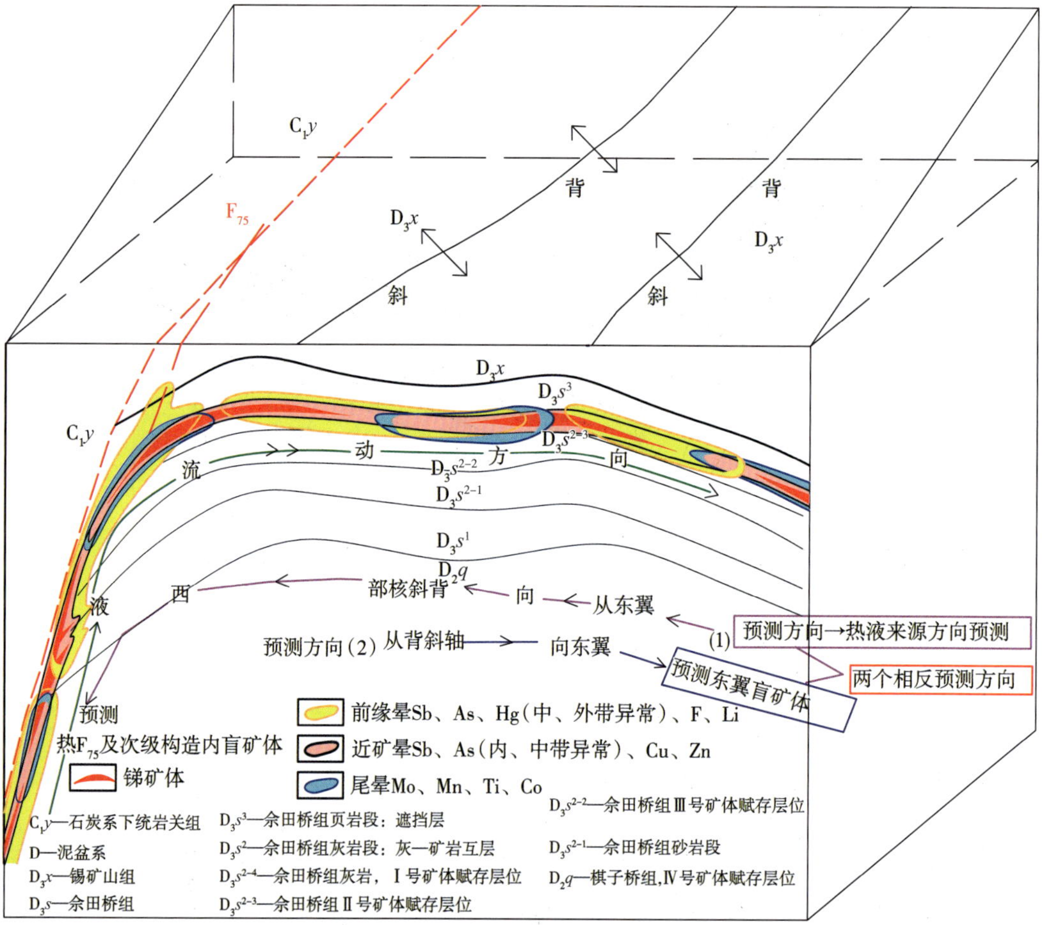

图 C. 31　湖南锡矿山锑矿床深部盲矿预测的构造叠加晕模式剖面图

（据李惠等，2013）

C_1y—石炭系下统岩关组；D_3s^3—余田桥组页岩段：遮挡层；D_3s^{2-2}—余田桥组Ⅲ号矿体赋存层位；D—泥盆系；D_3s^2—余田桥组灰岩段：灰—矿岩互层；D_3s^{2-1}—余田桥组砂岩段；D_3x—锡矿山组；D_3s^{2-4}—余田桥组灰岩，Ⅰ号矿体赋存层位；D_2q—棋子桥组，Ⅳ号矿体赋存层位；D_3s—余田桥组；D_3s^{2-3}—余田桥组Ⅱ号矿体赋存层位

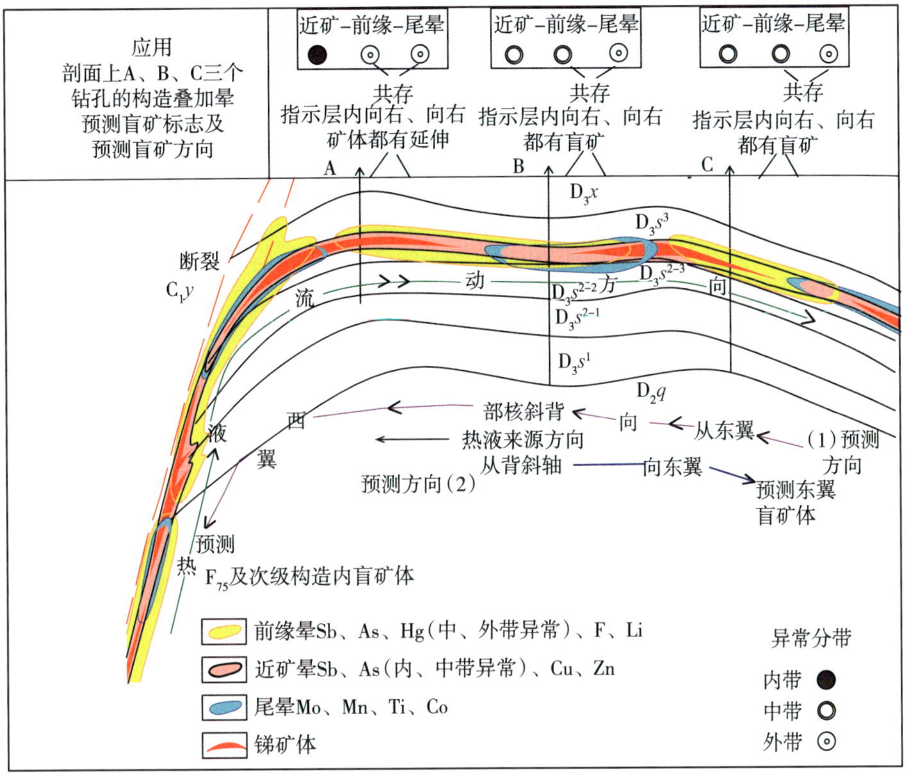

分带	元素	Sb	As	Hg	F	Ba	Li	Ag	Cu	Pb	Zn	Mo	Bi	Mn	Co	Ni	Ti	V	W	Sn	Sr
外	≥	15	10	100	500	100	30	0.1	12	15	30	1.5	0.3	300	10	20	1000	100	2	2	300
中	≥	120	20	400	1000	200	60	0.2	24	30	60	3	0.6	600	20	40	2000	200	4	4	600
内	≥	1000	40	1000	1500	400	180	0.4	48	60	90	6	1.2	1200	40	80	4000	400	8	8	1200

注：Hg 含量单位为 10^{-9}，其他元素含量单位为 10^{-6}。

图 C.32　湖南锡矿山锑矿床深部盲矿预测的构造叠加晕实用模型剖面图

（据李惠等，2013；李惠和马久菊，2016）

C_1y—石炭系下统岩关组
D—泥盆系
D_3x—锡矿山组
D_3s—佘田桥组
D_3s^3—佘田桥组页岩段：遮挡层
D_3s^2—佘田桥组灰岩段：灰—矿岩互层
D_3s^{2-4}—佘田桥组灰岩，Ⅰ号矿体赋存层位
D_3s^{2-3}—佘田桥组Ⅱ号矿体赋存层位
D_3s^{2-2}—佘田桥组Ⅲ号矿体赋存层位
D_3s^{2-1}—佘田桥组砂岩段
D_2q—棋子桥组,Ⅳ号矿体赋存层位

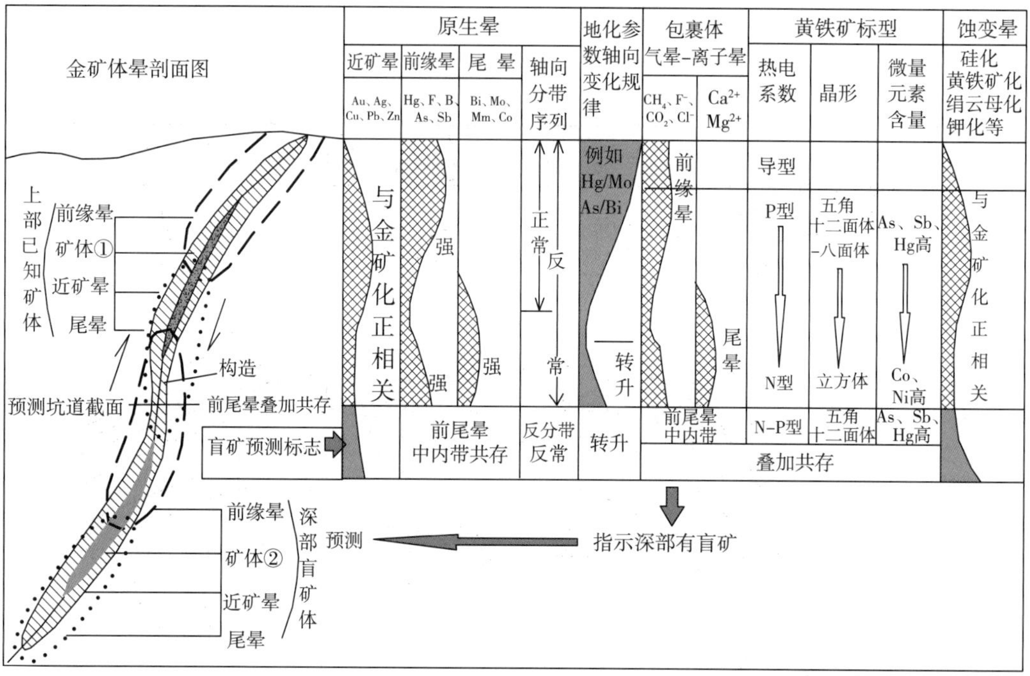

图 C.33 金矿体深部盲矿深部盲矿预测的构造叠加晕-包体-黄铁矿标型成分综合理想模型图
（据李惠，2017）

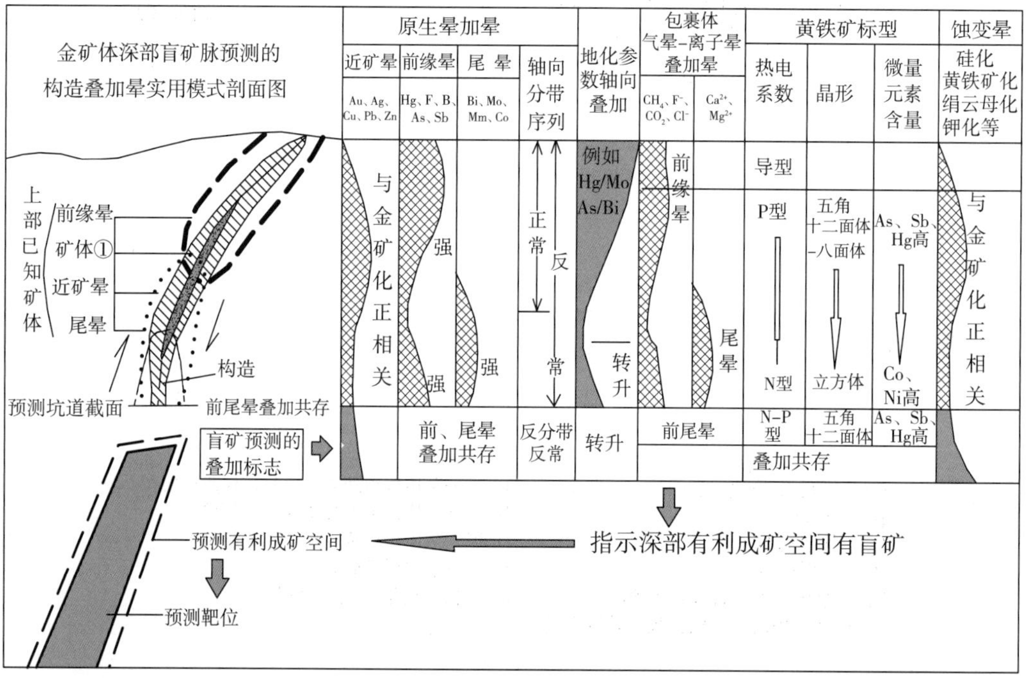

图 C.34 金矿体深部盲矿深部盲矿预测的构造叠加晕-包体-黄铁矿标型成分综合理想实用模型图
（据李惠，2017）

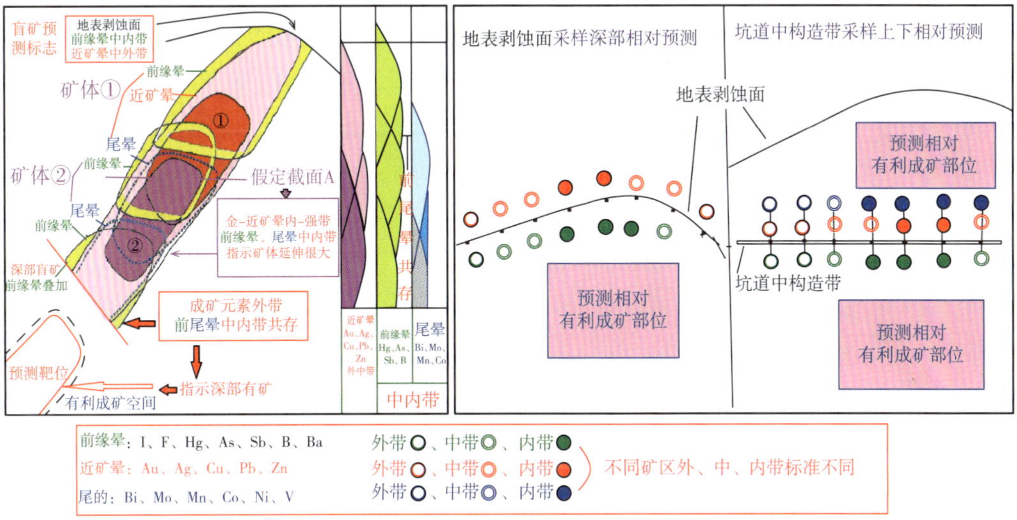

图 C. 35 勘查新区普查区无已知矿建模，寻找热液矿床对地表构造带深部盲矿及盲脉上、下盲矿“相对”预测的构造叠参考实用模式图

A—热液矿床构造叠加晕实用共性参考模式垂直纵投影图；B—本区无已知矿建模参考热液矿床实用共性模式对地表、坑道构造叠加晕相对预测有利成矿部位相对预测

（据李惠，2017）

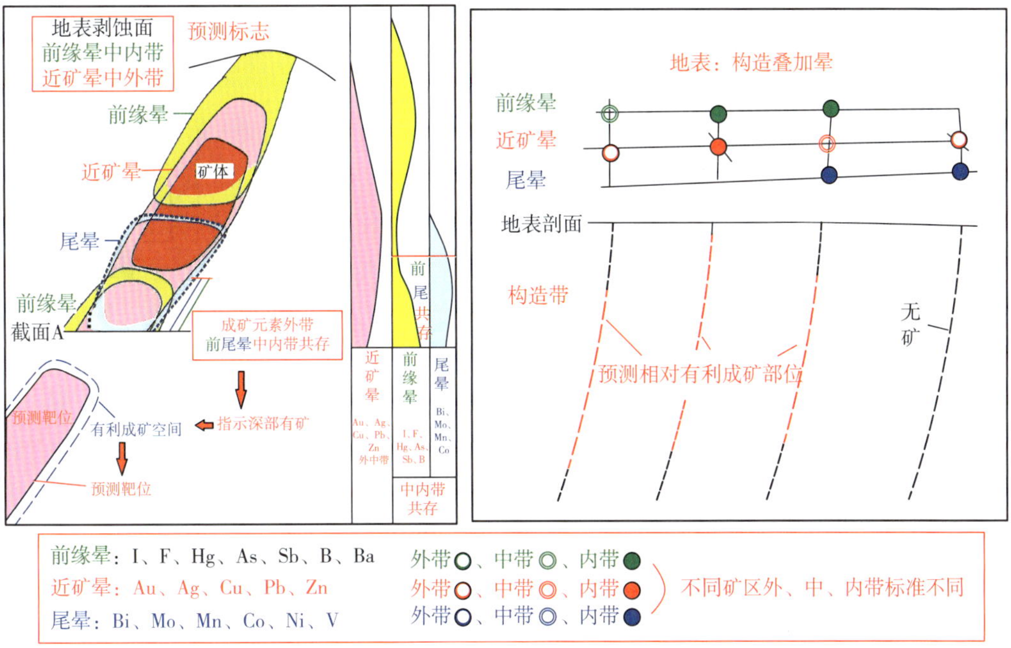

图 C. 36 勘查新区普查区无已知矿建模，寻找热液矿床对地表构造带深部盲矿相对预测的构造叠参考模实用式剖面图

A—热液矿床构造叠加晕实用共性模式垂直纵投影图；B—参考实用共性模式对地表：构造叠加晕预测相对有利成矿部位模式

（据李惠，2017）

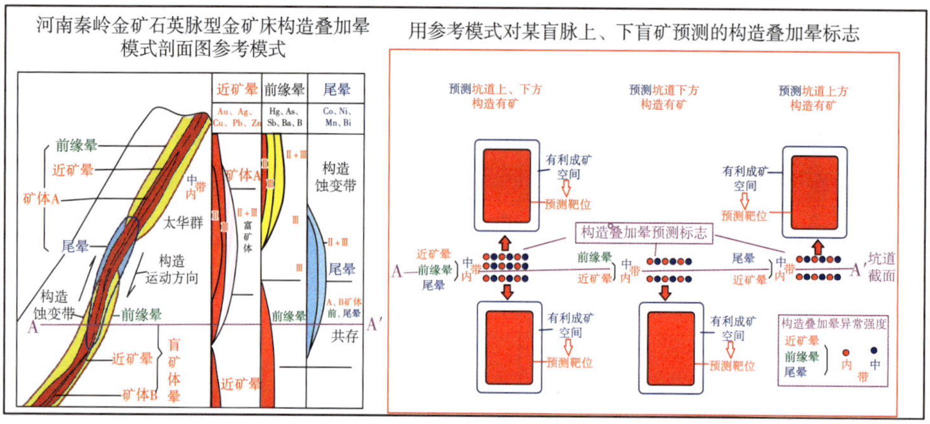

图 C.37 小秦岭某盲脉构造叠加晕参照模式及对盲脉上、下空间盲矿预测图
（据李惠，2017）

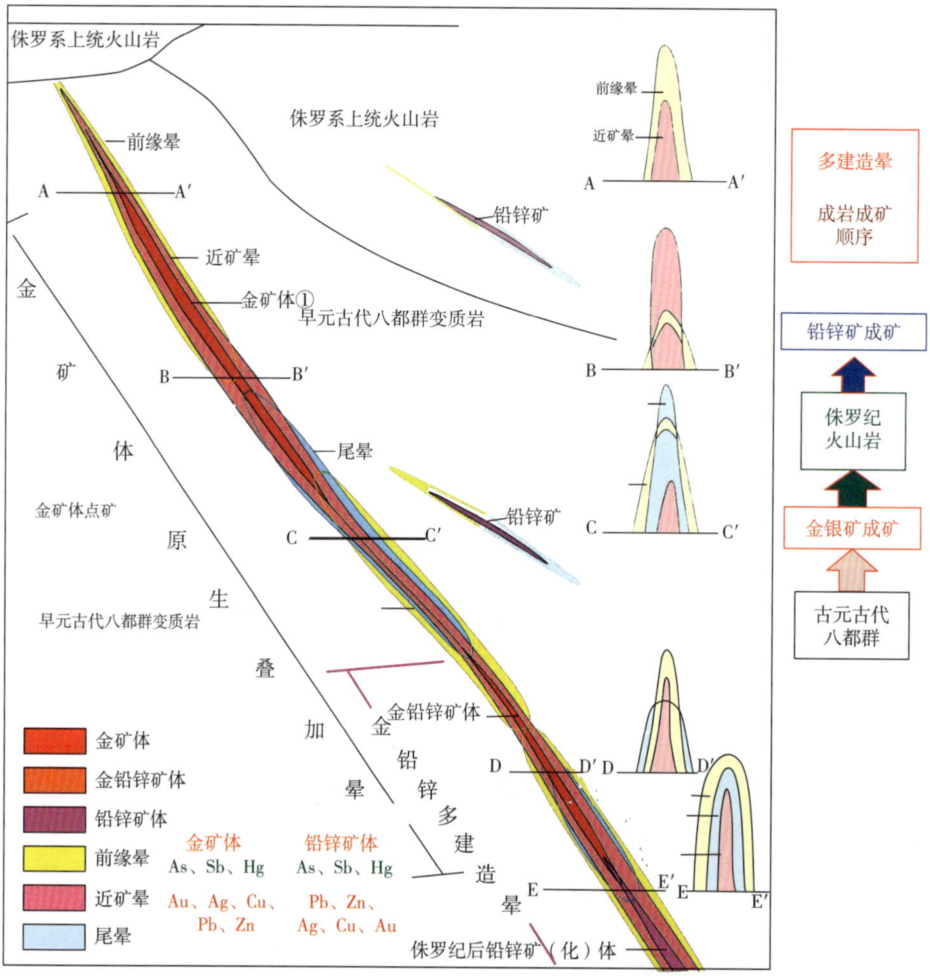

图 C.38 浙江治岭头金矿原生叠加晕与铅锌矿叠加晕的多建造晕模式剖面图
（据李惠等，2013）

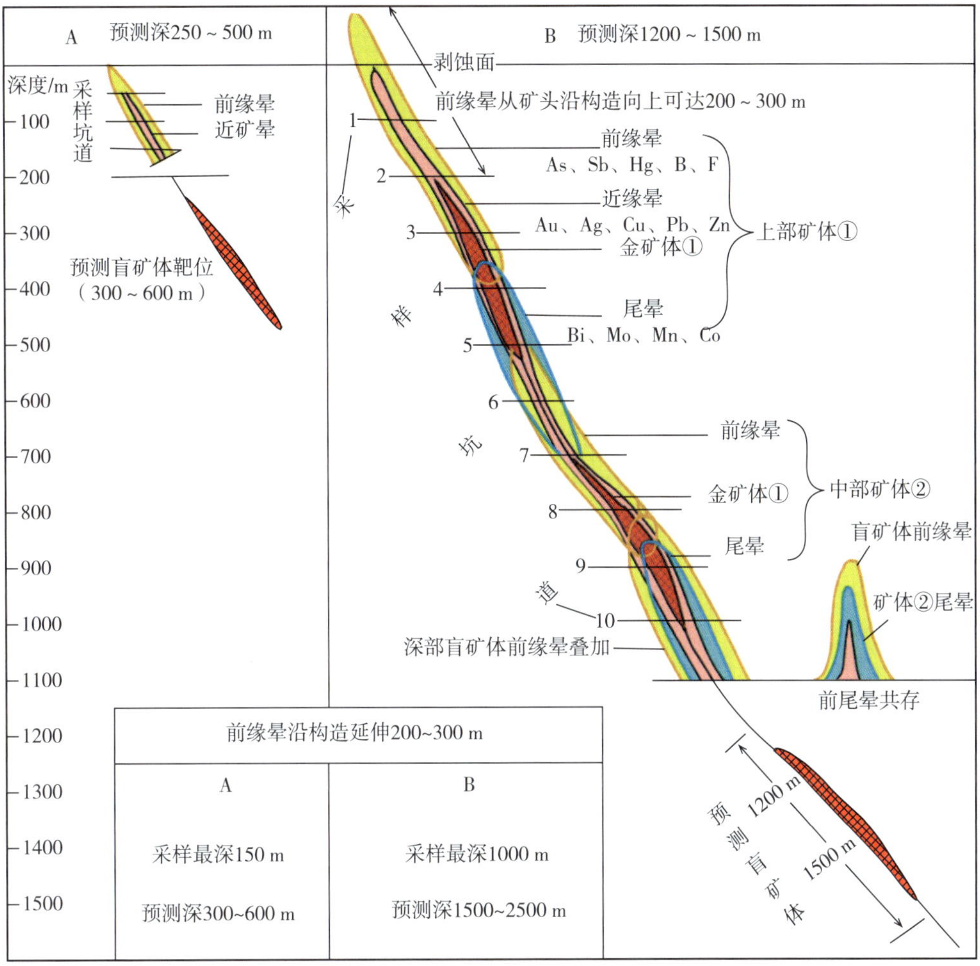

图 C.39　构造叠加晕预测深度与采样深度关系示意图

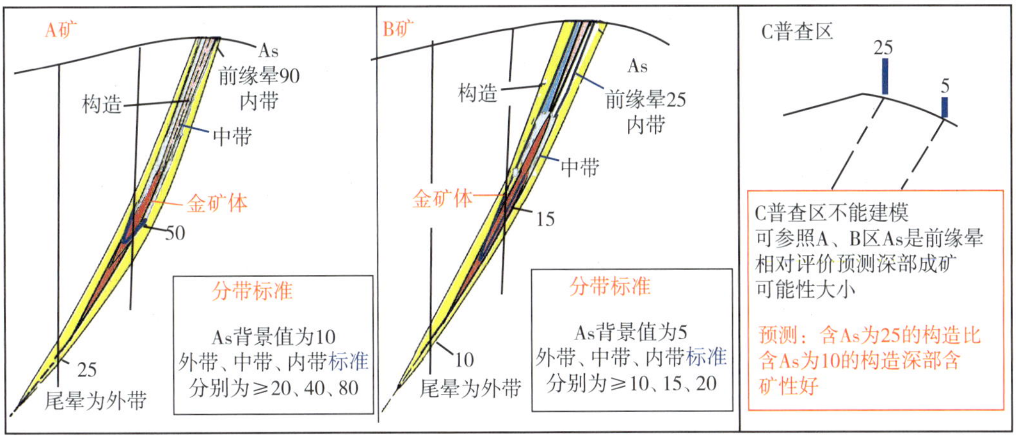

注：相关数据单位为10^{-6}。

图 C.40　不同金矿区前缘晕 As 含量前、尾含量不同

（据李惠，2012，2015）

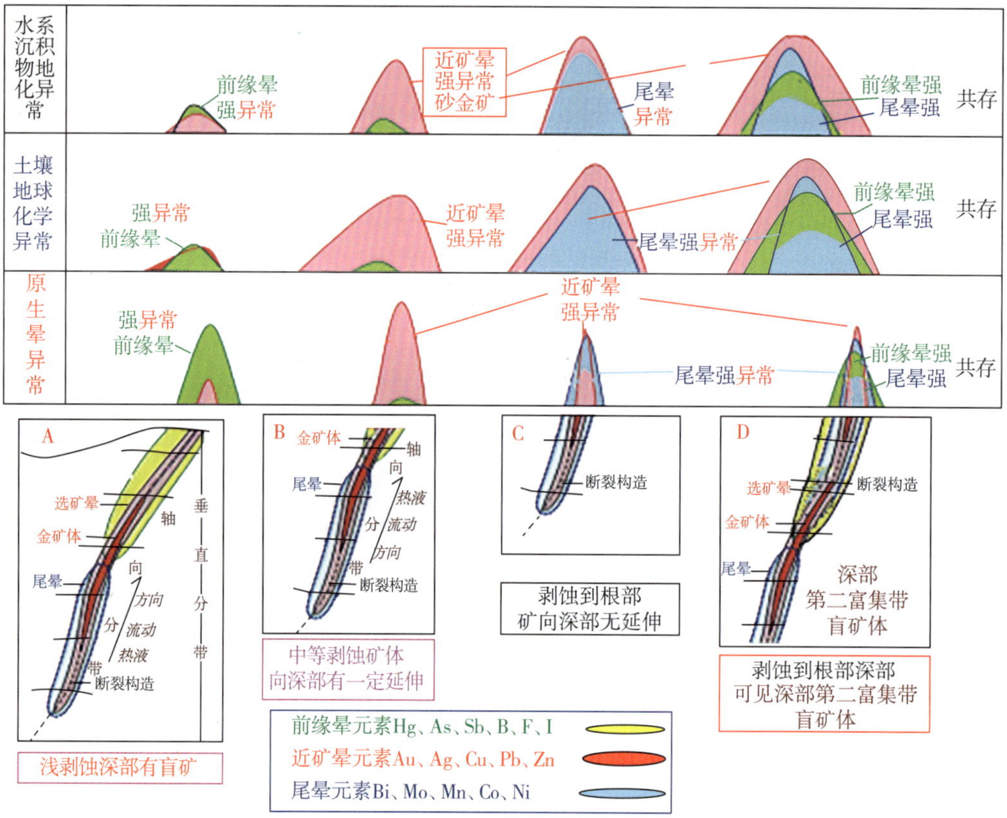

图 C.41　金矿床-体不同剥蚀程度原生晕、土壤地球化学、水系沉积物异常强度及元素组合的关系示意图

（据李惠，2017）

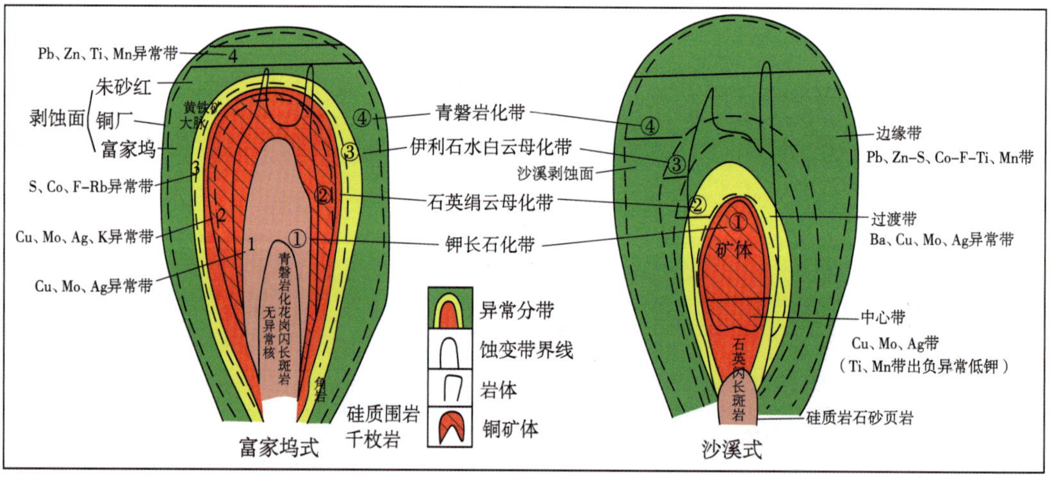

图 C.42　中国斑岩铜矿两种地球化学异常模式剖面图

（据李惠，1983）

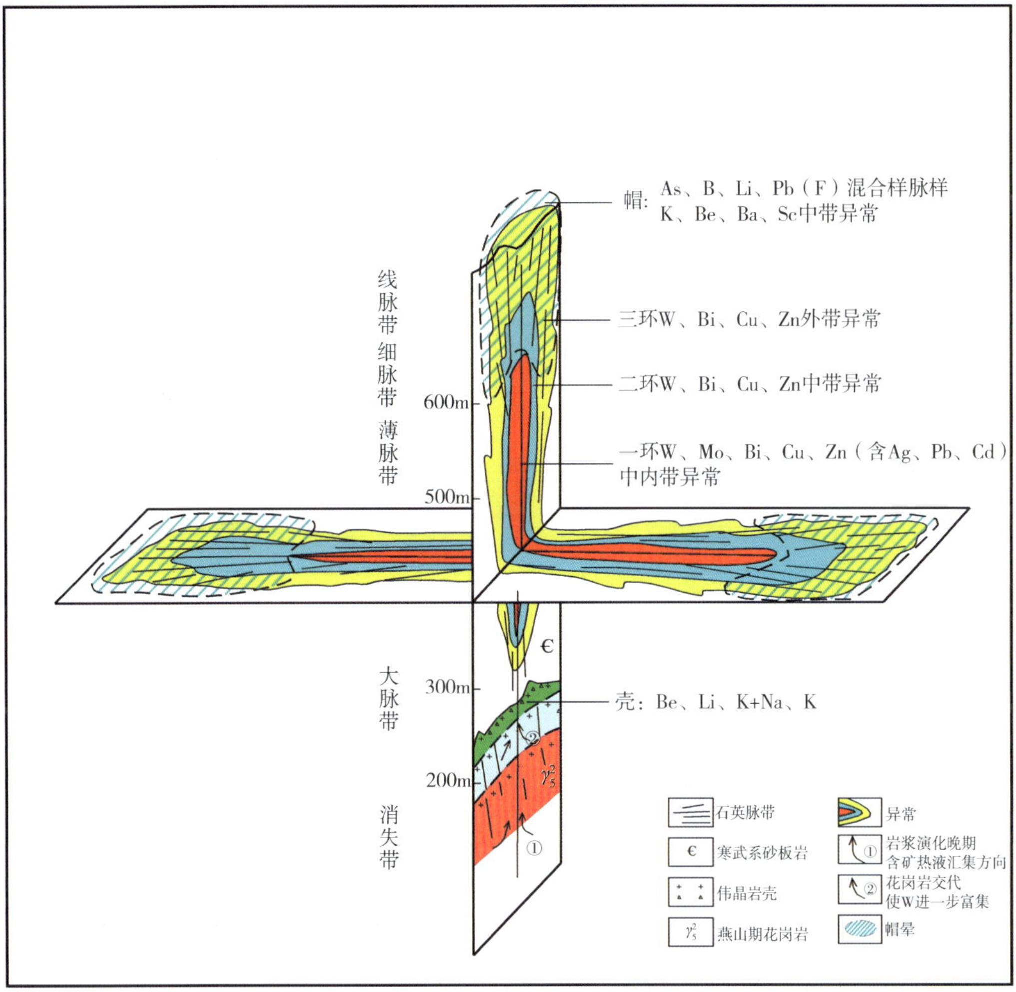

图 C.43 脉带型钨矿床“五层楼”与地球化学“三环一帽”异常模式立体图-1
（据李惠，1987；欧阳宗圻，1990）

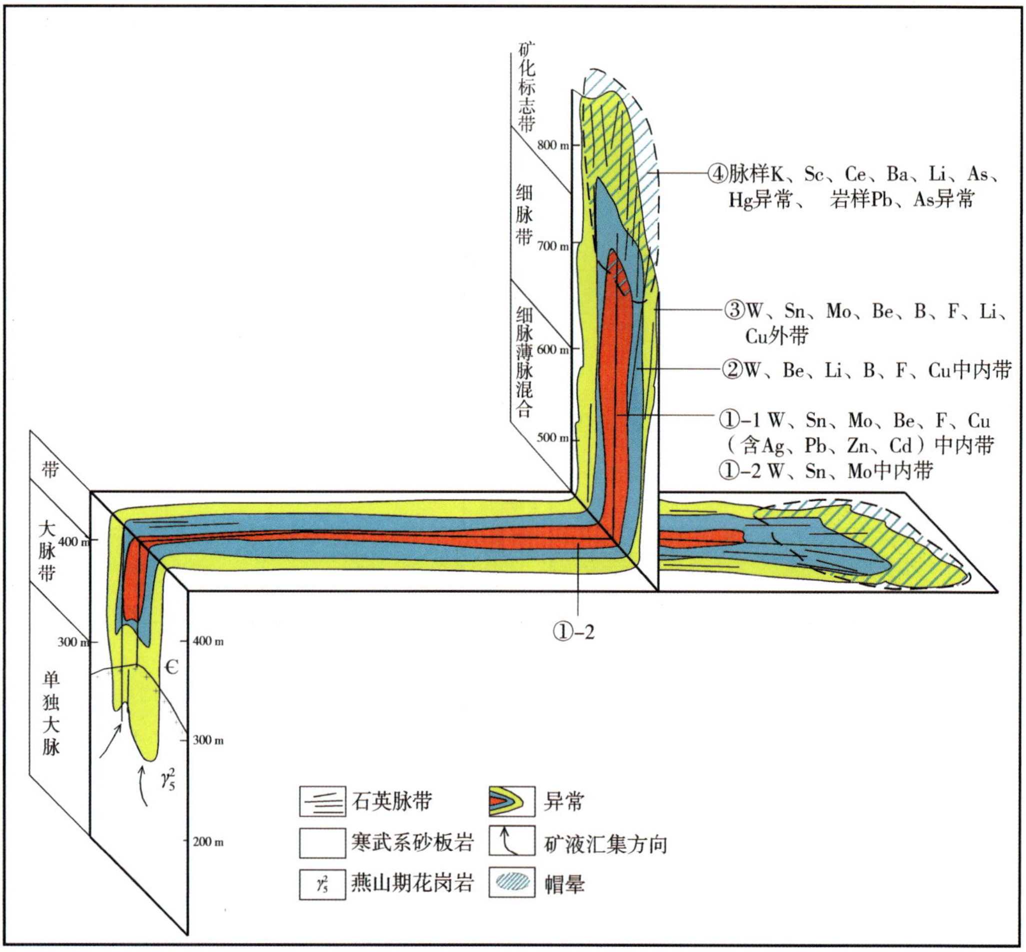

图 C.44 脉带型钨矿床“五层楼”与地球化学“三环一帽”异常模式立体图-2

（据李惠，1984，1986，1991）

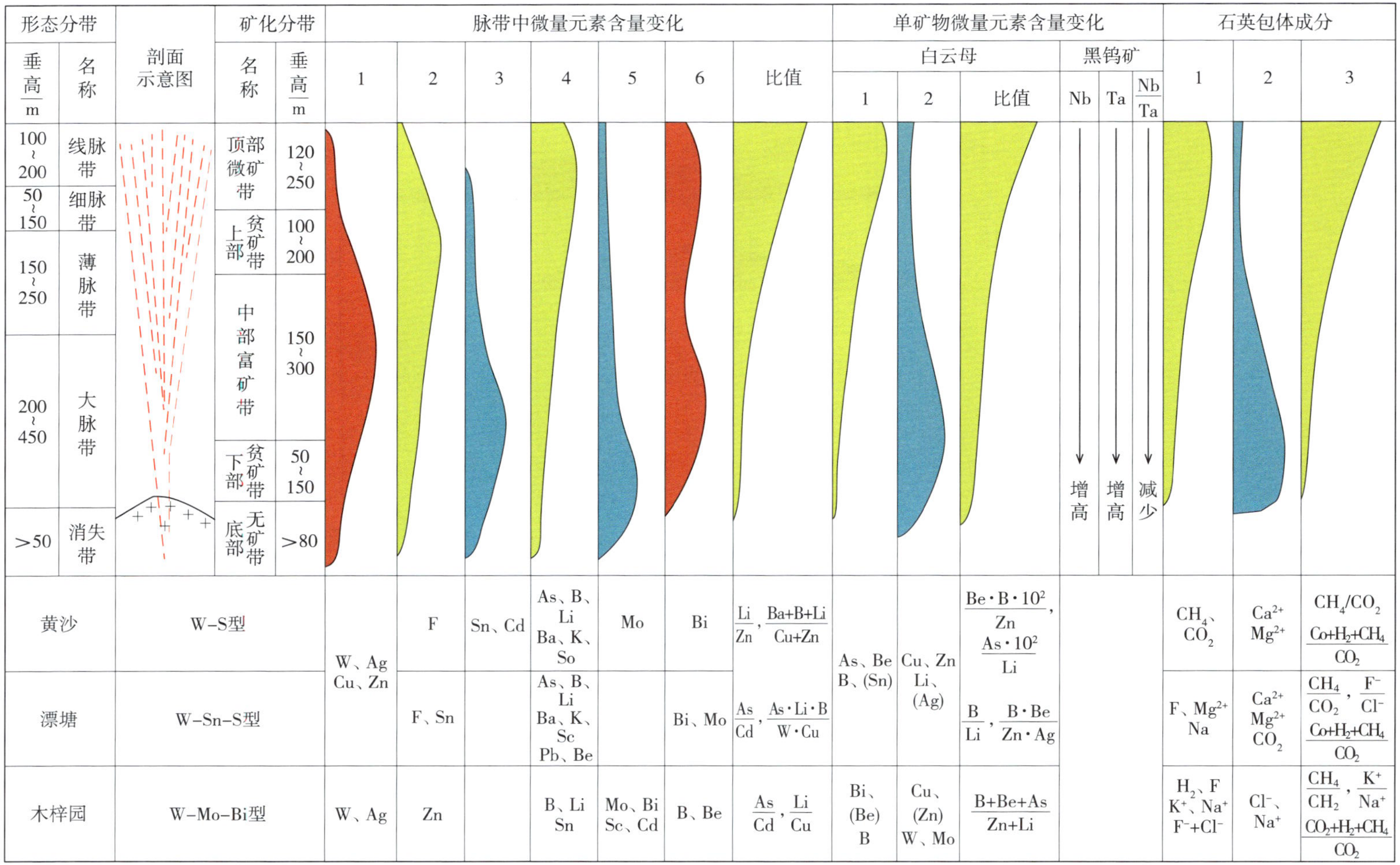

图 C.45 脉带型钨矿床“五层楼”与地球化学参数垂直变化垂直分带模式图

（据李惠，1984）

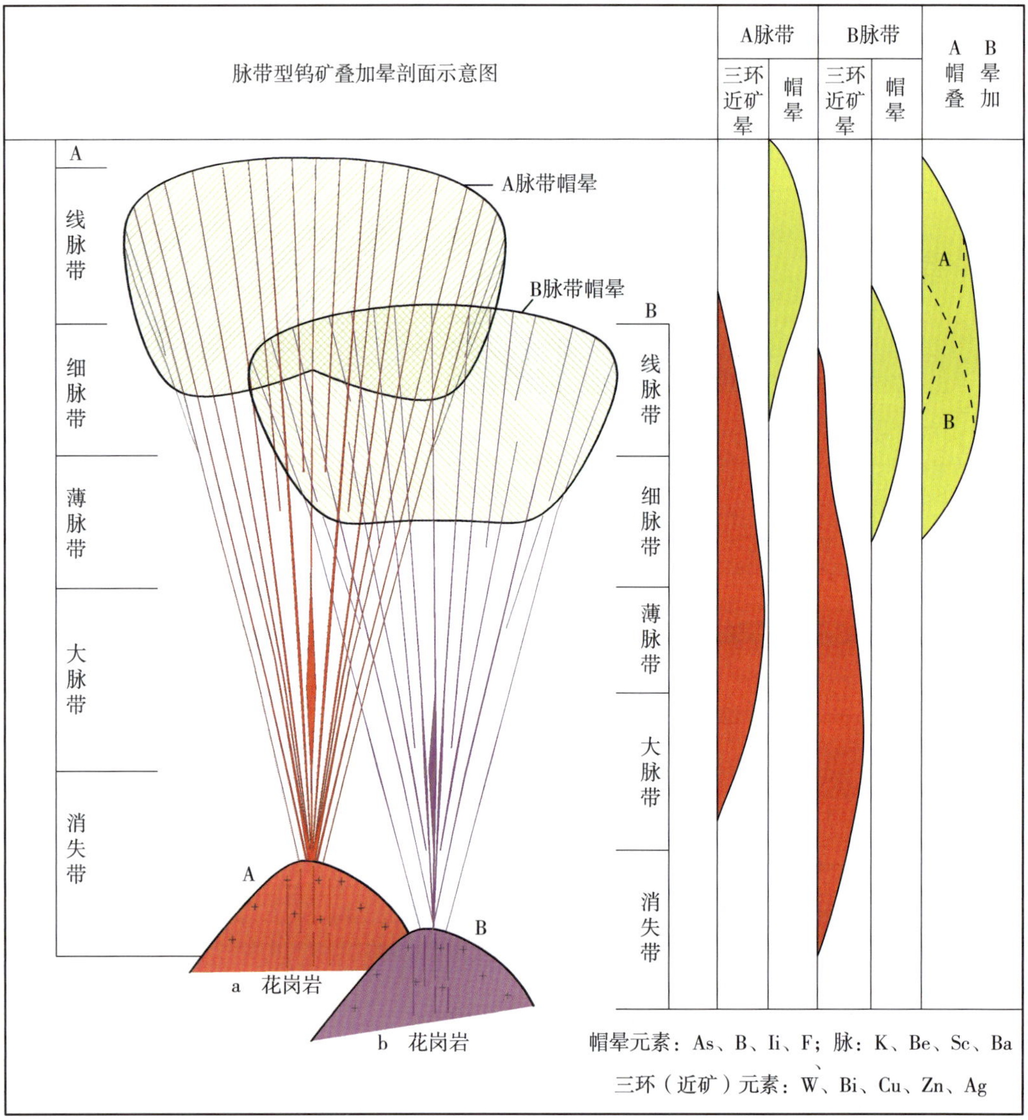

图 C.46 不同源脉带型钨矿床“五层楼”与地球化学“三环一帽”叠加异常模式图

（据李惠，2013）

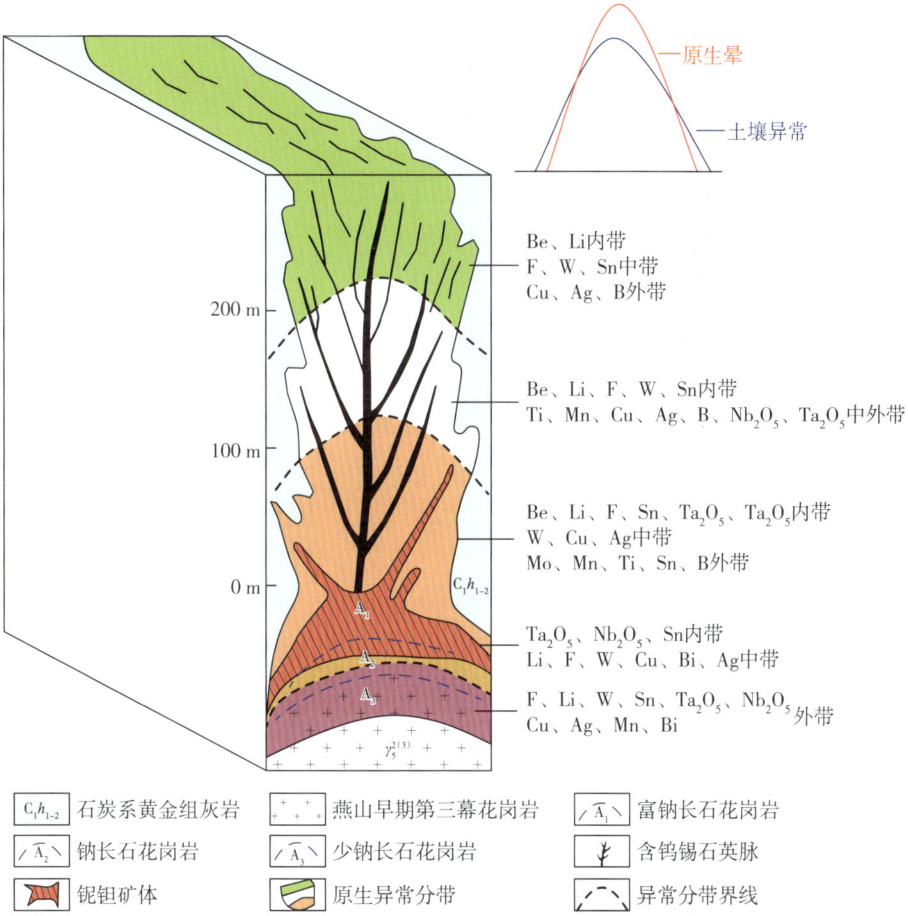

图 C.47　广西栗木花岗岩型铌钽矿床地球化学异常分带模式立体图

（据李惠和张茂忠，1983）

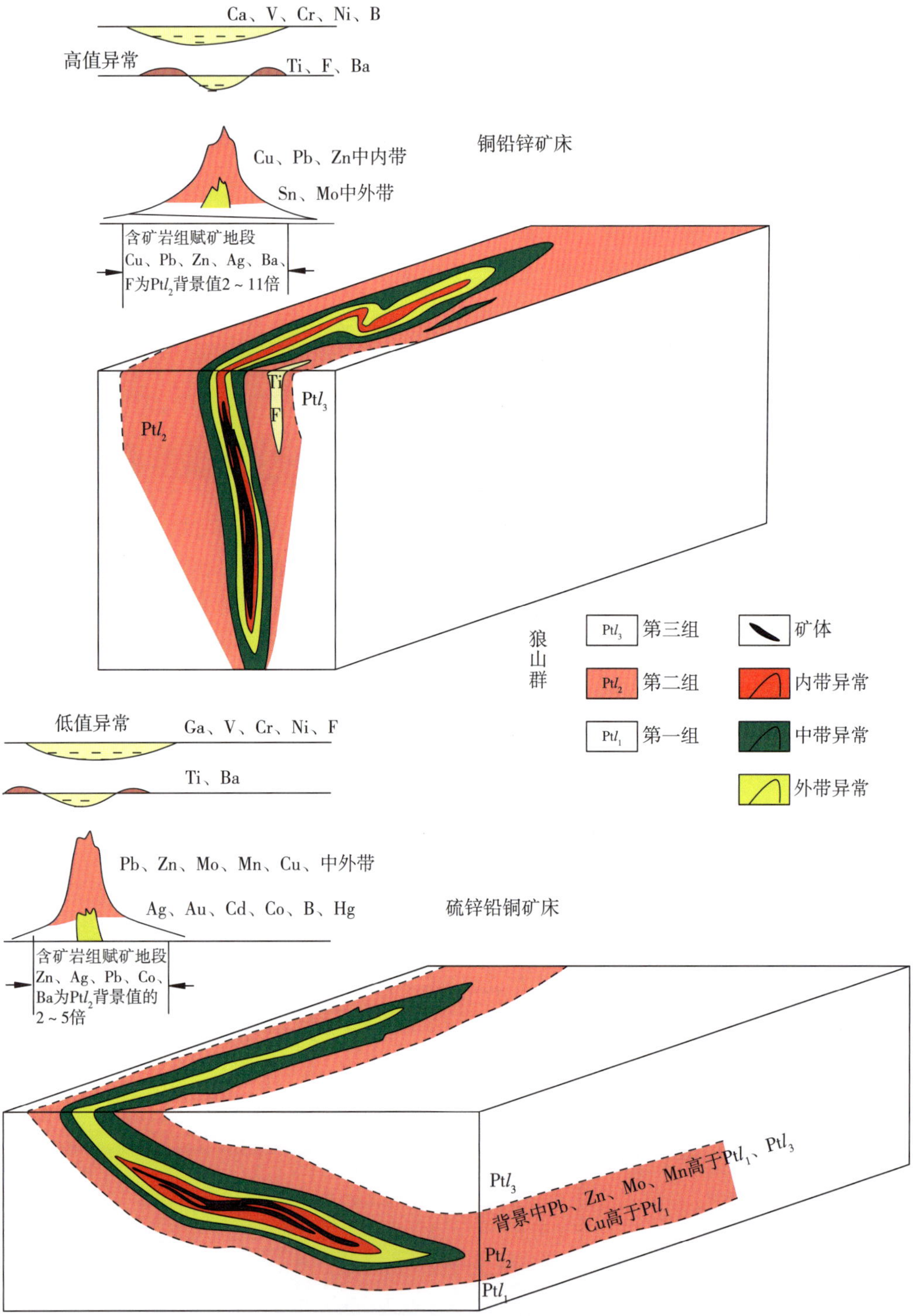

图 C.48　内蒙古狼山层控铜铅锌矿（沉积浅变质）地球化学异常模式

（据李惠，1982）

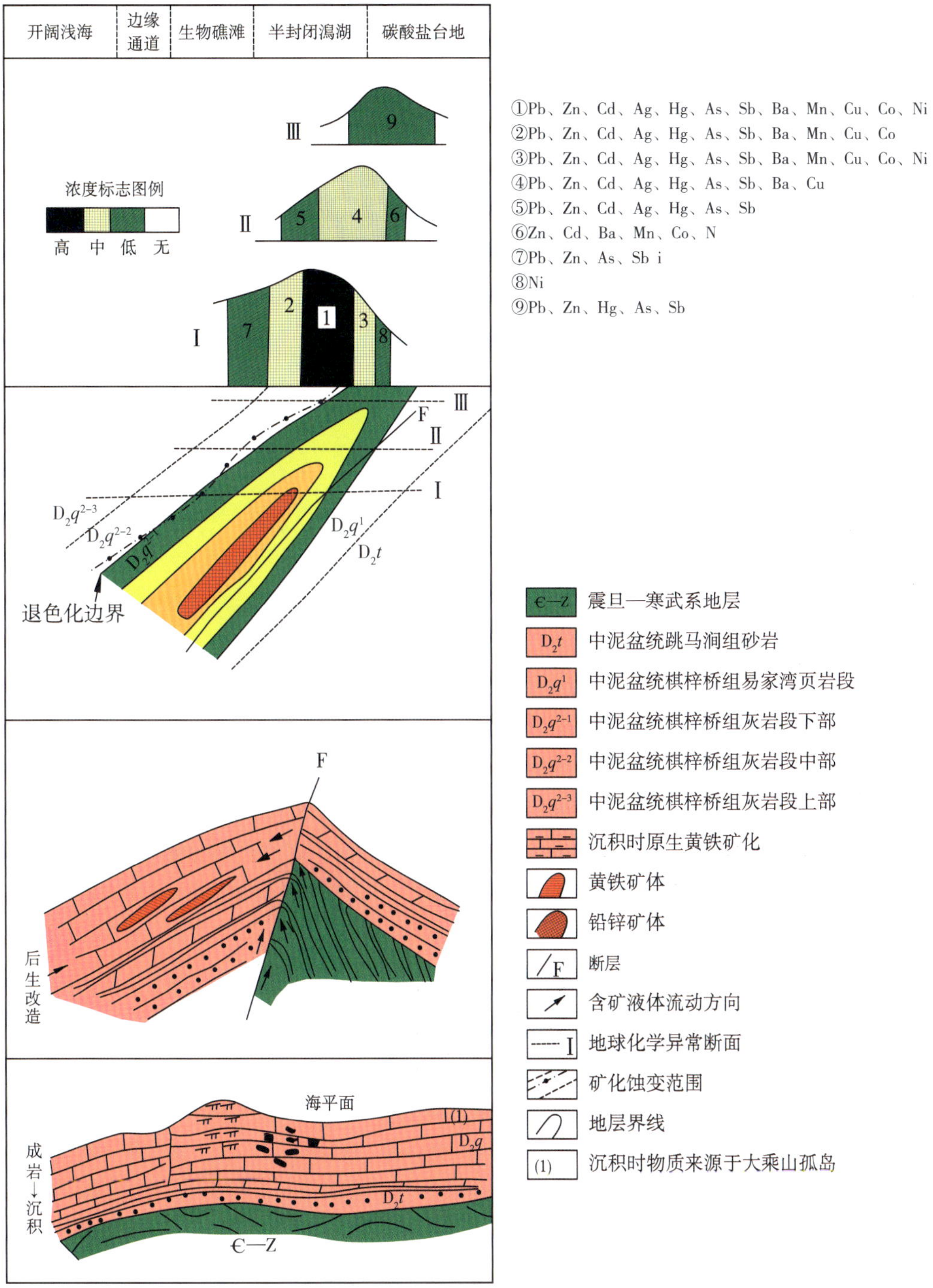

图C.49 湖南大乘山层控铜铅锌矿（沉积浅变质）地球化学异常模式图

（据吴悦斌等，1991）

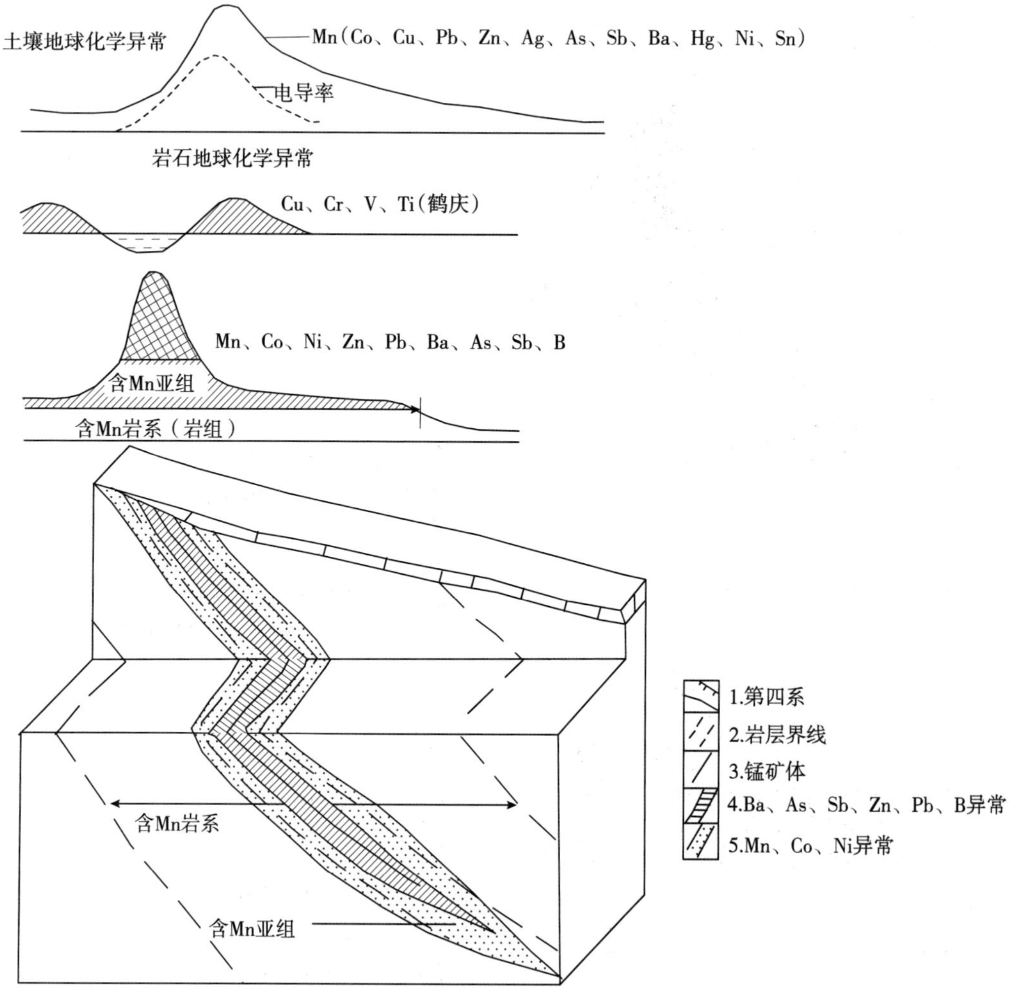

图 C.50　云南鹤庆沉积变质优质锰矿地球化学异常模式图

（据李惠等，1996）

附录D 构造叠加晕找盲矿研究-建模-预测参考专著及论文

D.1 参考专著

D.1.1 构造叠加晕研究成果专著（6部）

［1］大型、特大型金矿盲矿预测的原生叠加晕模型. 李惠、张文华、常凤池、郑涛主编，参加编写人员：刘宝林、王支农、汤磊、刘振昌、李富国、王敬臣、郭瑞栋、耿仙湖. 1998，冶金工业出版社

［2］金矿区深部盲矿预测的构造叠加晕模型及其找矿效果. 李惠、张国义、禹斌主编，参加编写人员：李德亮、张文华、王支农、朱向泰、常凤池、王志远、张连发、张强、司淑云、惠德峰、高延龙、上官义宁、高洪兴、张北廷、董帅民、高祥海、王瑞腾、耿仙湖、于虎、陈绪松、赵可广、贺永利、王建民、梁斌祥、刘军、赵宗勤、邵建波、史敬海. 2006，地质出版社

［3］构造叠加晕找盲矿法及找矿效果. 李惠、禹斌、李德亮主编，参加编写人员：马久菊、张国义、张强、魏江、赵佳祥、司淑云、杨亚娟、张贺然、王俊、张文华、孙凤舟、张连发、翟培、王晓、穆建强、樊勇、姚海龙、惠德峰、高延龙、杨克祥、行天伟、陈晓敏、李青云、曹瑞荣、上官义宁、于虎、柳玉明、王俊云、龚运吉、赵宗勤、刘军、张长征、郭运晨、孙之夫、孙宗峰、赵可广、赵海、王善飞、李威、王义春、孙伟业、高洪兴、闫方、杨和平、邓刚利、郭朝彦、纪惠灵、董华芳、邵建波、梁斌祥、于向波、刘振豪. 2011，地质出版社

［4］成矿区带构造叠加晕研究及成矿预测. 禹斌、李惠、李德亮主编，参加编写人员：马久菊、魏江、赵佳祥、张强、司淑云、杨亚娟、张贺然、王俊、穆建强、李振江、于虎、柳玉明、刘振豪、宋玉波、袁明利、王刚、张杰、王宁、刘晓、张海芳. 2011，地质出版社

［5］河南秦岭金矿深部预测的构造叠加晕研究及效果. 李惠、李青云、杨克祥、陈晓敏、李德亮、禹斌、纪惠灵、赵和平、莫新民、行天伟、马久菊、高延龙、华南、李志国、陈冬、郭明春主编，参加编写人员：王文成、张继林、张北廷、郭朝彦、孙凤舟、杨征坤、李亮、朱向泰、穆建强、王广南、高云翔、李凤鸣、王支农、王俊、赵佳祥、魏江、李永才、李上、王一大、翟培、张强、司淑云、杨亚娟、骆雪飞、张贺然、魏子鑫、刘敏崎、苑月肖、何强、胡方敏、刘宝宪、马自强、王净华、汪建宇、蔡晓获、缚渊慧、董帅民、张立恒、崔占久、胡冰. 2014，地质出版社

［6］构造叠加晕找盲矿研究-建模-预测的理论与方法. 禹斌、魏江、李惠主编（本专著），2023，地质出版社

D. 1. 2　原生晕地球化学异常模式专著（2 部）

［1］典型有色金属矿床地球化学异常模式. 欧阳宗圻、李惠、刘汉忠主编，参加编写人员：李富国、陈举煦、林凡、朱泰天、郑天佑、陈臻朝、唐甲光、傅志忠、周索秋、李遐昌、邹同照、陈振伟、吴悦斌（中国地质大学（北京））等. 1990，科学出版社

［2］石英脉和蚀变岩型金矿床地球化学异常模式. 李惠主编，参加编写人员：李富国、马久菊、郑涛、任密礼、刘振昌、刘汉忠、方敏、张景波、李艳等. 1991，科学出版社

D. 1. 3　含有构造叠加晕研究成果内容的专著（5 部）

［1］中国主要类型金矿床找矿模型. 邹光华、欧阳宗圻、李惠等著. 1996，地质出版社

［2］中国主要类型金矿床找矿模型论文集. 邹光华、欧阳宗圻、周庆来主编. 1996，地质出版社

［3］中国金矿物探、化探方法技术的研究与应用. 王继伦、李善芳、齐文秀、朱有光、傅祥麟、素忠恕、顾正乾、羌荣生、周丽沂主编，李惠编写金矿包裹体气晕-离子晕及其叠加晕模型. 1997，地质出版社

［4］胶东三山岛断裂带金成矿系统与资源勘查. 邓军、陈玉民、杨立强主编，禹斌、李惠编写构造叠加晕找盲矿法研究预测成果. 2010，地质出版社

［5］二十世纪中国化探. 谢学锦主编，李惠提供了“冶金化探大事史料及发展”、“构造叠加晕找盲矿法”等资料. 2009，地质出版社

D. 1. 4　银矿原生晕论文选集

银矿地球化学勘查论文选集. 李惠主编，1992，白银地质勘查基金委员会

构造叠加晕研究成果专著 6 部

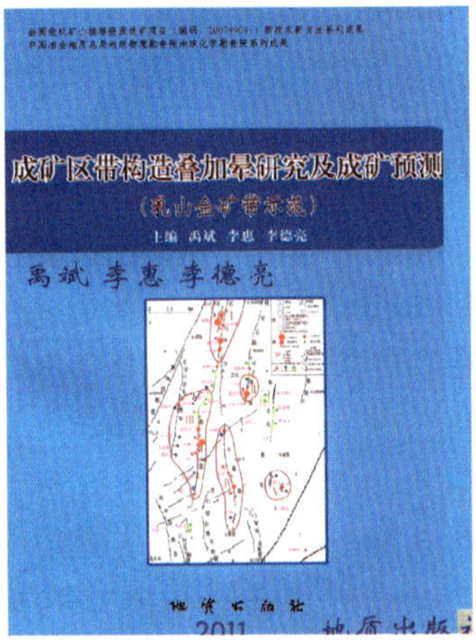

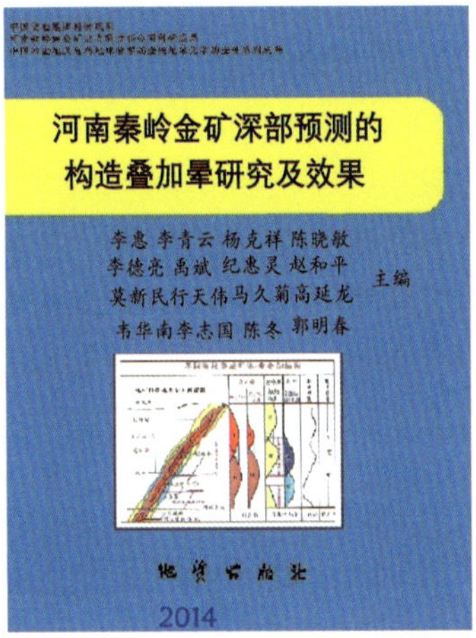

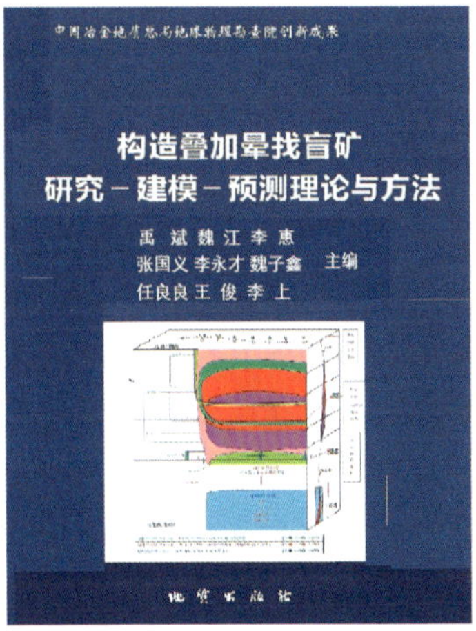

含构造叠加晕专箸

原生晕专著

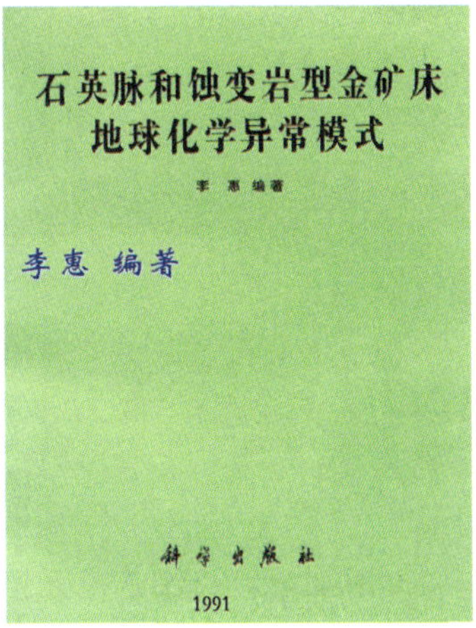

原生晕-构造叠加晕研究成果专著 9 部

D. 1. 5　两部专著介绍

（1）全国危机矿山接替资源项目（200799091）新方法新技术成果
中国冶金地质总局地球物理勘查院地球化学勘查新技术创新系列成果

《构造叠加晕找盲矿法及找矿效果》

主编：李惠　禹斌　李德亮　等

矿床学家翟裕生院士　矿床学家叶天竺教授　化探元老欧阳宗圻教授写序
2011. 12，地质出版社，北京，书号 ISBN 978-7-116-07495-8

专著内容简介

本书是中国冶金地质总局地球物理勘查院以李惠教授为首的化探专家，九十年代以来在研究原生晕找盲矿理论基础上，根据热液矿床严格受构造控制，成矿成晕具有多期多阶段叠加的特点，提出了原生叠加晕理论，开创了构造叠加晕找盲矿法，解决了困惑化探专家在研究原生晕轴向分带出现的反常-反分带或杂乱无章分带的难题。

通过近二十年（1992—2011 年）的实践，在完成国家、部、国家黄金局及矿山项目，特别是近三年完成全国危机矿山项目研究、跟踪研究，在理论和方法技术研究方面都取得了新的突破性进展，不仅完善及丰富了构造叠加晕找盲矿理论，而且方法技术也不断完善、发展、成熟，总结出了一套危机矿山深部盲矿预测的程序、工作方法。在总结典型矿床构造叠加晕模型共性的基础上，建立了石英脉型、蚀变岩型、复脉带型、角砾岩型金矿床、矽卡岩型铜金、矽卡岩型银铜矿床等六种类型矿床的构造叠加晕模式和金矿床四种典型不同叠加结构的构造叠加晕理想模式，确定了盲矿预测的五条构造叠加晕准则。

扩大了研究矿种（由金矿又增加了铜金矿、银铜矿），扩大了应用领域，由矿区发展到区域。

构造叠加晕找盲矿方法的生命力关键是提高了预测盲矿准确度和找矿效果，在 50 多个危机矿山应用，取得了显著找盲矿效果，仅据部分矿山对部分预测靶位验证见矿增储的证明统计，就已获得金的金属量 270. 6 吨，取得了巨大经济效益和巨大社会效益。

实践证明，构造叠加晕方法在矿山深部及其外围找盲矿是一种直接、经济、快速、有效的新方法、新技术，在解决危机矿山接替资源方面，具有广泛推广应用价值。

序1——翟裕生院士

近年来我国的矿产勘查工作已进入到深部找矿阶段。一是找寻深埋的隐伏矿床，二是追踪浅表矿床的深部延伸，这都需要新的地质矿床理论的指导和新的技术方法的运用，以便发现深部矿体的存在标志，从而减少探矿风险，提高勘查工作成效。在这方面，勘查地球化学方法可以捕捉到深部矿床的直接信息（元素异常，多相态和多尺度的），因而是备受关注的研究领域。

李惠教授自20世纪90年代以来，致力于地球化学原生晕找盲矿方法的研究。他根据热液矿床严格受构造控制，金属成矿成晕具有多期多阶段叠加的特点，提出了原生晕叠加理论。又经过反复实践，将地球化学元素运移与构造运动相结合，进一步发展为构造叠加晕找寻盲矿的方法。并在四十多个矿山中进行深部找矿预测，发现了多个新的矿体（矿段），显著增加了金属储量，延长了矿山寿命，取得了显著的经济和社会效益。

经过近20年的实践，特别是近几年进行的全国危机矿山项目研究与跟踪研究，构造叠加晕找盲矿法在理论和方法技术上不断完善、发展、成熟，将研究矿种由金矿扩大到金、铜、银矿，建立了不同类型金属矿床的构造叠加晕模型，还总结出一套矿山深部预测找矿的工作方法程序。实践表明，这是以李惠教授为首的地学专家创建的勘查地球化学领域的一朵奇葩，是一种适用于热液型金属矿床的深部找矿的新方法新技术，具有广泛的推广应用价值。

在我和李惠教授的接触过程中，深为他的深入矿山实践和坚持不懈探索的行为所感动。他不畏艰苦，为了获取第一性资料，检验自己的观点，他两次、三次、四次到同一矿山的坑道内进行跟踪试验，反复地调查、验证，补充和完善所提出的理论与方法，模范地饯行了由实践-认识-再实践-再认识、总结提高的认识论。再有，就是他一贯坚持科学研究为找矿服务的理念、热忱和高度的责任心。他抓住地球化学原生晕找盲矿这一环节，锲而不舍地一干就是近20年，并取得公认的重要创新成果。这种潜心钻研、专注探索、不断前进的科学精神更值得我们学习。

我热忱祝贺这一专著的出版，也期盼作者再接再厉，为发展勘查地球化学和提高深部找矿成效做出更大的贡献。

翟裕生

2011-8-7

感谢中国科学院院士、矿床学家、地质教育家、中国地质大学（北京）翟裕生教授的热情指导、支持和为本专著写序，对构造叠加晕找盲矿法给予了很高评价。

作者 2011.8.20

序 2——叶天竺教授

全国危机矿山接替资源找矿专项已经组织实施五年多了，取得了显著的找矿成果，在专项实施过程中除了取得找矿成果以外，在勘查方法、技术应用方面也取得了显著的进展，主要体现在深部物探、化探、钻探技术的广泛探索和应用。其中深部化探主要采用李惠教授等创建的构造叠加晕找盲矿法。该方法在深部找矿中起到了突出的作用。

上世纪九十年代以来李惠教授等在研究原生晕找盲矿理论基础上，根据热液矿床成矿成晕具多期多阶段叠加的特点，提出了原生晕叠加理论，把原生晕轴向分带出现的反常-反分带现象应用到深部盲矿找矿中，提出了根据“前尾晕共存”、“反分带”和“地化参数轴向转折”等原生晕分带特征，作为深部盲矿存在的重要原生晕标志。在大量实践的基础上以热液脉状金矿为基础，创建了构造叠加晕找盲矿法。

该方法，通过近二十年的实践，特别是通过三年来完成国家危机矿山接替资源找矿专项的应用探索，进一步在理论和方法技术研究方面取得了新的突破性进展。针对老矿山找矿的基本条件，把原生晕方法和构造地球化学找矿方法结合起来。以构造蚀变带为主要采样对象，直接在矿化蚀变带中判断深部盲矿体的存在位置，指示探矿工程施工。构造叠加晕找矿方法，经过长期跟踪典型矿山开展找矿预测在同一个矿山经过数轮预测-验证-再预测-再验证的实践，在理论和方法技术研究方面都不断取得新的进展，通过本次危机矿山接替资源找矿专项进一步探索和总结，建立了石英脉型金矿、豫陕小秦岭深部第二富集带预测模式、蚀变岩型金矿模式、复脉带型金矿模式、石英脉型-蚀变岩型金矿侧伏延长模式、隐爆角砾岩型金矿、矽卡岩型铜金矿、矽卡岩型银铜矿床等六类八种构造叠加晕理想模式，确定了盲矿预测的五条构造叠加晕准则。扩大了研究矿种、扩大了应用领域，由矿区发展到矿田和矿带内。在 50 多个危机矿山应用中取得了显著找盲矿效果。

本专著全面总结了构造叠加晕找盲矿理论方法，全面阐述了构造叠加晕的理论基础，通过近 20 年来的发展过程，尤其通过近几年来的危机矿山接替资源找矿专项的实践，构造叠加晕的研究内容和方法，取得了新的发展。根据李惠教授的科研群体在 14 个典型矿床的实际研究工作，进一步总结了构造叠加晕的特征模型。总结了我国主要类型金矿的典型矿床原生晕轴向元素分带序列，构建了热液脉状金矿、矽卡岩型铜金、铜银矿床构造叠加晕理想模式。本专著还列出了 17 个典型矿床开展构造叠加晕方法取得的实《构造叠加晕找盲矿法及找矿效果》专著全面总结了构造叠加晕找盲矿法的实际找矿成果。

理论、方法、找矿实例，内容丰富、实践性强，对我国开展深部找矿具有很好的借鉴意义，可供野外矿产勘查工作者在开展深部找矿中参考应用。

叶天竺

全国危机矿山接替资源找矿专项办公室总工程师：

2011. 8. 1

感谢全国危机矿山接替资源找矿专项办公室总工程师、国土资源部咨询研究中心委员，中国地质调查局高级咨询委员，矿床学家-矿产勘查及管理专家，中国地质调查局原局长叶天竺教授的热情指导、支持和为本专著写序，对构造叠加晕找盲矿法给予了很高评价。

作者

2011. 8. 20

序 3——欧阳宗圻教授（化探元老）

原生晕找矿是一种有效的方法，苏联开展较早，我国在20世纪50年代末，谢学锦、邵跃、李善芳、欧阳宗圻等中国化探元老几乎与苏联学者同时各自研究发现了热液矿床原生晕具有明显的轴（垂）向分带，即每个矿体都有自己的前缘晕、（近矿晕和尾晕），其前缘晕沿矿体前缘可达几百米，为应用原生晕找盲矿提供了重要的直接信息，开创了原生晕寻找盲矿新方法，并取得了良好效果。

60—80年代，我国化探专家在研究已知矿床（体）原生晕分带的基础上，建立了若干典型有色金属及金矿床的原生晕模式和找矿模型，原生晕找矿法发展为模式化找矿，提高了原生晕找矿水平。随着原生晕用于矿区深部及外围找盲矿不断发展，研究典型矿床原生晕轴向分带时，发现很多矿床的原生晕轴向分带出现了“反常-反分带或杂乱无章”的异常，用一次成矿（晕）分带理论难以解释，有些化探专家对原生晕轴向分带性产生了疑问，引起了争议，成了困惑化探人员多年的难题。

90年代以来，李惠教授等在研究原生晕找盲矿理论基础上，根据热液矿床严格受构造控制，成矿成晕具有多期多阶段叠加的特点，提出了原生晕叠加理论，原生晕轴向分带出现的反常-反分带现象是由于不同期次成矿成晕在空间上叠加的结果，解决了困惑化探专家多年的难题，而且将“前尾晕共存”、“反分带”和“地化参数轴向转折”等无规律的反常现象变成了深部有盲矿存在的重要标志，开拓了原生叠加晕找盲矿法，后又发展为构造叠加晕找盲矿法。

构造叠加晕找盲矿法是构造地球化学找矿的实际应用分枝，研究构造蚀变带中原生叠加晕特征，只在构造蚀变带内采集与成矿有关蚀变、矿化叠加部位样品，不仅强化了有关异常及盲矿信息、加大了盲矿预测深度，而且大大减少了采样和分析工作量。

李惠教授等坚持近二十年（1992—2011年）与矿山深部找矿相结合，研究构造叠加晕找盲矿新方法，并对十几个典型矿床的构造叠加晕预测靶位-验证结果进行了跟踪研究，对一批矿山随着探矿工作不断向深部推进，预测靶位验证效果良好，因而有些矿山第二次、三次或四次立项，邀请李惠教授等进行跟踪，再向深部进行预测。由于遵循实践-认识-再实践-总结提高的认识论，在理论和方法技术研究方面都不断取得了新的进展，逐步完善并丰富了构造叠加晕找盲矿理论，使方法技术不断完善、发展、成熟，并总结提出了危机矿山深部盲矿预测的程序和工作方法系列，提高了深部盲矿预测的准确性，在危机矿山深部找矿中取得了显著效果，在研究领域和应用范围上也由研究金矿扩大到铜金矿、银铜矿。同时，不仅研究矿山深部找盲矿，也开始对成矿区带构造叠加晕进行了研究及成矿预测，并提出了新的研究思路内容和技术，在乳山金矿带效果显著。

本专著包括作者近二十年的研究成果及经验总结，主要内容有：

（1）完善了构造叠加晕研究及深部预测的思路、内容及预测方法技术系列；提出了构造叠加晕研究及在矿区深部预测盲矿的3项关键技术，即：构造叠加晕特殊采样技术及要求；研究已知矿床（体）单一次成矿形成原生晕的轴（垂）向分带；不同成矿期次成矿形成的原生晕在空间上的叠加结构。

总结了构造叠加晕的识别依据、方法、技术，并提出了深部预测盲矿靶位具体定位的方法与技术。

（2）建立了六种不同类型金、铜金、银铜矿床深部盲矿预测的八种构造叠加晕模型、四种叠加结构的综合参数的理想模型，包括：

①石英脉型金矿模式、豫陕小秦岭石英脉型金矿深部第二富集带预测模式；蚀变带型金矿模式；石英脉型-蚀变岩型金矿体侧伏延伸模式；复脉带型金矿模式；隐爆角砾岩型（角砾岩筒和角砾岩带）金矿模式；矽卡岩型铜金矿床模式、矽卡岩型银铜矿床模式等六种不同类型金、铜金、银铜矿床八种构造叠加晕理想模式及盲矿预测标志。

②金矿床同位及近于同位叠加结构、部分同位、串珠状矿体叠加结构及复杂叠加结构的构造叠加晕多参数四种典型不同叠加结构的构造叠加晕理想模式，确定了盲矿预测的五条构造叠加晕准则 。

（3）构造叠加晕找盲矿方法的生命力是提高了预测盲矿准确度和找矿效果，在40多个危机矿山应用中，多数矿山都取得了显著找盲矿效果，据部分矿山对部分预测靶位验证见矿增储的证明统计，就已获得金的金属量278.66吨、铜金属量18.25万吨 ，银金属量113.32吨，发现一个钼矿点。延长了十几个危机矿山服务年限5~12年，取得了巨大经济效益和巨大社会效益。

多年的找矿实践证明，构造叠加晕找矿法不仅在金矿山深部找矿效果好，而且在铜、银矿山深部也是一种有效的方法和手段，在山东乳山金矿成矿区带示范表明，在成矿区带开展构造叠加晕找矿预测也取得了显著效果。

欧阳宗圻
2011.7.25.

感谢中国化探元老之一、冶金有色系统化探开创者、恩师、北京矿产地质研究院欧阳宗圻教授热情指导、支持和为本专著写序，对构造叠加晕找盲矿法给予了很高评价。

（2）全国危机矿山接替资源找矿项目（编码：200799091）新技术新方法系列成果

中国冶金地质总局地球物理勘查院地球化学勘查院系列成果

《成矿区带构造叠加晕研究及成矿预测》

（乳山金矿带示范）

主编：禹斌　李惠　李德亮　等

矿床学家叶天竺　教授写序

2011.12，地质出版社，北京，书号 ISBN 978-7-116-07486-6

专著内容简介

本书是中国冶金地质总局地球物理勘查院以李惠教授为首的化探专家，九十年代以来在研究原生晕找盲矿理论基础上，根据热液矿床严格受构造控制，成矿成晕具有多期多阶段叠加的特点，提出了原生叠加晕理论，开创了构造叠加晕找盲矿法，解决了困惑化探专家在研究原生晕轴向分带出现的反常-反分带或杂乱无分带的难题。

构造叠加晕找盲矿新方法过去主要用于矿区深部预测，用于成矿区带还是首次，通过山东乳山金矿成矿带构造叠加晕新方法、新技术研究及预测示范，为在成矿带找矿预测，提供了构造叠加晕找矿预测的新方法、新技术的研究思路、方法、内容及特殊的工作方法。

总结出了乳山金矿带（688.8 km^2）主要为石英脉型金矿，严格受构造控制，示范成果是对金矿带进行了三级预测。一级预测：根据乳山金矿带的成矿元素金及伴生元素的构造叠加晕区域分布规律、富集趋势、方向，确定区域上金的主要控矿构造，找矿方向，提出远景区；二级预测：研究区带内五条主要构造的构造叠加晕特征及沿走向上的变化规律，预测五条主要构造带成矿前景，提出各构造带的有利成矿地段或部位并排序；三级预测：对区内35个矿床（点）深部盲矿进行预测。

实践证明，构造叠加晕法在成矿区带找矿预测，是一种直接、经济、快速、有效的新方法、新技术，在解决危机矿山接替资源方面，具有广泛推广应用价值。

本书可供大专院校、科研单位、地勘单位和矿山的地质、化探、物探及教学人员参考。

序——矿床学家叶天竺教授

全国危机矿山接替资源找矿专项已经组织实施五年多了，取得了显著的找矿成果，在专项实施过程中除了取得找矿成果以外，在勘查方法技术应用方面也取得了显著的进展，主要体现在深部物探、化探、钻探技术的广泛探索和应用。其中深部化探主要采用李惠教授等创建的构造叠加晕找盲矿法。该方法在深部找矿中起到了突出的作用。

二十世纪九十年代李惠教授等在研究原生晕找盲矿理论基础上，根据热液矿床成矿成晕具多期多阶段叠加的特点，提出了原生晕叠加理论，把原生晕轴向分带出现的反常-反分带现象应用到深部盲矿找矿中，提出了根据“前尾晕共存”、“反分带”和“地化参数轴向转折”等原生晕分带特征，作为深部盲矿存在的重要原生晕标志。在大量实践的基础上以热液脉状金矿为基础，创建了构造叠加晕找盲矿法。

该方法，通过近二十年的实践，特别是通过三年来完成国家危机矿山接替资源找矿专项的应用探索，进一步在理论和方法技术研究方面取得了新的突破性进展。以往构造叠加晕找盲矿法主要应用于热液脉状金矿床，在本次危机矿山接替资源找矿专项中，开展了矽卡岩型铜金、铜银矿床的探索，获得了成功，又在配合老矿山外围找矿中进行了探索应用。本专著就是开展成矿区构造叠加晕研究及找矿预测的实践总结，通过总结，对开拓构造叠加晕的应用领域具有重要意义。

本专著是在山东乳山金成矿区 688 km^2 面积中五条蚀变构造带，35 个矿床、矿点上系统开展构造叠加晕方法研究的基础上。提出了深部找矿的预测结果。

专著介绍了乳山金成矿区构造叠加晕预测方法的基本思路和技术路线，全面叙述了成矿区地质、地球化学基本背景，分析了区域地球化学局部高背景和金矿规模的关系，经过全面采样构建了六个典型矿床指示元素组合特征，建立了构造叠加晕模型及其应用准则。全面研究了乳山成矿区 35 个矿床、矿点，48 个构造单元的构造叠加晕特征，在此基础上针对 5 条主构造带开展了找矿预测，提出成矿前景的预测排序。在面上预测的基础上对有利找矿远景区中的五个典型金矿点开展了深部找矿前景预测。

总之成矿区带应用构造叠加晕在国内外都属首次，具有很强的探索性，目前已经取得了初步成效，但尚待进一步实践和总结，《成矿区带构造叠加晕研究及成矿预测》（乳山金矿带示范）主要以山东乳山地区配合金青顶、三甲两个老矿山外围找矿而开展的示范项目，可供矿产勘查工作者在开展老矿山外围找矿中参考。

叶天竺

全国危机矿山接替资源找矿专项办公室总工程师：

2011. 8. 1

感谢全国危机矿山接替资源找矿专项办公室总工程师，中国地质调查局原局长、国土资源部咨询研究中心委员，中国地质调查局高级咨询委员、矿床地质学家、矿产勘查及管理专家叶天竺教授的热情指导、支持和为本专著写序，对成矿区带应用构造叠加晕法成矿预测给予了很高评价。

作者 2011. 8. 20

D.2 参考论文

构造叠加晕研究团队共发表论文184篇。其中国际12篇，国内172篇，20篇获中国地质学会、中国金属学会等优秀论文。

国内论文发表在8种学会论文集和14种学术刊物上。8种学会论文集是：①中国地质学会年会文集；②中国地质学会矿床年会文集；③全国勘查地球化学第1—12届学术会文集；④地质学会年会矿山地质专业委员会学术会文集；⑤构造地质专业委员会学术会文集；⑥"六五"、"七五"、"八五"重要地质成果汇编；⑦二十世纪中国化探1950—2000；⑧矿山地质选集。14种学术刊物是：①《地质与勘探》；②《地质找矿论丛》；③《矿产勘查》；④《矿产与地质》；⑤《黄金科学技术》；⑥《地学前缘》；⑦《桂林地质学院院刊》；⑧《物探与化探》；⑨《黄金地质》；⑩《黄金》；⑪《物化探报导》；⑫《中国地质教育》；⑬《中国科技奖励》；⑭《矿物学报》。

国际论文发表在7个国际学术会论文集和1个国际刊物上。

D.2.1 国际会议发表论文（12篇）

[1] GEOCHEMICAL ANOMALY PATTERNS OF GOLD DEPOSITS. Li Hui, Zheng Tao, Lin Zhengchang. Proceedings of International Symposium on Gold Geology and Exploration (ISGGE), 1989. 沈阳，李惠于大会宣读论文.

[2] GEOCHEMICAL EXPLORATIO N MARKS OF BLIND ORE BODIES IN GOLD MINING DISTRICTS. Li Hui , 15th International Geochemical Exploration Symposium, 1991. 美国，里诺.

[3] GEOCHEMICAL ANOMALY PATTERNS OF SKARN Cu-Fe DEPOSITS AND CU DEPOSITS IN EASTERN HUBEI CHINA. Li Hui, Exploration 87, 1987. 加拿大，多伦多.

[4] FLUID INCLUSION GEOCHEMISTRY OF GOLD-BEARING QUARTZ VEINS. Li Hui, Wang zhinong et al. International Symposium On Fluid Inclusion In Gold Deposit Research And Prospecting, 1992. 北京.

[5] GEOCHEMICAL CHARACTER OF GOLD DEPOSIT IN MURU GOLD BELT SHANDONG. Li Hui Geng Xianhu, 16th International Geochemical Exploration Symposium, 1993. 北京. 国际杂志第一篇原生叠加晕论文.

[6] IDEAL MODEL OF PRIMARY SUPERIMPOSED HALO IN HYDROTHERMAL GOLD DEPOSIT. Li Hui, Li Fuguo, Wang Zhinong, 16th International Geochemical Exploration Symposium, 1993. 北京，大会发言.

[7] GEOCHEMICAL VERTICAL ZONATION OF GOLD DEPOSIT AND ITS APPLICATION. Li Hui, Ye Shengyun, 16th International Geochemical Exploration Symposium, 1993. 北京.

[8] IDEAL MODELS OF SUPERIMPOSED PRIMARY HALOS IN HYDROTHERMAL GOLD DEPOSITS. Li Hui, Wang Zhinong, Journal of Geochemical Exploration, 1995, 55: 326~329.

[9] THE MODEL OF GASEOUS AND IONIC HALOES OF INCLUSIONS IN GOLD DEPOSIT. Wang Zhinong, Li Hui, 30th International Geological Congress, 1996. 北京.

[10] IDEAL MODELS OF PRIMARY SUPERIMPOSED HALOS IN LARGE AND RICH GOLD DEPOSITS IN THE EAST OF SHANDONG. Li Hui, Zheng Tao, Wang Zhinong, 30th International Geological Congress, 1996. 北京.

[11] THE COMPREHENSIVE PROSPECTING MODEL OF GEOLOGY GEOPHYSICS GEOCHEMISTRY REMOTE SENSING FOR HIGH QUALITY MANGANESE ORE IN SOUTHERN CHINA. Li Sezhuan, Li Hui, Hou Jingru, Zhu Li, 30th International Geological Congress, 1996. 北京.

[12] MODELS OF CONSTRUCTION SUPERIMPOSED HALOS AND MODEL OF GASEOUS AND IONIC HALOS OF INCLUSIONS FOR PROSPECTING BLIND ORES IN ZHAOYUAN GOLD DEPOSIT CONCENTRATIVE REGION. Li Hui, Wang Zhinong, Zhang Guoyi , Zhang Wenhua, International Symposium on Gold Geology and Exploration in Zhanyuan, 2002.

D.2.2 国内学术会议及刊物发表论文（172 篇）

D.2.2.1 原生晕岩石地球化学异常模式相关论文（16 篇）

[1] 李惠，张国义，张连发. 冶金化探十项成果. 地质与勘探，1996.

[2] 李惠，任密礼，郑豪，何玉增. 赛乌素金矿床的某些地球化学特征及地球化学找矿标志. 地质与勘探，1988. 冶金地质学会 1989 年优秀论文

[3] 李惠，马久菊，郑涛，刘振昌，杨士望，贾宝林. 山东牟平—乳山金矿带石英脉深部含（金）矿性的地球化学预测标志. 地质找矿论丛，1988. 冶金地质情报网 1988 优秀论文

[4] 李惠. 金矿床剥蚀程度的地球化学预测研究. 物化探科研报导，1987.

[5] 李惠. 金矿床地球化学异常评价. 地球化学异常论文集，中国地质学会勘查地球化学专业委员会出版，秦皇岛，1989.

[6] 李惠. 金矿化探及对化探找金的建议，地质与勘探，1987. 保定市科协 1988 年优秀论文一等奖

[7] 李惠. 金矿化探的最佳指示元素组合. 地质与勘探，1989.

[8] 李惠. 典型金矿床的地球化学异常垂直分带特点. 桂林冶金地质学院学报，1991. 冶金部地质情报网 1990 年优秀论文

[9] 李惠. 石英脉型、蚀变岩型金矿床的地球化学异常模式. 地质与勘探，1989.

[10] 李惠. 石英脉型、蚀变岩型金矿床的地球化学异常模式. 金银矿产选集，1990.

[11] 李惠，李富国，马久菊，郑涛，任密礼，刘振昌，张景波，李艳. 石英脉型、蚀变岩型金矿深部含矿性评价的地球化学方法. 国家“七五”地质科技重要成果论文汇编下册，1991.

[12] 李惠，郑涛，刘振昌. 金矿床的地球化学异常模式. 国际金矿地质与勘探学术议论文集，沈阳，1989.

［13］李惠．化探在找金中的应用．金的经济地质学，涂光炽、霍明远等著，北京：科学出版社，1991.

［14］李惠，李富国．胶东金矿化探研究的主要成果．胶东金矿地质科研讨论会论文选编，1991.

［15］李惠．典型金矿床原生地球化学垂直分带特点．第四届勘查地球化学学术讨论会论文集，武汉：中国地质大学出版社，1991.

［16］李惠．金矿床深部预测的地球化学标志．黄金．1993．河北金属学会优秀论文二等奖。

D.2.2.2 金矿包裹体气晕、离子晕及叠加晕相关论文（3篇）

［17］李惠，王支农，苑月肖．金矿包裹体的气晕、离子晕和叠加晕模型．有色金属矿产与勘查，1994，12（6）.

［18］李惠，王支农．金矿包裹体地球化学特征及叠加晕模型．金矿地球物理地球化学勘查新方法论文集，长沙：中南工大出版社，1995：120-127.

［19］李惠．大型金矿盲矿的叠加晕和包裹体气晕、离子晕预测准则．贵金属地质，1996，5（4）.

D.2.2.3 原生叠加晕构造叠加晕找盲矿相关论文（153篇）

［20］李惠．热液金矿床原生叠加晕的理想模式．地质与勘探，1993，4：46-51．冶金地质学会1993年优秀论文。国内杂志第一篇原生叠加晕论文。

［21］李惠，李富国，王支农．热液金矿床的原生叠加晕理想模式．第五届全国勘查地球化学学术讨论会论文摘要，1993.

［22］李富国，李惠，王军芳，方敏，马久菊．胶东金矿带岩石地球化学专家预测系统-GPESJG．第五届全国勘查地球化学学术讨论会论文集，武汉：中国地质大学出版社，1993：52-59.

［23］叶胜勇，李惠．金矿床地球化学轴向分带序列及其应用准则．第五届全国勘查地球化学学术讨论会论文摘要，1993.

［24］李惠．金矿盲矿预测的地球化学方法研究最新三项成果．冶金地质动态，1995.

［25］李惠，王支农．河南小秦岭杨砦峪金矿床叠加晕模式．黄金地质，1997．3.

［26］Wang Zhinong，Li Hui and Yuan Yuexiao．THE MODEL OF GASEOUS AND IONIC HALOES OF INCLUSIONS IN GOLD DEPOSIT．Geology and Mineral Resources Proceeding of Ministry of Metallurgical Industry，Beijing：International Academic Publishers，1996：148-152.

［27］Li Hui，Zheng Tao，Wang Zhinong and Yuan Yuexiao．IDEAL MODELS OF PRIMARY SUPERIMPOSED HALOS IN LARGE AND RICH GOLD DEPOSITS IN THE EAST OF SHANDONG．Geology and Mineral Resources Proceeding of Ministry and Metallurgical Industry，Beijing：International Academic Publishers，1996：153-156.

［28］Li Sezhuan，Li Hui，Hou Jingtu，Zhu Li．THE COMPREHENSIVE PROSPECTING MODEL OF GEOLOGY GEOPHYSICS GEOCHEMISTRY REMOTE SENSING FOR HIGH

QUALITY MANGANESE ORE IN SOUTHERN CHINA. Geology and Mineral Resources Proceeding of Ministry and Metallurgical Industry，Beijing：International Academic Publishers，1996：201-206.

［29］李惠，李富国．胶东金矿带地球化学找矿模型．中国主要类型金矿找矿模型论文集，北京：地质出版社，1996：1-3.

［30］李惠，王支农，李富国．热液金矿床的原生叠加晕理想模式．国家“八五”地质科技重要成果学术交流会论文选集，北京：冶金工业出版社，1996：331.

［31］李惠．金矿地球化学异常模式研究的新进展．地质与勘探，1997．1997 年优秀论文。

［32］李惠，张文华，刘宝林．中国主要类型金矿床的原生晕轴向分带序列及其应用准则．地质与勘探，1999，1.

［33］李惠，张文华，刘宝林，常凤池．金矿床轴向地球化学参数的叠加结构的理想模式及其应用准则．地质与勘探，1996.

［34］李惠，郑涛，汤磊，张文华，刘宝林．山东乳山三甲金矿床的叠加晕模式．黄金地质，1998.

［35］李惠，张文华，刘宝林，李富国，王敬臣．山东新城金矿床的叠加晕模式．地质找矿论丛，1998.

［36］李惠，王支农，张文华，李富国．山东招远灵山沟金矿床的叠加成矿成晕模式．桂林工学院学报，1998.

［37］李惠，张文华，郑涛，刘宝林，刘振昌．山东乳山金青顶金矿床的叠加晕模式．矿产与地质，1998.

［38］李惠，郑涛，汤磊．山东大尹格庄金矿床隐伏盲矿定位预测的叠加晕模式．有色金属矿产与勘查，1998.

［39］李惠，刘振昌，刘宝林，李富国．山东牟平邓格庄金矿床的叠加晕模型．黄金地质，1999.

［40］李惠，张文华，常凤池．大型、特大金矿盲矿预测的原生叠加晕理想模型．地质找矿论丛，1999，14（3）．该文在“第六届全国勘查地球化学学术会”及中国地质学会在北京召开的“九五”全国地质科技重要成果交流会上发言。

［41］李惠，刘振昌，王敬臣．山东金青顶金矿床原生叠加晕特征的跟踪研究及预测．地质找矿论丛，2000，15（2）．该文在中国地质学会召开的“九五”全国地质科技重要成果交流会上发言。

［42］李惠，张文华，常凤池，曲媛菲，左宏伟．金矿盲矿预测的原生晕轴向“反（向）分带”和地化参数轴向“转折”准则．桂林工学院学报，1999，19（2）.

［43］李惠，张文华，常凤池．金矿盲矿预测的原生晕轴向“反（向）分带”和地化参数轴向“转折”准则．第六届全国勘查地球化学学术讨论会论文选编，北京：地质出版社，2000.

［44］李惠，刘振昌，王敬臣，高祥海，耿仙湖，王瑞腾，张洪山，张可海．山东乳山初家沟金矿床的原生叠加晕模式．黄金地质，2000，6（2）.

［45］李惠．胶东大型金矿床的地球化学分带特征．贵金属地质，1999，4.

［46］李惠，郑涛，汤磊，惠德峰，史敬海，吴建勋等．陕西双王金矿床的原生叠加晕模式．桂林工学院学报，2000，4.

［47］李惠．甘肃李坝金矿床盲矿定位预测的叠加晕模式．黄金地质，2000，6（4）．

［48］韦龙明，吴烈善，黄建军，李惠，黄斌，朱华平，汤磊．秦岭若干重要类型金矿床（体）快速定位预测．地质地球化学，2001，10.

［49］李惠，张国义，王支农．金矿盲矿预测的构造叠加晕准则和效果．中国矿山地质论文，主编：杨军臣、彭觥、汪贻水，中国地质学会，2002，（2）：130-134.

［50］李惠，王支农，张国义．招远金矿集中区深部盲矿预测的构造叠加晕和包裹体气晕，离子晕模型．"中国金都招远国际金矿地质与勘查学术研讨会"论文集（中、英文），山东招金集团公司，普拉赛尔多姆（中国）公司，2002：100-105.

［51］李惠，张国义，王支农，张文华．构造叠加晕及其在金矿区深部盲矿预测的效果．中国地质学会80周年文集，北京：地质出版社，2002：533-537.

［52］李惠，王支农，上官义宁，赵宗勤，高洪兴．金矿床（体）深部盲矿预测的构造叠加晕前尾晕共存准则．地质找矿论丛，2002，17（3）：195-197.

［53］李惠，张文华，赵宗勤，邵建波，王志远．陕西东桐峪金矿深部盲矿预测的构造叠加晕模型．中金黄金股份有限公司学术年会论文集，2002.

［54］李惠，张文华，高洪兴，刘凤岐，李绍波，李思田．山西堡子湾金矿床的构造叠加晕模型．中金黄金股份有限公司学术年会论文集，2002.

［55］李惠，张国义，王支农，张文华．构造叠加晕法在预测金矿区深部盲矿中的应用效果．物探与化探，2003，6：438-440.

［56］李惠，张文华，王支农，张国义，陈军胜，高延龙，贺永利，赵宗勤．小秦岭石英脉型金矿床深部盲矿预测的构造叠加晕模型．中国地质学会地质勘查专业委员会四届一次学术会，矿产地质勘查论文集，国土资源部矿产资源储量司，2003：133-137.

［57］李惠，张国义，王支农．构造叠加晕在金矿区深部盲矿预测中取得了显著效果．2003年国钢铁年会论文集，北京：冶金工业出版社，2003：169-172.

［58］王支农，李惠，张国义，张文华．构造叠加晕在某些金矿区深部预测的效果．黄金，2003，2：10-12.

［59］李惠，高洪兴，李思田，李绍波．山西省堡子湾金矿床盲矿预测的构造叠加晕模型．地质找矿论丛，2004，1：34-38.

［60］高洪兴，李惠．山西堡子湾金矿区构造叠加晕预测盲矿的效果．黄金，2004，1：15-17.

［61］李惠，张国义，王支农，张文华，陈军胜，高延龙，贺永利，赵宗勤，王志远．小秦岭石英脉型金矿床的构造叠加晕模式．地质与勘探，2004，4：51-54.

［62］方维萱，金浚，李惠．继续发扬欧阳宗圻先生的创新精神，迎接新世纪的挑战．矿产与地质，2005，19：583-587.

［63］李惠，张国义，禹斌，张连发，王支农，李德亮，王志远．构造叠加晕法是危机矿山寻找接替资源的有效新方法．矿产与地质，2005，19：683-687.

[64] 李惠，张国义，张连发，禹斌. 冶金矿区化探新方法、新技术研究的十项成果. 地质与勘探，2005，5：48-52.

[65] 李惠，张国义，禹斌，张连发，王支农，李德亮，王志远. 构造叠加晕法在金矿矿区预测盲矿的效果. 全国黄金矿山技术交流会论文集，长春：黄金杂志社，2005：13-17.

[66] 邵建波，赵宗勤，张北廷，李惠，王志远. 构造叠加晕在陕西桐峪金矿区深部的预测效果. 矿产与地质，2006，4-5：469-471.

[67] 李惠，张国义，禹斌，李德亮. 20世纪冶金化探工作十大成果. 地质找矿论丛，2006，21（增刊）：125-130.

[68] 李惠，岑况，沈镛立，吴悦斌，张国义，张连发，禹斌. 危机矿山深部及其外围盲矿预测的化探新方法及其最佳组合. 地质与勘探，2006，4.

[69] 李德亮，李惠，禹斌，唐俊智，王学乾，王建宁. 山东牟平金牛山金矿床的构造叠加晕模型. 2007年中国钢铁年会论文集，北京：冶金工业出版社.

[70] 唐俊智，王学乾，王建宁，李惠，李德亮，禹斌. 金牛山金矿床构造叠加晕研究及盲矿预测. 中国黄金科学技术，2007.

[71] 李惠，张国义，禹斌，姜文峰，李德亮，惠德峰，曹瑞荣，张长征，高永军，唐俊智，王学乾. 构造叠加晕新方法在危机金矿区深部预测盲矿效果. 全国黄金（有色金属）矿山生产技术、新产品交流会论文集，长春：黄金杂志社，2007.

[72] 李惠，张国义、禹斌，李德亮. 构造叠加晕新方法及其在危机矿山深部盲矿预测效果. 中国地质，2007，34（增刊）.

[73] 李惠，张国义，禹斌，李德亮. 矿区深部化探找矿新方法、新技术研究冶金系统十项成果. 中国地质，2007，34（增刊）.

[74] 李惠. 一剂延长矿山寿命的良方，构造叠加晕法在矿山的应用. 中国黄金报，2006. 7. 14，科技专刊3。

[75] 李惠，张国义、高延龙，赵宗勤，李德亮，禹斌，邵建波，郭朝彦. 小秦岭金矿集中区深部第二富集带预测的构造叠加晕模型. 物探与化探，2008，132（5）：525-529.

[76] 李惠，张国义，李德亮，禹斌，王志远，许丽云，陈建飞. 山西灵丘刁泉矽卡岩型银铜矿床构造叠加晕模型. 物探与化探，2008，132（5）：529-533.

[77] 李惠，张国义，禹斌，李德亮. 构造叠加晕找盲矿新方法. 地质找矿论丛，2008，l23：143-145.

[78] 李惠，李德亮、禹斌，张强，司淑云，陈建飞，许丽云，霍印峰. 河南红土岭金矿床构造叠加晕模式. 地质找矿论丛，2008，123：152-153+214.

[79] 禹斌，李惠、李德亮，张强，韩军，闫建明. 河南祁雨沟金矿床J5隐爆角砾岩体深部预测的构造叠加晕模型. 地质找矿论丛，2008，123：146-151.

[80] 李德亮，禹斌，李惠，司淑云，王明勤，姜文峰. 山东平度旧店金矿床1号脉2矿段构造叠加晕特征及找矿效果. 地质找矿论丛，2008，123：166-168.

[81] 孙伟业，王义春，李惠，李德亮. 山东平度大庄子金矿床深部预测的最佳指示

元素组合. 地质找矿论丛，2008，123：169-172.

[82] 李惠，李德亮，张国义，禹斌. 构造叠加晕找盲矿新方法、新技术. 第四届全国构造会议论文摘要，中国地质学会，2008.

[83] 李惠，张国义，禹斌，李德亮，陈建飞，孙伟业，陈晓敏，行天伟，李青云，许丽荣. 金矿区深部盲矿定位预测的构造叠加晕新方法. 2008 年第九届全国矿床会议论文集，北京：地质出版社，2008.

[84] 李惠，张国义，李德亮，禹斌，王支农. 胶东金矿盲矿预测的流体包裹体叠加晕模型. 2008 年第九届全国矿床会议论文集，北京：地质出版社，2008.

[85] 李惠，张国义，禹斌，李德亮. 脉钨矿床盲矿定位预测的三环一帽原生晕模式. 2008 年第九届全国矿床会议论文集，北京：地质出版社，2008.

[86] 李惠，李德亮，张国义，禹斌，孙伟业，高延龙，郭朝彦，李青云，于虎，柳玉明，惠德锋，曹瑞荣，赵宗勤，邵建波，张长征，上官义宁，吴润友，周传勤. 构造叠加晕新方法在危机矿山深部找矿取得了显著效果. 2008 年第九届全国矿床会议论文集，北京：地质出版社，2008：689.

[87] 邵建波，赵宗勤，张北廷，李惠，王志运. 构造叠加晕在陕西东桐峪金矿区深部的预测效果. 矿产与地质，2006，20（4，5）：469-471.

[88] 李惠，禹斌，李德亮，张国义，张强，骆华宝，周尚国，司淑云，惠德峰，高彦龙，于虎，上官义宁，李威，周传勤，张长征. 构造叠加晕新方法在危机矿山深部找矿效果. 2008 年度十大地质科技成果，2008 年度中国地质科技新进展和地质找矿成果资料汇编，中国地质学会，2009：103.

[89] 李惠，李德亮，禹斌，魏江，赵佳祥. 辽宁凤城白云金矿床深部盲矿预测的构造叠加晕模型及预测效果. 地质找矿论丛，2010，125（2）：153-157.

[90] 李惠. 危机矿山深部预测盲矿的突破-构造叠加晕找矿法. 中国地质教育，2009；矿产勘查，2019，10（12）.

[91] 李惠. 危机矿山深部预测盲矿的突破-构造叠加晕找矿法. 中国地质学会，2008 年度中国地质科技新进展和地质找矿新成果资料汇编，2008：5.

[92] 李惠. 构造叠加晕找矿法是危机矿山深部预测盲矿的有效新方法. 中矿联地质勘查协会网站，2009.

[93] 李惠，禹斌，李德亮，张国义. 构造叠加晕找盲矿法及其在危机金矿山深部找矿效果. 中国优秀领导干部理论成果精选论文集，纪念建国 60 周年系列征文活动组委会，中国管理科学研究院发展中心，2009.

[94] 李惠，张国义，禹斌，李德亮. 构造叠加晕新方法及其危机矿山深部盲矿预测效果. 中国地质，2007，34（增刊）：363-365.

[95] 李惠，禹斌，李德亮，穆建强，贺容华. 构造叠加晕法是预测金矿区深部盲矿的有效新方法. 全国成矿理论与深部找矿新方法新技术方法交流研讨会论文，中国国土经济学会，2009.

[96] 李惠，张国义，禹斌，李德亮，穆建强，贺容华. 危机矿山深部找盲矿新方法-构造叠加晕法. 2009 年“河北省地质学会年会”，2009.

［97］李惠，张国义，禹斌，李德亮，许丽云，魏江，赵佳祥，张强，司淑云，杨亚娟，贺容华，陈建飞. 矿山深部预测化探新方法新技术研究现状. 中国地质学会2009年学术年会摘要汇编，2009：347.

［98］李惠，禹斌，李德亮，张国义，马久菊，魏江，赵佳祥，张强，司淑云，杨亚娟，贺容华，张连发，崔永辉. 胶东蚀变岩型金矿深部盲矿预测的构造叠加晕模型. 中国地质学会2009年学术年会论文全文，2009. 中国地质学会评为优秀论文.

［99］禹斌，李惠，李德亮，张连发，刘青，李威，王善飞，李思玲，杨清泉，郭彬，曲伟勋，赵冬冬. 山东三山岛金矿床深部盲矿预测的构造叠加晕模型. 中国地质学会2009年学术年会论文摘要，2009.

［100］李惠，禹斌，李德亮，张国义，张连发，贺容华，崔永辉，陈建飞，许丽云. 构造叠加晕找盲矿新方法新技术. 纪念李四光诞辰120周年暨李四光地质科学奖成立20周年学术研讨会，2009.

［101］李惠，李德亮，禹斌，胡兵，魏江，赵佳祥，田录军，刘海涛，李国华，舒卫国. 河北峪耳崖金矿深部盲矿预测的构造叠加晕模型. 纪念李四光诞辰120周年暨李四光地质科学奖成立20周年学术研讨会论文摘要，2009.

［102］李惠，禹斌，李德亮，马久菊，许丽云，魏江，赵佳祥，张强，司淑云，杨亚娟，贺容华. 化探深部预测新方法综述. 矿产勘查，2010，2：156-160.

［103］李惠，禹斌，李德亮，张国义，马久菊，魏江，赵佳祥，张强，司淑云，杨亚娟，贺容华，崔永辉，王志远，姚海龙. 危机矿山深部找盲矿的构造叠加晕新方法研究成果. 中国地质学会第十届全国矿床会议摘要，2010.

［104］李惠，禹斌，李德亮，张国义，马久菊，魏江，赵佳祥，张强，司淑云，杨亚娟，贺容华，崔永辉. 胶东石英脉型金矿床深部盲矿预测的构造叠加晕模型. 中国地质学会第十届全国矿床会议摘要，2010.

［105］李惠，禹斌，李德亮，李成，王善飞，李威，贺容华，马久菊，魏江，赵佳祥，李思玲，杨清泉，原东成，刘日富，司淑云，樊勇. 山东三（山岛）-仓（上）断裂带金矿床深部盲矿预测的构造叠加晕模型. 中国地质学会第十届全国矿床会议摘要，2010.

［106］李惠，张国义，禹斌，李德亮. 构造叠加晕找盲矿法及其在矿山深部找矿效果. 地学前缘. 2010. 中国冶金地质总局评为“十一五”优秀科技论文。被世界学术成果研究院、世界优秀华人成就交流协会、世界文献出版社评为《世界重大学术思想（成果）特等奖（成果号ZDSXO10158）》，编入《世界重大学术思想获奖宝库》于2010年12月出版。

［107］李惠，李德亮，禹斌，魏江，赵佳祥，贺容华，周传勤，刘恒刚，陈贺、郎福全，杜汉纯，齐恩波. 辽宁凤城白云金矿床深部盲矿预测的构造叠加晕模型及预测效果. 地质找矿论丛，2010，25（2）：153-156. 获2009—2010年度科学发展与构建和谐社会理论实践成果一等奖。

［108］禹斌，李惠，李德亮，张连发，刘青，李威，王善飞，李思玲，杨清泉，郭彬，曲伟勋，赵冬冬. 山东莱州三山岛金矿床的构造叠加晕模式研究及深部预测. 地质找

矿论丛，2010，25（3）：260-264.

［109］李惠，李德亮，禹斌，赵佳祥，魏江，张强，马久菊、杨克祥、陈晓敏，行天伟，李青云，赵和平，赵宗勤，赵曙光，梁斌祥，薛烨，吴哲民，张振祥．构造叠加晕新方法在小秦岭金矿带深部盲矿预测的应用．黄金科学技术，2010.

［110］李惠．矿区深部预测的化探新方法新技术．全国矿山成矿理论与深部找矿新方法新技术研讨论文集，论提高生产矿山资源的保障能力，主编：孟宪来，中国地质学会，2010：107-122.

［111］李惠，禹斌，李德亮，张国义等，构造叠加晕新方法及其在危机金矿区深部盲矿预测效果．共和国重大前沿创新理论成果文选，2010.

［112］唐俊智，王学乾，王志平，李惠，李德亮，禹斌．山东牟平金牛山金矿床的构造叠加晕研究及深部预测．黄金科学技术，2007 ，15（4）：3-8.

［113］李德亮，禹斌，李惠，唐俊智，王学乾，王建宁．山东牟平金牛山金矿床的构造叠加晕模型．2007 年中国钢铁年会论文集，2007.

［114］李惠，禹斌，李德亮，马久菊，张国义，魏江，赵佳祥，张强，司淑云，杨亚娟，张贺然，王俊．构造叠加晕找盲矿法在危机矿山深部找矿的新成果．中国地质学会2011 年学术年会论文摘要汇编，孟宪来主编，中国地质学会，2011：252-254.

［115］李惠，禹斌，李德亮，张国义，马久菊，魏江，赵佳祥，孙凤舟，翟培，张强，司淑云，杨亚娟，张贺然，王俊．深部化探新方法新技术．中国地质学会 2011 年学术年会论文摘要汇编，孟宪来主编，中国地质学会，2011：141-142.

［116］禹斌，李惠，李德亮、于虎，柳玉明，刘振豪，宋玉波，魏江，赵佳祥．成矿区带构造叠加晕找矿预测新方法．中国地质学会 2011 年学术年会论文摘要汇编，孟宪来主编，中国地质学会，2011：249-251.

［117］禹斌，李惠，李德亮，魏江，赵佳祥，张强，司淑云，杨亚娟，赵英豪，闫建明，韩军，吴少魁，傅彩云，周娟，朱超群，万利敏．河南祁雨沟角砾岩型金矿床构造叠加晕研究-跟踪及预测效果．中国地质学会 2011 年学术年会论文摘要汇编，孟宪来主编，中国地质学会，2011：343-345.

［118］李惠，禹斌，李德亮，马久菊，魏江，赵佳祥，张强，司淑云，杨亚娟，张贺然，王俊．《十一五》构造叠加晕找盲矿法在危机矿山深部找矿的新成果，《二十一世纪矿山地质学新进展》，李广武主编，北京：冶金工业出版社，2012：57-63.

［119］禹斌，李惠，李德亮，张强，司淑云，魏江，赵佳祥，杨亚娟，马久菊，吴德林，龚运吉，王俊云，邓刚利，潘怀军．构造叠加晕法在湖北省大冶鸡冠咀矽卡岩型铜金矿床示范研究及深部找矿效果．大型矿山地质成就，李广武主编，中国地质学会矿山地质专业委员会，2011：77-84.《二十一世纪矿山地质学新进展》，李广武主编，北京：冶金工业出版社，2012：173-188.

［120］李惠．构造叠加晕找盲矿法在预测深部盲矿中的应用．国土资源部地质找矿理论技术方法高级研讨班会议资料，主办：国土资源部，2011，北京.

［121］李惠，禹斌，李德亮，马久菊，魏江，赵佳祥，孙凤舟，翟培，王俊，王晓，李上，张贺然．胶东石英脉-蚀变岩型金矿床深部盲矿预测的构造叠加晕模型．黄金科技

技术，2012，20（4）：1-6.

［122］李惠，禹斌，李德亮，马久菊，孙凤舟，李上，魏江，赵佳祥，翟培，王俊，王晓，张贺然．构造叠加晕预测金矿盲矿模型的共性与特性．矿山深部找矿新论，主编：李水明、郝梓国、吕智等，北京：冶金工业出版社，2012：16-19.

［123］禹斌，李惠，李德亮，马久菊，孙凤舟，李上，魏江，赵佳祥，翟培，王俊，王晓，张贺然．陕西太白双王角砾岩型金矿床构造叠加晕研究-跟踪及预测效果．矿山深部找矿新论，主编：李水明，郝梓国，吕智等，北京：冶金工业出版社，2012：34-42.

［124］李惠，禹斌，李德亮，张国义，马久菊，张强，孙凤舟，李上，魏江，赵佳祥，王俊，翟培．构造叠加晕找盲矿法及研究方法．地质与勘探，2013，1：154-161.

［125］李惠，禹斌，李德亮，张国义，马久菊，孙凤舟，李上，唐俊智，王义春，杨克祥，惠德峰，于虎，李威，赵海．攻深找盲-构造叠加晕法找矿的效果显著．矿山地质理论与实践创新，主编：韩润生，汪贻水，长沙：中南大学出版社，2013：P 59-61.

［126］禹斌，李惠，李德亮，马久菊，孙凤舟，李上，魏江，赵佳祥，李永才．矽卡岩型铜金、银铜矿床深部盲矿预测的构造叠加晕模型．矿山地质，主编：汪贻水，彭觥，肖垂斌．长沙：中南大学出版社，2015，10：40-43.

［127］王义春，李惠，于向波，任晓明，王召敏，满雪峰，王京聪，李德亮，赵佳祥，魏江，徐善成．山东平度大庄子金矿构造叠加晕深部预测效果．矿山地质，主编：汪贻水，彭觥，肖垂斌．长沙：中南大学出版社，2015，10：201-204.

［128］李惠，禹斌，李德亮，张国义，马久菊，孙凤舟，任曙光，刘春岚，吕明光，李上，魏江，赵佳祥，王俊，李永才，王一大．构造叠加晕法预测盲矿的关键技术．物探与化探，2014，38（2）：189-193．中国地质学会第八届勘查地球化学专业委员会评为优秀论文。

［129］禹斌，李惠，李德亮，张国义，李威，王善飞，杨清泉．山东三山岛-新立金矿床构造叠加晕研究-跟踪与找矿效果．第十一届全国勘查地球化学学术讨论会，2013，银川.

［130］李惠，禹斌，李德亮，张国义，马久菊，孙凤舟，李上，魏江，赵佳祥，王俊，翟培．成矿区带构造叠加晕找矿预测新方法．物探与化探，2013，37（2）：189-193.

［131］李惠，禹斌，李德亮，张国义，马久菊，孙凤舟，李永才，李上，任曙光，陈晓敏，曹瑞荣，王善飞．构造叠加晕法是攻深找盲的有效新方法．中国地质学会2013年学术年会，昆明，2013.

［132］禹斌，李惠，李德亮，张国义，马久菊，孙凤舟，李上，魏江，赵佳祥，王俊，李永才，王一大，赵可广，赵海．山东省新城金矿床原生晕-原生叠加晕-构造叠加晕三次研究-跟踪及预测效果．中国地质学会2013年学术年会，昆明，2013.

［133］李惠，禹斌，李德亮，张国义，马久菊，孙凤舟，李永才，魏江，赵佳祥，王俊，翟培，王一大，李上，魏子鑫．构造叠加晕找盲矿法的创新与找矿新突破．黄金科学技术，2014，22（4）：7-13.

［134］王学乾，唐俊智，李惠，李德亮，禹斌．山东哈狗山金矿床构造叠加晕研究及

深部预测. 矿产勘查，2014，5（4）：585-592.

［135］任曙光，李惠，刘春岚，吕光明，李德亮，管安民，赵佳祥，魏江. 山东牟平邓格庄金矿 2 号脉盲矿体预测地球化学标志. 地质找矿论丛，2014，29（2）：248-288.

［136］马久菊，李惠，孙凤舟，骆检兰，禹斌，周杰，何峰，张贺然，王晓，袁赛英，魏江. 湖南省锡矿山锑矿床飞水岩矿段构造叠加晕研究及深部预测. 地质找矿论丛，2014，29（4）：587-595.

［137］李惠，禹斌，马久菊，孙凤舟，李德亮，李永才，魏江，赵佳祥，王俊，翟培，王一大，李上，魏子鑫. 构造叠加晕找盲矿的新突破. 中国有色金属，2015（增刊）：47-49. 评为中国地质学会矿山地质专业委员会优秀论文.

［138］禹斌，李惠，李永才，刘吉金，魏江，李志平，罗大峰，孙凤舟，程宠照，王道会，张权，陈勋，邹静超. 沉积-热卤水强改造铅锌矿床的构造叠加晕研究（以云南江城县岩脚铅锌矿床为例），中国有色金属，2015（增刊）：47-49.

［139］李惠，禹斌，李德亮，马久菊，孙凤舟，张国义，李永才，魏江，赵佳祥，王俊，王一大，李上. 构造叠加晕找盲矿法在矿山深部找盲矿的新突破. 中国地质学会 2015 年学术会论文摘要中册，2015：248-251. 中国地质学会评为优秀论文。

［140］禹斌，李惠，马久菊，李永才，孙凤舟，李德亮，魏江，王俊，赵佳祥，王一大，李上. 典型锑、铜、银、铅锌矿床深部盲矿预测的构造叠加晕模型. 中国地质学会 2015 年学术会论文摘要下册，2015：836-839.

［141］李惠，张国义，禹斌，马久菊，李德亮，孙凤舟，李永才，魏江，赵佳祥，王俊，翟培，王一大，李上，魏子鑫. 原生晕-构造叠加晕找盲矿法的共性与特性. 中国地质学会 2015 年学术会论文摘要，2015：39-42.

［142］马久菊，李惠，孙凤舟，骆检兰，禹斌，何峰，张贺然. 湖南锡矿山锑矿床深部盲矿预测的构造叠加晕模型. 中国地质学会 2015 年学术会论文摘要下册，2015：819-822.

［143］王一大，李惠，马久菊，禹斌，王俊，李上，阮怡箫. 黑龙江省三道湾子金矿的构造叠加晕特征及深部预测靶位的确定. 中国地质学会 2015 年学术会论文摘要下册，2015：827-829.

［144］李永才，魏江，李惠，禹斌，李志平，罗大峰，刘吉金，程宠照，王道会，张权，陈勋，邹静超，王一大，李上. 云南江城县岩脚铅锌矿床的构造叠加晕模式. 中国地质学会 2015 年学术会论文摘要下册，2015：816-818.

［145］李惠，禹斌，李德亮，马久菊，孙凤舟，李永才，魏江，赵佳祥，王俊，王一大，李上. 胶东金矿区深部盲矿预测的构造叠加晕模型. 中国地质学会 2015 年学术会论文摘要下册，2015：559-562.

［146］李惠，禹斌，李德亮，马久菊，孙凤舟，李永才，王一大，李上. 不同类型金矿床深部盲矿预测的构造叠加晕模型. 矿产与地质，2015，29（3）：618-653.

［147］孙之夫，李惠，冯涛，禹斌，孙宗峰，李德亮，刘日富，肖风利，王君亭，孙凤舟，李文，魏江，赵佳祥. 山东三山岛-西岭金矿深部预测的构造叠加晕模型及预测

效果. 中国地质学会 2015 年学术会论文摘要下册，2015：587-590.

［148］王新勇，李惠，李德亮，隋晓东，赵佳祥，李永才，何毅，李志宏，宁一钢，胡明，张磊，魏江，张贺然. 山东招远原疃金矿床构造叠加晕研究及深部盲矿预测效果. 中国地质学会 2015 年学术会论文摘要下册，2015：596-599.

［149］马久菊，张永强，望开磊，巩英建，王钊，李志强，赵佳祥，魏江，杨亚娟. 甘肃天水宽沟金矿床构造叠加晕模型. 黄金科学技术，2012，20（1）：27-31.

［150］马久菊，李惠，刘杰，禹斌，李永才，张之武，叶江，司文娟，程宠照. 广西昭平大王顶金矿床深部盲金预测的构造叠加晕模型. 地质找矿论丛，2015，2：286-294.

［151］高延龙，郭朝彦，杨克祥，李惠，李德亮，禹斌，李青云，陈晓敏，纪惠灵，行天伟，王支农，张国义，赵和平，刘宝宪. 秦岭金矿盲矿预测的构造叠加晕模型跟踪研究. 中国科技奖励，2008，8.

［152］李惠，禹斌，张国义，马久菊，李德亮，孙凤舟，李永才，魏江，赵佳祥，王俊，翟培，王一大，李上，魏子鑫. 原生晕-原生叠加晕-构造叠加晕-化探找盲矿法的发展与创新. 地质找矿论丛，2016，31（1）：92-98.

［153］李惠，禹斌，马久菊，李德亮，孙凤舟，李永才，魏江，王俊，王一大，李上，阮怡箫，司淑云. 侧伏矿体深部盲矿预测的构造叠加晕方法与实用模型. 矿产与勘查，2016.

［154］李惠，张国义. 谢学锦院士支持下的原生叠加晕研究. 奋斗的人生辉煌的事业，祝贺谢学锦院士 80 寿辰暨中国勘查地球化学 50 周年，主编：王学求，张立生. 北京：地质出版社，2003：87-88.

［155］孙凤舟，李惠，魏子鑫，李东生，邓元良，魏占浩，陈建林. 青海五龙沟矿集区典型金矿床深部盲矿预测构造叠加晕模型. 矿产勘查，2016，7（2）：339-345.

［156］孙凤舟，李惠，魏子鑫，李东生，邓元良，魏占浩，陈建林. 青海五龙沟金矿集区Ⅺ矿带构造叠加晕特征及深部预测. 地质找矿论丛，2015，4.

［157］李惠，禹斌，马久菊，李德亮，孙凤舟，李永才，阮怡箫，魏江，赵佳祥，王俊，王一大，李上，魏子鑫. 构造叠加晕找盲矿法的先进性及典型案例. 黄金科学技术，2016，6：15-23.

［158］李富国，任密礼，王军芳，苑月肖，马久菊. 胶北隆起区金矿岩石地球化学评价预测系列. 地质与勘探，1991，11.

［159］李富国，马久菊等. 龙水金矿床的某些地球化学特征及其找矿预测标志. 地质与勘探，1989，5：46-48. 河北金属学会 1991 年评为优秀论文三等奖.

［160］禹斌，李惠，李永才，魏江，王俊，王一大，李上，赵丹，阮怡箫. 典型有色金属矿床深部盲矿预测的构造叠加晕实用模式. 黄金科学技术，2017，25（2）：1-6.

［161］李惠，禹斌，马久菊，李德亮，孙凤舟，李永才，魏江，王俊，王一大，李上，阮怡箫，安文通，魏子鑫，司淑云. 热液金矿床深部盲矿预测的构造叠加晕实用理想模式. 中国地质学会 2017 年学术年会论文摘要下册，2017：93-96.

［162］李惠，禹斌，马久菊，李德亮，李永才，魏江，王俊，王一大，李上，阮怡

箫，司淑云，安文通，魏子鑫．金矿床-体深部盲矿预测的地球化学的关键技术及预测模式．中国地质学会 2017 年学术年会论文摘要上册，2017：495-497.

［163］禹斌，李惠，马久菊，李德亮，孙凤舟，李永才，魏江，王俊，王一大，李上，安文通，魏子鑫，阮怡箫，司淑云，杨亚娟，张贺然，骆雪飞．构造叠加晕找盲矿法在矿区深部找到金突破 300 吨．中国地质学会 2017 年学术年会论文摘要下册，2017：91-93.

［164］禹斌，李惠，李德亮，孙凤舟，马久菊，魏江，司淑云，李永才，李上，王一大，孙之夫，冯涛，孙宗峰，李威，王善飞，杨清泉．构造叠加晕在山东三山岛-西岭巨型金矿的预测效果．中国地质学会 2017 年学术年会论文摘要中册，2017：2-5.

［165］李惠，禹斌，魏江，李永才，王俊，魏子鑫，王旭，任良良，张贺然，孙凤舟，彭伟，李上，程宠照．热液矿床深部盲矿预测的构造叠加晕实用理想模型及意义．地质与勘探，2020，56（5）：P889-897.

［166］李惠，禹斌，魏江，李永才，王俊，魏子鑫，孙凤舟，王旭，任良良，张贺然，彭伟，李上，司淑云，杨亚娟，骆雪飞．勘查（新）区构造叠加晕研究方法及预测参照实用理想模型．地质与勘探，2021，57（2）：P351-359.

［167］李惠，禹斌，李永才，魏江，王俊，魏子鑫，任良良，彭伟，王旭，张贺然．构造叠加晕找盲矿法的应用在金矿区深部找到金突破 300 吨．第八届全国应用地球化学会议论文摘要，2020.

［168］李惠，禹斌，孙凤舟，李永才，魏江，王俊，魏子鑫，王旭，王一大，李上，阮怡萧，司淑云，张贺然，杨亚娟，骆雪飞．构造叠加晕找盲矿法预测深部盲矿取得了巨大经济和社会效益．中国地质学会 2018 年矿床学术年会论文．

［169］李惠，禹斌，魏江，孙凤舟，李永才，王俊，魏子鑫，王旭，王一大，李上，阮怡萧，张贺然，司淑云，杨亚娟，骆雪飞．热液有色金属矿床深部盲矿预测的构造叠加晕实用模式．中国地质学会 2018 年矿床学术年会论文．

［170］李惠，禹斌，魏江，孙凤舟，阮怡萧，李永才，王俊，魏子鑫，王旭，王一大，李上，张贺然，司淑云，杨亚娟，骆雪飞．热液矿床深部预测的构造叠加晕核心理论及理想实用模式．2018 年中国黄金（有色）行业实用技术创新成果推广交流大会，2018.

［171］禹斌，李惠，魏江，孙凤舟，李永才，王俊，魏子鑫，王旭，王一大，李上，阮怡萧，张贺然，司淑云，杨亚娟，骆雪飞．构造叠加晕找盲矿法的先进性及找矿效果．2018 年中国黄金（有色金属）行业实用技术创新成果推广交流大会，2018.

［172］王俊，张贺然，安文通，张长征，刘福林，李永才，魏子鑫，张承玉，王旭．基于构造叠加晕方法的内蒙古金厂沟梁金矿 36 号脉深部矿体预测．地质找矿论，2021，36（1）．

附录 E 构造叠加晕找盲矿研究-建模-预测参考项目

1990—2023 年中国冶金地质总局地球物理勘查院以李惠、禹斌为首构造叠加晕研究预测团队，参加国家攻关项目 7 项、冶金部 3 项、白银基金 2 项、国家黄金局 4 项、全国危机矿山项目 18 项，矿山立项 96 项，共 130 项。参加人次达 200 多人次。

E.1 参加国家攻关项目、课题、专题 7 项

1）我国主要类型金矿综合方法找矿模型研究，（“八五”国家攻关项目编号 90051-09）项目负责人：邹光华、欧阳宗圻、李惠、薛裕鹤、郭瑞栋，周庆来。1990—1994 年。

2）胶东金矿原生地球化学找矿模型研究及预测，国家攻关项目专题（编号 90051-09-01)，立项论证及技术负责：李惠；组长：李富国；成员：马久菊、方敏、王军芳。1990—1994 年。

3）河北张一宣地区金矿地球化学找矿模型研究及预测，国家攻关项目专题（编号 9005-09-05)，立项论证及技术负责人：李惠；组长：常志民；成员：李永才、李燕，徐爱武、516 队等。1990—1994 年。

4）五台山一垣山地区金矿地球化学找矿模型研究及预测，国家攻关项目专题（编号 90051-09-13)，立项论证：李惠；专题组长：陈举煦；成员：江贻方，冶三局物探队：文友梓、李爱生、马鹏真、盛艳宁、郝向泽。1990—1994 年。

5）包裹体地球化学找金的研究，国家攻关项目专题（编号 90051-10-B-1)，立项论证及专题组长：李惠；副组长：王支农；成员：苑月肖，北京有色金属研究总院参加人员：娄元生、王真光、蒋仁依、张秀红。1990—1994 年。

6）胶东大型、特大型金矿叠加成矿成晕模型及盲矿预测研究. 国家攀登计划课题（编号 85B-34-5B)，立项论证及负责：李惠；成员：郑涛、张文华、王支农、李富国、刘宝林、汤磊等。1994—1998 年。

7）隐伏金矿定位预测的叠加晕新方法研究，“九五”国家攻关项目专题（编号 96-914-03-04-04)，立项论证及专题负责：李惠、郑涛；成员：汤磊、刘宝林。示范矿区：陕西太白金矿构造叠加晕研究及深部盲矿定位预测。太白金矿参加人员：惠德峰、史敬海、吴建勋、王立法、程建军、林龙华、张忠芳。1996—1999 年。

E.2 冶金部重点项目 3 项

1）寻找金银铅锌多金属盲矿的地球化学新方法新技术研究，组长：郑涛。1995 年。

2）金矿地球化学勘查评价的新方法新技术研究，组长：郑涛、田俊杰。1996—1997 年。

3）隐伏金矿定位预测的地球化学新方法研究，技术负责：李惠；专题组长：张文华；成员：刘宝林。1997 年。

E.3 国家白银基金重点项目 2 项

1）晋东北银矿地球化学异常模式及找矿预测研究，立项论证：李惠；组长：陈举煦；成员：江贻方；冶勘三局物探队参加人员：文友梓、盛艳宁、郝向泽。1993—1994 年。

2）河北顺平西北地区银矿地质地球化学研究及预测，立项论证：李惠；组长：李富国；成员：苑月肖。1994 年。

E.4 国家黄金局重点项目 4 项

1）胶东金矿带地球化学专家预测系统的研究和预测，论证及技术负责：李惠；专题组长：李富国；成员：马久菊、王军芳、方敏。1990—1991 年。

2）河北围场朝阳湾金矿找矿预测研究，李富国。1992—1994 年。

3）河南小秦岭杨砦峪和四沟金矿原生叠加晕研究及深部预测，论证及技术负责：李惠；组长：王支农；成员：苑月肖；河南秦岭金矿参加人员：高彦龙、董帅民、纪惠灵、董志平、刘宝堂、胡方敏。1993—1995 年。

4）辽宁岫岩金矿深部及外围预测研究，论证及技术指导：刘汉忠；组长：张文华、李永才；岫岩金矿参加人员：樊志宏等。1993—1995 年。

E.5 全国危机矿山项目 18 项

1）胶东危机矿山深部盲矿定位预测的构造叠加晕新方法研究与示范，论证及技术负责：李惠；组长：禹斌、李德亮；项目组成员：魏江、赵佳祥、张强、杨亚娟、司淑云、马久菊、王伦、王俊、张贺然。2007—2011 年。

2）山东乳山金青顶金矿床构造叠加晕研究及深部预测示范，技术负责：李惠；组长：李德亮、禹斌；成员：赵佳祥、张强、崔战久、魏江、司淑云、杨亚娟、张贺然、樊勇、李艳；山东金洲矿业公司参加人员：李振江、于虎、柳玉明、刘振豪、张杰、袁明利、宋玉波、王宁、王刚、刘晓、张海芳。2008 年。

3）湖北大冶鸡冠咀铜金矿床构造叠加晕模型研究及深部预测示范，技术负责：李惠；组长：禹斌、李德亮；成员：樊勇、张强、司淑云、魏江、赵佳祥、刘志刚、杨亚娟；湖北三鑫金铜股份有限公司参加人员：孙连忠、梁中扬、刘成平、龚运吉、王俊云、邓刚利、潘怀军、吴德林、范先军、余云金、余昌亚、王贤奖、李冬兰、石晓春。2008 年。

4）山东乳山金青顶金矿床构造叠加晕跟踪研究及进一步深部预测，技术负责：李惠；组长：李德亮、禹斌；成员：赵佳祥、张强、崔战久、魏江、司淑云、杨亚娟、张贺然、樊勇、李艳；山东金洲矿业公司参加人员：李振江、于虎、柳玉明、刘振豪、张杰、袁明利、宋玉波、王宁、王刚、刘晓、张海芳。2009 年。

5）湖北大冶鸡冠咀铜金矿床构造叠加晕模型跟踪研究及进一步深部预测，技术负责：李惠；组长：禹斌、李德亮；成员：张强、司淑云、魏江、赵佳祥、杨亚娟；湖北三鑫金铜股份有限公司参加人员：孙连忠、梁中扬、刘成平、龚运吉、王俊云、邓刚利、潘怀军、吴德林、范先军。2010 年。

6）山东乳山三甲金矿床的构造叠加晕跟踪研究及深部预测，技术负责：李惠；组长：李德亮；成员：禹斌、魏江、赵佳祥、司淑云、张强、杨亚娟；山东金洲集团富岭矿业有限公司参加人员：李振江、于虎、柳玉明、刘振豪、宋玉春、段会敏、刘涛、宋吉海、高龙涛、宋林夫、许强、宋永伟。2009 年。

7）山东省新城金矿床构造叠加晕跟踪研究及进一步深部预测，技术负责：李惠；组长：禹斌；成员：李德亮、魏江、赵佳祥、张强、司淑云、杨亚娟。新城金矿立项和全国危机矿山立项跟前研究；新城金矿参加人员：王树海、张洪训、范作鹏、赵海、李大东、胡忠强、王龙镇、彭永明、王旭永、杨晓波、张玉涛、赵可广、郑小礼。2009 年。

8）山东省平度市大庄子金矿床构造叠加晕跟踪研究及进一步深部预测，技术负责：李惠；组长：李德亮；成员：禹斌、赵佳祥、魏江、张强、司淑云；山东黄金集团平度黄金有限公司鑫汇金矿参加人员：姜增选、王义春、于向波、孙伟业、曲永利、徐景阁、李波、王召敏、王京聪。2009 年。

9）辽宁凤城白云金矿床构造叠加晕跟踪研究及进一步深部预测，技术负责：李惠；组长：李德亮、禹斌；成员：赵佳祥、魏江、杨亚娟、司淑云、张强；辽宁凤城市黄金集团有限公司参加人员：吴润友、周传勤、陈贺、赵经刚、刘恒刚、郎福全、杜汉纯、李太阳。2009 年。

10）河南祁雨沟金矿床构造叠加晕模型跟踪研究及进一步深部预测，技术负责：李惠；组长：禹斌、李德亮；成员：姚海龙、魏江、赵佳祥、张强、司淑云、杨亚娟；河南金源黄金矿业有限责任公司参加人员：王瑞祥、赵英豪、陈武昌、闰建明、韩军、吴少魁、付彩云、周娟、朱超群、万利敏、田宏伟、闰文生、贾红芳。2009 年。

11）陕西太白双王金矿床构造叠加晕跟踪研究及进一步深部预测，技术负责：李惠；组长：禹斌、李德亮；成员：姚海龙、魏江、赵佳祥、张强、司淑云、杨亚娟；陕西太白黄金矿业有限责任公司参加人员：张耐林、惠德峰、曹瑞荣、贺小庆、杨永荣、张印飞。2010 年。

12）陕西东桐峪金矿床构造叠加晕跟踪研究及进一步深部预测，技术负责：李惠；组长：李德亮、禹斌；成员：赵佳祥、张强、魏江、马久菊、司淑云、杨亚娟：张贺然；潼关中金黄金矿业有限责任公司参加人员：惠德峰、董群柱、赵宗勤、张振祥、赵曙光、薛烨、梁斌祥、董华芳、吴哲民、马佳路、冯铁牛、赵立新、崔锦涛、李清武、陈思进、杨建小。2010 年。

13）河南秦岭金矿床构造叠加晕跟踪研究及进一步深部预测，技术负责：李惠；组长：李德亮、禹斌；成员：赵佳祥、张强、魏江、马久菊、司淑云、杨亚娟；河南秦岭黄金矿业有限责任公司参加人员：杨克祥、赵和平、李青云、陈晓敏、行天伟、纪惠灵。2010 年。

14）河北金厂峪金矿床深部构造叠加晕跟踪研究及进一步深部预测，技术负责：李惠；组长：禹斌、李德亮；成员：魏江、赵佳祥、司淑云、张强、杨亚娟、马久菊、王伦、王俊、张贺然；河北金厂峪矿业有限责任公司参加人员：冀炳信、张长征、孙建军、郭运晨、庞立杰、郝荣、崔艳飞、陈克诚、刘贺达、张海坡、程勇、白会良、张超、李坤、杜延昭、李铁军。2010年。

15）山东三山岛金矿床构造叠加晕跟踪研究及进一步深部预测，技术负责：李惠；组长：禹斌、李德亮；成员：魏江、赵佳祥、杨亚娟、张强、司淑云、王伦、王俊；山东黄金矿业（莱州）有限公司三山岛金矿参加人员：何吉平、修国林、齐兆军、王善飞、李威、杨清泉、郭彬、李建勇、曲伟勋、李思玲、原冬成。2010年。

16）辽宁五龙金矿床构造叠加晕跟踪研究及进一步深部预测，技术负责：李惠；组长：李德亮、禹斌；成员：赵佳祥、魏江、司淑云、张强、杨亚娟；辽宁五龙金矿参加人员：闰方、纪兆家、贺所明。2010年。

17）山西刁泉银铜矿床构造叠加晕跟踪研究及进一步深部预测，技术负责：李惠；组长：禹斌、李德亮；成员：赵佳祥、魏江、杨亚娟、司淑云、张强、马久菊、王伦、王俊、张贺然；山西省刁泉银铜矿业有限公司参加人员：韩继国、杨和平、刘建红、王惠敏。2010年。

18）山东乳山金矿带构造地球化学研究及成矿预测，技术负责：李惠；组长：禹斌、李德亮；成员：赵佳祥、魏江、张强、司淑云、杨亚娟、马久菊、王伦、王俊、张贺然、姚海龙；山东金洲集团富岭矿业有限公司参加人员：李振江、于虎、柳玉明、刘振豪、宋玉春、王刚、张杰、王宁、张海芳。2010年。

E.6 矿山立项：构造叠加晕研究及深部预测96项

1）山东招远灵山沟金矿深部地球化学预测，组长：李惠、李富国；成员：王支农、李德亮、马久菊、苑月肖；招远金矿参加人员：孔庆存、马学彬、杨日贡。1990—1991年。

2）河北金厂峪金矿地球化学预测，成员：李富国、刘汉忠、马久菊、方敏，1983—1984年。

3）海南铁矿区化探找金研究，联系立项及论证：李惠；组长：王义为；成员：许金荣、王支农、李德亮等。1991年。

4）北京密云半城子西舵古金矿化探评价，论证及技术负责：李惠；组长：江贻方。1992—1993年。

5）山东乳山三甲金矿原生叠加晕研究及深部预测，组长：李惠；成员：郑涛、汤磊、张文华；乳山三甲金矿参加人员：耿仙湖、刘涛、徐伟。1995—1996年。

6）山东招远曹家洼金矿深部地球化学预测，组长：李惠；成员，郑涛、汤磊。1996年。

7）山东招远纪山金矿原生叠加晕研究及深部预测，论证及组长：李惠；成员：郑涛、李富国、汤磊。1995—1996年。

8）山东蓬莱大柳行庄官金矿2号脉原生叠加晕研究及深部预测，论证及技术负责：李惠；组长：张文华；成员：李富国、刘宝林；大柳行金矿参加人员：曲宏海、段会升、张志望、王会胜、杨春海。1996—1997 年。

9）内蒙古赤峰柴胡栏子金矿原生叠加晕研究及深部预测，论证及技术负责：李惠；组长：汤磊；成员：李富国、张文华；柴胡栏子金矿参加人员：付东才、李杰。1996—1997 年。

10）山东招远蚕庄金矿七里山矿床原生叠加晕研究及深部预测，论证及技术负责：李惠；组长：张文华；成员：李富国、刘宝林；蚕庄金矿参加人员：左宏伟、杨开春等。1997—1998 年。

11）山东乳山金矿及其外围某些石英脉构造叠加晕研究及深部预测，论证及技术负责：李惠；组长：张文华；成员：刘宝林；山东乳山金矿参加人员：李涛、高祥海、耿仙湖、王瑞腾、陈绪松、于虎。1998 年。

12）山东新城金矿床构造叠加晕模型研究及深部预测，国家攀登计划示范矿山之一，项目负责：李惠；成员：张文华、刘宝林等；新城金矿参加人员：赵可广、李大东等。1997—1999 年。

13）山东乳山金矿、初家沟金矿等十二个金矿床（点）构造叠加晕研究及深部预测，组长：李惠；成员：王敬臣、刘宝昌、丘陵番；乳山金矿立项：李涛、高祥海、耿仙湖、王瑞腾、陈绪松、于虎。1999 年。

14）河南文峪金矿区 V03、V01、V08 脉深部盲矿定位预测的构造叠加晕研究及预测，组长：李惠；成员：张文华、王志远；国家黄金局金安公司立项：杨志刚、侯晓虎、贺永利、刘军、王健民、梁斌祥、赵起来、鲍站立。2000—2001 年。

15）陕西东桐峪金矿区 Q8、Q12、Q8501、Q14 深部盲矿定位预测的构造叠加晕研究及预测，论证及技术负责：李惠；组长：张文华；成员：王志远、王永涛、司淑云、高巍、张强、陈静；东桐峪金矿立项：占思强、赵宗勤、薛烨、邵建波、吴哲民、董华芳、贺志春、冯铁牛、潘志新、张大鹏。2001—2002 年。

16）山东蓬莱黑岚沟金矿区深部盲矿定位预测的构造叠加晕研究及预测，论证及技术负责：李惠；组长：张文华；成员：王志远、司淑云、方峰、刘娟；黑岚沟金矿立项：穆范敏，上官义宁、郭淑庆、周子敬、宫秀文、徐永文等。2001—2002 年。

17）山西省阳高县堡子湾金矿床构造叠加晕研究及深部盲矿预测，论证及技术负责：李惠；组长：张文华；成员：李绍波、司淑云、张强、史京锁；大同金矿公司立项：李峰、高洪兴、李思田、魏兴亮、姚华；顾问：周绍芝、刘凤岐。2001—2002 年。

18）山西省阳高县九对沟金矿区深部含矿性的构造叠加晕预测，论证及技术负责：李惠；组长：张文华，成员：李德亮、禹斌、司淑云、张强、张国辉；大同金矿公司立项：李峰、高洪兴、李思田、魏兴亮、姚华；顾问：周绍芝、刘凤岐。2003 年。

19）山东蓬莱大柳行金矿区深部盲矿定位预测的构造叠加晕研究及预测，技术负责：李惠；组长：张文华；成员：王志远、司淑云、张强；大柳行金矿立项：曲宏海、段会升、张志望、王会胜、杨春海。2003 年。

20）山西省阳高县九对沟金矿区深部进一步构造叠加晕预测及羊爪沟、石窑沟成矿预测，论证及技术负责：李惠；组长：禹斌，成员：李德亮、张强、司淑云、张立军；大同金矿公司立项：韩玉军、于彦春、高洪兴、李思田、魏兴亮、刘春辉；顾问：周绍芝、刘凤岐。2004 年。

21）山西省灵丘县刁泉银铜矿床构造叠加晕研究及深部盲矿预测，论证及技术负责：李惠；组长：张文华；成员：李少波、王志远、禹斌、李德亮、张强、司淑云、张国辉；刁泉银铜矿公司立项：张健、袁立红、胡建勇、陈有权、许建林。顾问：周绍芝。2003 年。

22）河南三门峡召威金矿床构造叠加晕研究及深部盲矿预测，论证及技术负责：李惠；组长：李德亮；成员：禹斌、张强、司淑云、霍印峰；召威公司立项：吴启民、赵占武、李宗宝、卢军、杨新华；顾问：周绍芝。2003 年。

23）辽宁五龙金矿本溪刘家金矿床构造叠加晕研究及深部盲矿预测，论证及技术负责：李惠；组长：张文华、李德亮；成员：李绍波、姚海龙、禹斌、张强、司淑云、张国辉；五龙金矿立项：张福国、贺所明、刘铁侠、单发、肖国红、吴喜刚。2003—2005 年。

24）辽宁丹东凤城白云和林家金矿床构造叠加晕研究及预测，论证及技术负责：李惠；组长：李德亮、禹斌；成员：崔占久、张强、司淑云；凤城黄金公司立项：吴润友、周传勤；白云金矿：丁坤元、陈贺、李长发、杜汉纯、吴新海、王明庆、高德章。2005 年。

25）陕西省潼关县李家金矿八号脉深部盲矿定位预测的构造叠加晕研究及预测，技术负责：张文华；成员：禹斌、张强、司淑云、张国辉、张亚东；潼关县李家金矿立项：朱武涛、吴岳杰、葛勇、吴荣高、王小平。2003—2004 年。

26）河北省迁西县金厂峪金矿床构造叠加晕研究及深部预测，论证及技术负责：李惠；组长：禹斌；成员：李德亮、姚海龙、王一大、张强、司淑云。金厂峪金矿立项：张文征、高永军、郝荣、李瑞文、王慧君、高铁仁、张友钢、申国龙。2005—2006 年。

27）辽宁五龙金矿床Ⅱ脉带 10 号矿脉金矿体的构造叠加晕研究及深部预测，论证及技术负责：李惠；组长：李德亮；成员：禹斌、刘志刚、崔占久、张强、司淑云、骆雪飞、李艳；辽宁五龙金矿立项：张福国、贺所明、闰方、肖国洪、周文军、隋明禄、纪兆家、齐增辉。2006 年。

28）山东牟平金牛山金矿体的构造叠加晕研究及深部预测，论证及技术负责：李惠；组长：李德亮、禹斌；成员：姚海龙、张强、司淑云、李艳、骆雪飞；山东恒邦冶炼公司立项：高正林、王学乾、毛执良、刘宏文、唐俊智、王建宁、崔东刚、孙同辉、刘涛。2006 年。

29）山东乳山石城、葛口、胡八庄等金矿点构造叠加晕研究及深部盲矿预测，论证及技术负责：李惠；组长：李德亮；成员：禹斌、张强、司淑云、李艳、骆雪飞；山东金洲矿业公司立项：李振江、于虎、耿仙湖、柳玉明、刘振豪、腾绍威、孙义、王刚。2006—2007 年。

30）陕西双王金矿床盲矿预测的构造叠加晕模型跟踪研究及进一步深部预测，论证及技术负责：李惠；组长：禹斌，成员：李德亮、刘志刚、姚海龙、张强、司淑云、李艳；陕西太白黄金矿业有限责任公司立项：张耐林、张连山、惠德峰、陶波、董群柱、曹瑞荣、贺小庆、杨永荣、张印飞。2006 年。

31）陕西太白县北沟金矿普查区构造叠加晕研究及深部预测，论证及技术负责：李惠；组长：禹斌；成员：李德亮、刘志刚、张强、司淑云、李艳；陕西太白黄金矿业有限责任公司参加人员：张耐林、张连山、惠德峰、陶波、董群柱、曹瑞荣、贺小庆、杨永荣、张印飞。2006—2007 年。

32）山东省平度市旧店金矿区 I 号脉构造叠加晕研究及深部预测，论证及技术负责：李惠；组长：李德亮；成员：禹斌、崔占久、司淑云；青岛金星矿业股份有限公司立项：纪进科、石峰、曲永利、王明勤、姜文峰、廖昌溪、李波、田福全。2007 年。

33）河南雨沟金矿床 J7、J5 角砾岩体构造叠加晕模型研究及深部预测，论证及技术负责：李惠；组长：禹斌，成员；李德亮、姚海龙、张强；河南金源公司立项：王瑞祥、赵英豪、陈武昌、韩军、闰建明、吴少魁、贾红芳、付彩云、周娟、朱超群。2007 年。

34）河南秦岭金矿盲矿预测的构造叠加晕模型跟踪研究及进一步深部预测，论证及技术负责：李惠；组长：李德亮；成员：禹斌、崔占久、骆雪飞、张强；河南秦岭金矿立项：高延龙、郭朝彦、杨克祥、陈晓敏、行天伟、纪惠灵、李青云、赵和平、刘宝宪、何强。2007 年。

35）山东省莱州市三山岛一新立一仓上金矿床的构造叠加晕研究及深部预测，论证及技术负责：李惠；组长：禹斌、李德亮；成员：姚海龙、司淑云、李艳；山东黄金集团有限公司立项（后改三山岛金矿立项）：刘钦、王君亭、毕洪涛、赵可广、孙之夫、王树海、孙宗峰、丁岳祥、王成、王善飞、李威、李思灵、原东城、刘日富、蔡小宁。2007—2008 年。

36）山东省平度市大庄子金矿床构造叠加晕研究及深部预测报告，论证及技术负责：李惠；组长：李德亮；成员：禹斌、姚海龙、樊勇、张强、司淑云；山东黄金集团平度黄金有限公司鑫汇金矿立项：姜增选、王义春、孙伟业、于向波、曲永利、徐景阁、李波。2008 年。

37）河北峪耳崖金矿构造叠加晕研究及深部预测，技术负责：李惠；组长：李德亮；成员：禹斌、樊勇、魏江、赵佳祥、张强、司淑云；中金黄金股份有限公司河北峪耳崖金矿立项：屈伟华、袁永忠、刘瑞臣、胡兵、刘喜民、田录军、刘海涛、李国华、舒卫国。2008—2009 年。

38）山东省灵山沟金矿床构造叠加晕研究及深部预测，技术负责：李惠；组长：禹斌；成员：李德亮、魏江、赵佳祥、杨亚娟、张强、司淑云、马久菊、王伦、王俊、张贺然；山东黄金矿业（玲珑）有限公司参加人员：庄文广、王照亚、武际春、黄绍华、张福生、张彩铭、梦庆桐、吴占开、刘维民、兰海波、孙建国、宋晓燕、孙鹏坤、盛磊。2010—2011 年。

39）河南秦岭金矿金硐岔金矿床构造叠加晕研究及深部预测，河南秦岭金矿立项，立项论证及负责专家：李惠，组长：李德亮；项目成员：赵佳祥、魏江、张强、司淑云、杨亚娟。2010 年。

40）山东省蓬莱市齐家沟-虎路线矿区金矿床构造叠加晕研究及深部预测，山东黄金集团蓬莱矿业有限公司立项，立项论证及负责专家：李惠，组长：禹斌；成员：魏江、赵佳祥、张强、王俊、王伦、司淑云、杨亚娟。2010—2011 年。

41）河北省迁西县金厂峪金矿构叠加晕跟踪研究及进一步预测，河北金厂峪矿业有限责任公司立项，立项论证及负责专家：李惠；组长：禹斌、孙凤舟；成员：翟培、魏江、张强、张贺然、杭志广。2011—2012年。

42）胶东西岭、新城、寺庄、东风金矿床构造叠加晕研究及深部预测，山东黄金集团有限公司立项，立项论证及负责专家：李惠（教授）；组长：李德亮；项目成员：禹斌、孙凤舟、魏江、赵佳祥、司淑云、杨亚娟。2010—2012年。

43）山东牟平金牛山及哈狗山金矿床构造叠加晕跟踪研究及进一步深部预测，山东恒邦冶炼股份有限公司立项，立项论证及负责专家：李惠；组长：李德亮；项目成员：魏江、赵佳祥、司淑云、杨亚娟。2010—2012年。

44）湖南锡矿山锑矿床的构叠加晕研究及深部预测，湖南国土资源厅立项，立项论证及负责专家：李惠；组长：禹斌、马久菊；成员：孙凤舟、王晓、张贺然、樊勇。2011—2012年。

45）甘肃省肃北县霍勒扎德盖北东金矿构造叠加晕研究及深部预测，甘肃省肃北县霍勒扎德盖北东矿业有限责任公司立项，立项论证及负责专家：李惠；组长：孙凤舟；项目成员：禹斌、李德亮、马久菊、张强、司淑云、王俊、赵佳祥、魏江、杨亚娟、张贺然。2012年。

46）甘肃省徽县通天坪金矿床构造叠加晕研究及深部预测，徽县鸿远矿业有限责任公司立项，正元地球物理有限责任公司（中国冶金地质总局地球物理勘查院），立项论证及负责专家：李惠、禹斌；组长：孙凤舟、赵佳祥；项目成员：翟培、魏子鑫、张贺然。2014年。

47）甘肃省天水李子金矿宽沟矿区构造叠加晕研究及深部预测，甘肃省天水李子金矿有限公司立项，立项论证及负责专家：李惠；技术负责：禹斌；组长：马久菊；项目成员：魏江、赵佳祥、张强、司淑云、杨亚娟。2010—2011年。

48）甘肃省肃北蒙古族自治县鹰咀山金矿构造叠加晕研究及深部预测，招金矿业股份有限公司肃北县金鹰黄金有限责任公司立项，立项论证及负责专家：李惠；组长：孙凤舟；项目成员：王一大、翟培、王俊、张强、骆雪飞。2013年。

49）甘肃省徽县黑水沟一带金矿构造叠加晕研究及深部预测，徽县庚辛矿业有限责任公司立项，立项论证及负责专家：李惠；组长：孙凤舟、王俊、赵佳祥、禹斌、赵佳祥；项目成员：杭志广、张强、司淑云、骆雪飞。2013—2014年。

50）山东牟平金矿九龙夼矿脉构造叠加晕研究及深部预测，烟台市牟平金矿业有限公司立项，立项论证及负责专家：李惠；组长：李德亮；项目成员：赵佳祥、魏江、张强、张贺然。2012—2013年。

51）山东省莱州市焦家金矿望儿山金矿床构造叠加晕研究及深部预测，工作项目名称：山东省莱州市焦家金矿望儿山矿区接替资源勘查；工作项目编码：12120113082700；归口管理部室：地调局资源部；组织管理部门：技术指导中心；所属计划项目：老矿山深部和外围找矿；实施单位：中国地质调查局发展研究中心；承担单位：中国冶金地质总局山东正元地质勘查院、山东黄金集团有限公司；专项承担单位：中国冶金地质总局地球物理勘查院。专项第二负责人：李德亮；立项论证及负责专家：李惠；项目成员：李永才、赵佳祥、魏江、司淑云。2013—2014年。

52）原疃金矿床构造叠加晕研究及深部盲矿预测，招金矿业股份有限公司金翅岭金矿立项，立项论证及负责专家：李惠；组长：李德亮；项目成员：赵佳祥、李永才、魏江、张贺然、张强。2013 年。

53）山东牟平金牛山及哈狗山金矿床构造叠加晕跟踪研究及进一步深部预测，山东恒邦冶炼股份有限公司立项，立项论证及负责专家：李惠；组长：李德亮；项目成员：魏江、赵佳祥、司淑云、杨亚娟。2011—2012 年。

54）烟台市牟金矿业邓格庄金矿床构造叠加晕模型研究及深部与外围预测，烟台市牟金矿业有限公司立项，立项论证及负责专家：李惠；组长：孙凤舟；项目成员：禹斌、王俊、魏江、杭志广、张强、张贺然。2013 年。

55）黑龙江三道湾子金矿床构造叠加晕研究及深部预测，黑龙江省地质调查研究总院齐齐哈尔分院立项，项目设计、专家、技术指导：李惠；项目负责：马久菊；报告编写：马久菊、禹斌、李惠，研究人员：王一大、张强、李上、阮怡箫。2014 年。

56）河南秦岭金矿 8201 号脉、16 号脉构造叠加晕研究及深部预测研究报告，中国黄金集团公司河南秦岭黄金矿业有限责任公司立项，立项论证及负责专家：李惠；组长：李德亮；项目成员：赵佳祥、魏江、张立恒、张强。2012 年。

57）辽宁省凤城市红旗岭地区构造叠加晕研究及深部预测，凤城市鑫丰源矿业有限公司立项，立项论证及负责专家：李惠；组长：李德亮；项目成员：魏江、王俊、司淑云。2011—2012 年。

58）柴胡栏子金矿床构造叠加晕跟踪研究及深部盲矿预测，山东黄金集团有限公司立项，正元地球物理有限责任公司（中国冶金地质总局地球物理勘查院）。立项论证及负责专家：李惠；组长：李德亮；成员：杨亚娟、程宠照、赵佳祥、魏江。2013 年。

59）广西昭平大王顶金矿床构造叠加晕特征研究，广西昭平昭金矿业有限公司立项，立项论证及负责专家：李惠；组长：禹斌、马久菊；成员：李永才、程宠照、司淑云。2012—2013 年。

60）承德燕山银业有限公司牛圈子、营房银金及银铅锌矿床构造叠加晕研究及深部预测，承德燕山银业有限公司立项，立项论证及负责专家：李惠，指导专家：孙凤舟；组长：李永才；成员：魏江、魏子鑫、程宠照、张强、张贺然。2013—2014 年。

61）陕西省洛南县葫芦沟金矿床、回马坪-孙家沟地区金矿床构造叠加晕研究及深部预测。陕西金贵矿业有限公司立项，项目论证、设计及负责专家：李惠；指导专家：孙凤舟；项目技术全面负责：李德亮；项目组长：王俊；报告编写：王俊、李德亮、李惠；项目成员：高洪亮、杭志广、杨亚娟。2014—2015 年。

62）新疆托里县包古图金矿六、七、八、十一、二、三、四矿区构造叠加晕研究及深部预测，托里县招金北疆矿业有限公司立项，立项论证及负责专家：李惠、禹斌；组长：孙凤舟；技术负责：马久菊；成员：王一大、王宇、李恒岩、骆雪飞。2012—2013 年。

63）新疆哈巴河县托库孜巴依金矿构造叠加晕研究及深部预测，阿勒泰正元国际矿业有限公司立项，立项论证及负责专家：李惠、禹斌；项目组长：李永才；技术负责：马久菊；项目成员：魏江、魏子鑫、程宠照、张贺然。2013—2014 年。

64）浙江省遂昌县治岭头金矿构造叠加晕研究及深部预测，任务来源：中国地质调查局老矿山接替资源勘查项目；项目名称：浙江省遂昌县治岭头金矿接替资源勘查；申报单位名称：浙江省遂昌金矿有限公司；勘查单位名称：中国冶金地质总局第一地质勘查院；项目实施单位：中国冶金地质总局第一地质勘查院衢州分院；化探专项：浙江省遂昌县治岭头金矿构造叠加晕跟踪研究及进一步深部预测；委托单位：中国冶金地质总局地球物理勘查院。立项论证及负责专家：李惠；专项负责人：李德亮；成员：赵佳祥、魏江、张强、张立恒。2012 年。

65）浙江省遂昌县治岭头金矿构造叠加晕跟踪研究及进一步深部预测，任务来源：中国地质调查局老矿山接替资源；勘查项目项目名称：浙江省遂昌县治岭头金矿接替资源勘查；申报单位名称：浙江省遂昌金矿有限公司；勘查单位名称：中国冶金地质总局第一地质勘查院；项目实施单位：中国冶金地质总局第一地质勘查院衢州分院。化探专项：浙江省遂昌县治岭头金矿构造叠加晕跟踪研究及进一步深部预测；勘查单位委托单位：中国冶金地质总局地球物理勘查院。立项论证及负责专家：李惠；专项负责人：李德亮；项目成员：赵佳祥、魏江、杨亚娟。2013 年。

66）云南省会泽县麒麟厂铅锌矿床构造叠加晕研究及深部盲矿预测报告，云南驰宏资源勘查开发有限公司立项，立项论证及负责专家：李惠、禹斌；项目负责人：李永才；成员：魏江、程宠照、杭志广、张强、司淑云、杨亚娟。2013—2014 年。

67）河南秦岭金矿区西段 706 等十条矿脉构造叠加晕研究及深部预测报告，河南秦岭黄金矿业有限责任公司立项，立项论证及负责专家：李惠；项目负责：李德亮 王俊；项目成员：张强、高洪亮。2014 年。

68）云南省江城县岩脚铅锌矿矿床构造叠加晕研究及深部盲矿预测，云南驰宏资源勘查开发有限公司立项，立项论证及负责专家：李惠、禹斌；组长：李永才；项目成员：魏江、程宠照、杭志广、张强、司淑云、杨亚娟。2013—2014 年。

69）云南省龙陵县杨梅田铜矿床构造叠加晕研究及深部盲矿预测，云南驰宏资源勘查开发有限公司立项，立项论证及负责专家：李惠、禹斌；组长：李永才；项目成员：魏江、程宠照、杭志广、张强、司淑云、杨亚娟。2013—2014 年。

70）云南省龙陵县勐糯铅锌矿床构造叠加晕研究及深部盲矿预测，云南驰宏资源勘查开发有限公司立项，立项论证及负责专家：李惠、禹斌；项目负责人：李永才；项目成员：魏江、程宠照、彭伟、张强、司淑云、骆雪飞。2014—2015 年。

71）青海省五龙沟地区深水潭金矿区典型矿床构造叠加晕研究及找矿预测报告，立项单位：青海省国土资源厅；项目名称：青海省五龙沟金矿整装勘查；实施单位：青海省地质调查局；课题名称：青海省五龙沟地区金矿整装勘查区找矿部署研究；承担单位：青海省第一地质矿产勘查院；专项研究课题：青海省五龙沟地区深水潭金矿区典型矿床构造叠加晕研究及找矿预测；委托单位：青海省第一地质矿产勘查院；承担单位：中国冶金地质总局地球物理勘查院；立项论证及负责专家：李惠、禹斌；组长：孙风舟；项目成员：魏子鑫、马久菊、彭伟、王旭、骆雪飞、张强、司淑云；报告编写人：孙风舟、李惠、禹斌、魏子鑫。2014—2015 年。

72）青海省都兰县鑫拓地区金（银铅锌）矿床深部盲矿预测的构造叠加晕模型研究

及预测，立项单位：青海省有色地质矿产勘查局；实施单位：青海省有色地质矿产勘查局八队；承担单位：中国冶金地质总局地球物理勘查院；立项论证及负责专家：李惠、孙凤舟；项目负责：马久菊；成员：魏子鑫、王旭、高洪亮、阮怡箫、骆雪飞。2015 年。

73）甘肃省合作市以地南、南办老豆地区金矿构造叠加晕研究及深部预测，立项单位：湖南省有色地质勘查局二四五队，立项及综合研究专家：李惠；立项及全面负责专家：禹斌；组长、项目负责：魏江；成员：王旭、安文通、杭志广、司淑云、杨亚娟、骆雪飞。2015 年。

74）陕西省桐峪金矿床构造叠加晕进一步研究及对 Q8501-3 等 19 条矿脉深部预测，潼关中金黄金矿业有限责任公司立项，立项论证及负责专家：李惠；组长：王俊；技术负责：李德亮；报告编写：王俊、李德亮、李惠；成员：高洪亮、王旭、司淑云。2014—2015 年。

75）青海省五龙沟地区红旗沟金矿区深部盲矿预测的构造叠加晕模型研究及预测，2015 年青海省地质勘查基金地质科研项目，项目名称：青海省五龙沟地区金矿整装勘查区找矿部署研究；课题名称：青海省五龙沟地区红旗沟金矿区深部盲矿预测的构造叠加晕模型研究及预测；实施单位：青海省地质调查局；承担单位：青海省第一地质矿产勘查院；课题单位：中国冶金地质总局地球物理勘查院；立项论证及负责专家：李惠；负责专家：孙凤舟；组长：魏子鑫；成员：王旭、高洪亮。2015—2016 年。

76）青海省格尔木白日其利金矿普查区构造叠加晕研究及找矿预测，青海鼎世地矿有限公司（青海核工业地质局）立项；立项论证及负责：孙凤舟；组长：魏子鑫；成员：王旭、高洪亮。2006 年。

77）四川省丹巴县独狼沟金矿床构造叠加晕研究及深部盲矿预测，四川省地质矿产勘查开发局四〇三地质队立项；项目联系设计技术指导专家：禹斌（教授）；组长：魏江；成员：王旭、高洪亮、安文通。2016—2017 年。

78）云南省元阳县大坪金矿床构造叠加晕研究及对 V1-2-3 矿脉深部预测，紫金-元阳县华西黄金有限公司立项；项目联系设计技术指导专家：李惠（教授）、禹斌（教授）；组长：李永才（高工）；技术负责：李德亮（教授）；成员：程宠照、安文通。2016—2017 年。

79）内蒙古呼伦贝尔三河矿区铅锌银矿床构造叠加晕研究及深部盲矿预测，呼伦贝尔山金矿业有限公司立项；项目联系设计技术指导专家：李惠、禹斌、王一大；组长：魏江；技术负责：李德亮；研究人员：王一大、程宠照、安文通、魏子鑫，高洪亮、王旭、司淑云、杨亚娟。2017—2018 年。

80）河南省小秦岭金矿田 S706 脉（枪马矿段）金矿床构造叠加晕研究及深部预测，灵宝黄金股份有限公司南山分公司立项，项目联系设计技术指导专家：李惠、禹斌；组长：王俊；技术负责：李永才；研究人员：程宠照、安文通、魏子鑫，高洪亮、王旭、司淑云、杨亚娟。2017—2018 年。

81）河南灵宝市王家峪 162 金矿脉的构造叠加晕研究及深部预测，灵宝金源矿业股份有限公司立项，组长：李永才；技术负责：王俊；研究人员：程宠照、安文通、魏子鑫，高洪亮、王旭、司淑云、杨亚娟。2017 年。

82）黑龙江永新金矿床构造叠加晕特征分析与预测，黑龙江省地质调查研究总院立项，指导专家：李惠、禹斌、李德亮；立项论证及项目负责：魏江；成员：王一大、杨亚娟。2017年。

83）内蒙古金厂沟梁金矿床构造叠加晕研究及深部盲矿预测，内蒙古金陶股份有限公司立项，项目负责：王俊、李永才，专家指导：李惠、禹斌，成员：魏子鑫、王旭、骆雪飞。2018年。

84）赤峰喀喇沁旗小牛群铜多金属矿构造叠加晕研究及深部预测，喀喇沁旗开源矿产开发有限公司立项，项目组长：李永才、王俊；专家指导：李惠、禹斌；成员：王一大、魏子鑫、王旭、安文通、杨亚娟。2018—2019年。

85）内蒙古甲乌拉铅锌银矿床构造叠加晕研究及深部预测，新巴尔虎右旗荣达矿业有限责任公司立项，指导专家：李惠、禹斌、孙凤舟；立项论证及项目负责：魏江；成员：魏子鑫、王旭、司淑云、张亚东。2018—2019年。

86）赤峰市喀喇沁旗小牛群地区斑岩体含矿评价及深部成矿空间预测。喀喇沁旗开源矿产开发有限公司立项，项目组长：王俊，技术负责：李永才，专家指导：李惠、禹斌；成员：魏子鑫、杨亚娟、司淑云。2019年。

87）小秦岭金矿田F5脉灵宝金源秦南矿段金矿床构造叠加晕研究及深部预测，灵宝金源矿业股份有限公司立项：郝蛟龙、方冠冠；项目负责人：魏子鑫、李永才、王俊；专家指导：李惠、禹斌；成员：王旭、彭伟、杨亚娟、张贺然。2019年。

88）金源S6矿脉中段深部构造叠加晕研究及深部预测，灵宝金源矿业股份有限公司鑫宝分公司立项，郝蛟龙、马洪文；组长：王俊、李永才；专家指导：李惠、禹斌；成员：魏子鑫、王旭、司淑云。2019年。

89）山东省乳山市唐家沟金矿床构造叠加晕研究及深部预测，乳山市金华矿业有限公司立项，指导专家：李惠、禹斌；立项论证及项目负责：魏江；成员：任良良、魏子鑫、王旭、彭伟、司淑云、张亚东。2020年。

90）内蒙古克什克腾旗拜仁达坝锌铜矿床4号脉构造叠加晕研究及深部预测，内蒙古拜仁矿业有限公司立项：吴景强，刘少君；专家指导：李惠、禹斌；组长：魏子鑫；技术负责：王俊、李永才；成员：王旭、彭伟、杨亚娟。2020—2021年。

91）山东省海洋市龙口-土堆金矿床地球化学特征及找矿方向研究，山东烟台鑫泰黄金矿业有限责任公司立项：魏兴亮。指导专家：李惠、禹斌；立项论证及项目负责：魏江；成员：任良良、魏子鑫、王旭、彭伟、司淑云、张亚东。2020—2021年。

92）河南省灵宝市枪马矿区410号脉构造叠加晕研究及深部预测。灵宝黄金集团股份有限公司鑫宝分公司立项，野外组长：王俊、技术负责：李永才；报告编写：魏子鑫；技术指导专家：李惠、禹斌、魏江；成员：任良良、王旭、彭伟、司淑云、杨亚娟。2020—2021年。

93）构造叠加晕法数像可视化研究（该项目后期与总局科研项目合并），中国冶金地质总局地球物理勘查院立项，指导专家：李惠、禹斌；立项论证及项目负责：魏江；成员：魏子鑫、任良良、王旭、彭伟、司淑云、杨亚娟、张亚东。2020—2021年。

94）基于三维可视化平台的构造叠加晕深部盲矿预测技术研究，中国冶金地质总局立项，指导专家：李惠、禹斌、李德亮；立项论证及项目负责：魏江；成员：魏子鑫、任良良、王旭、要悦稳、安文通。2021—2022 年。

95）内蒙古自治区东乌珠穆沁旗花脑特矿区银多金属矿构造叠加晕研究及深部预测，锡林郭勒盟白音呼布矿业有限公司立项，指导专家：李惠、禹斌；立项论证及签订合同：魏江；项目负责：任良良；技术负责：魏子鑫；成员：王旭、司淑云。2021—2022 年。

96）内蒙古克什克腾旗三合龙矿区多金属矿普查，内蒙古克什克腾旗源源三合龙矿业有限公司立项，项目部：李永才，王俊，彭伟、张贺然。2021 年。